生产（PE管）

管道运输

管沟开挖

布设（穿路盖板涵）

安装（PE管热熔）

安装（阀件）

设备（空气蓄能罐和监测设备）

回填

试压

总水厂鸟瞰图（效果图）

总水厂现状图（实拍图）

沉沙调节池开闸蓄水

沉沙调节池

分水厂（室外）

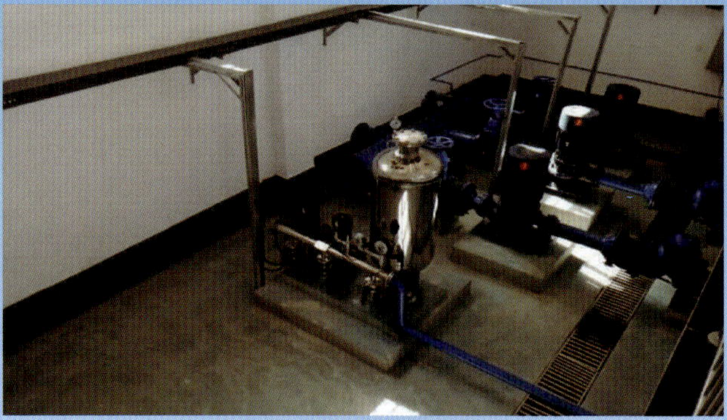

分水厂水泵房（室内）

减压池

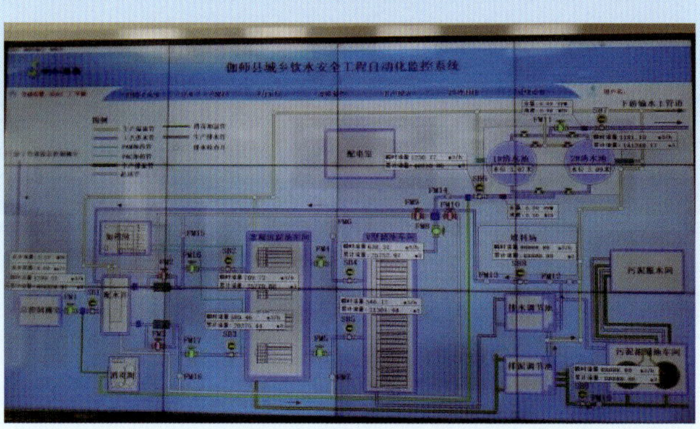

自动化监控系统

输水管网水锤安全在线监测与运行支持

李 江 著

中国水利水电出版社
www.waterpub.com.cn
· 北京 ·

内 容 提 要

随着大量引调水、输配水组网、供水工程的投入使用，常会发生管道爆管等问题。为了降低、避免水锤危害，本书认真分析了在管道设计、施工和维护中产生水锤的具体原因；通过数字孪生、智慧管网水锤及漏损监测系统方案等全面掌握引调水、供水系统和工业、城乡智慧管网相关设备运行情况；采取安装减压阀、阀门缓冲装置、水锤吸收器等相关措施来预防和控制水锤危害等。从而，根本上实现了对输水管网设施可测、可控、可视、可服务全流程，加速了引调水工程的创新，保障了输水管网设施安全运行，实现了输水管网水锤安全的在线监测与运行支持。

本书不仅适合从事水利水电工程，特别是输水管网的规划、设计、施工和维护人员学习参考，也适合高等院校相关专业的师生学习参考。

图书在版编目（CIP）数据

输水管网水锤安全在线监测与运行支持 / 李江著. 北京 : 中国水利水电出版社, 2024. 8. -- ISBN 978-7-5226-2660-4

Ⅰ. TV672

中国国家版本馆CIP数据核字第2024E0S398号

书　　名	**输水管网水锤安全在线监测与运行支持** SHUSHUI GUANWANG SHUICHUI ANQUAN ZAIXIAN JIANCE YU YUNXING ZHICHI
作　　者	李　江　著
出版发行	中国水利水电出版社 （北京市海淀区玉渊潭南路1号D座　100038） 网址：www. waterpub. com. cn E-mail：sales@mwr. gov. cn 电话：（010）68545888（营销中心）
经　　售	北京科水图书销售有限公司 电话：（010）68545874、63202643 全国各地新华书店和相关出版物销售网点
排　　版	中国水利水电出版社微机排版中心
印　　刷	北京印匠彩色印刷有限公司
规　　格	184mm×260mm　16开本　16.5印张　402千字　2插页
版　　次	2024年8月第1版　2024年8月第1次印刷
印　　数	001—800册
定　　价	**158.00**元

本 书 编 委 会

主　编　李　江　张　浩

副主编　马　军　郑　玮　金　波

参　编　董建忠　柳　莹　吴　涛　彭兆轩

刘水辉　王露阳　洪良鹏

主要参与完成单位： 新疆塔里木河流域管理局

西安理工大学

新疆水利水电规划设计技术中心

新疆水利水电勘测设计研究院有限责任公司

西安普特流体控制有限公司

新疆兵团勘测设计院集团股份有限公司

上海冠龙阀门节能设备股份有限公司

前　言

新疆地大物博，但水资源匮乏，水资源量仅占全国的3%，按地均仅为全国的1/6，特别是南疆地区仅为全国的1/8，而且时空分布极不均匀，造成各地水资源分布与利用存在较大差异。从供水、灌溉角度分析，存在资源型缺水、工程型缺水、管理型缺水等问题。20世纪，各地主要是通过修建山区水库大坝增强水资源调控能力、改善水资源时空配置不均衡的矛盾，同时兴建了大量的平原水库来进一步增强灌区调控能力。

新疆是典型的干旱地区，平均干旱指数大于7，部分地区大于50。干旱往往伴随贫困，同时也是制约地区发展的瓶颈，而要解决贫困窘境、破解发展瓶颈，有时就需要把水从相对丰富的地方“搬运”到干旱的地方，“搬运”可以采用渠道、管道、泵站等各种形式，同时还需要伴随新建水库、调蓄水池等进行调节。

进入21世纪以来，我国相继启动了水资源优化配置重大规划及行动方案，一大批农业灌溉高效节水、农村人饮安全供水、城市供水安全提升、工业园区供水配水等相继建设，如“十二五”至“十三五”期间启动的全疆大中型灌区续建配套与高效节水、喀什地区“一市四县”供水工程、五彩湾工业园区供水工程等。大量长距离调水及输配水工程的建设为当地城市、农村以及工业、农业的发展提供了重要安全保障，为全疆尤其是南疆的人饮供水提供了保障，为新疆水资源的调配和受水区的经济社会发展起到了巨大的推动作用。

随着大量引调水、输配水组网、供水工程的投入使用，管道供水工程管道爆管等问题也不时涌现。分析产生水锤的具体原因：一是管道引调水及供水工程竣工时，仅进行了管道静压试验和正常工况试验，未进行极端工况验证，难以验证系统的全面安全性；二是未进行断电停泵试验；三是管网运行和泵阀操作过程的水锤风险未引起足够重视，供水调度时，仅对水量水压进行目标“导航”，泵阀动作依靠经验操作，经常存在“新司机长期疲劳驾驶和经验性误操作”引发水锤的风险。

输水管道中的水锤现象是指在管道内流体快速停止或改变流动方向时产生的压力波动。这种压力波动会导致管道内的压力急剧升高，超过管道材料的承载能力，从而引发管道爆裂、连接件脱落等事故。其危害包括：①管道爆裂，当管道中的流体突然停止流动时，由于流体的惯性作用，会产生向前的冲击力，导致管道发生爆裂；②连接件脱落，水锤现象会导致管道内的压力急剧升高，超过连接件的承载能力，从而导致连接件的脱落，造成泄漏或爆炸；③设备损坏，水锤过程中的压力波动会对管道、阀门、泵等设备造成损坏，增加维修和更换的成本；④噪声和振动，水锤会产生巨大的压力波动，从而引发噪声和振动，不仅影响工作环境，还可能对附近的建筑物和设备造成损坏；⑤水质污染，水锤现象可能导致管道破裂或连接件脱落，使得污水或其他液体泄漏，从而造成环境污染和水质污染。为了避免水锤危害，需要采取相应的措施，如安装减压阀、阀门缓冲装置、水锤吸收器等，以减少或消除水锤现象的发生。此外，在管道设计、施工和维护中，也需要考虑水锤现象，并采取相应的措施来预防和控制水锤危害。

影响输水管网的安全和效益的问题主要表现为爆管和漏损。据统计，2020年因管网事故造成84人伤亡。根据住建部公布的统计年鉴显示，2019年全国城市、县城公共供水管网漏水量近百亿吨，相当于漏掉了700个西湖的水重。对于爆管和漏损分析其本质，2010年国际水协会（International Water Association，IWA）指出，水锤是导致管网老化与损坏的主要原因，并最终产生爆管；对产生的原因进一步分析，输配水管网是一个典型的复杂系统，具有水力脆弱性，由于泵、阀动作和工况条件的变化，形成压力波动，如果存在先天缺陷和后期操作不当就极易产生水锤事故。

对于如何解决此类问题，考虑供水管网是一个典型的复杂系统，具有水力脆弱性的特点，应优先考虑水力自适应水锤防护，宜简化控制系统，提高输配水管网运行维护的安全可靠性。采用系统工程方法，打通水锤模型分析、水锤防护设备、管道水锤与空气监测、瞬态过程控制的孤岛，形成系统完整性、连接兼容性、功能协同性的输配水管网水锤防护综合调控系统。

在此大背景下，我们首次提出输水管网水锤安全在线监测与运行支持，其目的为解决输水管网长期以来无法预测感知水锤发生时间、范围的问题。输配水管网是一个时变性、非线性、多变量的复杂系统，传统阀门采用机械、电动、液压等外驱方式和简单的控制，难以满足水锤防护要求。对于以上问题，随着技术水平的提高，已经不能采用运管暴露后再去“亡羊补牢”式的传统模式，目前已经实施的水锤在线监测系统具有供水管网水锤风险信息的采集、记录、分析、判定、告警与上传等功能，用于分析评估供水管网水锤风险，验证水锤计算结果及水锤防护效果，为工程安全高效运行提供技术支撑。对于输水管网水锤安全在线监测与运行支持首先要解决自适应的水锤防护设备。

根据近年提出的数字孪生的理念，监测能力和数据分析能力也呈几何倍数级增长，如何利用好庞大的数据库也是要进一步深入分析和研究的。编者认为首先应进行水锤建模，包括稳态和瞬态水力模型的仿真计算，通过实验室试验装置测定、现场监测率定以及在线监测水力参数来校核模型精度；其次进行管道水锤与空气监测，当供水管网受水锤和空气的影响，采用高频高精度的水锤监测方案，在泵站、管网驼峰及低点、材质不同的管道结合点，以及历史爆管多发位置进行水锤与空气监测，将瞬态过程控制关键技术作为问题预防重点；最后基于系统工程方法，融合水动力学、信息图论原理，采用数据同化、大数据分析校核模型，形成瞬态过程控制方案。

通过数字孪生、智慧管网水锤及漏损监测系统方案能够全面掌握引调水、供水系统和工业、城乡智慧管网相关设备运行情况。对发现的问题能够合理分配，并得到快速解决，从根本上确保了引调水和供水管理能力，全面提升了用水安全及水资源管理的工作效能。实现可测、可控、可视、可服务全流程，加速引调水工程的创新；实现供水管网系统的控制智能化、数据资源化、管理精确化、决策智慧化的“四化建设”，保障输水管网设施安全运行，使输水管网运营更高效、管理更科学、服务更优质。实现数据挖掘、数据分析、功能拓展、功能衍生，缩短信息交互时间，大大减轻了人力统计工作量，提高工程的运行效率和安全性能。

本书的撰写得到了西安普特流体控制有限公司、上海冠龙阀门节能设备股份有限公司等单位的帮助和大力支持，特此致谢！

本书是编者调研新疆范围内的典型工程，结合新疆喀什一市两县等典型工程的解剖，吸收国内外最新技术和理论编著而成，为输水管道水锤安全在线监测与运行支持提出自己的思路和解决方案。由于编者经验、能力水平仍有较多不足之处，加之编写时间有限，书中疏忽或不足之处在所难免，敬请同行和读者多提宝贵意见。

我们将不断努力前行，对新疆输水管网的安全运行和科学管护做出应有的贡献。

编者

2023 年 12 月 23 日

目　录

第1章 绪论

1.1 输水管道工程的发展现状

1.1.1 国外输水管道发展现状

国外最早的长距离输水工程是建于公元前2400余年的埃及尼罗河输水工程，大量兴建长距离输水工程始于19世纪中期。进入20世纪以后，国外已建的大型长距离输水工程有美国联邦中央河谷输水工程、以色列北水南调工程、加利福尼亚州北水南调工程、秘鲁东水西调工程、澳大利亚雪山输水工程等。世界各地已建在建和拟建的大型跨流域输水工程中以美国、加拿大、以色列等国的最为突出。早期工程多以明渠方式输水，如加利福尼亚州北水南调工程、苏联卡拉干达调水工程、埃及托西卡调水工程等；采用管道方式输水的工程有利比亚大人工河工程。

1. 利比亚大人工河工程

为了解决农业灌溉、居民生活和发展中的工业用水需求，争取半数农产品能够自给，利比亚建设了称之为“绿色革命”的大型人造河工程。大人工河实际上是利比亚境内的南水北调工程，1984年正式开工。利比亚在沙漠地区打了约1300口井，大部分的井深超过500m，抽取上来的地下水通过2800km长的管道网络输送至黎波里、班加西、苏尔特等城市，惠及650万居民。当该项目的第五阶段和最后阶段完成时，整个输水管网将拥有长约4000km的管道，灌溉15.5万hm^2的土地。其中骨干管道采用直径4m的预应力钢筒混凝土管道。

2. 以色列北水南调工程

以色列北水南调工程将以色列北部较为丰富的水输送到干旱缺水的南方，是以色列最大的水利工程。工程于1953年正式开工建设，1964年建成投入运行。水源地位于以色列东北部的太巴列湖，工程年均调取太巴列湖水4亿m^3左右，采用直径2.8m管道，管道部分长77km。该工程的运行改善以色列水资源配置的不利状况，缓解制约南部地区发展的主要限制因素的同时，也改善了严酷的生态环境条件，带动了南部经济社会的发展。调水管道向南到130km处的特拉维夫东北部后，主干管分为东西两支继续向南延伸，直达内格夫沙漠。至20世纪80年代末，以色列北水南调工程输水管线南北已延长到约300km，沿途设多座泵站加压，并吸纳全国主要地表水和地下水源。同时，向外辐射的供水管道与各地区的供水管网相连通，形成全国统一调配的供水系统。

3. 埃塞俄比亚至吉布提跨境供水工程

吉布提位于非洲东北部亚丁湾西岸，境内地形复杂，水资源匮乏、供水能力不足，供水水质恶劣已严重影响了吉布提居民的身体健康和经济发展。随着“一带一路”倡议的推进，我国援建埃塞俄比亚至吉布提跨境供水工程项目，促进吉布提供水事业发展。工程项目位于埃塞俄比亚境内距离埃塞俄比亚与吉布提边界 100km 处 Shinile 地区，地区拥有丰富的地下水资源，供水水源主要为 Shinile 地区的 Kulen Vally 深层地下水，规模为 10 万 m^3/d。

4. 美国莫凯勒米调水工程

1848 年，旧金山发现金矿后，移民蜂拥而至，城市的人口和经济得到快速发展，由此引发了当地水资源供给不足的危机。莫凯勒米调水工程由 EBMUD 于 1924 年 11 月开始兴建，第一条管线于 1929 年 6 月开始输水。目前，工程从莫凯勒米河的年引水量为 4.5 亿 m^3，日均引水量约为 123 万 m^3。该工程的水源工程为帕迪坝。帕迪坝于 1927—1929 年建设，坝高 105m，输水系统全长约 145km，可分为 3 段：第一段为长 3km 的隧洞；第二段为莫凯勒米管道，由 3 条平行的、长度均为 131km 的输水管道组成；第三段为拉法叶特管道，包括 2 条长度均为 11km 的管道，该管道与水处理厂和终端水库相连。

5. 阿尔及利亚安纳巴输水工程

阿尔及利亚安纳巴输水工程 LOT4 标项目位于阿尔及利亚东北部安纳巴市郊。工程主要用于从默克塞纳大坝向安纳巴补充供水，输水管线全长约 36km，主要采用法国 PAM 厂生产的直径 1.4m、1.2m K9 级球墨铸铁管。管口之间采用滑入式柔性接头。该工程于 2006 年 6 月 14 日开工，2008 年 10 月 1 日正式通水。

6. 阿尔及利亚输水工程

阿尔及利亚输水工程起点是距阿首都阿尔及尔 1200km 的因萨拉赫市以北 70km 的水源地发电站，终点是南部省会塔玛拉塞特市附近的末端计量站，工程的建设目的是满足塔玛拉塞特及周边地区的饮用水需要。管道在撒哈拉沙漠腹地沿 1 号国家公路铺设，全程 750km。工程总标的额为 20 亿欧元，由四家中国公司作为总包商分标段进行施工。工程于 2008 年初启动，建成后将解决阿尔及利亚南部沙漠地区数以万计居民的饮水问题，有效促进当地旅游业发展和经济建设。

7. 阿塞拜疆巴库引水工程

阿塞拜疆巴库引水工程为目前世界上最大的玻璃钢管道引水工程，是为彻底解决巴库人民 300 年来的缺水问题，投资 35000 万美元建设的一条从奥古兹通向首都巴库市的引水工程。工程采用直径 2m，压力等级为 1.0MPa、1.6MPa、2.0MPa、2.5MPa 的玻璃钢夹砂管道，管道长 265km。工程所在地大部分为沙漠、戈壁和农庄，最高直射温度可达 70℃以上。在施工过程中，现场管道无覆盖物，管内无支撑，未发现管道有明显变化，2010 年已安装的管道全部通过试压，至今运行良好。

8. 美国加利福尼亚州北水南调工程

加利福尼亚州北水南调工程是为解决美国加利福尼亚州中部和南部地区干旱缺水而建设的四项调水工程之一，其调水范围延伸到了加利福尼亚州南部的洛杉矶地区。工程共建成：输水干支渠 5 条，总长 1028km；泵站 22 座，总扬程 2396m。该工程集供水、灌溉、防洪、发电及旅游为一体，自1959年起历经26年完成建设。工程建成后，由于大量引用萨克拉门托河和圣华金河的淡水，流入旧金山湾的淡水减少，造成了海湾水质恶化，为此工程中采取了适当控制引水量的措施。

9. 秘鲁东水西调工程

秘鲁是个多山国家，秘鲁东水西调工程即著名的马赫斯等调水工程，建在安第斯山区，是迄今为止世界上已建海拔最高的调水工程。为解决南部城市阿雷基帕严重缺水问题，开发马赫斯和西瓜斯两片平原荒漠，发展农业灌溉，秘鲁于1971年开工建设酝酿多年的马赫斯调水工程。工程将两个水库的水汇入科尔卡河，通过89km隧洞和12km明渠，将水调入西瓜斯河，而后利用落差建设2座水电站，总装机容量650MW，年发电量22.6亿kW·h，为阿雷基帕等地供电，发电尾水进入西瓜斯河，用于发展灌溉。针对沿海地区缺水问题，秘鲁能够未雨绸缪，统筹规划，开源节流，东水西调，妥善解决首都利马及一些地区的严重缺水问题，促进了经济社会的发展和人民生活质量的提高。

10. 澳大利亚雪山输水工程

澳大利亚地广人稀，虽然淡水资源人均占有量不少，但同时也是世界上降水量较少的地区。澳大利亚雪山输水工程将位于澳大利亚东南部的斯诺伊河的一部分水量引向西坡的缺水地区，是澳大利亚集输水、发电功能为一体的大型水利工程，也是世界上较为复杂的长距离输水工程之一。澳大利亚雪山输水工程于1949年开始修建，1975年竣工，该工程投入运行后取得了相当可观的经济效益。

11. 美国联邦中央河谷输水工程

美国联邦中央河谷输水工程是美国为解决加利福尼亚州中部和南部干旱缺水问题及城市发展需要而兴建的4项调水工程之一。该工程于1937年开工，1982年基本竣工。工程共建成：水库19座，总库容154亿m^3；输水渠道8条，总长986km，总引水能力636m^3/s；水电站11座，总装机容量163万kW。工程平均年可供水量为134亿m^3，其中满足原有水权要求的为45亿m^3，兴利水量的为89亿m^3。完成全部已批准的工程后，可增加供水量7亿m^3。工程对发展河谷地区农业灌溉起到很大作用，对水力发电、城市生活及工业供水、防洪、抵御河口盐水入侵和发展旅游等都有相当大的效益。

12. 哈翔清洁燃煤电厂一期项目（循环水）

中国公司与沙特国际电力和水务公司达成战略合作，双方将共同合作开发中东、亚洲、非洲电力市场，共同投资兴建中东第一座燃煤电厂——迪拜哈翔1200MW清洁燃煤电站。该项目的冷却直接采用海水冷却，考虑到海水的腐蚀性及当地环保的要求，海水循环水冷却系统采用4条大口径的连续缠绕玻璃钢管道以并行的方式进行铺设，管道直径为3.8m，压力等级为0.6MPa，管道总长为7348m，由中方公司和阿曼提公司双方共同生产。

13. 哈翔清洁燃煤电厂一期项目（冷却水）

哈翔清洁燃煤电厂一期项目（冷却水）同样应用于迪拜哈翔1200MW清洁燃煤电站工程，主要应用于直流冷却海水的取排水工程。该项目总长47800m，共分为3个标段实施，中方公司负责海水冷却后的排水工程管线的管道供给及设计。冷却海水排水工程采用6条连续缠绕玻璃钢管道以并行的方式进行铺设，管径为4m，压力等级为0.6MPa，管道总长为14396m。该管线兼顾陆地埋设和海底管线埋设，同时需考虑由于取排水口海生物的处理、海水扩散器的设计等。

国外典型输水管道工程见表1-1。

表1-1　　　　国外典型输水管道工程

序号	项　目	建设地点	管道长度/km	管道类型	管径/m	输水规模	建设开始年份
1	利比亚大人工河工程	利比亚	4000	PCCP	4	100万m^3/d	1997
2	以色列北水南调工程	以色列	300	PCCP	2.2～2.8	14亿m^3/a	1964
3	埃塞俄比亚至吉布提跨境供水工程	吉布提	374	DIP	0.8～1	10万m^3/d	2017
4	美国莫凯勒米调水工程	旧金山	131		1.5～2.2	45.46万m^3/d	1963
5	阿尔及利亚安纳巴输水工程	安纳巴	36	DIP	1.2～1.4		2008
6	阿尔及利亚输水工程	因萨拉赫	750	SP	0.7～1.4	10万m^3/d	2010
7	阿塞拜疆巴库引水工程	巴库	265	FRP	2		2010
8	美国加利福尼亚州北水南调工程	加利福尼亚州	1028	PCCP	2.2～2.8	44.3亿m^3/a	1959
9	秘鲁东水西调工程	秘鲁	260	PCCP	2～4		1971
10	澳大利亚雪山输水工程	澳大利亚	80	PCCP	3～5	30亿m^3/a	1949
11	美国联邦中央河谷输水工程	加利福尼亚州	800	PCCP	3～5	84亿m^3/a	1982
12	哈翔清洁燃煤电厂一期项目（循环水）	迪拜	7.348	GRP	3.8		2016
13	哈翔清洁燃煤电厂一期项目（冷却水）	迪拜	14.396	GRP	4		2016

1.1.2　国外水锤研究概况

对水锤的理论研究最早可以追溯到19世纪关于波的传播理论的探讨。水力过渡最早是从探讨声波在空气中传播和波在水中的传播以及血液在动脉中流动开始的。根据输水方式的不同，可将水力过渡划分为压力管道、明渠和明暗交替水力过渡过程。直到弹性理论、微积分学以及解偏微分方程的方法建立以前，这些问题都不可能精确地获得解决。

牛顿（Newton）和拉格朗日（Lagrange）对声波在空气中的波速作了理论研究并设计了相应的实验作测试。牛顿用水在"U"形管中的振荡与摆动对比，推导出了一个不正确的渠道中的水波波速公式$v=\sqrt{L/g}$，拉格朗日则推导出了明渠中波速的正确公式，其形式为$a=\sqrt{gd}$。欧拉（Euler）建立了系统的弹性波传播理论并进而得出波传播的偏微分方程。1789年，蒙吉（Monge）提出了针对偏微分方程的图解法，并提出了特征线法。

杨（Young）多年从事液体流动、阻力损失、弯曲损失和压力波在管中传播的研究。赫尔姆合尔茨（Helmholtz）首先正确指出水在管道中的压力波速较其在无围限的水中高是由于管壁有弹性引起的。马雷（Marey）一直致力于水和水银中的压力波速的研究，通过多次的试验，最终得到的结论是：压力波的速度与振幅没有关系；压力波在水银中的速度比在水中要快3倍；压力波的速度与管路的弹性系数成正比关系。韦伯（Weber）一直从事弹性管中的不可压缩流体流动的研究，并设计了决定压力波速度的试验，经过屡次的试验，他最终建立了压力波的运动方程和连续方程。这类方程成为水锤研究的理论基础。

1808 年拉塞尔（Resal）推导出连续方程、运动方程以及二阶波动方程。

世界上第一个专研水锤问题的是意大利著名工程师门那布勒（Menabrea）。门那布勒在 1858 年所发表的文章中，打破了前人只注意波速的片面见解，提出了重点攻坚波的传播所引起的压力变化领域的观点。他利用能量的基本原理，周密考虑了管壁和流体的弹性，导出了波速公式，进而有力地阐述了水击的基本理论，最终成为弹性水击的理论基础领域的专家。

同一时期，俄国、美国和意大利的学者分别提出了各自的观点，并发表了全面且系统的水锤理论著作。

1897 年，俄国知名空气动力学家茹科夫斯基（Zhukovsky）在莫斯科用各种不同管道进行了大量有关水锤现象的实验，并结合相关水锤基础理论，于 1898 年发表了题为《管道中的水锤》的学术文章。其中：创新地提出了速度变化与压力变化存在某种联系，并建立了它们之间增量的关系式，也就是后来享誉世界的儒科夫斯基公式；探讨了压力波在管道内的传播以及其在出流端点的反射；研究了调压室、安全阀与阀门关闭速率等因素对水锤现象的产生的影响；指出当关闭时间满足 $T<2L/a$ 的条件（L 代表管长，a 代表波速）时，水锤压力升高达到峰值（即最大值）。

1898 年，美国工程师弗里泽尔（Frizell）在美国土木工程师协会会报上发表了题为《管道中流速变化所产生的压力》的学术论文。他在文中列出了水锤波速和由于流速突然变化所引起的水锤压力的推导关系式，并提出了在管壁弹性模量无穷大的情况下，水锤波速和不封闭水中的声波速度是相等的。文中还提及波速受分岔管、波的反射以及连续波的影响。

1902 年，意大利工程师阿列维（Allievi）发表了关于水锤理论的论文，在茹科夫斯基研究的基础上，进一步探讨了间接水锤问题。阿列维引入了 2 个无因次参数，即 Allievi 常数和阀门关闭特性参数，并在水锤计算方程式中得出了现在依然在使用的水锤常数。通过长期的理论专研与实验，他针对线性启闭规律下的阀门端水锤压力创新地提出一套图表解法，并将其用于实践。此外，阿列维还致力于阀门的动作方面的研究，并得出了其压力不会超过 2 倍静水头的重要结论。

19 世纪初之后的 100 多年里，伍德（Wood）、洛威（Lowy）等创造性地提出了图解法，Schnyder 在分析离心泵的管道水锤压力中，考虑并分析了全水泵特性，于是阻力损失历史性的首次被计入在图解分析中。伯格龙（Bergeron）、帕马京（Parmakian）等在前人的基础上进一步丰富和发展了图解法。1938 年，Angus 提出了对于复杂管道的水锤压力理论与如何计算液柱分离。Lupton、Richard 等学者也提出了相似的流体分离学说。

1933 年，美国土木工程师协会（American Society of Civil Engineers，ASCE）和美国机械工程师协会（American Society of Mechanical Engineers，ASME）共同发起在一场关于水锤的专题研讨会，关于压力水管和排水管道中水锤分析的观点与颇有价值的学术论文层出不穷。1937 年召开的 ASME 年会上提出了关于空气室和阀门的研讨，若干关于水泵全特性以及计算值与量测值的比较方面的论文接连问世。在管道水击分析中，Wood 通过限性化阻力项的方法，运用了 Heaviside 的微积分，其后 Rich 使用了拉普拉斯变换来分析管道中的水击。

Ruus 在世界上首次提出确定阀门关闭顺序的方法，此规律后来被称为阀门的最优关闭，它将最大压力限制在规定范围内。其后 Cabelka、Franc 和 Streeter 各自表述了此概念，之后把它推广到复杂管道系统并运用计算机进行相关计算。

20 世纪 60 年代初期，美国杰出的流体力学专家斯特里特 VL（V. L. Streeter）教授连续发表了几篇颇具影响力的论文。1978 年，怀利 EB（E. B. Wylie）和斯特里特 VL 合著《Fluid Transients》一书，书中主要分析了瞬变流如何产生、发展以及怎样能够防止瞬变流动造成的不利影响，并给出了相应的计算瞬变流的方法并使用 FORTRAN 语言来编写相关计算程序。这本书还以诸如涡轮泵、调速水轮机、阀调节、明渠、石油和天然气输送等系统中的大量工程问题为例，详细地叙述了他们用电子计算机进行水锤计算的研究成果。该书于 1983 年由清华大学译成中文版《瞬变流》。1979 年，加拿大的 M. H. Chaudhry 博士发表专著《Applied Hydraulic Transients》，书中系统地介绍了水力过渡过程的基本原理、数学模型与工程计算法，以及水电站、水泵站、核电站、输油管道系统中的水力过渡过程计算方法以及相关工程实例、电算程序，也涉及压力管道中的水柱分离与共振等问题。1972 年，日本知名专家秋元德三出版了《水击与压力脉动》一书，其中文版于 1981 年在我国问世。

20 世纪 70 年代，管道水锤研究领域翻开了崭新的一页。在英国皇家学会努力倡导下以及其流体工程分会的积极运作下，国际上每隔几年召开一次国际压力涌波会议（International Pressure Surge Conference)，总结和交流水锤方面的研究成果。我国关于水锤的研究启动较慢，缺席了前三届会议，从第四届（1983 年）开始才有我国学者参加此国际会议。1978 年，国际水力学研究协会（International Association of Hydraulic Engineering and Research，IAHR）正式成立了断流水锤研究组，并于 2000 年出版了《伴有水柱分离的水力过渡过程》(Hydraulic Transients With Water Column Separation)，书中系统地论述了断流水锤研究组近年来在断流水锤领域的研究成果。

20 世纪 80 年代以来，由于计算机科学与信息技术高速发展，管道水锤的计算机模拟也逐步发展并走向成熟，水锤防护技术也即将开启新的篇章。

1.1.3　国内输水管道发展现状

水是人类社会赖以生存的物质基础，是生命之源、生态之基、生产之要。但地球上的淡水资源有限，随着人口的增长、经济的发展和人类物质文化水平的提高，水资源在某些区域或流域出现短缺的现象逐渐突现出来。特别是降水量偏少而经济发展较快的半湿润半干旱地区，水资源严重不足，阻碍了社会经济的发展。我国水资源丰富，然而时空分布不均。如华北平原年均降水量一般在 500～800mm，属半湿润地带，由于地势平坦，光热资源充足，矿产资源丰富，经济与社会快速发展，人口密集，在我国政治、经济、文化、工农业生产等方面都占有重要地位，成为我国水资源承载力与经济社会发展极不相适应的地区，形成了严重的资源性缺水局面。华北平原对水资源的需求逐年快速增长，超越了当地的供水能力，恶化了水环境，必须从外流域引进新的水资源才能解决制约可持续发展的问题。

据有关资料统计，我国 669 座城市中，400 座城市供水不足，110 座城市严重缺水，其中北京、天津、青岛、大连等缺水最为严重；45 座重点城市中近一半的水质较差。农业缺水现象更为严重。水资源的不足又导致自然生态环境日趋恶化。实施长距离、跨流域调水，以水资源的可持续利用保障经济社会的可持续发展，是当前我国迫切需要解决的重大问题，也将是未来我国水利建设的一大特点。

通常所说的长距离输水大多涉及跨流域调水。跨流域调水是指修建跨越 2 个或数个流域的引水（调水）工程，将水资源较丰富流域的水调到水资源紧缺的流域，以改变缺水地区生活、生产条件和生态环境。跨流域调水是改变区域间水资源分配不均、实施大范围内水资源优化配置的战略举措。

长距离、跨流域调水的鼻祖是我国的京杭大运河。京杭大运河是世界古代水利史上的奇迹，全长 1794km，北起北京，南止杭州，始凿于公元前 5 世纪的春秋时期，经过多个朝代的开挖、整治与完善，形成现在的运河走向。京杭大运河连通北京、天津、河北、山东、江苏、浙江 4 省（直辖市），使我国东西向的钱塘江、长江、黄河、海河水系沟通，成为南北运输的重要通道。京杭大运河为综合性利用河道，具有排洪排涝、灌溉输水、向北调水、通航等功能，在我国历史上起到了无可比拟的促进社会经济发展的作用，也给后代留下了巨大的财富。

我国已建、在建及规划的长距离输（调）水工程有南水北调、引滦入津、引黄济青、引黄入晋、东深供水、引大入秦、引江济淮、滇中调水等。其中多数工程的骨干配水工程都采用管道输水。

1. 南水北调工程

在我国，南水北调特指从长江流域上、中、下游 3 条线路引水的工程，即通常所称的西线、中线和东线工程。西线向黄河上游供水，中线和东线共同向华北平原供水。通过 3 条调水线路将长江、黄河、淮河和海河这四大江河联系起来，构成以“四横三纵”为主体的总体布局，以利于实现我国水资源南北调配、东西互济的合理配置格局。南水北调是跨流域、跨省市的调水工程，是缓解中国北方水资源严重短缺、优化配置水资源的重大战略性基础设施，关系到经济社会可持续发展和子孙后代的长远利益。规划的东线、中线和西线工程到 2050 年调水总规模为 448 亿 m^3，其中东线 148 亿 m^3、中线 130 亿 m^3、西线 170 亿 m^3，工程将根据实际情况分期实施。

（1）东线工程。东线工程从长江下游扬州抽引长江水，利用京杭大运河及与其平行的河道逐级提水北送，并沟通起调蓄作用的洪泽湖、骆马湖、南四湖、东平湖。出东平湖后分两路输水：一路向北，在位山附近经隧洞穿过黄河；另一路向东，通过胶东地区输水干线经济南输水到烟台、威海。东线工程输水主干线长约 1156km，分 3 期实施，逐步扩大调水规模并延长输水线路，第一期工程抽江水量 87 亿 m^3。东线工程已经于 2002 年 12 月开工。

（2）中线工程。中线工程分为两期，一期工程多年平均调水量 95 亿 m^3，二期工程（2030 年）预计调水量 130 亿 m^3。一期工程从加坝扩容后的汉江丹江口水库陶岔渠首闸引水，沿唐白河流域西侧，过长江流域与淮河流域的分水岭方城垭口后，经黄淮海平原西部边缘，在郑州以西穿过黄河，沿京广铁路西侧北上，可基本自流到北京、天津，供水目标主要为北京、天津、河北、河南等主要城市生活和工业用水，兼顾农业和生态用水。一期工程主要由水源工程、输水总干渠工程和汉江中下游治理工程三大部分组成，其中输水工程全长 1432km。中线工程已于 2003 年 12 月开工。

(3) 西线工程。西线工程在长江上游通天河、支流雅砻江和大渡河上游筑坝建库，开凿穿过长江与黄河的分水岭巴颜喀拉山的输水隧洞，调长江水入黄河上游。主要供水目标为解决涉及青海、甘肃、宁夏、内蒙古、陕西、山西 6 省（自治区）黄河上中游地区和渭河关中平原的缺水问题。结合在黄河干流上兴建的骨干水利枢纽工程，还可以向邻近黄河流域的甘肃河西走廊地区供水，必要时也可向黄河下游补水。西线工程目前仍在进行前期工作。

2. 西江引水工程

为提升广州城市供水安全性，2010 年 9 月建成西江引水工程。该工程跨越广州、佛山两地，总投资 82.35 亿元，输水规模为 350 万 m^3/d，全程管线长 71.6km。西江引水工程取水点位于佛山市三水区，工程以“全密封”的方式将西江水输送到广州，工程年最大取水量约 12 亿 m^3。工程为广州开辟了新的水源，除供应目前西北部的 3 个水厂外，还预留了北部接口，为今后广州北部地区输水提供保障。

3. 磨盘山水库供水工程

随着改革开放的深入，城市用水污染问题日益显现。哈尔滨人民长期饮用的松花江水受到的污染情况较重，水体常年达不到饮用标准，人民生产生活受到严重威胁。1999 年底由市水务局牵头，专家论证提出兴建磨盘山水库，异地取水，早日彻底解决哈尔滨人民吃水的问题。目前磨盘山水库向市区日供水量达到 45 万 t，水源总量可达到全市生活用水总量的 64%。工程概算总投资 53.12 亿元，建设总库容为 5.23 亿 m^3 的大型水库 1 座，包括敷设总长度为 176km、管径为 2.2m 的输水管线 2 条，日处理能力 90 万 m^3/d 的净水厂和总长度为 194.5km 的市区配水管网。

4. 引汉济渭二期工程

陕西工业用水水资源总量不足，时空分布不均，缺水是制约全省经济社会发展的“瓶颈”。尤其是关中和陕北地区，水资源紧缺已成为当前乃至今后一个时期经济社会发展和环境改善首当其冲的重大问题。引汉济渭工程即是针对这一问题规划的重大水资源配置措施，其中二期工程为Ⅰ等大（1）型工程，由黄池沟配水枢纽、南干线黄池沟至灞河分水口段全长约 100.41km、北干线黄池沟至泾河新城分水口段全长约 89.54km 的输水干线工程组成。引汉济渭二期工程建成后，预计年调水量达到 15 亿 m^3。

5. 引绰济辽工程

引绰济辽工程位于内蒙古东部兴安盟和通辽市境内，从嫩江支流绰尔河引水到西辽河，是为了缓解内蒙古西辽河流域缺水状况而开发的水利工程。工程多年平均引水量 4.54 亿 m^3，主要由文得根水利枢纽和输水工程组成。输水工程由取水口、隧洞、暗涵、倒虹吸、压力管道及其附属建筑物等组成，线路总长 390.26km，管道长 203.83km。输水工程主要为 2 个地级市、7 个县级城镇的工业生产用户供水。引绰济辽工程在科尔沁右翼中旗境内，穿内蒙古科尔沁右翼中旗五角枫自治区级自然保护区 16.1km。

6. 掌鸠河引水供水工程

掌鸠河引水供水工程于 1999 年 12 月 19 日正式开工，于 2007 年通水，共投入建设资金 40 亿元。输水工程全长 97.72km，年调水 2.5 亿 m^3。水源工程云龙水库大坝枢纽工程，属大（2）型工程。工程建设后，极大地缓解了昆明水资源的供需矛盾，特别是自2009年以来昆明遭遇5年特大连旱，昆明周边库塘蓄水严重不足，城市供水形势异常严峻，而作为昆明城市饮用水的骨干型水库，云龙水库承担着昆明主城区约60%的原水供应任务，极大地保障了大旱期间昆明城区供水安全，确保了经济发展和社会稳定。截至2020年2月底，云龙水库已累计向昆明城市供应原水23.14亿m^3。

7. 大伙房水库输水工程

为从根本上解决水资源短缺问题，2001年国家批复了大伙房水库输水一期工程，2005年批复了大伙房水库输水二期工程。大伙房水库输水工程设计引水流量$70m^3/s$，多年平均调水量17.88亿m^3，总投资103亿元，将解决辽宁中部抚顺、沈阳、辽阳、鞍山、营口、盘锦6城市工业及居民生活用水。

8. 大伙房水库输水应急入连工程

大伙房水库输水应急入连工程2007年开工，是由大伙房水库向大连输水的一项大型输水工程，输水管线由大伙房水库输水二期工程鞍山加压泵站引出，主要布设于鞍山、辽阳、营口、大连境内，以碧流河为界，分为碧流河水库北段工程和碧流河水库南段工程，线路总长201.31km，其中输水管道长188.81km，输水隧洞长14.23km。工程年总调水规模3.01亿m^3。工程是国内管道输水距离最长、输水量最大、供水方式最复杂的工程，设计总工期42个月，工程概算投资49.06亿元。

9. 兰州第二水源地工程

兰州第二水源地工程输水隧洞为压力引水隧洞，按远期年引水能力8.3亿m^3、近期年引水量为5.5亿m^3设计。输水隧洞全长31.29km，设计洞径4.6m，起点为临夏州永靖县刘家峡大坝上游右岸4km处，终点为兰州市彭家坪水厂、芦家坪水厂，是整个水源地建设项目的关键性控制工程。按照项目施工方案，输水隧洞建设采用盾构机施工和钻爆法施工相结合的方式进行。该工程以刘家峡水库作为饮水水源地向兰州市供水，工程总投资约56.87亿元，由取水工程、输水工程、净水工程和供水管线四部分组成，于2020年年底建成并投运。

10. 珠江三角洲水资源配置工程

为解决受水区城市生活、生产缺水问题建设珠江三角洲水资源配置工程，工程取水口位于佛山市顺德区，工程从西江引水向珠江三角洲东部的广州市南沙区、东莞市和深圳市供水，工程设计引水流量$80m^3/s$，多年平均供水量约17亿m^3。工程由1条干线、2条分干线、1条支线、3座泵站、4座交水水库组成。其中，输水干线总长90.3km，深圳、东莞分干线分别长11.9km、3.5km，南沙支线长7.4km，采用管道和隧洞输水；依托已建的东莞市松木山水库、深圳市罗田水库和公明水库新建广州市南沙区高新沙水库，总库容529.4万m^3。

11. 引滦入津工程

20世纪50年代后，河北和北京的工农业迅速发展，各支流汇入海河水量日趋减少，不能满足天津的工农业及居民生活用水之需，春季水荒尤为严重，必须从外流域引水缓解缺水矛盾。引滦入津工程是跨流域的大型供水工程，由河北省迁西县滦河流域的大黑汀水库引水，穿燕山余脉，经于桥水库入天津市区，线路全长234km。工程于1983年建成通水，每年向天津供水 7 亿 m^3。

12. 引黄济青工程

引黄济青工程是一项将黄河水引向青岛的跨流域、远距离输水工程。该工程从黄河下游利津附近的打渔张引黄闸引水，用明渠将黄河水向南输送到青岛，解决青岛及工程沿线地区缺水问题。线路全长 290km，于 1992 年竣工。该工程投入运行以来，缓解了青岛工农业生产和人们生活用水的紧张局面，同时，因减少了沿海地区地下水开采量，扼制了海水入侵和地面沉降趋势，环境效益与生态效益明显。

13. 引黄入晋工程

引黄入晋工程位于山西西北部，从黄河干流的万家寨水库取水，分别向太原、大同和朔州 3 个能源基地供水，设计年引水量 12 亿 m^3，引水线路总长约 450km。一期工程向太原年供水量 3.2 亿 m^3；二期工程向朔州、大同年供水量 5.6 亿 m^3；二期工程后，最终向太原年供水量 6.4 亿 m^3。一期工程已于 2003 年 10 月建成并通水。

14. 东深供水工程

1963 年，香港遭遇历史罕见的特大旱灾。为解决香港水荒的问题，中国政府拨专款于 1964 年开始兴建东深供水工程，1965 年 3 月建成并正式向香港供水。为了满足香港、深圳和东莞等地不断增长的用水需求，并从根本上解决供水水质问题，20 世纪 70 年代以来，本工程进行了 4 次扩建与改造。东深供水工程北端从东莞桥头镇的东江河畔引水，向南输水至深圳市深圳水库，全长 83km。对港供水量占香港 75%的供水份额，对深供水量占深圳 55%的供水份额，对沿线 8 镇的供水量占 8 镇 85%的供水份额。

15. 引大入秦工程

为解决兰州市永登县秦王川地区干旱缺水问题，甘肃省于 1995 年建成引大入秦工程，该工程西起天祝县天堂寺青海、甘肃交界处的大通河，东至永登县秦王川，地跨甘肃、青海两省的四地（市、县、区），年引水量 4.43 亿 m^3，规划灌溉面积 573km^2，是目前中国规模最大的跨流域自流灌溉工程，其总干渠、下渠和支渠全长 884.3km，渡槽、倒虹吸有 40 余座，隧洞 77 处（总长达 110km），渠首设计引水流量 32m^3/s，加大引水流量 36m^3/s。

16. 引江济淮工程

引江济淮工程规划从长江北岸凤凰颈和裕溪门抽引江水，供水目标以城市供水为主，兼顾农业灌溉补水、水生态环境改善，并可沟通长江、淮河两大水系之间的航运通道。该工程分西、东 2 条线，分别从兆河和巢湖闸进入巢湖，再穿过江淮分水岭进入淮河，全长约 300km，其中新开挖的河道长约 100km。近期规划调水量 5 亿 m^3，远期规划调水量约 10 亿 m^3。

17. 滇中调水工程

滇中调水工程规划由金沙江虎跳峡河段引水，向云南的大理、楚雄、昆明、仙靖、玉溪、红河、丽江所辖的 49 个县（市、区）供水。这一地区的主体部分即为滇中地区，是云南省政治、经济和文化中心。滇中地区地处金沙江、澜沧江、红河、南盘江（属于珠江水系）四大水系的分水岭地带，集水面积小、降水少、蒸发大，是长江流域少有的干旱缺水地区。滇中调水工程以向滇中地区城市生活和工业供水为主，兼顾生态和农业用水。一期工程多年平均调水量 25.55 亿 m^3，输水线路长 478km，二期工程多年平均调水量 34.17

亿 m^3，输水线路长约 688km。

18. 青岛黄水东调工程

青岛黄水东调工程起始点为山东省黄水东调二期宋庄东延工程输水管线末端（平度市明村镇傅李庄村北），工程输水主管线末端为拟建官路水库，设计流量为 $9m^3/s$，加大流量为 $15m^3/s$。该工程总投资 39.26 亿元，建设工期 24 个月。输水管线总长 116km，全部采用 DN3000 和 DN2200 的钢管，项目建设地点跨即墨区、平度市、胶州市等区（市）。青岛黄水东调工程建成通水后，可实现年输水 1.89 亿 m^3，通过优化调配可增加至 3.15 亿 m^3，配合原客水及本地水，可极大缓解青岛市的供水紧张状态，提升城市供水保障能力。

19. 渝西水资源配置工程

渝西水资源配置工程通过新建长江、嘉陵江提水工程，向渝西地区城乡生活和工业供水，兼顾改善受水区河流生态环境用水，并退还被挤占的农业灌溉用水。工程总投资 143 亿元，由 20 座泵站、448km 输水线路和 3 座调蓄水库组成，施工总工期 54 个月，年均新增供水量 10.12 亿 m^3，其中城乡生活用水 4.67 亿 m^3、工业用水 5.45 亿 m^3。本工程管道采用球墨铸铁管和钢管。工程受水区涉及 11 个区，国土面积达 1.18 万 km^2，设计水平年供水人口 847 万人，多年平均引水量 10.12 亿 m^3（含续建）。

20. 嘉兴市域外配水工程

嘉兴市域外配水工程取水口为闲林配水井，工程起点为杭州仁和节点，终点为嘉兴市各受水水厂。工程通过隧洞、管道、泵站输送千岛湖原水，杭州段通过重力自流方式，嘉兴段采用泵站加压供水方式。工程引水规模为 2.3 亿 m^3/a。项目概算总投资约 85.54 亿元。输水线路总长 171.6km，其中杭州段长 23.1km、嘉兴段长 148.5km。杭州段全部为盾构隧洞，开挖洞径 6.2m，衬后内径 5.5m，盾构隧洞内置 DN3200 钢管；嘉兴段盾构隧洞长 1.7km，其余全部为管道，其中主干线长 74.2km，管径为 1.4～2.2m，支线长 72.6km，管径为 0.6～1.4m。

21. 鄂北水资源配置工程

鄂北水资源配置工程以丹江口水库为水源，以丹江口水库清泉沟隧洞为起点，自西北向东南横穿鄂北岗地，止于孝感市大悟县王家冲水库，输水线路总长 269.67km。其中安装 72km DN3800 的预应力钢筒混凝土管道，三管同槽，设计供水人口 482 万人，灌溉面积 363.5 万亩。总投资 180.57 亿元，总工期 45 个月。

国内典型输水管道工程见表 1-2。

表 1-2　　国内典型输水管道工程

序号	项　目	建设地点	管道长度/km	管道类型	管径/m	输水规模	建成年份
1	南水北调中线工程	湖北、河南、河北、北京	56.35	PCCP 管	4	4 亿 m^3/a	2014
2	西江引水工程	广州、佛山	71.6	PCCP 管+钢管	3.6	350 万 m^3/d	2010

续表

序号	项 目	建设地点	管道长度/km	管道类型	管径/m	输水规模	建成年份
3	磨盘山水库供水工程	哈尔滨	一期：176.30 二期：177.13	钢管＋PCCP 管	2.2	45 万 m^3/d	2006
4	引汉济渭二期工程	陕西	53.58	PCCP 管＋钢管	2.4～3.4	13.5m^3/s	2023
5	引绰济辽工程	内蒙古	390.26	PCCP 管	2.8～3.2	4.54 亿 m^3/a	2023
6	掌鸠河引水供水工程	昆明	97.258（其中倒虹吸 9.622km）	隧洞＋钢管（倒虹吸）	2.2	60 万 m^3/d	2007
7	大伙房水库输水工程	辽宁	260	PCCP 管	2.4～3.2	17.88 亿 m^3/a	2010
8	大伙房水库输水应急入连工程	辽宁	201.31	PCCP＋SP（部分隧洞）	2.4～2.8（PCCP），1.6～1.8（SP）	3.01 亿 m^3/a	2014
9	兰州第二水源地工程	兰州	25.75	DIP＋复合 SP	1.6（DIP），1.2～1.4（SP）	8.3 亿 m^3/a	2016
10	珠江三角洲水资源配置工程	广东	113.2	盾构、钢筋混凝土衬砌	4.1～8.3	17.87 亿 m^3/a	2019
11	引滦入津工程	河北、天津	26	PCCP 管＋钢管	1.8～2.5	7 亿 m^3/a	1983
12	引黄济青工程	青岛	38			30 万 m^3/d	1992
13	引黄入晋工程	山西	160.9	PCCP 管		12 亿 m^3/a	2003
14	东深供水工程	东莞、深圳、香港	5.9	PCCP 管＋钢管（倒虹吸）	4.8	7 亿 m^3/a	1964
15	引大入秦工程	甘肃、青海	0.568	倒虹吸	2.65	4.43 亿 m^3/a	1995
16	引江济淮工程	安徽、河南	107.1			5 亿～10 亿 m^3/a	2016
17	滇中调水工程	云南	一期：478 二期：688			一期：25.55 亿 m^3/a 二期：34.17 亿 m^3/a	2017
18	青岛黄水东调工程	青岛	116	钢管	2.2～3.0	3.15 亿 m^3/a	2019
19	渝西水资源配置工程	重庆	448	球墨铸铁管＋钢管		10.12 亿 m^3/a	2021
20	嘉兴市域外配水工程	杭州、嘉兴	171.6	钢管	1.4～2.2	2.3 亿 m^3/a	2019
21	鄂北水资源配置工程	湖北	269.67	PCCP	3.0～3.8	7.7 亿 m^3/a	2015

1.1.4 国内水锤研究概况

我国关于水锤方面的研究起步较晚，而且对水锤基本理论的系统论述的资料也不多。20 世纪 60 年代，国内开始有人从事水锤方面的研究，王守仁和龙泰等作为我国水锤研究的鼻祖，通过多年的理论研究和大量试验，为我国水锤计算和防护奠定了坚实的基础，特别是对下开式水锤消除器的研究，为其20世纪70年代的普及使用起到积极的、现实的指导意义。

直到20世纪80年代初，我国才出现有关水锤的专著。1981年，清华大学知名学者王树人编写的专著《水击理论与水击计算》系统介绍了水击的基本理论以及如何推导基本方程式，并给出了初步的电算程序。此后，随着《Fluid Transients》和《Applied Hydraulic Transients》两本书中译版《瞬变流》《实用水力过渡过程》的相继出炉，我国关注水锤的科研人员日趋增多，水锤研究逐渐发展起来。金锥等学科带头人在水柱分离方面进行了多年系统的理论研究，通过建立水柱分离的计算模型，全面而系统地总结了停泵水锤防护的理论，并将电算法运用于停泵水锤中，其成果收录于《停泵水锤及其防护》一书。刘竹溪、刘光临等不仅将计算机技术扩展到国内的泵站水锤计算领域中，而且对水泵的全特性曲线及单向调压塔进行了系统的分析与研究，并发表了几篇颇有见地的学术论文，其专著《泵站水锤及其防护》也是较早的水锤专著。索丽生等对水锤问题进行了多年的理论研究，开展了很多方面的水锤理论分析，在水电站压力引水系统水力过渡过程研究方面有较大的贡献，其将水锤理论基础运用到调压室的实际工程中。王学芳等主要从事工业管道的水锤防护，并由这一方面逐步拓展到电厂、输油、核电等诸多领域，编写了专著《工业管道中的水锤》。

在第五届（1986年）学术会议上清华大学发表了2篇有深远意义的论文，水利水电工程系王树人教授和工程力学系王学芳教授等将水电站调压塔的防水锤研究及旋启式止回阀水锤性能研究成果向外界公开发表，立即引起国内外专业人士的高度重视。奕鸿儒等在泵站水锤的试验和计算方面研究多年，发表的数篇论文对我国常用的两阶段关闭蝶阀、逆止阀以及微阻缓闭止回阀等在工程中的正确应用起到了现实的指导意义，在系统总结前人理论研究成果基础上，为瞬变流的深入研究奠定了坚实的理论根基。20世纪80年代末，我国科技人员开发出一种新型水锤防护设备，也就是现在的液控缓闭蝶阀，其通过调节阀门关闭的时间与角度（大致分为快关和慢关）来预防水锤的发生。

近10年以来，国内学者在有压输水管道系统伴有空穴流、液柱分离两相瞬变流方面的研究也取得了历史性的突破，于必录等致力于有压输水管道系统发生液柱分离现象的研究，提出了在有压输水管道系统中液柱分离是当泵系统的瞬态压力降低到汽化压力时发生在管道系统中的一种局部现象的重要观点，它涉及诸如气体释放液体气化、气液相之间质量与动量交换以及水锤压力波速变化等繁琐的物理现象。蒋劲等则运用矢通量分解的方法来求解气液两相瞬变流。杨开林等人对供水管线的气泡动力特性进行了多年的专研。郑源等人对于管道负压条件下的气体释放进行了系统而务实的理论研究。孙兰凤将数值模拟法应用在管道中的空气阀消除断流弥合水锤中。金锥及杨玉思等对断流水锤的基础理论、实验科研、数值模拟以及气液两相流都有系统的研究，并得到了深刻的认知。杨玉思教授经过多年的理论专研再结合工程实际，创造性地提出了城市管网爆管主要原因是管道排气不畅引发气爆的重要见解，并进一步指出使用性能优良的排气阀可以有效地减少气爆水锤发生的可能性。

随着大型输水工程的数量在全国范围内与日俱增，管道的安全运行问题越发引起政府主管部门和社会各界的高度重视，从事水锤方面研究的科技人员成倍增加。正是通过水锤领域的学者和科技人员的共同努力，使得我国水锤的理论研究以及实际工程的防护都取得了巨大的发展，甚至个别领域已引领世界潮流。

1.1.5 新疆输水管道发展现状

新疆水资源空间、时间分布极不均匀，在实施流域内水资源合理配置及开发利用的背景下，可通过兴建引、调水工程，解决地域、县域之间的供水问题。新疆地区地处我国西北内陆，降水量少、蒸发量大等自然因素导致干旱缺水。随着经济发展和区域人口的增多，农业用水剧增，用水矛盾日益突出。采用长距离输水工程解决东西、南北的水资源分配不均问题就成为一项重要举措，而管道输水具有输水效率高、全年可输水、调节灵活可靠等特性，成为长距离输水工程输水方式的首选。如2005年建成的北疆输水工程中的小洼槽倒虹吸、三个泉倒虹吸工程，2008年建成的罗布泊钾盐外部输水工程，2015年建成的乌鲁木齐市大西沟管道引水工程等，其供水目标都是满足城市生活、工业园区用水。

新疆有大面积的绿洲，是典型的灌溉农业区。大型自压管道输水是充分利用地表水资源通过两地高差势能进行重力长距离输水的方式，其结合新疆绿洲灌区已经大规模实施的膜下滴灌系统，可形成大型自流灌区现代化管道化输配水的自压滴灌系统模式，该灌溉模式具有提高水利用系数、节约水资源，减少能源损耗、绿色环保、适应性强、运行管理方便等诸多优势，当前已经在南北疆不同灌区进行了试点示范并取得了理想效果。本书梳理了20项已建、在建新疆典型长距离输水工程及防护型式，见表1-3。

表1-3　已建、在建新疆典型长距离输水工程及防护型式

项目	年输水量/亿 m^3	输水方式	管道长度/km	扬程/m	管径/m	管材	主要安全防护措施
察县伊南输水工程	0.45	扬水	54.26	110	1.2	浸塑SP	两阶段液控缓闭止回阀、分水口可调式减压阀、末端设稳压持压阀、组合式空气阀
阿拉山口输水工程	0.22	重力流	47.75		0.8	PCCP	减压池、多喷孔消能阀、进排气阀
精阿输水工程	0.58	重力流	102.68		0.63～1.62	3PE SP	减压池、淹没式套筒消能阀、恒速缓冲进排气阀
塔城白杨河饮水工程	0.42	重力流	113.01		1.6	FRPM	箱式双向调压塔、排气阀
托里县城乡输水工程	0.03	重力流	37.5		0.25～0.71	SRTP	减压池、进排气阀
"500"东延输水工程	1.00	扬水	213.1	268.5	1.2～3	PCCP	两阶段液控缓闭阀、多功能水力控制阀、管线采用压力水箱、缓冲式复合进排气阀
准东工业园二级输水工程	0.43	扬水	17.8	214	1.2～1.4	PCCP	泵站采用多功能水力控制阀，管线采用超压泄压阀、缓冲式复合进排气阀

续表

项　　目	年输水量/亿 m^3	输水方式	管道长度/km	扬程/m	管径/m	管材	主要安全防护措施
老君庙输水工程	0.32	扬水	56.82	240	1.2	PCCP	多功能水力控制阀，管线采用超压泄压阀、缓冲式复合进排气阀
小洼槽倒虹吸工程		重力流	5.35×2		3.1	FRPM	进排气阀、锥形减压阀、竖井式消能
三个泉倒虹吸工程		重力流	10.57×2		2.8	PCCP	进排气阀、锥形减压阀、竖井式消能
					2.7	SP	
阜康产业园区扬水泵站工程	0.5	扬水	51.27	330	1.4	DIP	两阶段液控缓闭阀、水锤消除罐、水锤消除阀，管线采用防水锤空气阀
哈密洛钼矿业输水工程	0.04	扬水	20.27	463	0.5	DIP	两阶段液控缓闭阀，管线设两阶段和三阶段空气阀
					0.4	SP	
罗布泊钾肥输水工程一期	0.18	重力流	240		1	SP、FRPM	管线中部设减压稳压阀、末端减压调流阀、进排气阀
巴楚县城乡一体化输水工程	0.23	重力流	239.17		1.4	FRPM	两阶段主管隔断阀、分水口调流稳压阀、进排气阀
					0.6	DIP	
					0.16	PE	
柯坪县城乡一体化输水工程	0.05	重力流＋扬水	143.22	113	0.6、0.7	涂塑复合SP	两阶段液控缓闭阀、水锤消除罐、超压泄压阀，管线采用空气阀和超压泄压阀
十四师皮墨垦区引水灌溉工程	1.37	重力流	195.0		1.6～2.4	PCCP	减压阀、进排气阀、超压泄压阀
					1.4	FRPM	
吉木乃县扬水工程	0.87	扬水	42.85	596	1.2	FRPM	多功能水力控制阀、超压泄压阀，管线单向调压塔、防水锤空气阀、复合式空气阀
JK输水工程		重力流	178×2		3～3.4	PCCP	减压池、超压泄压阀、箱式双向调压塔、进排气阀
大西沟引水工程	1.77	重力流	43.2		2.2～2.4	PCCP	淹没式多喷孔消能阀、消力池、进排气阀
					2.4	DIP	
北屯城镇引水工程	0.55	重力流	48.59		1.6	PCCP	管中式固定锥形调流减压阀、进排气阀
					1～1.8	SP	

1.1.6　新疆水锤研究概况

新疆采用管道输水的案例很多，在早期设计阶段，由于设计单位普遍无法单独进行水锤防护的计算分析，因此均委托科研机构或大学水利学院（市政学院）等进行水锤计算分析，所用软件包括：商业软件，如 Water Hammer、Infoworks、KY Pipe、WANDA；各研究单位采用 C＋＋语言或 VB 语言自编的计算软件。由于缺乏分析计算标准，因此导致计算边界条件不清、表达型式多种多样、防护设备五花八门，甚至出现有些项目委托几家单位计算分析结果大相径庭的局面，造成审查单位也难以定夺。

2012 年，新疆水利水电规划设计管理局专门购置了 KYPipe 软件，并培养专人开展了水锤计算分析，完成了伽师城乡供水工程、阜康产业园区扬水泵站工程等数十个项目的计算分析，在此基础上结合新疆管道项目地形条件复杂、管材选择种类多、水锤防护设计普遍缺乏的特点，编制了地方标准，旨在规范行业设计，确保长距离有压流输水管线设计及运行安全，实现有压流输水管道水锤设计工作的规范化，有效预防水锤事故发生，减少危害。该标准适用于长距离重力流、泵站扬水有压流水力过渡过程计算设计，目前已经新疆维吾尔自治区市场监督管理局审批通过，正式出版发行，标准名称为《有压流输水管道水锤防护设计规程》（DB65/T 4718—2023）。

《有压流输水管道水锤防护设计规程》主要章节及内容见表 1-4。

表 1-4　　《有压流输水管道水锤防护设计规程》主要章节及内容

章　　节	主　要　内　容
前言	提出项目起草单位、主要起草人等
1 范围	规定了有压流输水管道工程水锤防护设计总则，提出适用于有压流输水管道工程，包括各类新建、改（扩）建和已建项目的管道建模、水力分析和安全防护方案设计
2 规范性引用文件	本标准无引用文件
3 术语和定义	采用中英文对照给出了部分水锤防护设计专业术语的解释
4 总体要求	提出对于有压流输水管道工程，应进行管道（网）水力分析和防护设计，即输水管道（网）的稳态分析和瞬态分析
5 基本规定	明确提出新建输水管道工程，应提交管道水力建模分析和安全防护分析报告，建设过程中发生管材选择、防护设备选型等重大变更的工程，应按审批部门要求开展变更报告编制工作，重点复核变更后的管道水力建模和安全防护，避免出现问题
6 管道（网）水力分析和建模 6.1 一般规定 6.2 稳态分析 6.3 瞬态分析	明确了管道水力分析与建模的具体要求，对稳态分析、瞬态分析分别给出了计算条件、相关公式等，并明确应提交水锤分析结果的表达形式
7 安全防护 7.1 一般规定 7.2 安全防护配置 7.3 防护分析 7.4 防护评价	明确了各类水锤主要防护设备的应用条件、选型原则、方案比较等要求，提出输水管道的安全防护方案应以易于实施、防护可靠、便于维护和运行费用低为原则确定推荐方案
8 水力模型复核和水锤验证	考虑实际施工的变化，提出应对管道设计数据进行测量修正，复核稳态分析计算结果，当出现较大偏差时应及时调整运行工况或设备布局，避免出现问题
附录 A（资料性）	给出了水泵曲线定义示例图
附录 B（资料性）	给出了瞬态分析方法与计算软件
附录 C（资料性）	给出了管道安全防护常用设备
参考文献	给出了编制参考的国家标准、行业标准

1.1.7 国内外典型爆管案例

1.1.7.1 爆管的典型案例

1. 陕西省宝鸡市供水管爆管事故

2008 年 12 月，陕西省宝鸡市一段管路在短时间内发生了多次爆管现象，影响极其恶劣，给宝鸡市常住居民在饮用水方面带来了诸多不便，也给为其供水的工厂及其他方面都造成了不可避免的损失。陕西省宝鸡市供水管爆管抢修现场如图 1-1 所示。

2. 西柏坡电厂供水管网爆管事故

西柏坡电厂供水管网正常通水运行后，在短短 10 年之间共发生 14 次管道破裂事故，经调查研究发现，由于当时设计单位的不重视和经费短缺的缘故，为节省成本，管网采用预应力混凝土管且只设计了 5 座排气井，设计未严格按照规范执行。

图 1-1 陕西省宝鸡市供水管爆管抢修现场

3. 东北某地水锤事故

1977 年 3 月，我国东北某地检修电路，人为拉闸后，下开式停泵水锤消除器动作，阀板下落，检修完成后重新供电，但消除器并未复位，必须立刻解决，有 2 位工人去复位，这时消除器排水很急，工人试图按规定关闭消除器与主管间闸阀，但闸阀已锈死关不动，情急之下工人将阀板向上抬起，结果导致二次水锤，消声器上盖被打破、打井，一人不幸被重器物击中头部，再加上水冲、水闷致死，教训惨痛。

4. 利比亚大人工河工程爆管事故

利比亚大人工河工程于 1984 年开工建设，该工程将利比亚南部撒哈拉沙漠中的地下水通过管道远距离送到北部沿海地区，并联成全国统一的地下供水管网。工程总调水量为 25 亿 m^3/a，输水干线总长 4000km，计划总投资 300 多亿美元，是目前世界上规模最大的长距离管道输水工程。1993 年，一期工程通水使用后，仅过了 6 年就发生了 5 起爆管。

5. 美国圣地亚哥水务局供水管线爆管事故

美国圣地亚哥水务局供水面积为 3700km^2，供水人口 300 万人，所管辖的大口径管道（DN1200～DN2700）长 480km，其中 133km 为预应力钢筒混凝土管道，管径 1.6～2.4m，出场时间为 1958—1982 年，由于预应力钢筒混凝土管道使用时间较长，出现过数起爆管事故。

6. 岳阳石油化工总厂供排水厂水锤事故

1982 年某日，岳阳石油化工总厂供排水厂青坡供水车间送水泵房由于操作工误操作发生了启泵水锤破坏事故，造成离送水泵房 1km 处的管径 0.9m 的铸铁管爆裂，裂口宽 60cm、长 90cm，致使大部分工业供水中断。岳阳石油化工总厂供排水厂长江边取水车间送水泵房是通过长度为 11km 的 1 条直径为 1m 的铸铁管、1 条直径为 0.9m 钢筋混凝土管向青坡沉淀调节池送水。1974 年某日，双电源中的一路因故突然停电，当用另一路电源启动水泵时，由于一路停电一路启用的时间差，造成启泵水锤，在离长江边 2km 处的直径为 1m 的铸铁管被击成宽 50cm、长 90cm 的一大片孔洞。

7. 衡阳自来水公司一水厂取水泵站水锤事故

1960 年 9 月 17 日，衡阳自来水公司一水厂取水泵站因电压波动而紧急拉闸停泵，发生严重的停泵水锤破坏事故，致使直径 0.8m 的闸阀上壳被击破、三通管上直径 0.8m 的堵板被击成碎片、直径 0.35m 的闸阀和止回阀均被击破。水泵房被淹没 0.68m，水泵机组被淹，供水中断 24h。

8. 北京某水厂新建水源井水锤事故

1977 年，北京某水厂新建水源井投产，投产后因电源突然中断曾发生多次停泵水锤事故。该厂 A 井装有 16JD490 深井泵 1 台，出水管路上设 DN300 闸阀和止回阀，出水管为 DN400 铸铁管，长约 600m，接 DN600 预应力钢筋混凝土管，长 1700m，再接 DN1000 预应力钢筋混凝土管，长 2300m，送至水厂清水池。水泵工作压力为 0.04～0.15MPa。发生的停泵水锤事故，造成止回阀上盖被击成 5 块。

9. 景电一期、二期工程水锤事故

景电一期、二期工程共建成泵站 43 座，安装机电设备 306 台（套）。一期工程于 1969 年兴建，1971 年运行，工程投入运行 30 多年来，基本达到了设计合理、安全平稳、运行正常、满足要求。但在 30 多年的运行管理过程中，也发生过不少问题，其中水锤对泵站工程的危害比较突出。在一期工程 13 座泵站中先后发生过水锤压力破坏钢筋混凝土压力管道 8 次之多，一般均发生在扬程较高、压力管道较长的泵站。每次破坏裂缝都沿钢筋混凝土管道轴线方向，由于环形钢筋没有被全部拉断，管道没有发生爆破。由于对钢筋混凝土压力管道破坏的发现及时、处理果断，基本更换了新的较高强度的钢筋混凝土管道，投入了较大的工程管护费用，采取了有效的防护措施，因此避免了重大安全事故的发生。

10. 包钢加压泵站水锤事故

包钢加压泵站的作用是将一次净化系统处理的水加压后送至 17km 之外的厂区。泵站设计最大送水量为 $18800m^3/h$，内设 5 台 28SA－10 型卧式离心泵，流量为 $4700m^3/h$，扬程为 98m，泵站属地下式泵房，自灌式启动。泵室与闸门室分建，两室间管线逐渐升高，高差为 5.37m，闸门室管线标高高出吸水井常水位 2.86m。水泵的出水闸、逆止阀、手动排气阀、水锤消除器均设在闸门室中。在准备启用 3 号泵组时，对 3 号泵组做启泵前的准备工作，并对该泵的所有设备进行检查，准备工作就绪后启泵。当机组启动 15s 左右后发生水锤，出水管地沟盖板被掀开，水大量涌出，判断是出水管爆裂，紧急关闭吸水闸，同时关停所有泵组。由于事故点出水量大，吸水闸关闭至一半时，泵房内水位已升至人员胸部，操作人员被迫撤离，泵房被淹。由于有备用泵站且处理措施得当没有对水的加压与外送影响生产，但直接抢修费用达 65 万元。

11. 瑞安市江北水厂取水泵房水锤事故

瑞安市江北水厂取水泵房坐落在距水厂约 35km 的飞云江上游江中，是一座岸边式泵房，设计规模 $16.5\times10^4m^3/d$。泵房内引进国外生产的 BF－40－B 型自耦安装式潜水泵及与之相关的设备。取水泵房在调试运行期间，管路系统不论正常停泵和断电事故情况下均发生水锤，一阶段微阻缓闭止回阀响声大，产生振动力致使泵房内墙脚花岗岩踢脚线大片震落，并对系统设施造成损坏，先后出现以下事故：①手动蝶阀阀体拉裂2次；②一阶段微阻缓闭止回阀阻尼油缸固定螺栓剪断3次；③一阶段微阻缓闭止回阀复位重锤支撑杆（ϕ24）断裂1次。

12. 某水厂特大淹机停水事故

1995年7月8日，某水厂在2号、3号、4号泵组同时运行之际，电网突然停电，3台泵组的自动保压液控蝶阀同时关闭时，3号泵组的液控蝶阀阀体法兰颈和阀门基础遭到破坏，引发特大淹机停水事故，造成市区大范围停水。原因分析：该水厂防水锤措施不足，原安装在阀井内的空气阀年久失修，已失去进、排气功能，未能起到减轻水锤的作用。在电网突然停电时，出水管产生了严重的水柱脱流现象，空泡溃灭水锤压力达1.5MPa以上，大幅度超过了液控蝶阀的允许压力（1.0MPa）；柔性伸缩节安装在泵、阀之间（1号泵组和被破坏的3号泵组如此，其他2台泵组伸缩节安装在阀门后），使阀板受力不能传到泵座，而阀后管道成“L”形明敷，受力无法传至阀后管道，只能由阀地脚螺栓承受，加之该阀地脚螺栓和脚墩深度不够，水锤发生后，地脚螺栓连同脚墩拔起，致使阀体法兰上部被部分拉断。

13. 阳逻电厂水锤爆破事故

阳逻电厂发电装机容量为4台300MW的火电机组，冷却水采用直流式供水系统，水源取自长江，冷却完成后排入长江。水泵房内设有台立式斜流泵，向4根内径为2.2m的母管供水，母管间有联络门互相联络。系统切换在切换间操作，由电动蝶阀完成。此外，每台水泵出口装有1台液控蝶阀在停机的同时自动两阶段关闭；每台冷凝器进出口均装有电动蝶阀以调节冷凝器的供水量。冷却水系统投入运行以来，先后发生了3次水锤爆破事故。第一次是1号机组停机消缺（其冷凝器为通水状态），在关停循环水泵时，当即发生与母管相连的1根冲洗水管上的ϕ300铸铁阀门破裂。第二次是1号机组停机状态，出口液控蝶阀关闭，与1号机组相连的联络门打开，在事故关停其他机组的循环水泵的过程中，造成1号机组的液控蝶阀连接螺丝断开，阀体被推倒，大量水涌出。第三次是1～2号机组运行，在2号机组消缺滑停过程中，调整了1～2号机组的冷凝器出口阀，发现一个联络门破裂，水喷达10m高以上，大量涌出的水导致泵房被淹。

1.1.7.2 爆管的机理研究

1. 爆管的机理

（1）管道材质与应力作用。目前，我国城市主干管网的大口径管道多数是以铸铁管为主，国家标准为2MPa的压力要求。但是，因为城市供水中多数的用户管网出口要求压力一般在0.7MPa及以下，因此，在铸铁管的生产中为了追求产量效率和经济效益，很多铸管企业开始将原来的离心浇注的金属工艺流程变成了连续浇注的金属工艺。后者的工艺流程有沉没成本低、生产效率高、生产劳动环境好以及冷却速度快等优点。然而，残留应力、材质不均匀等缺点使得后者生产的铸铁管会在高压承受、剧烈震动、水锤效应的冲击以及不均匀的沉降等方面发生管体受损，并且气泡、残渣也更容易滞留在管壁的内部，致密性相对差一些。这样一来，当管壁发生剧烈压力变动带来的应力（包括内压承受引起环向拉应力、外部受到压力作用而引起了环向弯曲压力以及土体的移动和升降而引起纵向的弯曲应力或承口开裂应力等）长时间作用于管道局部，就会发生承口开裂、侧向开裂、纵向开裂或环口拉裂等问题，以致发生爆管。

（2）接口问题。目前，我国城市管网的大口径管道接口问题处理方式一般以刚性的承插式为主。承接口处的管道具有承口、插口双壁道，当受到内部压力改变或外部荷载的压力时，承口受拉而伸长、插口受压而压缩，极易导致两者发生挤压等问题引起应力集中，而铸铁管的固有金属特性使得它在柔性方面严重不足，就会发生割裂而引起爆管事故的发生。

（3）内外部腐蚀。管道长时间埋在地下，其外壁受到周边土壤环境中的电解质、化学物质等多种因素的综合作用极易发生腐蚀而变薄、强度下降。同时，管道内壁因为余氯等各种微量的化学物质作用也会发生腐蚀。管道内外壁受到腐蚀的同时，产生一定量的管垢，成了微生物寄生的港湾，在水中有机物营养物质的催化之下，细菌极易繁殖而加剧了管道内外壁的腐蚀。久而久之，跑、冒、滴、漏问题时有发生，进而导致爆管事故。

（4）水锤和气囊效应。长距离、大口径的供水管网由于水量的变化和压力的变化，在经过地形高低起伏不平的地段时，就会因为没有足够的或安装位置合理的排气阀和泄水阀等必要的装置起到应有的作用，随着温度和水流速度的变化等，使得管道内部的气体时而发生压缩时而发生膨胀带来了压力变化幅度的扩大或压力变化周期的缩短，这样就会对管壁内部造成激烈持续而频繁的冲击，这是造成大口径管道爆管的主要原因之一。再者，由于突发事件而关闭阀门或停水时的操作不当等原因，管道内出现负压或水流倒流等，同样会使管道内壁发生剧烈的冲击，造成水锤效应而对管网造成巨大的损害。

（5）施工挖断或挖爆。当前，因为我国城市基础设施建设的不断实施，各个施工单位挖断电缆、挖断供水管道等问题时有发生。再者，因为周边的施工开挖土方，极易使周边的地基环境发生破坏，带来了地面升降，使得供水管网发生了位移、不均匀沉降，进而带来了管道局部的破裂等问题，据不完全统计，这样的人为因素是城市供水管网发生爆管的主要诱导因素之一。

2. 爆管的危害

（1）直接危害。大量的自来水外溢到路面，给行人和区域之内的居民出行带来了极大的不便，影响了交通的正常运行，并且造成了水资源的大量浪费和损失。再者，水流极有可能淹入仓库、电缆井、居民区以及地下室等地方，造成财产损失和其他的负面影响。

（2）间接危害。大量的自来水外溢到路面，极有可能造成路面地基的破坏，造成塌方等更大事故的发生，进而发生人员伤亡的事故。停水造成了医院或工厂等重要生产单位的工作职能不能正常运行，间接造成了各种损失。

1.1.7.3　大口径管道安全运行及爆管预警和抢修对策

大口径爆管事故的发生除了施工挖断等人为因素之外，一般是一个长期连续而动态的过程，是管道日积月累受到压力变化和水流变化的内部冲击以及外部环境发生改变而使管道外壁受到挤压和变形的结果，是量变引起质变的过程。因此，供水管网安全运行及爆管预警和抢修是一个系统的整体的流程，应防患于未然，将事故扼杀在萌芽之中，即使发生爆管事故，也将事故的应急抢修流程进行科学化及时化升级改进，将损失限定在最小范围之内，这是城市供水安全保障的必要前提。

（1）GIS的构建与完善。目前的城市供水管网管理系统，实现了：①供水管网图形数据和属性数据的计算机录入、修改；②对管线及各种设施进行属性查询、空间定位以及定性、定量的统计、分析；③对各类图形（包括管线的横断面图和纵断面图）及统计分析报表显示和输出。地理信息系统（Geographic Information System，GIS）应用于供水系统所产生的功效远不止于此。因此，GIS在供水系统中的应用，就不能仅仅作为一个图形库和数据库只是停留在管网日常管理的水平上，还应该利用GIS分析、模拟与预测的强大功能，与专业理论、方法相结合，进行深度开发，为管网规划设计、建设施工、各种运行状态下的优化调度以及事故抢修等提供决策支持。

在GIS更多功能的利用开发方面，应当结合城市供水的实际需求，根据既有的统计数据资料等客观科学合理的历史信息，构建数学模型，对管网的运行动态进行模拟。在具体的实施过程中，应利用GIS的数字高程模型，将管网的压力、流量和速度等关键的动态数据以即时的动态模拟形式通过三维的图形直观地展现出来，并进行实际的数据监测对比，对模型进行修正以提升精度。在此基础上，合理设置测压点、开关阀门和排气阀等必要的设施装置，以进行压力水量等关键数据的预警。

（2）加快管网设施的更新改造升级。从各大城市历年的大口径供水管道爆管统计数据来看，爆管多发生在旧城区的旧管网区域。因此，对旧管网进行改造升级是减少大口径爆管事故发生的关键所在。根据笔者的前述分析可知，应当在管材上更多的选择离心球墨铸铁管或钢管，严格按照国家规范标准进行材料的选择采购、施工安装，做到材料过关、施工过关和后续的维护保养过关。同时，在运输、仓库存储过程中，应严格按照各个设施装备的自有特性和材料属性进行科学合理的存放运输，从采购、入库、出库、安装施工到后续的维护保养以及智能化GIS的动态监测等每一个环节都要做到规范化和标准化，不在任何一个环节发生问题，确保城市供水管网的安全稳定运行。

1.2　输水管道工程安全监测技术的发展

1.2.1　自动化技术的发展

供水工程中的长距离输水管线的自动化控制和数据采集是一种保证输水管线经济、安全供水的技术措施。对输水管线的监控可以及时发现管线的泄漏点，以及时采取措施，防止事故扩大；在用水量变化或水库供水液位发生变化时可以及时调整输水管线压力，防止管道内的压力过高或过低造成管道的损坏，同时，还可以合理地对水量进行调配，延长输水管线的使用寿命。

在过去的工程中发现，由于具体工程特点和技术问题等原因，目前我国在长距离输水管线的自动化控制和数据采集方面，未采取监控措施或措施不完善，尤其是高压差自流输水管线，还没有比较完善的解决措施。主要的技术问题有管线压力控制与水量调节问题、信号传输问题、检测点电源问题等。

输配水工程中管线的自动化控制设计包含输水线路上数据监测系统和闸阀的远程控制。对输水管线的监控可以及时发现管线的泄漏点，以采取措施防止事故扩大；在水量变化时调整输水管线的压力，以防止管道内的压力过高或过低。

1. 数据监测方案

为了能够及时发现输水管线故障，在输配水工程输水管线布设多处水位、压力、流量监测点，通过无线与有线相结合的方式将数据采集到的水位、压力、流量数据实时发送到配水站，并通过数据监测软件分析处理，以报表、图形等方式，提示工作人员查看有关事故、报警等信息，以便及时去现场进行处理，保证输水管线安全供水。

(1) 系统组成。监测中心位于配水站，主要由监测服务器、4G通信模块、前置通信接收机、交换机、工作站等组成。现地监测站由压力传感器、水位计、流量计、远程终端单元（Remote Terminal Unit，RTU）遥测终端机、4G通信模块以及太阳能供电设备组成。

(2) 系统组网。根据输水管线整体工程通信设计方案的要求，输水管线的通信方式主要分为光纤通信与无线通信两种方式。在距离泵站较近的监测点采用光纤通信方式，在距离泵站较远、敷设光缆不方便或者管线位置比较偏僻的地方采用无线通信的方式。

(3) 系统供电。设备供电以使用已有供电系统为原则，但由于输水管线较长，位置处于偏僻地方，其中一些监测点距离配水站或供水单位较远，采用配水站或供水单位的用电均不方便，故选用太阳能供电。压力、流量监测设备用电功耗较小，采用太阳能蓄电池直流供电完全满足运行需求。

(4) 系统功能。系统功能包括：①实时采集水位、流量、管线压力数据，当传感器发生变化时，设备自动采集数据变化值，数据自动滤波处理，并存储每一个经过滤波的数据，将处理后的数据发送至配水站；②向配水站发送设备运行状态信息和数据越限报警信息；③监测系统设备结构简单、易于维护管理、操作简单、性能可靠及低功耗，并可防潮湿、防雷电、抗干扰等，所有采集都能够在无人值守的条件下长期连续正常工作；④软件故障自动恢复。

(5) 系统软件。系统软件主要完成对管线进出水池水位监测点、管道进口出口流量监测点、压力监测点、隧洞进口调压池前调节阀门启闭状态等进行实时采集，各RTU或可编程逻辑控制器（Programmable Logic Controller，PLC）收到指令后，上报相应数据，将采集到的数据显示在显示屏上，对异常数据进行图形、声音方式的报警。

2. 远程控制方案

为了整个工程管理的需要，一般选择在配水站进水闸以及管线上调流调压阀进行远程控制。闸阀现地信号通过有线的方式发送到配水站，配水站管理人员可根据信号对闸阀下达控制命令，当发生紧急事故时系统可以立即报警，并能够根据实际情况自动终止闸阀运行，为工作人员争取时间，同时最大限度地减少事故的发生，确保工程安全运行。由于控制信号数据传输对传输带宽要求较高，且对信号稳定性要求高，故采用稳定、可靠的光纤通信的方式。闸阀自动监控系统设置为现地控制、配水站远程控制、水库管理处远程控制3层控制结构。

(1) 信息采集。闸阀自动监控系统所有采集的信息均通过信息传输网络实时传送到配水站数据库服务器，实现资源共享，满足其他各系统的应用。

(2) 现地控制。在控制柜处于手动控制方式的情况下，利用控制柜上配备的上升、下降、停止操作按钮，操作闸阀的上升、下降、停止，并通过控制柜上的开度显示仪及运行指示灯监视闸阀运行情况。在控制柜处于自动控制方式的情况下，通过 PLC 配备的触摸屏，实现闸阀的现地自动控制。

（3）配水站远程控制。在现地监控站处于自动监控状态情况下，当配水站发出闸阀控制目标流量或水位后，现地监控站将自动接收并通过远程控制系统实现闸阀的自动控制。

（4）水库管理处远程控制。在现地监控站处于自动监控状态情况下，可通过远在对应水库管理处的闸阀监控系统发出闸门控制信息，实施闸阀的远程控制，并通过通信链路实时回传闸阀运行的各种参数、实时监视图像及其他各种实时监测信息。

（5）优先级别控制。根据闸阀控制的特点，优先级别最高的是现地控制，其次是配水站远程控制，最后是水库管理处远程控制。

（6）闸阀监控软件。闸阀监控软件是基于工业组态软件基础上开发的可运行于各种操作平台上的软件。闸阀监控软件主要负责系统数据的采集处理、各种运行操作、参数设置、系统运行状态监视、数据记录、动态运行报告生成及打印，以及提供故障报警、故障信息显示等。

数据采集：从设备控制层实时采集生产信息及设备的运行参数和状态参数。运行参数包括电量参数和非电量参数，主要包括电流、电压、闸门开度、水位等；状态参数包括开、停、运行、故障状态。

流程画面：可显示控制设备运行状态总貌，多层次显示每个系统单元、每个设备、单个调节回路、顺序控制回路、通信状态、网络状态。

工况状态：通过数字、指示灯、图形等形式实时显示每个工艺设备工况状态，并将相关工况状态显示在一起，便于生产操作、维护和管理。

指令确认：对现地控制主单元发送控制指令后，在设定的时间段内等待控制主单元反馈回来的确认信号，如果等待的时间超出设定的时间段后仍接收不到确认信号，则发出报警信号，提示操作人员及时采取措施排除故障。

（7）控制功能。

闸阀启闭控制：根据调度中心发送的控制命令对闸门的开度、全开、全关、升、降、停等控制。

故障保护与急停控制：在阀门运行过程中，当系统发生故障时，系统立即报警，并根据需要和实际情况自动终止当前阀门运行，若遇到紧急、意外情况，能够实施急停控制。

现地独立控制能力：现地监控单元能够依据调度中心发送的控制命令和现地各项保护措施和监测信息在脱离上位监控系统的条件下独立运行。

闸阀远程控制：以 PLC 为核心构成现地监控单元，利用闸阀开度传感器、闸阀工况采集器等数据采集测量装置实现闸阀工作状况的全面监控。

1.2.2 信息化技术的发展

信息化管道即数字化管道，是指在国家地理信息数据的基础上，通过应用遥感（Remote Sensing，RS）、数据收集系统（Data Collecting System，DCS）或监控和数据采集（Supervisory Control And Data Acquisition，SCADA）系统、全球定位系统（Global Positioning System，GPS）、GIS、业务管理信息系统、计算机网络和多媒体技术、现代通信等高科技手段，对管道资源、环境、社会、经济等各个复杂系统的数字化、仿真等信息集成的应用系统，并在可视化的条件下提供决策支持和服务。

从发展上看，管道运输在世界上已经有 130 多年的历史。在欧洲和北美，数字化技术在长距离输水管道建设勘查选线、中期建设实施和后期运营管理中已经被广泛应用。相比之下，虽然我国是世界上最早利用管道运输的国家，但是数字技术的应用和发展却比较缓慢。西气东输冀宁支线工程是国内数字化长输管道建设中的第一个重点工程，纵贯华北及华东的河北、山东、江苏三省，连通环渤海的陕京二线和长江三角洲的西气东输两大天然气干线，有“现代能源京杭大运河”之称。

西气东输冀宁支线工程在设计之初就提出了“建设国内首条数字化管道”的设想。勘察设计期间利用卫星遥感与数字摄影测量技术进行选线，获取了管线两侧各 200m 范围内的沿线四维数据，并应用地理信息系统与全球定位系统，初步建立起了包括管道沿线地形、环境、人口、经济等内容的管道信息管理系统。该系统在施工阶段可提供多种服务，如管道建设者可以通过互联网查看不同比例管道及其沿线周边环境的直观信息，也可查看某一天、某一道工序环节的进度，甚至可以查看每道焊口的焊工信息、无损检测影像。西气东输冀宁支线工程中的每根钢管都有完整的数据记录，从炼钢厂炉坯出厂到钢管厂制管，再到中转运输，最后到施工现场，每个环节都有可追溯性数据跟踪，可以查出焊工档案、X 射线底片档案、焊口的坐标值及埋深等基本信息。这些数据全部存储在管道信息管理系统中，一旦出现问题，即可查出源头。

管道信息管理系统是西气东输冀宁支线工程管道建设与管理的数字化平台，该系统具有设备采购及储运管理、施工进度管理、质量监控管理、总体调度管理、施工进度展示及空间数据管理、系统管理维护、信息发布以及数据输出等功能。其中：施工进度管理功能较传统方式能够提前 8h 展示进度日报，完全避免了手工计算日报产生的误差；施工进度展示及空间数据管理功能通过采集站场、阀室、标志桩等实物的三维坐标，将它们转变成可视模拟图形，随时进行监控。数字化管道总体架构如图 1-2 所示。

数字化管道主要是针对管道运营管理各项业务的信息化需求，以 GIS 为主，结合遥感影像处理、全球定位、海量数据存储、Web Service 等技术构建起一个先进、实用、开放、安全可靠的应用系统。数字化管道系统具有以下特点：

（1）数字化管道充分采用国家空间数据基础设施数据，并通过航空摄影测量和卫星遥感影像获得最新的地形、地质、水文、环境数据，与过去传统数据获取方式相比，内容更丰富，更新速度更快，数据描述更加完整，数据表达也更加直观。遥感技术大大缩短了周期，降低了成本，提高了精度。

（2）GIS 提供了地理信息服务。集成管线周围一定范围的地理、人口、环境、植被、经济各类资源数据，利用 GIS 的空间分析功能进行叠加分析、缓冲区分析、最短路径分析等操作，可以进行线路总体规划和评估，为决策和管理提供重要的依据。还可以采用 GIS 技术对管道风险进行管理，指导系统编制维修计划，并采取相应的补救措施，当风险指数达到警戒线时，自动启动相应的应急预案，尽可能地降低管道事故发生率。

（3）数字化管道采用 CAD 技术和网络技术，将管道施工设计图纸、施工数据、人员

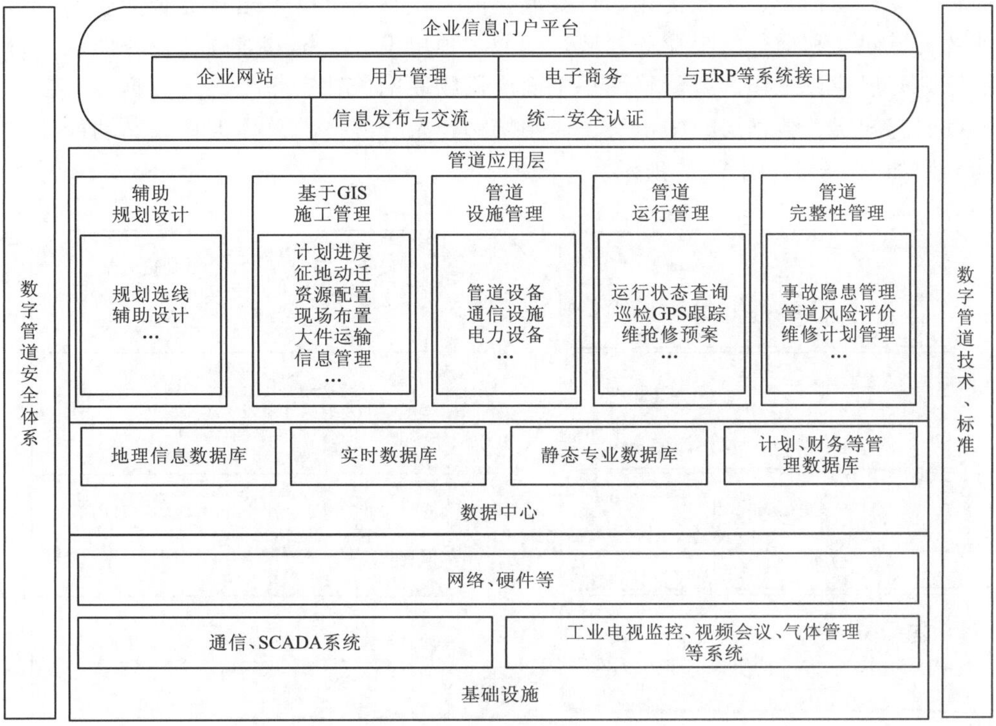

图 1-2 数字化管道总体架构

资料、管理文档等全部实现数字化管理，通过局域网或互联网传送到数据库中，将各个专业各个单位不同数据融为一个整体，有效地消除了信息孤岛，实现了信息的共享和协同工作。

(4) 采用大型数据库对数据进行存储。空间数据中心可以管理、存储在数字管道建设和运营中获取的所有数据。在管道建设的每个环节，都应建立相应的数据库，并使每个阶段的数据成果和系统相互衔接。

(5) SCADA 系统实现了管道的全自动控制。通过主机和微处理器为基础的远程终端装置 RTU、PCL 或其他输入/输出设备的通信收集数据，实现整个数字管道的监测监控，保证了系统的安全运作和优化控制。

(6) 数字化管道实现了整个管道的虚拟现实表达，使得数字化管道能够在真实、可视的三维环境下展示到用户面前，用户通过交互方式对管道的公用信息进行查询和操作，对管道的三维虚拟漫游犹如在真实的三维世界中，充分体现了数字管道的空间特征。

1.2.3 智能化技术的发展

智慧管网是在标准统一和管道数字化的基础上，以数据全面统一、感知交互可视、系统融合互联、供应精准匹配、运行智能高效、预测预警可控为目标，通过“端+云+大数据”的体系架构集成管道全生命周期数据，提供智能分析和决策支持，用信息化手段大幅提升质量、进度、安全管控能力，实现管道的可视化、网络化、智能化管理，最终形成具有全面感知、自动预判、智能优化、自我调整能力，且安全高效运行的智能管网。管道智能化涉及管道建设和运行的全业务领域，按照“顶层设计、统筹兼顾、业务驱动、价值导向”的原则开展建设工作。智慧管网是全面应用物联网、数字孪生、大数据、人工智能等技术，按照感知层、数据层、知识层、应用层构建融合统一的总体架构，其功能架构和系统架构分别如图 1－3、图 1－4 所示。

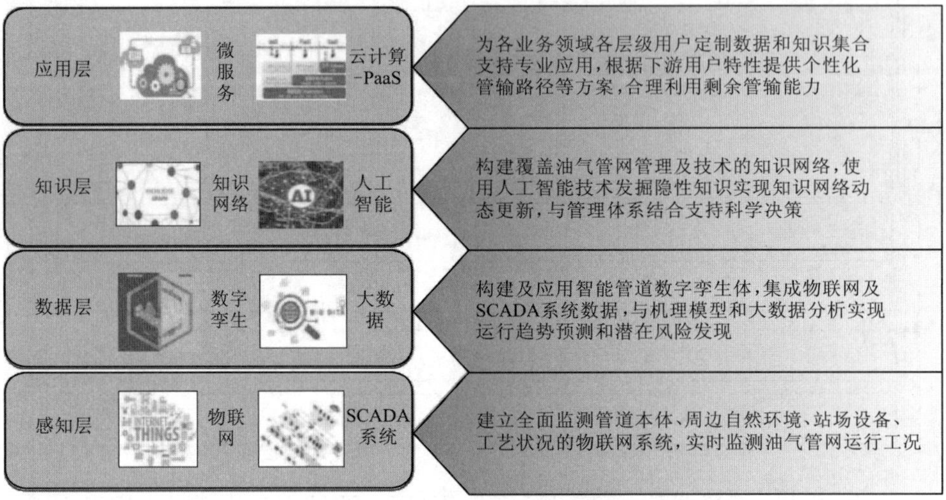

图 1－3　智慧管网功能架构

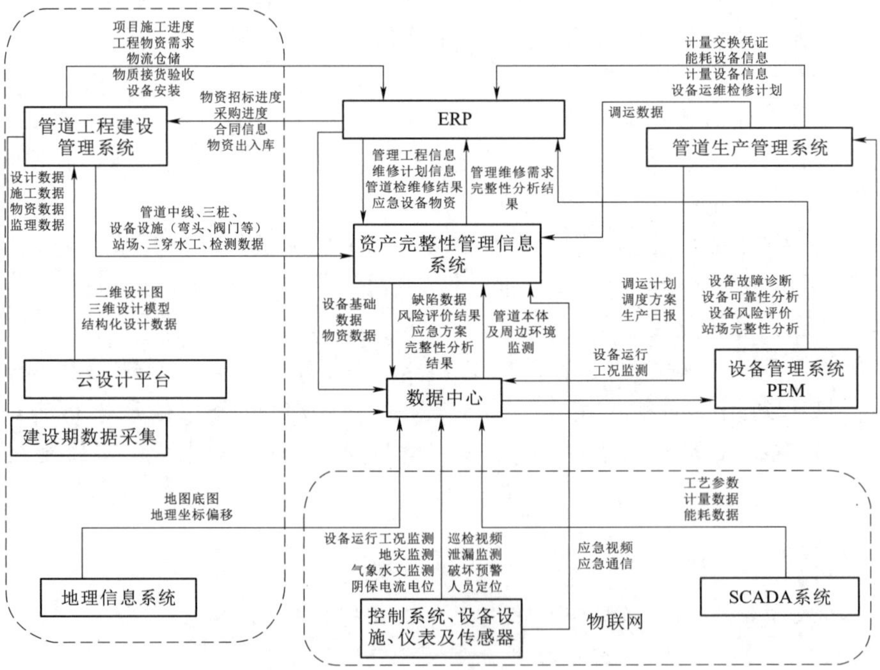

图 1－4　智慧管网系统架构

1. 智慧管网特征

智慧管网特征主要包含数据全面统一、感知交互可视、系统融合互联、供应精准匹配、运行智能高效、预测预警可控，具体如图 1－5 所示。

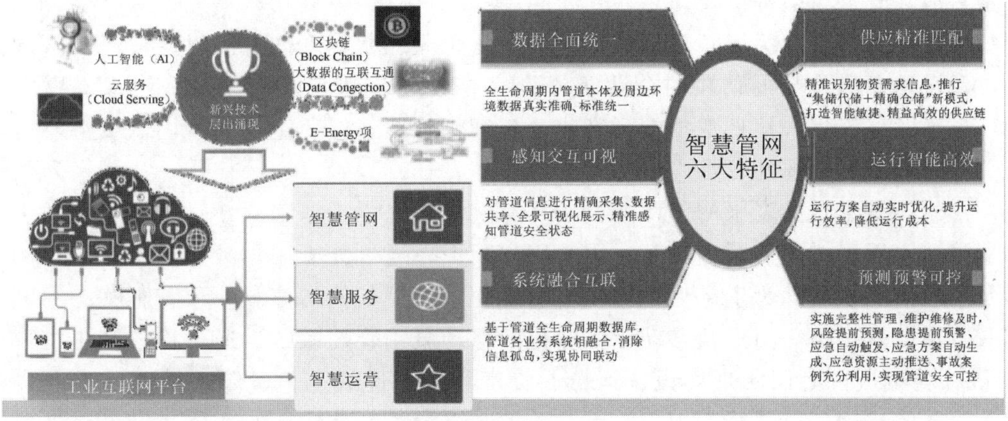

图 1－5　智慧管网特征

2. 智慧管网建设目标

智慧管网的建设目标是通过推进管道数据由零散分布向统一共享、风险管控模式由被动向主动、运行管理由人为主导向系统智能、资源调配由局部优化向整体优化、管道信息系统由孤立分散向融合互联的五大转变，实现油气管网全数字化移交、全智能化运营、全业务覆盖、全生命周期管理，建成具有精确感知和自主优化能力的油气管网，完成数字管道向智能管道和智慧管网演进。

3. 智慧管网解决方案

（1）建设基于数字孪生体构建的数字化工程建设体系。根据规划→设计→采办→施工等各工程建设阶段中的业务需求，应用新技术手段，解决管网合理规划、数字化工程模型载体、物资精准匹配及物流跟踪、施工过程管理、工程进度可视化展示、工程数据自动分析及辅助决策等问题，构建基于数据和可视化的智能工程管理。

规划：应用 GIS 与三维技术，整合历史数据建设数字化管网，对接智慧城市/智慧管廊系统，解决城市燃气新建管道合理规划问题。

设计：应用数字化设计，提供构建管道数字孪生体的三维载体，通过加载建设、运营期数据，为建设展示、智能运维、预警决策助力。

采办：应用数字标签技术，形成物资唯一身份标识；应用 GPS/北斗技术，对物流进行跟踪；应用数字化设计成果实现物资精准匹配；应用信息化系统，对驻场监造、库存管理等采办过程进行有效管理。

施工：应用智能工地技术，实现工程数据实时采集，对人、机、料、法、环进行全方位监控和管理。

（2）建设基于三维仿真运行优化的数字化运行体系。建设模拟仿真系统，有效整合 SCADA 工控系统、完整性管理系统、GIS 客户系统的数据，实现对输配系统动态工况分析、在线仿真培训、事故应急分析、设计优化与校核、能耗评价、多气源替换分析、瓶颈分析等功能，为管道设计、生产计划、调控运营提供决策支持。

(3) 建设基于完整性理论的资产完整性管理体系。充分利用长输管道完整性建设经验，构建管网的高风险、高后果模型，逐步形成管道、站场管理的风险库，为保障管网运行安全、消除管道风险提供支撑。

(4) 建设基于企业级经营管理优化的数字化企业经营管理体系。以企业经营管理为关注点，建设基于风险与可靠性的企业级资产完整性管理系统。实现企业人事、财务、物资、项目等业务流程和信息数据的标准化、精细化管理，促使企业实现内部资源整合，提升内部运营效率和整体经营水平。

(5) 建设基于智能客服的 GIS 客户服务信息系统。结合现有系统，整合客户数据，挖掘开发移动应用，增强协同、交互，重塑用户画像，通过分析用户数据，得知用户的用气习惯及周边信息，从而为生产运营提供策略优化，挖掘其他增值服务和商业模式。

(6) 建设基于统一门户及移动应用优化的移动应用管理系统。通过构建基于统一门户的 App 移动集成，全面实现建设、运营、资产管理、巡线巡检、隐患应急等生产经营管理系统功能的移动化，结合实现现场声像数据和运行参数获取，解决管道及站场巡检、维修工单处理、安全检查、应急指挥等生产管理问题，实现文件资料查询、业务流程审批等办公管理需要，同时实现与客户的业务往来及全面交互。

1.3　输水工程运行支持技术的发展

长距离输水调水工程具有规模大、输水距离长、布置复杂、投资大的特点，一般都涉及跨大流域（或跨多区域）调水的问题，这就需要进行相关流域水资源的重新分配，并在取得巨大效益的同时提出缓解对社会生活及生态环境不利影响的措施。采用明渠输水、管道输水或者混合输水是长距离输水调水工程的常见方式。因此，在进行长距离输水调水工程规划时，必须全面分析水量平衡关系，综合协调地区间可能产生的矛盾和环境问题，统筹兼顾水源区和受水区的用水需要，防止对生态环境造成破坏，合理确定工程规模。长距离输水调水工程设计应依据国家的方针、政策，符合已批复的流域综合规划和水资源规划，并和地区水利工程规划密切结合，相互协调。按照《中华人民共和国水法》可知，流域综合规划是根据经济社会发展需要和水资源开发利用现状编制的开发、利用、节约、保护水资源和防治水害的总体部署，跨流域（跨区域）输水调水工程是满足上述规划所确定目标的水资源配置工程，因此，跨流域输水调水工程设计必须符合流域综合规划的安排，并以保证水源区的用水为前提，对水源区利益受到影响的应采取措施给予合理补偿。

长距离输水调水工程规划需协调好以下利益或关系：

(1) 水源区与受水区的利益协调。从水源区向受水区调水后，水源区的生产、生活用水及生态与环境用水会受到一定影响，而受水区得到调水后，可改善当地缺水状况，效益显著，应采取必要措施减少不利影响，扩大有利影响，使水源区与受水区经济社会共同可持续发展。

(2) 资源环境与经济社会发展协调。长距离输水调水的根本目标是为城市生活、工业发展提供可靠水源，改善和修复受水区的生态环境，同时，在保证水源区可持续发展的基础上，高度重视水源区的生态建设与环境保护。长距离输水调水工程应处理好经济社会发展与自然生态保护、资源及环境承载能力的关系。

(3) 调水规模与水资源合理配置协调。在充分考虑节水、治污和挖潜的基础上，本着适度偏紧的原则，合理配置受水区的生活、生产、生态用水，做好水源区与受水区的水资源供需平衡分析，合理确定调水规模。

(4) 近期与远期的协调。受水区的需水量增长是一个动态过程，节水、治污和配套工程建设需要一定的周期，生态建设和环境保护也需要有一个观察和实践的过程。长距离输水调水工程宜分期实施，正确处理好近期与远期的关系。采用管道方案供水要充分考虑预留合理规划空间、深入论证管道分期建设、单沟单管或单沟双管等布置及检修问题，避免二期或后期工程建设时出现无法布管、联通设备不能灵活转换的问题。

1.3.1 安全防护发展趋势

水锤安全防护发展趋势的内容包括压力管道的水锤水力特性、水锤防护机理与防护技术的安全准则及水锤防护措施3个方面。

1.3.1.1 压力管道的水锤水力特性

水锤是压力管道中水流速度剧烈变化引起管路压力交替升降的水力冲击现象。发生水锤时管道水流属非稳（恒）定流。压力管道易发生启动水锤、停泵水锤、关阀水锤及伴生的断流弥合水锤，其中停泵水锤和断流弥合水锤危害最大。

水锤引起管道瞬时压力升降值很大，国内检测到的瞬时压力达到2～4倍工作压力，国外资料提供的数值更大，因此必须采取消减水锤危害的防护措施。

目前，用于输水管道水锤模拟的软件较多，其中：Hammer软件运用特征线法进行瞬变流计算，具有操作简便等特点；Flowmaster软件具有功能完备、计算结果精确等特点；Pipenet软件具有强大的复杂管网模拟功能。但上述软件仍存在以下不足之处：①某些配件直接转化为管道阻力系数，无法模拟真实工况；②仿真计算依据已有水泵特性曲线进行拟合，与实际水泵运行存在误差。Surge软件是一款利用波特性法开发的水锤模拟软件，其功能包含水力过渡过程线绘制、稳态分析和峰值跟踪，而且该软件已包含绝大部分增压输水系统中的管道及其配件等元件，简单直观，容易构建模型。Surge软件在我国多个工程中成功应用，实际运行效果较为理想。

1.3.1.2 水锤防护机理与防护技术的安全准则

1. 水锤防护机理

水锤防护机理可归纳为以下方面：①控制或减小水流速度的变化；②采用水锤波速低的管材；③缩短水锤波传播距离，尽快形成水锤波的反射和干涉；④在管道特征点布置泄流降压设施；⑤采用空气垫降低水锤冲击能量等。

2. 水锤防护技术的安全准则

水锤防护技术的安全准则可归纳为以下几个方面：①最高压力限制不超过工作压力的1.3～1.5倍；②控制管道任何部位不出现水柱拉断；③压力流管路离心泵最高的反转速不超过额定转速的1.2倍，且超出额定转速持续时间不应超过2min。

1.3.1.3 水锤防护措施

1. 防护设施

(1) 双向调压塔（井）。双向调压塔（井）具有在干管出现负压时向管道注水，干管压力超出设定值时塔内溢流管泄水降压的作用，同时具有缩短水锤波传播距离，以便尽快形成水锤反射波和干涉波降低瞬时压力的功能。双向调压塔（井）可设置在管路水柱易拉断的驼峰点、膝点，设定的溢流口标高应略高于正常水位，溢流管道出口应采取防止水流冲刷破坏的消能措施。

(2) 单向调压塔（池）。单向调压塔（池）可在输水管道系统出现负压时向管道注水消除负压，同时也消减断流弥合水锤撞击产生的过高压力。单向调压塔（池）设有单向止回阀，只允许塔中水注入管道，安装位置不受管路高程控制，这方面优于双向调压塔（井）。

2. 防护设备

(1) 调流阀。调流阀有活塞式、多喷孔调节式、固定锥形式。通过调节阀的开度，可控制管道流速，限制瞬时压力值；通过设定开启和关闭阀的时间，可使管路系统尽快形成水锤反射波的干涉，达到消减水锤压力值。

(2) 两阶段关闭液压可控阀。两阶段关闭液压可控阀在水泵启动时能够先慢后快地自行开启，事故停泵时又能自动快速地关至某一设定角度，余下的角度则以相当慢的速度关闭。在正常启闭水泵过程或在突然断电后的水力过渡过程中，两阶段关闭液压可控阀既能消除水锤危害，又能不出现大量的水倒流现象使机泵长时间反转。

(3) 空气罐。空气罐是内部充有一定压缩气体的金属罐。新型空气罐内设有橡胶囊，囊内装气体，气体与水隔离。空气罐一般安装在泵站出口管路上，在管道发生水锤管路压力升高时，气囊内气体继续被压缩，起到气垫缓冲作用；当管道内出现压力骤降时，甚至发生水柱分离，囊内压缩空气快速膨胀向管路注水，有效消除水锤危害。

(4) 水锤泄放阀、水锤预防阀。水锤泄放阀是水力式自动控制阀，当管道水锤压力超过预先设定值时，它将迅速开启泄压，当管道压力降到低于设定值后，它又以可调速度缓慢关闭，不会产生二次水锤危害。水锤泄放阀设置在管路易发生水锤的位置。

水锤预防阀用现代电子技术和压力传感器代替了水力式低压导阀，它感应第一个水锤低压波，在高压波来临之前阀门即开启，提前预防高压波对管道和设备的破坏。水锤预防阀比水锤泄放阀具有更高的防护等级和更灵活的控制方式，适用于对水锤防护要求非常严格的工程。

(5) 空气阀。空气阀包括低压进排气阀、高压微量排气阀、真空破坏阀 3 种基本形式，对其改造和组合可形成更多的种类。消减长距离输水管道断流弥合水锤危害可采用三级排气防水锤空气阀和进气微排空气阀。

三级排气防水锤空气阀是对低压进排气阀部分的改进，在低压进排气阀内增设限流盘，将低压排气过程分成低压差时全速排气，较高压差对限流盘起动后减少了排气面积，限制排气速度，也就消减水柱弥合冲击量。进气微排空气阀利用真空破坏阀自动吸气原理，管道出现负压时可自动高速吸气破坏真空，水柱弥合时大孔口自动关闭，限制高速排气，也就降低了水柱断流弥合撞击，消减水锤压力，残留管道内少量空气通过旁通管上微量排气孔排出。

消减管道水锤的防护设备很多，尚有安全泄压多功能阀、水锤消除器、缓闭止回阀等。

水锤危害很大，是引发长距离输水管道事故的最重要因素，应认真分析研究长距离输水管道系统水力过渡过程，采取经济可靠的防护技术，复杂重要的工程应采取多级综合防护措施，以保证管道安全运行。

1.3.2 安全监测发展趋势

管道泄漏检测技术是多领域多学科知识的综合，检漏方法从最简单的人工分段沿管段巡视发展到较为复杂的计算机软硬件结合的方法，从陆上检测发展到海底检测，甚至利用飞机进行空中对地下管线的检测等，种类繁多。一般来说，管道检漏方法主要有基于硬件的检测方法和基于软件的检测方法两类。

1.3.2.1 基于硬件的检测方法

基于硬件的检测方法是指利用由各种不同的物理原理设计的硬件装置对管道进行泄漏检测和定位。常用的硬件检测方法有声学检测法、探测球法、机载红外检测技术、流体传感技术、被动检漏法、音听检测法、检漏仪检测法、声波检测法、探地雷达检测法、管内探测法、分布式光纤法、水力参数检测法。

1. *声学检测法*

声学检测法由 Fuchs 提出，Ellull 和 Weimer 等学者也对其做了相关研究。声学检测法的原理是当管道发生泄漏时，通常在泄漏点会产生噪声，声波沿管道向两端传播，强度随距离会按指数规律衰减的机理，在输送管道上安装声音传感器捕捉噪声信号，通过对噪声信号的分析处理，可判断是否发生泄漏并确定泄漏点的位置。美国某公司根据此原理研制的声学检漏系统（Wave Alert)，由多组传感器、译码器、无线发射器等组成，天线伸出地面和控制中心联系。

声学检测法较适合于管道内流量低、压力高的情况，为了达到准确地确定一个泄漏点目的，需要排除背景噪声和确定管道泄漏噪声，但对于大流量的管道，背景噪声将会对泄漏噪声产生严重干扰，但是该方法用于大型预应力钢筒混凝土管道时感应器布置间距仅为100～300m，由于受到检测范围的限制，若要对长距离的管道检漏，则必须沿管道安装许多声音传感器。

2. *探测球法*

将探测球沿管道内进行探测，利用超声技术或漏磁技术采集大量数据，并对探测所得数据存储并进行事后分析，以判断管道是否存在腐蚀、穿孔等情况。但此方法只能间断进行，易发生堵塞、停运的事故，造价较高且不能快速反应，较适合于管道的维护工作。

3. *机载红外检测技术*

美国某公司开发出一种机载红外检测技术，由直升机带着高精度红外摄像机沿管道飞行，通过分析输送物资与周围土壤的细微温差确定管道是否泄漏。但此方法不能实现实时监测。

4. *流体传感技术*

流体传感技术利用深入地下或附着于管道壁的流体传感电缆。在管道正常运行时，可以得到一张基准的脉冲反射图谱，并预先进行存储以作为对比依据。当管道发生泄漏时，传感电缆就会因浸泡在泄漏的流体当中，使电缆的物理特性发生变化，从而使传感电缆反射阻抗发生变化，导致微处理器接收到的反射波形发生变化。通过与正常图谱的对比，这一反射波形的变化会被微处理器纪录并发出报警信息，通过分析反射阻抗的变化就会得出定位结果。但使用流体传感技术需要极高的安装造价、大量的电力消耗和信号线的维护，并且传感电缆的反复浸泡，会严重影响电缆的定位精度和使用寿命，经济成本较高。由此可见，基于硬件的方法在人力、物力、财力上都需要很大消耗，而且实时性差，且不能实现连续检测，维护费用和适应能力都不能满足要求，因此，这类方法已不再是长距离输水管道泄漏检测与定位方法的主流和趋势。

5. 被动检漏法

被动检漏法主要用以发现明漏。当地面有漏水情况发生时，立即对输水管道进行病害检查与修复，可安排相关人员不断查看发现渗漏问题，也可以通过用户报告渗漏现象。该方法具有投资少的优点，但集中于对明漏等漏损问题的检查，通常情况下，发现渗漏时已造成大量的水资源浪费。该方法可应用于地下环境中的管道，且周围无河道等。

6. 音听检测法

音听检测法可通过阀栓与路面对渗漏噪声进行听音识别，还包括钻探定位。前一种可应用于对管道渗漏位置进行预定位，包括漏水的线索和范围等；后两种用于找出渗漏发生的具体位置，称之为渗漏精确定位。据英国水研究中心研究统计，音听检测法约可查出80%的地下漏水。音听检测法受检测人员的能力素质、音听设备的性质和管理工作等影响较大。

7. 检漏仪检测法

经过相关处理可过滤掉干扰信号，因此相关检漏仪检测渗漏也能够在白天进行。相关检漏仪的检漏效果会受到多种因素的影响，如管道的材质、接口形式、压力高低、周围覆土厚度等。当管道穿越建筑物或河底时，利用常规的检测方法较难完成检测，然而相关检漏仪在此方面具有明显的优越性，能够保证正常工作。根据英国的使用经验，相关检漏仪可应用于一般漏水情况的小口径输水管道，其检测结果具有的精度可至90%；同时，不宜将两个传感器的距离布置的过远，距离应低于200m。

8. 声波检测法

当压力管道发生渗漏时，在渗漏点处会产生频率各异的噪声波，声波的频谱范围较大，为3～500kHz，与渗漏孔尺寸、介质压力以及管壁的状态有密切的联系。声波检测法是基于上述原理提出的。利用高灵敏度声波转换器，声波检测法将采集到的渗漏噪声进行放大、滤波处理，检测是否出现渗漏并依此确定渗漏点的位置。利用此方法获取噪声信号时，由于遭受环境噪声的干扰与管道内水压力等条件变化的影响，导致对渗漏点不能准确定位，因此利用声波检测法对长距离管道进行检漏时，沿程需布置一些测点。

9. 探地雷达检测法

探地雷达检测法通过发射出电磁波并接受反射回的电磁波对地下输水管道的状况进行测定，根据得到的雷达图谱能够对输水管道的横断面图进行相对精确的绘制，并且依据周围土层的成像情况来判断有无渗漏发生。探地雷达能对输水管道、煤气管、下水道等地下设施进行探测并收集与此有关的资料，同时也能够获得周围土壤的情况；甚至对于管道中出现的难以找到的渗漏点也可检测，并获得其不均匀沉降等数据；还可以进行预先测量，及时发现出现的隐患，防止问题发生，提高针对输水管道渗漏的控制水平。

10. 管内探测法

管内探测法主要是在磁通、超声、涡流、录像等技术的基础上发展而来。此方法在输水管道中放置探测器并带有信号装置，使其能够在输水管道中随管内介质而移动，依据渗漏噪声的电信号与产生的位置来找出渗漏点。同时，还能够利用放射性示踪剂法，当输送管道发生渗漏时，示踪剂将会扩散到管外的周围介质中，此时可以在无示踪剂的情况下使用特定的探头来感应该位置的残存信号，进而找到渗漏位置。此类方法的缺点是检测缺乏连续性，只能间断检测，且易发生阻塞或被其他事故严重影响检测工作的正常进行。

11. 分布式光纤法

利用分布式光纤法，能够取得被检测对象的相关连续分布的资料，包括在空间与时间上。分布式光纤法需要沿着管道铺设相关的光缆，当输水管道发生渗漏时，将会对外界造成冲击又或引起管道壁周围的温度发生变化，通过对此指标进行检测，即可识别管道渗漏。对于一些损毁行为，如打孔盗油、非法施工等，可以对此类行为引起的震动进行检测，实现管道的预警保护。此方法不足之处是，需要沿管道布置电缆线、光纤与对应的传感器、对应的信号接收与处理仪器设备，花费较高且易损坏。

12. 水力参数检测法

水力参数检测法的原理是渗漏发生时水力参数状况（流量计、液位计、水压力等）和无渗漏时的水力参数状况相比较，通过一定的方法模拟计算，将计算结果和实测结果对比判断渗漏是否发生并得出渗漏地点和渗漏大小。

1.3.2.2 基于软件的检测方法

随着计算机、信号处理、模式识别等技术的迅速发展，基于软件的检测方法受到了人们越来越多的关注，并逐渐发展为检漏技术的主流和趋势。基于软件的检测方法采用由SCADA系统提供的流量、压力、温度等数据，通过流量或压力变化、质量或体积平衡、动力模型和压力点分析软件的方法检测泄漏，通过软计算对泄漏进行检测和定位。基于软件的检测方法主要可分为基于信号处理的方法、基于实时模型的方法、基于知识的方法。

1. 基于信号处理的方法

基于信号处理的方法主要通过对现场传回的压力、流量信号去除干扰后，采用特殊的分析手段提取信号突变位置及突变时间而实现泄漏检测及定位。

（1）流量平衡法。由于管道的泄漏，势必导致管道内液体或气体的质量或体积减小，所以在管道进出口处测量所得到体积流量的不平衡量会超过预先设置的阀值，由此可判定为泄漏发生。该方法可以直接利用已有的测量仪表，如流量计、温度计、压力表等，能连续检测管道并发现微小泄漏。然而，在输水管两端设置流量计，两者的读数存在一定的差异，这种差异归因于流量测量误差和对管道中水的质量的变化。对于输水管满流的情况，流量测量误差是出现差异的主因，因为温度差造成管道中水的质量变化不会超过正常流量的0.1%，对判断爆漏（达到正常流量的1%）而言可以忽略不计。如果输水管存在不满流段，或输水管沿线的排气阀有些动作不灵敏，存在严重的积气现象，则管道中水的质量的变化有可能较大。而大型输水管一般安装超声波流量计，其测量误差往往超过1%，故难以对爆漏量为正常流量1%左右的情况准确报警。管道本身的弹性以及噪声的存在，也会干扰该方法的测量精度。此外，该方法也不能对爆漏点做出定位，故不能单独使用。

(2) 负压波法。负压波法是近几年来在国际上颇受重视的管道泄漏检测方法，其原理是当管道发生泄漏时，泄漏处立即产生因流体物质损失而引起的局部液体密度减小，出现瞬时的压力降低，作为减压波源通过管线和流体介质向泄漏点的上下游以一定的速度传播。根据上下游捕捉压力信号的时间差即可确定泄漏位置。另外，也可以通过其他方法对压力信号进行处理，如相关分析法，实时计算其相关函数。相关峰值的位置表征泄漏点处的信号传播到两端测点的时间差，因此由两传感器之间的管线精确长度以及信号的传播速度即可定出泄漏点的位置，如小波分析法，通过一种时间尺度分析方法进行信号分析，可以由粗及精的分析信号。但是由于输送水管吸收能量使得负压波振荡的物理参量特征减弱、取水泵站改变运行泵组、水泵叶轮以及止回阀等引起的机械振动、输水管内积气引起的压力波动等因素，给采集泄漏信号造成很多困难，容易造成误报警，并且负压波自身是瞬态的，只能反映出管道产生泄漏的瞬间现象，不能持续反映出管道泄漏的状态，而且对于小比例爆漏监测效果不佳。

(3) 压力梯度法。压力梯度法在输水管两端设置压力传感器，检测管道上下游的压力坡降。输水管的压力水头线在无泄漏时呈斜直线，当发生泄漏时，泄漏点前的流量变大，压力坡降变陡，泄漏点后的流量变小，压力坡降变平，输水管的压力水头线呈折线状，折点即为泄漏点，由此可计算出泄漏点的位置。在实际运行中，由于管道的压力坡降为非线性，所以压力梯度法的定位精度较差，而且仪表测量精度对定位结果有着很大的影响。对于大型原水输水管下游段发生较小爆漏量（占输水流量1%左右）的情况，该方法的监测灵敏度往往难以奏效。而且现有应用压力流量规律进行爆管监测的报警方法主要针对管线中某些孤立点的压力流量变化进行爆管判定，易受偶然因素影响而发生误报，判断依据比较单薄。

2. 基于实时模型的方法

基于实时模型的方法是根据瞬变流的水力模型和热力模型综合管道内流体的温度、流量、压力、密度、黏度等参数的变化，建立输送管道的实时模型，在线估计管道的上下游压力、流量等参数。实时模型与实际管道同步运行，定时取管道上的实际测量值，如上下游的压力、流量等，然后将估计值与实际测量值相比较，当实际测量值与估计值的偏差大于一定范围时，即认为发生了泄漏。

(1) Kalman 滤波器法。Kalman 滤波器法假设将管道分成 N 段，以上下游的压力和流量作为输入，以各段泄漏量作为输出，建立空间离散模型，用扩展 Kalman 滤波器来估计这些泄漏量，运用适当的判别准则可进行泄漏判断。在噪声较小时，可实现对小泄漏的检测及定位。但由于此方法假设流动是稳定的，因此在爆漏发展到稳定阶段之前很难取得效果，不能快速定位，且检测和定位精度与等分段数有关。

(2) 系统辨识法。系统辨识法应用 ARMA 模型结构，增加若干非线性项，构造起管线的模型结构，比如建立管道的故障灵敏模型及无故障模型，为实现泄漏的检测，需使用故障灵敏模型，并使用自相关分析算法进行计算；为实现泄漏量的估计，需使用无故障模型，并使用适当的算法进行定位。但该方法需在管线上施加 M 序列激励信号，对小泄漏量的定位精度较差。

（3）实时模型法。近年来随着计算机技术、现代控制理论的发展，实时模型法成为国际上着力研究的检测管道泄漏的方法。应用信息处理方法对管道故障建模分析是近年来的发展热点，国内外的很多机构、学者都对这一问题进行研究、探讨。该类方法主要通过建立输送管道的实时模型，根据首端在线流量等可测量的参数作为边界条件，对管道内的压力和流量等参数进行模拟计算，首先定时取得管道上的实际测量值，然后将模拟值与实际测量值相比较，当两者的偏差大于一定范围时，即认为发生了泄漏。

实时模型法一般基于连续性方程、动量守恒方程和能量守恒方程来进行推导，模型较为复杂，因此如何精确求解该模型便成为应用实时模型技术的关键。目前主要的数值解法有特征线法和隐式差分法。特征线法可以将管道的偏微分方程化为特征差分方程，不需要求解庞大的非线性方程组，易于求解，但是，为了满足求解的数值稳定性，时间步长往往只能取得很小，而时间步长小会导致原始数据不稳定，影响监测效果。对于隐式差分法，由于要将待求时间步长上的所有未知量联立起来同时求解，因此，需要求解的非线性方程组比特征线法所要求解的非线性方程组大，这种方法能保证数值的绝对稳定性，因此，时间步长可以取利用实时模型法对管道进行泄漏检测和定位。

实时模型法是一项很有发展前景的技术。但此类方法普遍要求管道模型准确，而管道模型受管壁粗糙度、水温等因素影响，随时间而变化，因此提高管道模型的准确性有很大难度，而且实时模型法运算量大，对仪表要求高。

3. 基于知识的方法

（1）基于神经网络的方法。由于管道泄漏时未知因素很多，采用常规的数学模型一般会存在一定的差异，而神经网络具有逼近任意非线性函数和从样本学习的能力，故在管道泄漏检测中得到越来越多的重视。出现了 Hopfield 模型、Boltzmann 机模型、误差反向传播神经网络（简称 BP 网络）及其改良技术。

在管道泄漏检测中，可将管道运行条件及泄漏信息作为输入参数，分别建立用于检漏和定位的两套神经网络，该方法的抗噪声干扰能力强，灵敏度高，能检测到 1%的微小泄漏，且可靠性强，但是该方法只能定位到段，而不能进行更精确的定位。

（2）诊断专家系统。诊断专家系统是利用泄漏机理数学模型，综合使用经验知识、泄漏模式、泄漏机理模型、物理定律推导出非常复杂的非线性分布参数控制系统。

诊断专家系统结合深浅知识，首先完成管道最严重异常现象的广度搜索，然后进行深度搜索，基于经验知识迅速做出定性诊断，先确定是否有泄漏情况发生，确定发生泄漏的情况下，再根据压力、流量等参数的变化规律，搜索泄漏模式库，若有相同模式，则直接给出诊断结果。否则，只能再根据压力、流量变化规律对爆漏位置和爆漏量进行估算。因此，管道泄漏的诊断完全依赖于专家知识，而专家经验知识不可避免地有其局限性，而且存在环境多变性，这使得任何一个专家都无法找到一个最佳的规则，因此在管道的泄漏检测时有很大的局限性。

（3）模式识别法。模式识别法依据一定的句法规则剖析模式的结构，确定模式的性质。可以通过试验，先测定管道运行各种状态（包括稳态、调泵、调阀、泄漏等）下的各参数特征值，建立模式库。然后在管道实际运行时，通过对实测参数进行模式匹配，从而判断管道运行状态。但是，模式识别法必须对大量的模式样本进行训练，并建立合适的样本库。而对于环境多变、工况多变的长距离输水管道而言，其样本数量过于巨大，此方法难以负担。

（4）统计检测法。统计检测法不需要建立管道模型，而是根据管道出入口的流量和压力，连续计算压力和流量之间关系的变化。无泄漏发生，仅管网工况变化时，流量和压力之间的关系不会发生变化；当泄漏发生时，流量和压力之间的关系总会变化，应用序贯概率比方法和模式识别技术，可检测识别到这种变化。然而流量和压力之间的关系受多种因素影响，单一的统计检测法无法对管道进行泄漏定位，且统计检测法还存在检测延迟等问题。

第2章 水锤防护的关键技术

2.1 水锤基本原理

在压力输水管道中，因为开泵、停泵、开关阀门，使得管道中的水流速度发生急剧变化，可以破坏管道、水泵、阀门，并引起水泵反转、管道压力降低等现象。管道水流流速在极短时间里发生剧烈变化，流量突然从零到额定流量，由于流体具有动能和一定程度的压缩性，因此在极短的时间内流量巨大变化将引起管道压强升高和降低的冲击，从而引起动量转换，在管路中产生一系列急骤的压力交替变化的水力撞击现象，称为水锤现象。因为压力冲击将使管壁受力而产生噪声，犹如锤子敲击管道一样，故称为水锤效应。

水锤效应有极大的破坏性，包括：压强过高将引起管道的破裂；压强过低又会导致管道的瘪塌，还会损坏阀门和固定件的破坏。水锤也叫水击，为流体瞬变或水力暂态过程，此过程中全部空间点上的所有运动要素（如流速、加速度、切应力、压强、密度等）受时间和空间的共同影响，各运动要素在不同时间、不同空间是各不相同的。水锤也是一种非恒定流动或非稳定流动状态。例如，在不同外部的边界条件下，管路流量的变化、管路布置和选择管材、水泵和阀门的开启关闭以及特性、管路中水池水库水位的高低变化等，都会引起水流的运动状态发生改变而影响到水锤现象。

有压输水管道中产生水锤的主要因素大致分为边界条件的改变以及流体属性的改变两类。

输水系统中边界条件的改变极易引发水锤现象，如加压泵站中机组的开启或断电等引起的事故停泵、闸阀的快速启闭、管道爆裂或移位、突然打开消火栓等。

流体属性的改变也是造成水锤现象的重要影响因素，包括：快速打开泄压阀使得流体压力瞬间下降；压力波在管道中的传播、干涉、衍射；有压管道局部高点或膝部处空气的吸入及逸出等。

由于这些因素造成了水体流速的急剧变化，而流体的可压缩性及惯性使得流体在流速瞬变时膨胀或压缩，从而使得管内压力急剧交替变化并以波的形式在管内传播、干涉、衍射，引起水锤现象。

描述输水管道中水锤现象的瞬间升压可由约克夫斯基公式表示为

$$\Delta H=\frac{a\Delta V}{g} \tag{2-1}$$

式中 ΔH——管路压力的升高值，Pa；

ΔV——管路水流速度的变化值，m/s；

a——水锤波速，m/s；

g——重力加速度，m/s^2。

通过式（2－1）可以归纳出流速的急剧变化原因，即水锤产生的根本原因。只要管道中水流的速度发生变化，系统压力必然随之发生变化。流速的突然改变或许是由于流量的正常调节，或是发生事故引发流量变化。同时由式（2－1）可知水锤压力变化的大小与水锤波的波速成正比。即在相同的水流速度变化时，水锤波速越大则产生的水锤就越大，引起的压力变化也就越大。水锤波速对输供水管道水锤有很大的影响作用。所以说，一切缓解或消除水锤现象的措施，都应该从减小管道流速变化或者降低水锤波速这两点出发。

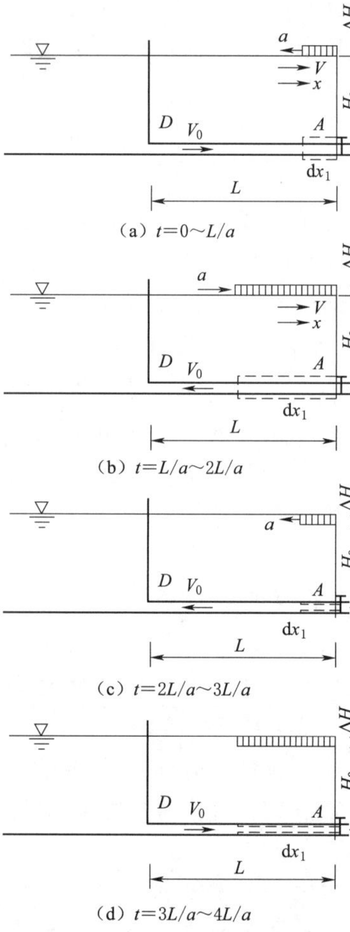

图 2－1　压力水管水锤过程

要全面准确解释和理解水锤现象及实质，在水锤研究过程中，必须考虑到水的可压缩性和管壁弹性的影响。为了便于研究，假定管道材料、管壁厚度、沿管长管径不发生变，暂且不考虑管道摩阻损失，当阀门突然关闭时，水锤现象有以下典型的过程：

（1）当 $t=0\sim\dfrac{L}{a}$时。阀门突然关闭（关闭时间 T_s）后，在时段 dt_1 内，紧靠阀门处管段 dx_1 中的水体最先发生变化，流速从 V_0 变为零，压力则上升为 $H_0+\Delta H$。此时，水体被压缩，水的密度变成为 $\rho+\Delta\rho$，管壁膨胀，从而有了空间容纳 dx_1 以上管段以速度 V_0 流动的水体。在 dt_1 时段内，dx_1 管段以上仍未受到水锤的影响，之后依次再经 dt_2、dt_3、… 时段，在 dx_2、dx_3、…管段中流速、压力将相继发生同样的变化，如图 2－1（a）所示。这样，一段接一段地将阀门关闭的影响向上游传播，压力增加如同波一样自阀门 A 处沿管道逐渐向上游传播，这就是水锤波，其传播速度称之为水锤波速 a，管路压力的升高值 ΔH 称为水锤压力。使压力增加的波为增压波，使压力降低的波叫降压波。经过时间$\dfrac{L}{a}$，水锤波到达管道进口处，此时，整个水管内的流速 V_0 降为零，压力上升为 $H_0+\Delta H$。

（2）当 $t=\dfrac{L}{a}\sim\dfrac{2L}{a}$时。在 $t=\dfrac{L}{a}$时刻，水锤波将传至水库 D 点处，由于 D 点右端管道内压力为 $H_0+\Delta H$，而左端水库保持不变仍为 H，因此“边界”处的水体不能保持平衡，管道中的水体在 ΔH 压差作用下将逆流向水库。在 $t=\dfrac{L}{a}$后的 dt_1 时段内，首先紧靠水库 dx_n 管段内发生变化，流速由零变为$-V_0$，压力由 $H_0+\Delta H$ 变为 H_0；其次管壁及水体随着水锤压力的消失恢复到原有状态。同理，再经 dt_2、dt_3、…时段，在相应 dx_{n-1}、dx_{n-2}、…管段中将发生同样的变化，如图 2-1（b）所示。直到 $t=\frac{2L}{a}$时刻，整个管道中的压力、管径、流速及水的密度都恢复到初始状态。以上结果表明，水锤波在水库处发生反射，反射特点是"等值异号"反射，即反向波与入射波的数值相同，均为 ΔH，但符号相反、方向相反，即升压波反射为降压波。

（3）当 $t=\frac{2L}{a}\sim\frac{3L}{a}$时。在 $t=\frac{2L}{a}$时刻，水锤波传播到阀门处 A 点，由于阀门已关闭，加上水流的惯性作用，管道中的水继续流向水库。在 $t=\frac{2L}{a}\sim\frac{3L}{a}$时段内，首先是紧近阀门 dx_1 管段内发生变化，然后依次传到 dx_2、dx_3、…管段，如图 2-1（c）所示。到$\frac{3L}{a}$时刻，流速由 $-V_0$ 变为零，压力由 H_0 变为 $H_0-\Delta H$，管径为 $D-\Delta D$，水的密度变为 $\rho-\Delta\rho$。当阀门全关闭时，水锤波在阀门处的反射特点是"等值同号"反射，即反向波与入射波的数值和符号不变，从水库传来降压波仍反射为降压波。

（4）当 $t=\frac{3L}{a}\sim\frac{4L}{a}$时。在 $t=\frac{3L}{a}$时刻，水锤波又回到水库处 D 点，由于管道压力比水库低 ΔH，则 D 点压力不能维持平衡，因此水库的水又向阀门方向流动，这时水库将阀门反射回来的降压波又反射为升压波。到 $t=\frac{4L}{a}$时刻，管道流速由零变为 V_0，压力由 $H_0-\Delta H$ 变为 H_0，管径、水密度都恢复到初始状态，如图 2-1（d）所示。

$\frac{4L}{a}$为水锤波的周期，每经一个周期，水锤现象就重复一次以上过程。水锤波在管中传播一个来回的时间 $t_r=\frac{2L}{a}$，称之为"相"，两个相为一个周期 T，即 $T=2t_r$。

当阀门突然开启时，水锤现象与以上情况正好相反。当不考虑水力摩阻时，以上水锤过程将永远的反复下去，由于水力摩阻的存在，水锤过程不可能一直的振荡下去，压力波会因为摩擦损失而逐渐衰减，在一段时间后逐渐消失。通过以上分析可以初步得出结论：①实际上水锤压力是由水流速度变化而引起的惯性力，突然启闭阀门时，由于启闭时间短、流量变化快，因而水锤压力往往比较大，整个的变化过程是短暂的；②由于水体的可压缩性和管壁弹性，水锤压力会以弹性波形式沿着管道传播；③水锤波与其他弹性波一样，在波的传播过程中，外部条件的变化都会引起水锤波的反射，其反射特性（反射波的数值及方向）取决于边界处的物理特性。

2.1.1 输水系统中常见水锤分类

导致输水过程发生水锤现象的边界变化包括启停水泵、水泵机组的转速变化、动力故障、泵内发生回流、管道上阀门的启闭以及管路的分流和集流等，主要分为边界条件的改变以及流体属性的改变两大类。

输水系统中边界条件的改变极易引发水锤现象，包括加压泵站中机组的开启或断电等事故停泵、闸阀的快速启闭、管道爆裂或移位、突然打开消火栓等。

流体属性的改变也是造成水锤现象的重要影响因素，包括：快速打开泄压阀使得流体压力瞬间下降；压力波在管道中的传播、干涉、衍射；有压管道局部高点或膝部处空气的吸入及逸出等。

由于这些因素，造成了水体流速的急剧变化，而流体的可压缩性及惯性使得流体在流速瞬变时膨胀或压缩，从而使得管内压力急剧交替变化并以波的形式在管内传播、干涉、衍射，引起水锤现象。

根据不同的分类角度，水锤有 4 种划分方式。

1. 按照水锤波在管道内的传播时间与阀门开、关阀时间的关系划分

按照水锤波在管道内的传播时间与阀门开、关阀时间的关系划分，可分为直接水锤和间接水锤。

直接水锤和间接水锤按照水锤波在管道中传播一个周期的时间 T_s 与水锤相 $\frac{2L}{a}$ 的关系进行确定。

（1）直接水锤。当 $T_s \leqslant \frac{2L}{a}$ 时，管道末端的水锤压力只是受到阀门开度变化直接引起水锤波的影响，称为直接水锤。其计算公式为

$$\Delta H = H - H_0 = -\frac{a}{g}(V - V_0) = \frac{a}{g}\Delta V \tag{2-2}$$

式中　g——重力加速度，m/s^2；

ΔV——阀门关闭时引起的管内流速变化，m/s；

a——水锤波的波速，m/s。

式（2-2）只适用于 $T_s \leqslant \frac{2L}{a}$ 的情况，可以得出：①当阀门关闭时，管道内流速逐渐减小，$V - V_0 < 0$ 为负值，则 ΔH 为正，产生正水锤，当阀门开启时，即 $V - V_0 > 0$，ΔH 为负，产生负水锤；②直接水锤的压力值大小只与管道内流速变化（$V - V_0$）的绝对值和水锤波速 a 有关，与阀门开度变化速率、变化规律、管道长度无关。

（2）间接水锤。当 $T_s > \frac{2L}{a}$，管道末端的水锤压力是向上游传播的水锤波和反射回来的水锤波相互叠加的结果，其为间接水锤。这种降压波对阀门处产生的升压波起着抵消作用，使此处的水锤升压值小于直接水锤值。

发生间接水锤时，水锤压力波的消减、增加是一个十分复杂的动态变化过程，此时管路中产生的最大压力总是小于直接水锤压力。间接水锤是水泵站中经常发生的水锤现象，一般情况都是先发生间接水锤，再连锁发生直接水锤。实际的水锤过程是很复杂的，其中以间接水锤为主，压力增值可达到正常压力。

在实际工程中，经常关注的是最大水锤压力。水锤压力主要产生于阀门处，从上游反射回来的降压波最后传播到阀门处，因此最大水锤压力都是产生在阀门附近的断面上。

2. 按照水锤水力特性划分

按照水锤水力特性划分，可分为刚性水锤（柱）理论和弹性水锤（柱）理论。

（1）刚性水锤（柱）理论。刚性水锤（柱）理论是在不考虑水流阻力（水和管道材料的弹性）的条件下，水锤的产生只与管道内流速变化有关。在水锤计算时，设定管道管壁为绝对刚体，即在外力作用下管道不变形，并且认为水流是不可压缩。这种方法计算水锤比较简单，但计算结果粗略，准确性差。

（2）弹性水锤（柱）理论。弹性水锤（柱）理论与刚性水锤（柱）理论相反，考虑到了水的可压缩性和管道材料的弹性。弹性水锤（柱）理论推导出的水锤基本微分方程式较为复杂，但是基本符合实际。对于高水头的长距离管路系统进行水锤计算时，应当采用弹性水锤（柱）理论，可以得到较为准确的计算结果。

3. 按照水锤波动现象（有无液柱分离）划分

按照水锤波动现象（有无液柱分离）划分，可分为水柱无分离的水锤现象和断流空腔再弥合水锤现象（伴有水柱分离）。

压力管路系统中出现大的空气腔时也会引发水柱分离现象，当大空腔溃灭，即两股水柱重新弥合时，大空腔内的水蒸气迅速凝结，两股水柱相互剧烈碰撞，会造成升压极高的断流再弥合水锤现象，并能够引起巨大的危害。根据空腔所含介质性质的不同，可以将水柱分离现象分为水柱分离（V）或水柱分离（汽）以及水柱分离（A）或水柱分离（空）两种类型。当管路中某处的压力降到当时水温的饱和蒸气压（汽化压）以下时，液态水将迅速汽化进而产生大空腔或空管段，严重破坏了水流的连续性，从而引起水柱分离现象，并称之为水柱分离（V）或水柱分离（汽）；而当管道中产生负压时，大量的空气将会通过空气阀被吸入管道内并形成充满气体的大空腔，这样引起的水柱分离现象就叫作水柱分离（A）或水柱分离（空）。

水柱分离（汽）现象的产生以管路系统密封得非常完好为前提，但实际工程中的长距离输水管线并非如此密封（输水管道沿途设有相当数量的各种空气阀），因此，在水力过渡的过程中，水柱分离（空）发生的可能性并不比传统的水柱分离（汽）小；在其他技术条件相同的情况下，因水柱分离（空）而形成的空气腔的最大长度要比传统的以水蒸气为主填充的蒸汽腔的最大长度大得多；如果在空气腔缩小乃至消失的过程中，腔内的空气可以自由无阻地从输水管道中排出，则在该空气腔最后消失（溃灭）的瞬间也将会导致两股水柱间的剧烈碰撞并使管道中的压力骤增，这种水力撞击现象也称为断流空腔再弥合水锤，它的危害比传统的断流弥合水锤（汽）要大得多。

4. 按照水锤产生原因划分

按照水锤产生原因划分，可分为启泵水锤、关阀水锤、停泵水锤。

（1）启泵水锤。启泵水锤往往是由于存在有大量空气的管路中，突然充水而压水阀门开启过快的情况下产生的管道系统发生剧烈的流速变化和水流撞击现象。

（2）关阀水锤。关阀水锤是在阀门关闭时产生的水锤现象。一般情况下，按照正常操作规章，关闭阀门是不会产生很大的水锤压力变化的。然而一旦违反操作制度，造成管道堵塞或阀门出现故障时，将会出现不同程度的关阀水锤。

（3）停泵水锤。停泵水锤是发生在水泵站及管道系统中，水泵机组突然断电而造成的开阀停车的水锤现象。产生原因主要是人工操作失误或自然灾害引起电网跳闸事故等。

以上三种水锤现象中，由于产生原因的不同，所导致的水锤危害程度和事故位置也不同，其中危害最大的为停泵水锤。根据调查统计，在城市供水以及工业企业的给水泵站中，大部分水锤事故都属于停泵水锤事故。

5. 按照流体的流道进行划分

按照流体的流道进行划分，可将水锤划分为封闭管道水锤、明渠水锤和明满交替水锤。

2.1.2　现行规范中水锤分析依据

《泵站设计标准》（GB 50265—2022）对过渡过程及产生危害的防护有以下要求：

（1）有可能产生水锤危害的泵站，在可行性研究及以后的设计阶段均应进行过渡过程计算，并根据各种工况的计算结果，确定合理的水锤防护措施。对于汇流出水的泵站，应根据汇流的机组台数和电气主接线连接方式，按可能同时事故断电的机组台数进行计算。

（2）当过渡过程计算结果不能满足下列要求时，应采取防护措施：

1）水泵机组最高反转速度不应超过额定转速的 1.2 倍，超过额定转速的持续时间不应超过 2min。

2）水泵机组在低于额定转速 40%的持续运行时间不应超过 2min。

3）水泵出口工作阀门后的最高压力不应超过水泵出口额定压力的 1.5 倍。

4）输水系统任何部位不应出现水柱断裂，最低压力应根据泵站重要程度及年运行时间设置，最小值不宜低于－4m。

（3）真空破坏阀应有足够的过流面积，动作应该准确可靠，用拍门或快速闸门作为断流设施时，其断流时间应满足控制机组反转转速和水锤防护的要求。

（4）高扬程、长压力管道的泵站，根据过渡过程计算结果，水泵出口宜选用多阶段关闭的工作阀门以及其他必要的防护措施。

《城镇供水长距离输水管（渠）道工程技术规程》（CECS 193：2005）中提道：水锤防护措施设计应保证输水管道最大水锤压力不超过 1.3～1.5 倍的最大工作压力；压力输水管路，事故停泵后水泵反转速度不应该大于额定转速的 1.2 倍，超过额定转速的持续时间不应超过 2min。故水锤分析最大压力不得超过 1.5 倍承压能力。

2.2　水锤计算理论

水锤现象是一种波动，产生的基本条件是有压管流中的波源和传播介质。在有压输水管道中，流速的剧烈变化引起管路中产生一系列的急骤的压力交替变化和密度疏密变化。在物理现象上表现为水锤波动，起主要作用的是有压管路中液体的惯性和可压缩性。

根据相关的技术资料和科技文献可知，管道水力过渡情况研究至今，关于水锤计算的方法出现了许多种，这些方法大致可分为算术法、分析法、图解法、简易图解算法、代数法及数值计算法等。

1. 算术法

算术法又被称作解析法。1898 年，Joukowski 针对输水系统关阀工况下的管道压力变化的规律开展分析研究，并总结出直接水锤的计算方程。1903 年，Allievi 提出了水锤基本微分方程，并在不考虑管道摩阻的假设下，利用边界及初设条件逐段求解，也就是解析法。在水锤计算研究的初期阶段常用此法，其特点为物理意义明确且应用简便，但因其不考虑管道摩阻产生的水力损失及假设压力波为全反射且工作量较大，故此种方法多用于边界条件比较简单的不计摩阻的简单供水管路中。

这种方法忽略了摩阻项，得到的水击的基本方程为

$$\sum \Delta H = \pm \frac{a}{g} \sum \Delta V \tag{2-3}$$

式（2-3）表示了速度变化 ΔV 和水头变化 ΔH 与波速 a、重力加速度 g 之的关系。对向上游运动的波，式中取负号，对向下游运动的波，式中取正号。

若已知一段管子两端的边界条件，多次应用这一方程，瞬变解可以建立并计算出来。算术法的优点在于形象、直观，可以直接写出瞬变过程解的表达式，缺点是误差大。

2. 分析法

分析法将摩阻项线性化，略去运动方程中其他非线性项，微分方程取简化形式，通过求解得到解析解。分析法的优点是概念清楚且求解省时，缺点是线性化带来了较大的误差。

3. 图解法

20 世纪 30—60 年代，Bergeron、Parmakian 等学者对图解法进行了充分系统的开发，至此图解法得以广泛应用于水锤计算。图解法利用不考虑摩阻的运动方程，并将该方程转换为管路内两点的两个共轭方程，用以 H 和 V 为坐标的图形示意边界条件及水锤波的推移过程，作图求解。其特点在于概念清晰、简便且直观，能将水击波的计算过程图像化，但因其计算方式及假设条件导致其计算精度欠佳，适用范围较小，对于较复杂的管道系统或需考虑水锤波衍射情况的水锤计算，存在作图过程繁琐、计算量大且精度低的劣势，对于输水系统管道摩阻产生的水力损失占比较大的水锤计算精度较低，对于存在气逸以及水柱分离现象的管路系统，图解法解决思路为利用蒸气穴两侧流速，穴内压力视为液体气化压，其余部分视为一般水锤现象分析计算，而忽略了空穴区，导致最不利的断流弥合水锤计算失真，因此目前的水锤计算中图解法已较少使用。

图解法能够解决大量的复杂问题，如分叉管、串连管和泵的动力事故，方法的复杂程度和系统的复杂性相对应。图解法很费时，因此，对复杂管网中许多可以用数学方法进行模拟的边界条件，常常引进简化假设。

4. 简易图解算法

简易图解算法利用精确的计算方法求解各边界条件下的水锤升压并绘制成图，为后续使用提供查询作用，现今常用的有富泽清治的停泵水锤计算曲线图、刘竹溪的停泵水锤计算曲线图等。简易图解算法的特点在于求解速度快且简单易学，但由于其计算误差较大，故一般仅在处理简单小规模的输水工程或可行性研究阶段进行水锤危害评估上得以应用。

5. 代数法

代数法主要原理在于把时间作为标号引入特征线方程中，用以计算同一时间步长下若干管段的变化增量，其特点在于在时间步长相当小时对跨管段计算时可忽略内截面及相交断面处的瞬变值而使得边界条件得以完整保持，概念清楚，但在进行多管段摩阻相计算时精度不高，并且需通过调整波速以使每根计算管道有整数段。代数法可用来处理复杂管路系统的水锤计算问题。

6. 数值计算法

20 世纪 60 年代后，随着计算机技术的日新月异，专家学者们开始不断尝试适用于电

算的数值模拟技术的研究，现今成熟的数值计算法主要有特征线法（method of characteristics，MOC）、波动法（wave fluctuate method，WPM）、波特征法（wave characteristic method，WCM）、隐式法（implicit method，IM）、有限体积法（finite volume method，FVM）等。

（1）特征线法。1962年，V. L. Streeter与E. B. Wylie提出将瞬变流的水锤双曲线偏微分方程利用正负特征线网格进行有限差分，转化成易于电算的有限差分方程式进行求解。特征线法的特点在于收敛性、稳定性好，对于复杂管路系统及气液两相瞬变流等复杂水锤计算问题，便于电算且精度高，因而目前水锤计算普遍采用特征线法。

特征线法把2个偏微分方程运动方程、连续性方程进行线性组合，然后联立解得到4个全微分方程，即2组特征方程。虽然它们已经是常微分方程，但由于摩阻项中流速与时间或距离的关系不能建立，无法积分求出解析式，故只能用数值方法计算。在当今计算机时代，用有限差分法求积分的数值是克服积分难题的一个有效手段，特征方程的求解也采用这种手段，即将这些方程表示成有限差分的形式，用各管段统一时间步长的矩形网格计算法，通过计算机求解。特征线法的优点如下：①可以建立微分方程求解的稳定性准则；②边界条件很容易编成程序；③可以处理非常复杂的系统，在所有有限差分法中具有最好的精度；④容易编程；⑤可以给出全部表格化的结果。

（2）波动法。1966年，Wood尝试把波浪的迁移路径引入封闭管道的水锤求解过程中，其原理在于把影响水体流动的干扰函数进行分段近似为常数函数，即通过固定流量瞬变的时间间隔，将流体扰动分段近似为流动状态。波动法的特点在于其分段近似的常数函数在时间和空间上都为一阶精度，其准确性要求更加精准的离散化来实现。

（3）波特征法。2005年，Wood在以因水力扰动引发的压力波生成与传播理论基础上跟踪波的行为特征，并利用拉格朗日函数的波特征法计算管道系统各节点的水锤瞬时压力值。波特征法的特点在于概念清晰，易于电算，并且经对比分析，波特征法与特征线法具有同等的精确性。

（4）隐式法。隐式法属于有限差分法，通过联立水锤基本微分方程并转化为拟线性偏微分方程，将管道分段，在各时间步长内求解整个管道系统的方程组。隐式法的特点在于稳定且具有二阶精度，可控制时间步长的选取以减少计算次数，但其在处理长距离输水管道水锤计算中需求解大量非线性方程组导致需要较长计算时间及内存，故隐式法一般适用于惯性力非主要力的人工明渠等流动计算中。

（5）有限体积法。2002年，Guinot等学者在假设部分参数不计入计算的情况下，利用有限体积法求解水锤拟线性双曲线偏微分方程组，并提出了黎曼型计算方法。随后Hwang等学者通过引入可压缩流体方程并结合实例进行水锤计算，其特点在于一定的局限性，适用于具有不同特性变管径等边界条件的管道系统中，且其一阶方程与特征线法方程差值小。

近年来，国内外一些学者尝试利用可压缩流体连续性方程和动量方程，在一维水锤计算方程的基础上推导基于湍流模型的二维水锤计算方程，以便于将节点拓展至断面用来更好地对水力过渡过程中能量消散过程及物质迁移扩散等问题进行研究，部分学者提出利用矩形网格对二维水锤方程求解的方法，其特点在于应用范围更广但其计算要求更高，且在精度和效率上有待进一步提高。

水锤数值计算方法的不断发展对复杂管道系统的设计、防护及安全评估方面提供了强有力的理论指导及技术保障。

2.2.1 水锤基本微分方程

水锤现象是管道中一种瞬态的水力过渡过程，在有压管道系统中，由于边界条件的改变使得管路内水流速度急剧变化，为典型的非恒定流。水锤基本理论所阐释的根本就是其引发的水锤波在管路中传播、反射、干涉直至消失的全过程，此过程中液体自身惯性与其可压缩性起关键影响作用，因此研究对象包括管道内的水及管道，而由于液体的黏性对水锤现象的研究影响不大，故不考虑液体黏性，现有的水锤基本理论根据是否将液体的压缩性纳入计算范畴而划分为刚性水锤理论与弹性水锤理论，水锤的基本微分方程是运动方程与连续性方程联立的方程组，常常通过特征线法并结合模型初始与边界条件对这一瞬态的水力过渡过程求解。

1. 刚性水锤理论

利用重力流输水管路在关阀工况下水锤升压现象，阐述说明刚性水锤理论及其基本方程组。刚性水锤计算示意图如图 2-2 所示。

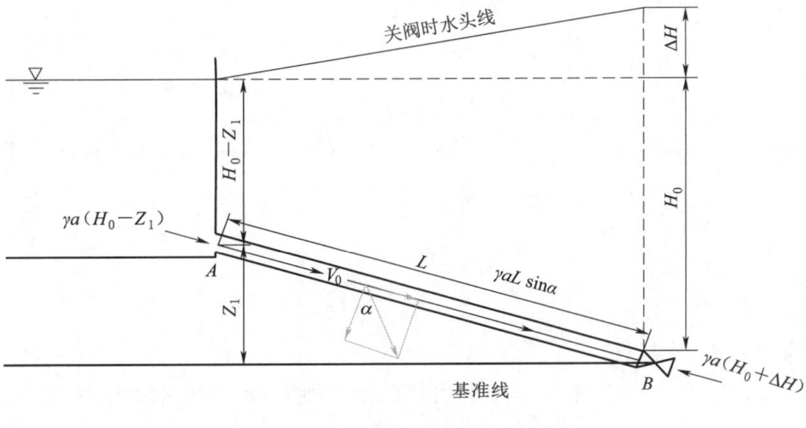

图 2-2 刚性水锤计算示意图

在重力流输水管路中取上游水池至末端阀门之间的管段为控制体进行计算，该控制体横截面积为 S，管路长度为 L，并假设：①管路中的水无压缩性，即忽略水体及管壁的弹性，此为刚性水锤理论最基本假设；②忽略管路伸长、膨胀等变形影响；③管内为满管有压流，且管路中任意位置皆不产生气穴；④在管路任一断面上流速与压力都为均匀分布，且压力等于管路中轴线上的压力；⑤上游水池液面高度保持稳定；⑥忽略管路系统中产生的水头损失及管道中流速水头的变化。

在此重力流输水管路稳态运行时，突然对管道末端阀门执行关阀操作，由于流体的惯性，紧靠阀门的流体速度瞬间降为零，而后续流体却仍保持原有状态继续向前，因而阀门前微段 dx 被压缩，从而密度升高，产生水锤升压 ΔH，在此过程中，水锤升压波从 B 点向 A 点传播，为增压减速过程。对阀门前微段 dx 进行受力分析，则有

$$F=\rho gS(H_0+\Delta H)-\rho gS(H_0-Z_1)-mg\sin\alpha \tag{2-4}$$

已知 $m=\rho SL$，$L\sin\alpha=Z_1$，则

$$F=\rho gS\Delta H \tag{2-5}$$

根据牛顿第二定律，则

$$F=\rho gS\Delta H=ma=\frac{\rho gSL}{g}\left(-\frac{\mathrm{d}V}{\mathrm{d}t}\right) \tag{2-6}$$

式中　F——表面力；

$-\frac{\mathrm{d}V}{\mathrm{d}t}$——单位时间内控制体的速度减少幅度，即减加速度；

V——流速，以稳态时流速方向为正方向。

基于式（2-6）可得到水锤升压值为

$$\Delta H=\frac{L}{g}\left(-\frac{\mathrm{d}V}{\mathrm{d}t}\right) \tag{2-7}$$

已知系统稳态运行时管路出流流量 Q_0 为

$$Q_0=SV_0=(C_dA_g)_0\sqrt{2gH_0} \tag{2-8}$$

式中　A_g——阀门开启时断面的面积；

C_d——阀门的流量系数，"0"表示初始状态。

引入阀门开度 B，令 $B=\frac{(C_dA_g)_\tau\sqrt{2g}}{S}$，则

$$V=B\sqrt{H_0+\Delta H} \tag{2-9}$$

令 $\tau=\frac{B}{B_0}$，已知 $\frac{V}{V_0}=\frac{B}{B_0}\sqrt{1+\frac{\Delta H}{H_0}}$，则

$$V=\tau V_0\sqrt{1+\frac{\Delta H}{H_0}} \tag{2-10}$$

式中　τ——阀门开度变化率。

式（2-7）与式（2-10）联立构成关阀工况下刚性水锤理论的基本方程组，其适用于任何坡度的管路。

由式（2-7）可以看出，若关阀历时趋向于无穷小时，流速的减加速度则趋向于无穷大，此时在阀门处水锤的升压值也趋向于无限大，而由于刚性水锤理论忽略水的可压缩性，将管壁视为刚性，故整个管路中任一位置压力升高值都趋于无限大，显然脱离了实际情况。

对于缓慢进行关阀操作下，若 τ 与 t 为线性关系，而阀门开度的变化率可等效为流速的变化率，故其关系式为

$$\tau=1-\frac{V't}{V_0T_s} \tag{2-11}$$

式中　T_s——水锤波在管道中传播一个周期的历时时长；

t——关闭过程中任意时刻，$0\leqslant t\leqslant T_s$；

V'——初始流速和最终流速的差值。

联立式（2-11）与式（2-10），可得

$$V=\left(V_0-\frac{V't}{T_s}\right)\sqrt{1+\frac{\Delta H}{H_0}} \tag{2-12}$$

联立式（2-7）与式（2-12），可得阀门处最大升压值 ΔH_{max} 为

$$\Delta H_{max}=\left(\frac{K}{2}+\sqrt{K+\frac{K^2}{4}}\right)H_0 \tag{2-13}$$

其中

$$K=\left(\frac{LV'}{gH_0T_s}\right)^2 \tag{2-14}$$

由此可见，刚性水锤理论可以应用在缓慢关阀操作的情况上，虽然其过程相对更为简便，但需要考虑其结果的精度，通过大量文献分析可知，只有在 $T_s \geqslant \frac{L}{1000}$时，利用刚性水锤理论解决水锤问题的精度较高。

2. 弹性水锤理论

弹性水锤理论是在刚性水锤理论的全部假设前提下，考虑水的可压缩性以及管壁的弹性作用对压力变化的影响。本节将利用重力流输水管路在关阀工况下水锤升压现象，阐述说明弹性水锤理论。

（1）水锤的波动性。水锤波为机械波的一种，起源于压力流中水体流速急剧变化和水体的运动惯性所导致管路中密度、压力急剧变化，是以水为介质进行产生、传播、反射、叠加干涉以及消失的压力波动过程。水锤的波动性示意如图 2-3 所示。其中呈现了简单管路出流闸释水锤波动的全过程，假设：①忽略阻力影响，故阻力为零；②关阀为瞬间，故历时为零。由于瞬间关闭阀门，因而产生关阀水锤，设稳态时水体流速为 V，关阀时刻为 T，其水锤波的传播先后大致分为 4 个阶段，分别为升压波逆传减速阶段、降压波顺传减速阶段、降压波逆传加速阶段、升压波顺传加速阶段。

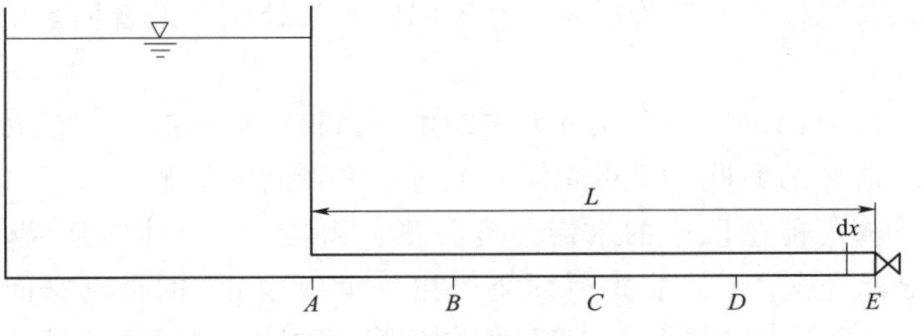

图 2-3　水锤的波动性示意图

1）升压波逆传减速阶段。关阀瞬间，阀后微段 dx 内流体速度瞬间变为零，然而微段 dx 后续流体由于惯性仍保持其原有运动状态，因而微段体积被压缩，密度随之升高，从而产生水锤升压 ΔH，造成管壁膨胀，后续流体在填满微段 dx 的全部空间后又在下一个微段 dx 内产生与前一个微段相同的水力现象，在此过程中，水锤升压波从阀门处向上游水池（$E \rightarrow A$）层层逆向传播，在 $T=\frac{L}{a}$时到达水池处，而水体水流方向由于惯性依然为稳态时水流方向，因此此过程为升压减速过程。

2）降压波顺传减速阶段。随着升压波逆传播至水池处，由于管道靠水池侧水体密度、

压力大于另一侧水池内水体，从而导致管内水体流向水池内，因而形成一个降压波，从水池出口处 A 向阀门处传播，在 $T=\frac{2L}{a}$ 时到达阀门处，在此过程中，水体不断从管内流向水池，因而水流方向为阀门至水池，管内水体密度、压力降低，逐渐恢复至稳态时数值，因此此过程为降压减速过程。

3）降压波逆传加速阶段。随着全管道内水体密度、压力恢复至稳态数值，由于此时水体运动状态与稳态时相反，因而在阀门处压力值继续下降，从而引发降压波从阀门处向上游水池传播，在 $T=\frac{3L}{a}$ 时到达水池处，在此过程中，水体不断从管内流向水池，因而水流方向为阀门至水池，管内水体密度、压力降低至稳态数值以下，因此此过程为降压加速过程。

4）升压波顺传加速阶段。随着降压波顺传播至水池处，由于管道靠水池侧水体密度、压力大于另一侧水池内水体，从而导致水池内水体向管道内流动，因而形成一个升压波，从水池出口处 A 向阀门处传播，在 $T=\frac{4L}{a}$ 时，到达阀门处，此过程中，水体不断从水池流向管内，因而水流方向为水池至阀门，管内水体密度、压力升高，逐渐恢复至稳态时数值，因此此过程为升压加速过程。

上述四阶段为简单管路出流时关阀工况下水锤波传播的全过程，在假设忽略阻力影响，故阻力为零的情况下，这四个阶段会无限循环，而实际考虑管道阻力作用会使水锤波逐渐消减至消失，因而其过程根本为水体质点间的能量传递过程。

实际的输水管线远比图 2-3 的系统边界条件复杂，水锤波在管道中会经常发生反射及叠加干涉情况。水锤波在管道中传播时遇到节点产生的反射波，会使得相邻节点间的管道水头、流量状态变化。若不同波源产生的波在某处相遇，虽然波的特性不会变化，但此处振动会被叠加。若水锤直接波传播时，经不同路径某处相遇或者同反射波相遇，则会使得振动增强或减弱。

（2）水锤压强的数学模型。在此重力流输水管路稳态运行时，突然对管道末端阀门执行关阀操作，由于流体的惯性，紧靠阀门的流体速度瞬间降为零，而后续流体却仍保持原有状态继续向前，阀门前微段中的水流速度降低，微段 $\mathrm{d}x$ 水体被压缩，从而密度升高，产生水锤升压 ΔP，造成管壁膨胀，后续流体在填满微段 $\mathrm{d}x$ 的全部空间后又在下一个微段 $\mathrm{d}x$ 内产生与前一个微段相同的水力现象，在此过程中，水锤升压波从阀门处向上游水池层层逆向传播，为增压减速过程，直至管路内水体全部静止。弹性水锤计算示意如图 2-4 所示。

在图 2-4 中，稳态时管内流速为 V_0，流体密度为 ρ，断面 1-1 处压力为 P，管道横截面积为 A。当关阀工况下产生水锤时，经过时间 ΔT 后，水锤升压波从断面 2-2 传播至断面 1-1，由此造成在微段 $\mathrm{d}x$ 内，流体速度变为 $V_0+\Delta V$，横截面积变为 $A+\Delta A$，液体密度变为 $\rho+\Delta\rho$，压强变为 $P+\Delta P$，微段 $\mathrm{d}x$ 内的流体的动量由 $\rho AV_0\mathrm{d}x$ 变为 $(\rho+\Delta\rho)\times(A+\Delta A)(V_0+\Delta V)\mathrm{d}x$。

因而其动量增量为

$$(\rho+\Delta\rho)(A+\Delta A)(V_0+\Delta V)\mathrm{d}x-\rho AV_0\mathrm{d}x\approx\Delta(\rho AV_0)\mathrm{d}x \tag{2-15}$$

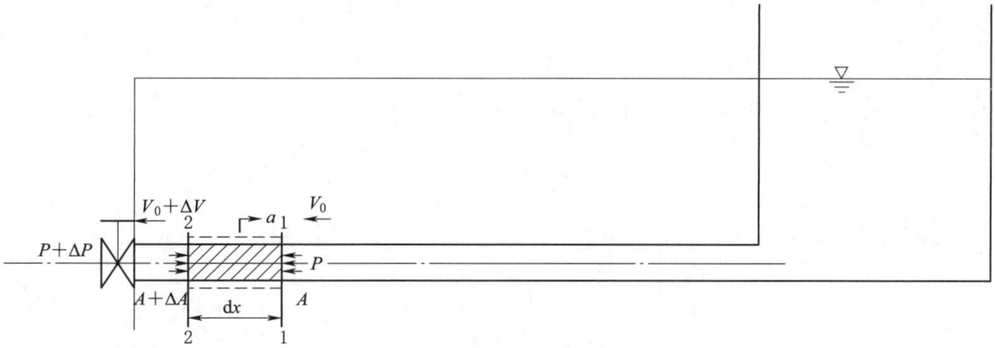

图 2-4　弹性水锤计算示意图

作用于微段 $\mathrm{d}x$ 的外力为

$$PA-(P+\Delta P)A+\Delta A\approx-\Delta(PA) \tag{2-16}$$

因此，其外力冲量为$-\Delta(PA)\Delta T$。

忽略 ΔA、ΔP，又因为 $\rho=\dfrac{\gamma}{g}$，可得

$$\Delta P=-a\ \frac{\gamma}{g}\Delta V \tag{2-17}$$

式（2-17）即为常用于计算关阀工况下直接水锤压强的柯夫斯基公式，其适用条件为：①管道中流体的重力在其运动方向上的分力为零；②管道中流体保持连续性，即无水柱拉断现象；③忽略管体膨胀对水锤压强的影响。应用式（2-17）求解水锤升压值时，必须先对水锤波速 a 进行求解，其值与水的压缩性及管壁弹性因素皆有关。

（3）水锤波速的数学模型。在图 2-4 中微段 $\mathrm{d}x$ 内，流进断面 1-1 与流出断面 2-2 的质量差应等于 ΔT 内微段 $\mathrm{d}x$ 的质量增值，由质量守恒定律得

$$\rho AV_0\Delta T-(\rho+\Delta\rho)(A+\Delta A)(V_0+\Delta V)\mathrm{d}x=(\rho+\Delta\rho)(A+\Delta A)\mathrm{d}x-\rho A\mathrm{d}x \tag{2-18}$$

已知

$$\rho AV_0\Delta T-(\rho+\Delta\rho)(A+\Delta A)(V_0+\Delta V)\mathrm{d}x\approx\Delta(\rho AV_0)\mathrm{d}x \tag{2-19}$$

$$(\rho+\Delta\rho)(A+\Delta A)\mathrm{d}x-\rho A\mathrm{d}x\approx\Delta(\rho A)\mathrm{d}x \tag{2-20}$$

式（2-18）化简可得

$$-\Delta(\rho AV_0)=a\Delta(\rho A) \tag{2-21}$$

即

$$(a+V_0)\Delta(\rho A)=-\rho A\Delta V \tag{2-22}$$

由于 $V_0\ll a$，可得

$$a\Delta(\rho A)=-\rho A\Delta V \tag{2-23}$$

联立式（2-23）与式（2-17）可得

$$a=\frac{1}{\sqrt{\rho\left(\dfrac{\mathrm{d}\rho}{\rho\mathrm{d}P}+\dfrac{\mathrm{d}A}{A\mathrm{d}P}\right)}} \tag{2-24}$$

由于水的体积弹性模量 K 为

$$K=\frac{\mathrm{d}P}{\frac{\mathrm{d}P}{\rho}} \tag{2-25}$$

而对于一般金属圆管来说，其横截面积 A 为

$$A=\frac{\pi}{4}D^2 \tag{2-26}$$

且按照胡克定律，其直径增量 $\mathrm{d}D$ 与管壁应力增量 $\mathrm{d}\sigma$ 满足

$$\mathrm{d}D=\frac{\mathrm{d}\sigma}{E} \tag{2-27}$$

并且此类管材满足

$$\sigma=\frac{PD}{2e} \tag{2-28}$$

则式（2-24）可化简为

$$a=\sqrt{\frac{K}{\rho}}\frac{1}{\sqrt{1+\frac{KD}{Ee}\varphi}} \tag{2-29}$$

式中　K——水的体积弹性模量；

E——管壁材料的弹性模量；

D——管道内径，m；

e——管壁厚度，m；

φ——与管道支撑特性、泊松比相关的系数，其中：管道固定，全管无轴向运动时，$\varphi=1-\mu^2$（μ 为泊松比）；管道皆采用伸缩节连接时，$\varphi=1$；管道仅上游固定时，$\varphi=1-\frac{1}{2}\mu^2$。

式（2-29）常应用于水锤波速计算，通过式（2-29）可看出，对于管壁材料为刚体（$E=\infty$）的管道，考虑管壁弹性作用的影响，其水锤升压值较小，并且选择管壁薄、弹性好的大口径金属管可以使得水锤升压值减小。

目前水锤分析软件 Hammer 在进行薄壁管 $\left(\frac{D}{e}>40\right)$ 瞬变计算分析时，所采用的是具有校正管线弹性的模型公式，即

水体温度 T 与水的体积弹性模量关系为

$$K=264000T^{0.0665} \tag{2-30}$$

水体温度 T 与水的密度关系为

$$\rho=\frac{0.4335}{11\times10^{-6}\times(T-4)^{1.84}+1} \tag{2-31}$$

式中　ρ——水体密度。

由此可见，弹性水锤理论是在考虑流体的可压缩性与管壁的弹性作用前提下提出的，虽然其微分方程组求解较刚性水锤理论的基本方程复杂许多，但其更切合实际，所以在各类学者对水锤机理进行研究时广泛采用弹性水锤理论，本书也以弹性水锤理论作为理论基

础进行水锤现象及防护措施研究。

2.2.1.1 水锤波的传播速度计算

在水锤过程的分析计算中，波速是一个重要的参数。由水流的连续方程及质量守恒定律，并考虑到水体的可压缩性和管壁的弹性后，可导出水锤波的传播速度为管道中由于水流流速的急剧变化而引起的压力变化的传播，即水锤波的传播，其传播速度为水锤波速，即

$$a=\frac{1}{\sqrt{\rho\left(\frac{1}{K}+\frac{D}{Ee}\right)}}=\sqrt{\frac{K}{\rho}}\frac{1}{\sqrt{1+\frac{KD}{Ee}}}=\frac{\sqrt{K\frac{g}{\gamma}}}{\sqrt{1+\frac{KD}{Ee}}} \tag{2-32}$$

式中 a——水锤波速，m/s；

D——管道内径，m；

E——管壁材料的纵向弹性模量，N/m^2；

K——水的体积弹性模量，N/m^2；

e——管壁厚度，m；

ρ——水的密度，$N\cdot s^2/m^4$；

g——水的重力加速度，m/s^2；

$\sqrt{K\frac{g}{\gamma}}$——声波在水中的传播速度。

声波在水中的传播速度随着水温度和压力的升高而加大，一般可取为1435m/s。水锤波速的大小还与管道材料、壁厚、管径、管道的支承方式以及水的弹性模量等有直接关系。

在管道管材以及相关数据给定的情况下，可以采用公式计算该条件下的水锤波速。在缺乏资料的情况下，水锤波速可以采用一些经验值来满足计算需要，如：①露天钢管的水锤波速可近似地取为1000m/s；②埋藏式钢管的水锤波速可近似取为1200m/s；③钢筋混凝土管的水锤波速可取800m/s；④超高分子量聚乙烯钢骨架复合管的水锤波速可取500m/s；⑤玻璃钢管的水锤波速一般可取500m/s。在具体情况下应具体分析，此水锤波速计算公式得到的是理论计算值。实际工程项目中的水锤波速求解是一个复杂的过程，要根据实际的管材、管径以及不同边界条件进行具体分析，有待工程技术人员进行深入研究解决。

式（2-32）适用于均质管道输送清水，且不考虑水含有气体和杂质的情况。而当水中掺入空气等杂质后，水的体积弹性模量K将减小，导致计算出的水锤波速偏大。因此，对于有微小气泡均匀地分布于薄壁的输水管道，水锤波速a为

$$a=\frac{1}{\sqrt{\frac{\gamma-(\gamma-\gamma')\frac{W'}{W}}{g}\left[\frac{1+\left(\frac{K}{K'}-1\right)\frac{W'}{W}}{K}+\frac{D}{Ee}\right]}} \tag{2-33}$$

式中 γ——水的容重，N/m^3；

γ'——空气的容重，N/m^3；

K——水的体积弹性模量，N/m^2；

K'——空气的体积弹性模量，N/m^2；

D——管道内径，m；

e——管壁厚度，m；

E——管壁材料的弹性模量；

$\frac{W'}{W}$——空气的容积参入率，%；

W——混合液的体积，m^3；

W'——混合液中气体的体积，m^3。

一般的水力摩阻系数都是由某一特定的流态而计算出来的。为了满足水锤计算的需要，假设输水管道处于稳态运行，使用海曾-威廉公式计算管道摩阻系数 h_f，即

$$h_f=\frac{10.67q^{1.852}l}{C^{1.852}D^{4.87}} \tag{2-34}$$

式中　l——管道长度，m；

D——管径，m；

q——管道流量，m^3/s；

C——管道摩阻系数。

2.2.1.2　水锤基本微分方程

水锤基本微分方程根据牛顿第二定律以及质量守恒定律推导而来，其以偏微分方程的形式直观地反映出弹性水锤理论中流速与水头变化之间的规律。水锤基本微分方程，是解决水锤问题的最基本的公式依据。

按弹性水柱理论，水锤基本微分方程可分为运动方程和连续方程两部分。当管道材料、管壁厚度及沿管长方向直径不变时，运动方程可表示为

$$\frac{\partial H}{\partial x}+\frac{1}{g}\frac{\partial V}{\partial t}+\frac{V}{g}\frac{\partial V}{\partial x}+\frac{f}{D}\frac{V|V|}{2g}=0 \tag{2-35}$$

当管道材料和水体当作弹性体来考虑，其连续方程为

$$\frac{\partial H}{\partial t}+V\left(\frac{\partial H}{\partial x}+\sin\theta\right)+\frac{a^2}{g}\frac{\partial V}{\partial x}=0 \tag{2-36}$$

式中　H——管路水头，m；

V——管中的流速，m/s；

f——管路摩擦阻力系数；

θ——管路与水平面的夹角；

a——水锤波速，m/s；

D——管径，m；

g——重力加速度，m/s^2；

t——水锤波传播的时间，s；

x——传播距离，m。

对于水流流速远远小于水锤波速（$V \ll a$）时，$V\dfrac{\partial V}{\partial x}$、$V\dfrac{\partial H}{\partial x}$中两项对方程式影响较小，可忽略不计。同时，忽略因地势高度变化而引起的压强的改变，可将运动方程简化为

$$\frac{\partial H}{\partial x}+\frac{1}{g}\frac{\partial V}{\partial t}+\frac{f}{D}\frac{V|V|}{2g}=0 \tag{2-37}$$

水锤运动方程式可适用于不同材质、不同截面形状以及不同铺设方式的管道，例如圆直管和异径管、倾斜铺设和水平铺设等。

对于连续性方程，当因几何高差因素导致的水头变化也在考虑范围之内时，则 $V\sin\theta$ 这一项可忽略，因此，连续性方程式（2-39）可简化为

$$\frac{\partial H}{\partial t}+V\frac{\partial H}{\partial x}+\frac{a^2}{g}\frac{\partial V}{\partial x}=0 \tag{2-38}$$

又因为$\dfrac{\partial x}{\partial t}=a \gg V$时，有

$$\frac{\partial H}{\partial t}+V\frac{\partial H}{\partial x}=\frac{\partial H}{\partial t}\left(1+\frac{V\dfrac{\partial H}{\partial x}}{\dfrac{\partial H}{\partial t}}\right)=\frac{\partial H}{\partial t}\left(\frac{V}{\dfrac{\partial x}{\partial t}}+1\right) \tag{2-39}$$

所以可得

$$\frac{\partial H}{\partial t}+V\frac{\partial H}{\partial x}\cong\frac{\partial H}{\partial t} \tag{2-40}$$

代入连续性方程后，可得简化后的连续性方程为

$$\frac{\partial H}{\partial t}+\frac{a^2}{g}\frac{\partial V}{\partial x}=0 \tag{2-41}$$

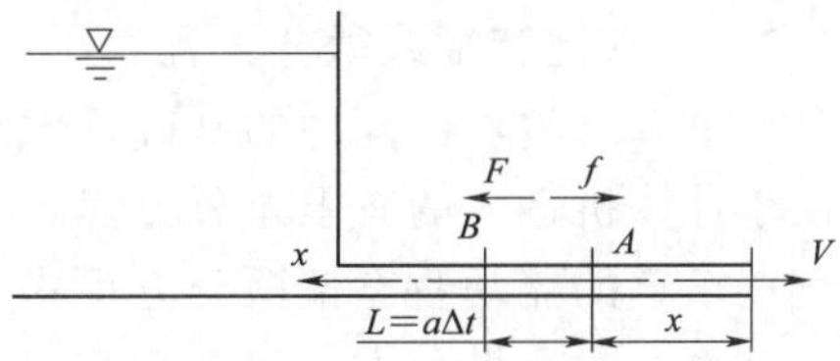

图 2-5 水击计算示意图

为了进一步简化计算，在不考虑管道摩擦阻力的影响情况下，使以上一般方程转换为线性方程。当 x 轴改为阀门端为原点，以向上游为正时，水击计算示意图如图 2-5 所示，式（2-38）和式（2-41）可简化为

$$g\frac{\partial H}{\partial x}+\frac{\partial V}{\partial t}=0 \tag{2-42}$$

$$\frac{\partial H}{\partial t}+\frac{a^2}{g}\frac{\partial V}{\partial x}=0 \tag{2-43}$$

式（2-42）和式（2-43）联立为一组双曲线型偏微分方程，得到通解为

$$\Delta H=H-H_0=F\left(t-\frac{x}{a}\right)+f\left(t+\frac{x}{a}\right) \tag{2-44}$$

$$\Delta V=V-V_0=-\frac{g}{a}\left[F\left(t-\frac{x}{a}\right)-f\left(t+\frac{x}{a}\right)\right] \tag{2-45}$$

式中 H_0——初始水头；

V_0——初始流速；

F，f——两个波函数，其单位与水头 H 相同，因此可看作为压力波；

$F\left(t-\frac{x}{a}\right)$——水锤波速 a 沿 x 轴负方向传播的压力波，即逆水流方向移动的压力波，为逆流波；

$f\left(t+\frac{x}{a}\right)$——水锤波速 a 沿 x 轴正方向传播的压力波，即顺水流方向移动的压力波，为顺流波。

对于任何断面位置、任何时刻的水锤压力值都等于两个方向相反的压力波之和，而水流流速值为两个方向相反的压力波之差再乘以 $\frac{-g}{a}$。

如果已知 t 时刻，在 x 位置处的水锤波的函数 $F\left(t-\frac{x}{a}\right)$，当时间变为 $t_1=t+\Delta t$ 时，研究在位置 $x_1=x+a\Delta t$ 处的逆流波函数为

$$F\left(t_1-\frac{x_1}{a}\right)=F\left(t+\Delta t-\frac{x+a\Delta t}{a}\right)=F\left(t-\frac{x}{a}\right) \tag{2-46}$$

式（2-46）中其数值不变，证明了 $F\left(t-\frac{x}{a}\right)$ 沿逆水流方向的传播特性。反之，当时间仍为 $t_1=t+\Delta t$ 时，研究在位置 $x_1=x-a\Delta t$ 处的顺流波函数，可以证明 $F\left(t+\frac{x}{a}\right)$ 沿顺水流方向的传播特性。

2.2.2　水锤计算实现

2.2.2.1　水锤特征线微分方程

用电算求解水锤问题的基础是水锤基本微分方程式，借助于特征线，将基本方程转化为便于计算机运算的有限差分方程。特征线法求解水锤问题的基本步骤如下：首先，把不能直接求解的流动暂态偏微分方程式全部转化为特定形式的全微分方程组，称为特征线方程；其次，对全微分方程组进行积分，得到需要的近似代数积分式（即有限差分方程）；再次，有限差分方程把管路分为若干个步段 Δx，把时间也分为若干个时段 Δt，再进行逐次求解，分段越多，其解与原积分就越接近，不过其计算的工作量相应增大；最后，根据有限差分方程和管路系统的边界条件方程编制源程序上机电算。

特征线法是将偏微分方程转化为全微分方程的型式，再对全微分方程进行积分，得到有限差分方程进行数值计算。

对式（2-35）和式（2-36）两个偏微分方程分别用 L_1 和 L_2 表示，则

$$L_1=g\frac{\partial H}{\partial x}+\frac{\partial V}{\partial t}+V\frac{\partial V}{\partial x}+\frac{f}{2D}V|V|=0 \tag{2-47}$$

$$L_2=\frac{\partial H}{\partial t}+V\frac{\partial H}{\partial x}+\frac{a^2}{g}\frac{\partial V}{\partial x}+V\sin\theta=0 \tag{2-48}$$

$$L=\lambda L_1+L_2=0 \tag{2-49}$$

将式（2-47）和式（2-48）代入式（2-49）中，整理可得

$$\lambda L_1+L_2=\left[\frac{\partial H}{\partial x}(V+\lambda g)+\frac{\partial H}{\partial t}\right]+\lambda\left[\frac{\partial V}{\partial x}\left(V+\frac{a^2}{g}\right)+\frac{\partial V}{\partial t}\right]+V\sin\theta++\frac{f}{2D}V|V|=0 \tag{2-50}$$

如果采用两个不同的值代入式（2－50），可以得到包含有未知数的 H 和 V 的两个新的方程，因为新方程是由式（2－47）、式（2－48）组合成的，因此可以等价的代替原有的两个方程式（2－47）、式（2－48），使新的方程式能改造成为常微分方程形式。

若要使式（2－50）整个成为全微分方程，则应为

$$V+\lambda g=V+\frac{a^2}{\lambda g} \tag{2-51}$$

即

$$\lambda=\pm\frac{a}{g} \tag{2-52}$$

这样，就获得两个特定的 λ 值。将这两个 λ 值代入 $\frac{\mathrm{d}x}{\mathrm{d}t}=V+\lambda g$ 和 $\frac{\mathrm{d}x}{\mathrm{d}t}=V+\frac{a^2}{\lambda g}$ 中，可得

$$\frac{\mathrm{d}x}{\mathrm{d}t}=V\pm a \tag{2-53}$$

式（2－53）说明，在压力管道中的水锤波以压力波的形式传播，其传播速度为 a。当 a 取正值时，水锤压力波向水库方向传播；当 a 取负值时，水锤波向水轮机方向传播，在压力管道中的水锤压力就等于这两种波的叠加值。在发生水锤的过程中，压力管道中的水压力分布与时间和位置有关，这是由于水锤波在管道中是往复传播的，管壁的阻力可以使水锤波逐渐削减，而波的传播与叠加使得不同时刻、不同位置的压力也不尽相同。

当特征值 λ 分别取正值和负值时，将其代入式（2－50），可得到两组方程［实际工程中，假设管道是水平的，且沿管道长度方向管道直径不变，另外，水锤的发生和衰减过程往往是在很短的时间内完成的，则 $\frac{\partial V}{\partial x}\ll\frac{\partial V}{\partial t}$，$\frac{\partial H}{\partial x}\ll\frac{\partial H}{\partial t}$，这样可以得到简化以后的水锤基本方程，水锤波速往往比水流流速大得多（$V\ll a$），则式（2－50）中的流速项可以忽略不计］。两组方程分别用 C^+ 和 C^- 来表示，即

$$C^+\begin{cases}\frac{\mathrm{d}H}{\mathrm{d}t}+\frac{a}{g}\frac{\mathrm{d}V}{\mathrm{d}t}+\frac{af}{2gD}V|V|=0\\ \frac{\mathrm{d}x}{\mathrm{d}t}=+a\end{cases} \tag{2-54}$$

$$C^-\begin{cases}\frac{\mathrm{d}H}{\mathrm{d}t}-\frac{a}{g}\frac{\mathrm{d}V}{\mathrm{d}t}-\frac{af}{2gD}V|V|=0\\ \frac{\mathrm{d}x}{\mathrm{d}t}=-a\end{cases} \tag{2-55}$$

$x-t$ 坐标系中的水锤特征线如图 2－6 所示。

特征线示意图如图 2－7 所示。

单一管道求解的 $x-t$ 网格图如图 2－8 所示。

由图 2－6～图 2－8 可以得到：C^+ 和 C^- 就是管道内的特征线方程，将方程的解在 $x-t$ 平面上展开，不难对它加以形象化说明。因为对于一个给定的管道，a 通常是常数，所以方程 C^+ 在 $x-t$ 平面上画出来是一根直线 AP；同样，方程 C^- 在 $x-t$ 平面上画出来是一根直线 BP。沿 C^+ 特征线，方程成立；沿 C^- 特征线，方程成立。特征线的实质说明

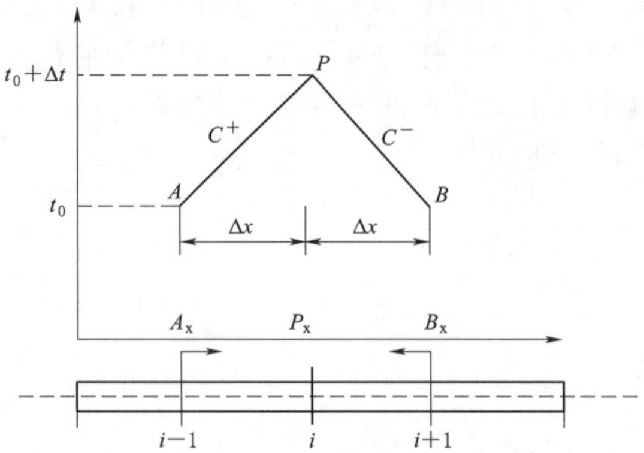

图 2-6　$x-t$ 坐标系中的水锤特征线

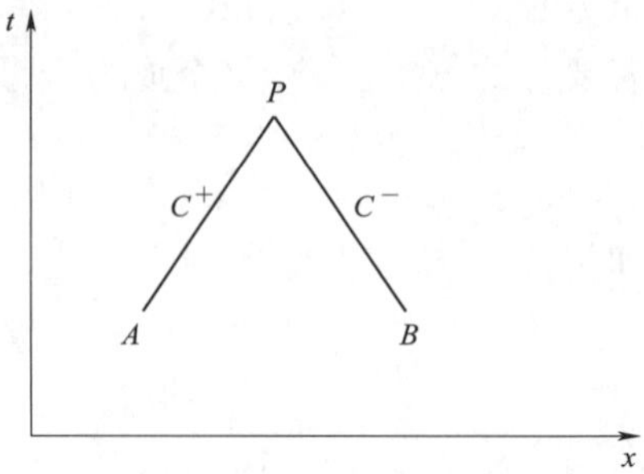

图 2-7　特征线示意图

了水锤波沿管路传播的过程。如图 2-6 和图 2-7 所示，在 Δt 时段内，水锤波沿管路传播的距离为 Δx，同样的，在 $t=0$ 时刻，管路 A 点传出一正水锤波速 $+a$，在 Δt 时移动了 Δx 距离，达 P 点（即对应 $+a$ 线上的 P 点），同理在管路 B 点传出反向水锤波速 $-a$，在 Δt 时移动了 Δx 距离，达 P 点（即对应 $-a$ 线上的 P 点）。将这些 $x-t$ 平面上斜率为 $\pm a$ 的直线分别称为正特征线和负特征线。

2.2.2.2　水锤特征线法有限差分方程

为了能够使用有限差分法计算求解常微分方程组 C^+ 和 C^-，必须将管道在沿管道长度方向分割成 N 等份，则每一等份的长度计为 Δx，每隔 Δt 时间计算一次水锤压力的分布情况，则在时间方向和长度方向的离散，可以形成一个计算矩形网格图，如图 2-8 所示。

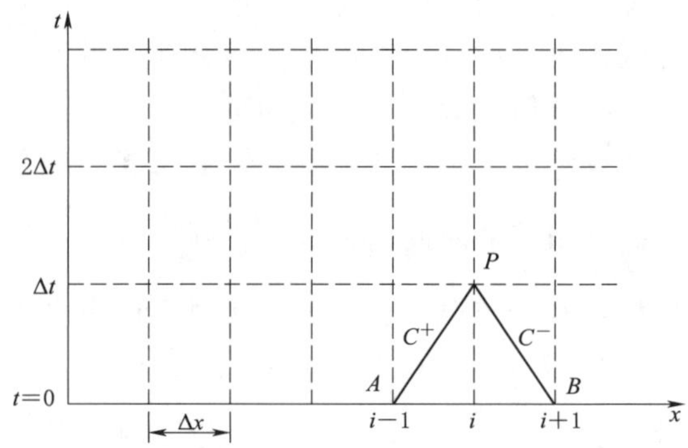

图 2-8　单一管道求解的 $x-t$ 网格图

假如设定计算的时间步长为 $\Delta x = a\Delta t$，那么矩形网格的对角线斜率是水锤波速 $+a$ 或 $-a$，即满足常微分方程组 C^+ 或 C^- 中的第二个方程。如果已知 A 点的变量 V 和 H，那么将微分方程组第一个方程沿着 C^+ 方向的特征线从 A 点到 P 点进行积分，式中用流量 $Q=VA$ 代替流速 V，可以得到

$$\int_{H_A}^{H_P} \mathrm{d}H + \frac{a}{gA}\int_{Q_A}^{Q_P} \mathrm{d}Q + \frac{f}{2DgA^2}\int_{X_A}^{X_P} Q\mid Q\mid \mathrm{d}x = 0 \tag{2-56}$$

$$\int_{H_A}^{H_P} \mathrm{d}H - \frac{\alpha}{gA}\int_{Q_A}^{Q_P} \mathrm{d}Q - \frac{f}{2DgA^2}\int_{X_A}^{X_P} Q\mid Q\mid \mathrm{d}x = 0 \tag{2-57}$$

式（2-56）和式（2-57）中所包含的 $Q|Q|$ 是与 x 有关的变量，在近似计算中可用 A 点或 B 点的值表示。但是当 Δx 取得足够小，其一次近似即可满足要求，代入 A 和 B 值得

$$H_P - H_A + \frac{a}{gA}(Q_P - Q_A) + \frac{f\Delta x}{2DgA^2}Q_A|Q_A| = 0 \tag{2-58}$$

$$H_P - H_B - \frac{a}{gA}(Q_P - Q_B) - \frac{f\Delta x}{2DgA^2}Q_B|Q_B| = 0 \tag{2-59}$$

式（2-58）和式（2-59）中，A 点和 B 点的变量值已知，H_P 和 Q_P 为未知量，联立两个方程可以求解。此时 $\Delta x = a\Delta t$，特征线是斜率固定直线 AP 和 BP，利用有限差分方程进行计算，用图 2-8 中的矩形网格表示出来。简化差分公式的矩形网格如图 2-9 所示，将管长分割为以 Δx 为步长的 N 个等间距间隔，各断面的排列序号用 i 来表示，管路初始端断面 $i=1$，末端断面为 $i=N+1$，此时计算时段为 $a\Delta t = \Delta x$。

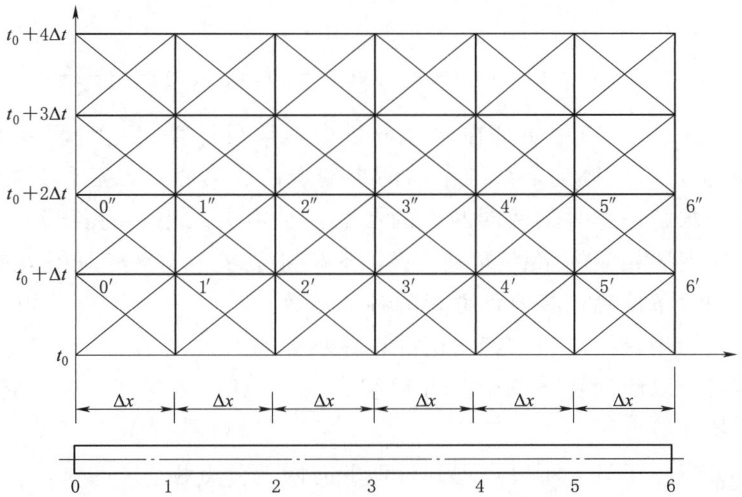

图 2-9 简化差分公式的矩形网格

在相容性方程中的各角标 A、B 分别用角标 $i-1$ 和 $i+1$ 序号代替，P 点用 P_i 代替。

发生水锤过程之前，即 $t=0$ 时，管道中的水流呈稳定流状态，各位置点的 H 和 V 是已知的。在 $t=\Delta t$ 时刻，管道中任何一点的水流流动状态可用式（2-58）和式（2-59）求解出，在对 $t=2\Delta t$ 时刻的水流流动状态进行计算。但需要考虑到，对管道两端的边界点处，由于只能利用式（2-58）、式（2-59）中的一个方程，所以还要使用管道的边界条件才能求解方程。在此再次引入流量与流速的关系 $Q=VA$，并在计算过程中对与管道特性有关的常数进行简化，令 $S=\frac{a}{gA}$，$R=\frac{f\Delta x}{2DgA^2}$，则式（2-58）和式（2-59）分别可以写成

$$C^+: H_P = H_A - S(Q_p - Q_A) - RQ_A|Q_A| \tag{2-60}$$

$$C^-: H_P = H_B + S(Q_p - Q_B) + RQ_B|Q_B| \tag{2-61}$$

对于特征线网格上的任意截面 i 点，式（2-60）和式（2-61）可以改写为

$$C^+: H_i = H_{i-1} - S(Q_i - Q_{i-1}) - RQ_{i-1}|Q_{i-1}| \tag{2-62}$$

$$C^-: H_i = H_{i+1} + S(Q_i - Q_{i+1}) + RQ_{i+1}|Q_{i+1}| \tag{2-63}$$

式（2-62）和式（2-63）可以改写为

$$H_i - H_{i-1} + S(Q_i - Q_{i-1}) + RQ_{i-1}|Q_{i-1}| = 0 \tag{2-64}$$

$$H_i - H_{i+1} - S(Q_i - Q_{i+1}) - RQ_{i+1}|Q_{i+1}| = 0 \tag{2-65}$$

令

$$C_{Pi}=H_{i-1}+SQ_{i-1}-RQ_{i-1}|Q_{i-1}|$$
$$C_{Mi}=H_{i+1}-SQ_{i+1}+RQ_{i+1}|Q_{i+1}|$$

求解以上方程可得

$$C^{+}:H_i=C_{Pi}-SQ_i \tag{2-66}$$

$$C^{-}:H_i=C_{Mi}+SQ_i \tag{2-67}$$

$$H_i=\frac{1}{2}(C_{Pi}+C_{Mi}) \tag{2-68}$$

$$Q_i=\frac{1}{S}(H_i-C_{Mi})、Q_i=\frac{1}{S}(C_{Pi}-H_i)、Q_i=\frac{C_{Pi}-C_{Mi}}{2S} \tag{2-69}$$

式（2-66）～式（2-69）便是在水锤分析中，编写计算机运行程序的相容性方程。由图 2-9 中的网格，可以得到，系统中的两个端点，从第一步以后，开始影响系统内部各点。所以，为了求解任意时刻两端断面的参数，必须引入相应的各瞬时边界条件方程，还要在输水管道中安装相应的水锤防护装置，这样才能更为有效地防止水锤事故的发生，再经过计算各个边界条件确定相容性方程的各项参数。

一般情况下，运用特征线法求解水锤的计算步骤如下：

（1）将不能直接求解的暂态偏微分方程组式（2-47）、式（2-48）转化为特定的全微分方程组，即特征线方程。

（2）对全微分方程组进行积分，得到近似的有限差分方程。

（3）以有限差分方程为基础，对管道进行划分，确定计算步段 Δx，时间步长 Δt。采用矩形网格进行计算，取 $\Delta x=a\Delta t$。考虑到水锤波速 a 是确定的，所以关键在于选择 Δx。通常可根据管道布置及计算精度要求，将整个管道系统分成很多管段，各管段的两端或为内点、边界点。由于波速随管道特性而变化，而 Δt 为常数，所以不同管道的管段长 Δx 是不相同的。用数学方法可以证明，只有当 $\Delta t\leqslant\frac{\Delta x}{a}$时，有限差分计算格式才是稳定可靠的。

（4）根据有限差分方程和各管道系统所具有的边界条件方程进行程序编制及机上运算。计算各节点在恒定流状态下（即起始状态）的水压力分布和流量值，计算同一时刻管道各处的水头和流量。

2.2.2.3　水锤计算的边界条件分析

特征性法中，由于输水管道任何一端是边界点，都仅有一个相容性方程，即沿特征线 C^{+}或 C^{-}成立，所以为了确定控制参数 Q_P 和 H_P 等边界点的值，必须再建立一个辅助边界条件方程来进行计算。下面主要介绍水锤计算的几种简单特殊点的边界条件。

1. 停泵时泵的边界条件

（1）水头平衡方程式。在因停泵而引起的水力过渡过程中，假设仍然适用稳态条件下的水头平衡关系，则水泵压力平衡方程式为

$$H_S+\Delta H_{泵}-\Delta H_{阀}=H_P \tag{2-70}$$

式中　H_S——泵在吸水管侧的测管水头，m；

$\Delta H_{泵}$——泵的扬程，m；

$\Delta H_{阀}$——阀门造成的水头损失，m；

H_P——泵在压水总管侧的测管水头，m。

其中，水泵的扬程公式为

$$\Delta H_{泵}=hH_n=H_n(\beta^2+\nu^2)WH(x)=H_n(\beta^2+\nu^2)(A_0+A_1x) \tag{2-71}$$

由于阀门阻力造成的水头损失为

$$\Delta H_{阀}=\frac{Q^2}{2gC^2}=\frac{C_0^2\Delta H_0}{C^2}=\frac{\Delta H_0\nu|\nu|}{\tau^2} \tag{2-72}$$

式中 τ——阀门的相对开启度；

C——阀门开启面积乘以流量系数；

ΔH_0——设计工况的水头损失，即阀门全部打开时形成的水头损失。

ΔH_0 的计算式为

$$\Delta H_0=\frac{Q_n^2}{2gC_0^2} \tag{2-73}$$

式（2-72）中，将 ν^2 写成 $\nu|\nu|$ 是为了更好地反映水头损失的正负特征：在水正向流动时，$\nu>0$，$\Delta H_{阀}>0$；在水逆向流动时，$\nu<0$，$\Delta H_{阀}<0$。

水泵的吸水管末段特征线方程为

$$H_S=C_P-B_SQ_S \tag{2-74}$$

式中 C_P，B_S——吸水管中的初始已知参数；

Q_S——吸水管中初始流量。

压水总管的起始段特征线方程为

$$H_P=C_M+B_PQ_P \tag{2-75}$$

式中 C_M，B_P——压水总管中的初始已知参数；

Q_P——压力总管中初始流量。

将式（2-71）～式（2-75）逐一代入水头平衡计算方程式（2-70），可以得出

$$\left[C_P-B_SQ_S+H_n(\beta^2+\nu^2)(A_0+A_1x)-\frac{\Delta H_0\nu|\nu|}{\tau^2}\right]=C_M+B_PQ_P \tag{2-76}$$

式中

$$Q_S=Q_P=\nu Q_n \tag{2-77}$$

将初始已知参数项合并并简化，则

$$\overline{PM}=C_P-C_M,\overline{BQ}=(B_S+B_P)Q_n \tag{2-78}$$

则水头压力平衡方程式变化为

$$\overline{PM}-\overline{BQ}\nu+H_n(\beta^2+\nu^2)(A_0+A_1x)-\frac{\Delta H_0\nu|\nu|}{\tau^2}=0 \tag{2-79}$$

$$x=\pi+\mathrm{arctg}\left(\frac{\nu}{\beta}\right)$$

式中 $\overline{PM}$——水泵的动力矩，N·m；

B——与管路摩阻系数相关的参数；

Q——管道中的流量，表示水流在管道中流动时因摩擦而产生的能量损失，m^3/s；

H_n——水泵的额定扬程，m；

A_0，A_1——与水泵性能曲线相关的系数，m；

ΔH_0——水锤波的传播速度，m/s。

一般情况下先设定阀门打开角度 τ 随时间改变的关系，因此只剩下 ν 和 β 是未知参数，公式是由 ν 和 β 推导出的。一般水泵站的吸水管都很短，所以可以忽略影响，故 $B_S=0$，即 $\overline{BQ}=B_SQ_n$。当 n 台相同型号的泵工作供水时，式（2-75）中的 Q_P 为 n 台泵的并联流量的和，即 $Q_P=n\nu Q_n$。为解得 ν 和 β 这两个未知参数，还必须建立水泵的转速改变方程式。

（2）转速改变方程式。对于正常运转的泵来说，电机给予的主动力矩与流体给予的反力矩是相等的，呈现出等转速状况。停泵后，主动力矩突然变为零，在反力矩的作用下，叶轮将作减角速度运动。不平衡的力矩与转速的改变率成正比，关系式为

$$M_{反}=\frac{GD^2}{4g}\frac{\mathrm{d}\omega}{\mathrm{d}t} \tag{2-80}$$

式中　$M_{反}$——反力矩，取每一计算时段初始时刻的力矩 M_0 和结束时刻的力矩 M 的算术平均值；

GD^2——水泵机组的飞轮力矩；

ω——泵轮的旋转角速度。

式（2-80）可变为

$$\begin{cases}\dfrac{M+M_0}{2}=-\dfrac{GD^2}{4g}\dfrac{2\pi(\beta-\beta_0)N_n}{60\Delta t}\\[2ex]\dfrac{M+M_0}{M_n}=-\dfrac{GD^2}{g}\dfrac{\pi N_n(\beta-\beta_0)}{60\Delta tM_n}\\[2ex](m+m_0)-C_3(\beta-\beta_0)=0\end{cases} \tag{2-81}$$

其中

$$C_3=\frac{GD^2}{g}\frac{\pi N_n}{60\Delta tM_n}$$

式中　C_3——机组的固定参数；

m_0——水泵初始时刻状态参数；

m——水泵结束时刻状态参数。

通常由水泵厂家提供水泵机组的飞轮力矩值 GD^2。

已知

$$m=(\beta^2+\nu^2)(B_0+B_1x) \tag{2-82}$$

因此转速改变方程式可写成

$$(\beta^2+\nu^2)(B_0+B_1x)+m_0-C_3(\beta-\beta_0)=0 \tag{2-83}$$

式中　B_0——无量纲参数，与水泵的具体特性因素相关；

B_1——无量纲参数，与水泵的管路特性及工作条件等因素相关；

C_3——比例系数，与水泵的惯性、阻力相关；

m_0——水泵初始状态参数；

β_0——特定时刻下实际转速与额定转速的比值。

由于 B_0、B_1、C_3、m_0、β_0 都是已知数，故未知数只有无因次转速 β 和无因次流量 ν。将式（2－77）和式（2－78）联立，可求得计算时段结束时刻的 ν 和 β。

（3）泵暂态参数的计算方法。前面得到泵的两个边界条件方程式为

$$F_1=\overline{PM}-\overline{BQ}\nu+H_n(\beta^2+\nu^2)(A_0+A_1x)-\frac{\Delta H_0\nu|\nu|}{\tau^2}=0 \tag{2-84}$$

$$F_2=(\beta^2+\nu^2)(B_0+B_1x)+m_0-C_3(\beta-\beta_0)=0 \tag{2-85}$$

式（2－84）和式（2－85）联立，就可以解出 ν 和 β。由于两式为非线性的超越方程，通常需要运用迭代方法求出它们的近似数值。

牛顿-拉弗森（Newton－Raphson）迭代公式的形式为

$$\begin{cases}F_1+\dfrac{\partial F_1}{\partial\nu}\Delta\nu+\dfrac{\partial F_1}{\partial\beta}\Delta\beta=0\\[2ex]F_2+\dfrac{\partial F_2}{\partial\nu}\Delta\nu+\dfrac{\partial F_2}{\partial\beta}\Delta\beta=0\end{cases} \tag{2-86}$$

上式中的4个偏导值依次为

$$\begin{cases}\dfrac{\partial F_1}{\partial\nu}=-\overline{BQ}+H_n[2\nu(A_0+A_1x)+A_1\beta]-\dfrac{2\Delta H_0|\nu|}{\tau^2}\\[2ex]\dfrac{\partial F_1}{\partial\beta}=H_n[2\beta(A_0+A_1x)-A_1\nu]\\[2ex]\dfrac{\partial F_2}{\partial\nu}=2\nu(B_0+B_1x)+B_1\beta\\[2ex]\dfrac{\partial F_2}{\partial\beta}=2\beta(B_0+B_1x)-B_1\nu+C_3\end{cases} \tag{2-87}$$

迭代求解计算步骤如下：

1）在迭代求解开始时，最初设定的 ν 和 β 值可利用其计算时段的初始值 ν_0、β_0 和上一计算时段的初始值 ν_{00}、β_{00} 规律线性外插选定。

2）根据式（2－87）中的4个偏导值，以及式（2－79）和式（2－83）计算 F_1 和 F_2。

3）进一步将 F_1 和 F_2 及偏导值代入式（2－86），这里应补充的修正值 $\Delta\nu$ 和 $\Delta\beta$ 为

$$\Delta\beta=\frac{\left(\dfrac{F_2}{\dfrac{\partial F_2}{\partial\nu}}\right)-\left(\dfrac{F_1}{\dfrac{\partial F_1}{\partial\nu}}\right)}{\left(\dfrac{\dfrac{\partial F_1}{\partial\beta}}{\dfrac{\partial F_1}{\partial\nu}}\right)-\left(\dfrac{\dfrac{\partial F_2}{\partial\beta}}{\dfrac{\partial F_2}{\partial\nu}}\right)} \tag{2-88}$$

$$\Delta\nu=-\frac{F}{\left(\dfrac{\partial F_1}{\partial\nu}\right)}-\Delta\beta\frac{\left(\dfrac{\partial F_1}{\partial\beta}\right)}{\left(\dfrac{\partial F_1}{\partial\nu}\right)} \tag{2-89}$$

4）如果在第 K 次迭代计算得到的修正数值为 $\Delta\nu_k$ 和 $\Delta\beta_k$，则在进行第 $K+1$ 次迭代计算时，就应该使

$$\begin{cases}\beta_{k+1}=\beta_k+\Delta\beta_k\\ \nu_{k+1}=\nu_k+\Delta\nu_k\end{cases} \tag{2-90}$$

5）继续循环迭代，直到满足以下条件时方可停止计算，即

$$|\Delta\beta|+|\Delta\nu|<\varepsilon \tag{2-91}$$

式中 ε——极小的数，如0.00000001。

6）根据计算结束时出现的结果确定的 ν 和 β 值，进而验算 $x=\pi+\mathrm{arctg}\left(\frac{\nu}{\beta}\right)$。如果 x 仍一直处在原来的 $(I-1)\Delta x\leqslant x\leqslant I\Delta x$ 性能曲线区段的范围内，那么说明以上迭代计算的结果是认为有效的；否则，则需要按照新算得的 x 所处性能曲线区段，重新计算 A_0、A_1、B_0、B_1 的值，并应从步骤2）起重新再进行迭代计算。

2. 上游为离心泵的边界条件

由于泵站中水泵的吸水管路较短，故将水泵与之前水池考虑为一边界点。在暂态期间，一般认为水池的水位是恒定的。设前水池水位为 H_{R1}，则输水管路上游水泵节点的水头为

$$H_{P1}=H_{R1} \tag{2-92}$$

$$H_{P1}=H_N=SQ_P^2 \tag{2-93}$$

而与其相连的管道的相容性方程为

$$C^+: H_{P1}=C_P=H_{R1} \tag{2-94}$$

$$C^-: H_{P1}=C_M+BQ_{P1} \tag{2-95}$$

3. 末端水池的边界条件

在暂态期间，一般可以认为末端水池的水位是恒定的。设水池水位为 H_{R2}，则管路末端节点 NS 的水头为

$$H_{PNS}=H_{R2} \tag{2-96}$$

与之相连的前后两管段的相容性方程为

$$C^+: H_{Pi}=C_P-BQ_{Pi} \tag{2-97}$$

$$C^-: H_{Pi}=C_M=H_{R2} \tag{2-98}$$

H_{PNS} 确定后，求解计算结点流量为

$$Q_{PNS}=\frac{C_P-H_{PNS}}{B} \tag{2-99}$$

4. 排气阀的边界条件

排气阀的边界条件十分复杂，通常利用空气动力学中的拉瓦尔喷管公式来表示排气阀空气的流进及流出。当输水管道内的压力升高至大于大气压时，则排气阀排出管道中多余的空气；当输水管道内的压力变小至低于大气压时，则排气阀吸入空气，以补充管道内压力的不足。

管顶气穴是等温膨胀或等温压缩，管内的空气满足恒温气体定律，即

$$pV=mRT \tag{2-100}$$

根据质量守恒定律得出

$$p[V+0.5\Delta t(Q_i+Q_{Ui}-Q_{Pi}-Q_{PUi})]=[m_0+0.5\Delta t(m+m_0)]RT \tag{2-101}$$

式中 V——时段 Δt 初始时刻的空穴体积；

m_0——时段 Δt 初始时刻空穴中气体的质量；

Q_i——时段 Δt 初始时刻的空穴流出流量；

Q_{Ui}——时段 Δt 结束时刻的空穴流出流量；

Q_{Pi}——时段 Δt 初始时刻的空穴流入流量；

Q_{PUi}——时段 Δt 结束时刻的空穴流入流量；

m——时段 Δt 结束时刻流入或者流出空穴的质量流量；

m_0——时段 Δt 初始时刻流入或者流出空穴的质量流量。

与排气阀相连的前后两段管道的相容性方程分别为

$$C^+: H_{Pi}=C_P-B_PQ_{PUi} \tag{2-102}$$

$$C^-: H_{Pi}=C_M-B_MQ_{Pi} \tag{2-103}$$

其中，H_P 和 p 之间的关系可以表示为

$$p=\rho g(H_P-Z+\overline{H}) \tag{2-104}$$

式中 $\overline{H}$——气压计的压力头；

Z——排气阀的高程。

由空气动力学，可得空气流出的质量流量的表示式为

空气流入为

$$\begin{cases} \dot{m}=C_i\omega_i\sqrt{7p_0\rho_0\left[\left(\dfrac{p}{q_0}\right)^{1.4286}-\left(\dfrac{p}{q_0}\right)^{1.714}\right]} & 0.53p_0\leqslant p\leqslant p_0 \\ \dot{m}=\dfrac{C_i\omega_ip_0}{\sqrt{RT_0}} & p<0.53p_0 \end{cases} \tag{2-105}$$

空气流出为

$$\begin{cases} \dot{m}=-C_0\omega_0p\sqrt{\left(\dfrac{7}{\sqrt{RT}}\right)\left[\left(\dfrac{p_0}{p}\right)^{1.4286}-\left(\dfrac{p_0}{p}\right)^{1.714}\right]} & p_0\leqslant p\leqslant\dfrac{p_0}{0.53} \\ \dot{m}=-0.686\dfrac{p}{\sqrt{RT}} & p>\dfrac{p_0}{0.53} \end{cases} \tag{2-106}$$

式（2-105）和式（2-106）为进排气阀的边界条件方程式，其中包含 m_0、Q_{Pi}、Q_{PUi}、H_{Pi}、p 5 个未知量，联立即可求解。

5. *超压泄压阀的边界条件*

超压泄压阀的工作原理是：当管道上的阀门前的压力值超过提前设定的压力值时，阀门自动打开，从而释放高压水起到降低压力的作用；泄压后当阀门前的压力减小至小于提前的设定值时，阀门自动关闭。超压泄压阀结点结构如图 2-10 所示。

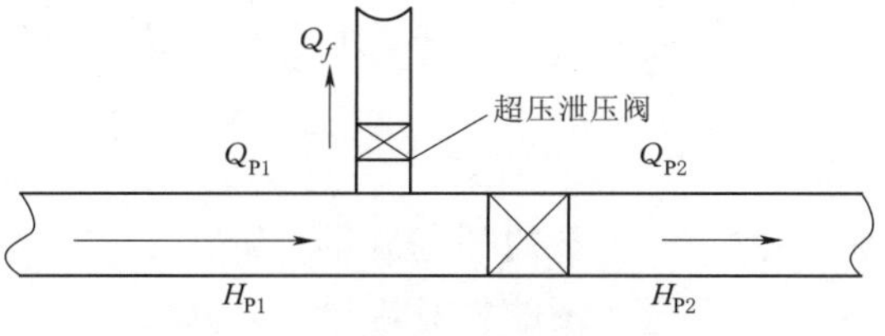

图 2-10 超压泄压阀结点结构

管网结点的水头平衡方程式为

$$H_{P1}-\frac{\xi Q_{P2}^{2}}{S_{2}}=H_{P2} \tag{2-107}$$

式中　ξ——阀门阻力系数；

S_2——管道特征常数；

H_{P1}——节点流量 Q_{P1} 处的水头；

H_{P2}——节点流量 Q_{P2} 处的水头。

泄压阀泄流量 Q_S 为

$$Q_S=C_S\Delta H^{0.5} \tag{2-108}$$

节点流量连续方程为

$$Q_{P1}-Q_S=Q_{P2} \tag{2-109}$$

式中　C_S——泄水系统流量系数；

ΔH——泄压阀前主管水压力与泄压管出口压差，m。

根据超压泄压阀的工作运行原理，其阀门出口的压力值应该设定为该结点处的管道的最大承压值 H_{Mi}，而当管道内的瞬时压力超过其承压值时，即 $H_{Pi}\geqslant H_{Mi}$ 时，阀门开启开始泄压。此时节点流量 Q_{Pi} 应为流入该点的流量 Q_i。

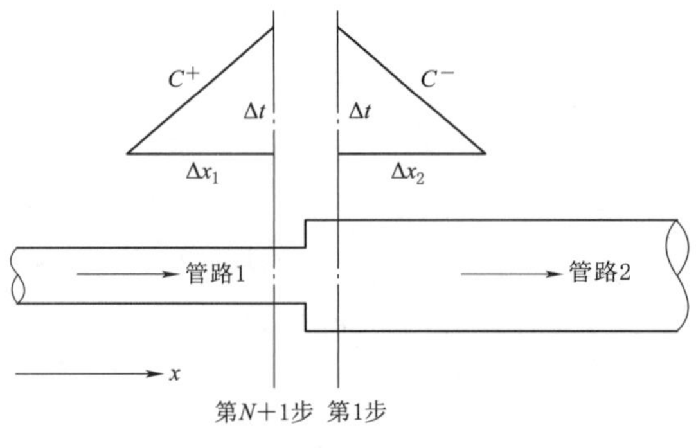

图 2-11　串联管路的连接点

6. 管路串联连接点的边界条件

在常见的输水管路系统中，两管径不同且相互串联的管路连接点如图 2-11 所示。在管路串联的连接点通常应联立并求解出管路 1 中第 N 步中的 C^+ 方程式和管路 2 中第 1 步中的 C^- 方程式，其连接条件主要包括连续条件及水头条件。

（1）连续条件为

$$Q_{P1,NS}=Q_{P2,1} \tag{2-110}$$

（2）水头条件为

$$H_{P1,NS}=H_{P2,1} \tag{2-111}$$

式（2-110）和式（2-111）中的下角标 NS 表示结点序号为 $N+1$，各字母的双重角标的第一个字母表示个管路的序号，第二个字母则表示各管路内断面的序号。

7. 管路串联连接点的边界条件

由止回阀造成的局部水头损失 $\Delta H_{阀}$ 和此时刻阀板的关闭角 θ（全部开启）、阀门的过流面积 A_v 等参数有关，$\Delta H_{阀}$ 的数学表达式可以表示为

$$\Delta H_{阀}=C_{\nu}Q_{n}^{2}\nu|\nu| \tag{2-112}$$

$$C_{\nu}=\frac{\zeta}{2gA_{\nu}^{2}} \tag{2-113}$$

式中　Q_n——水泵的额定流量，m^3/s；

ν——水泵的相对流量，$\nu=Q/Q_n$；

C_ν——阀门阻力系数；

ζ——阀门关闭至角 θ 时的阻力系数；

A_v——阀门关闭至角 θ 时的实际过流面积，m^2。

对于阀门的关闭角 θ，设阀门在两阶段关闭的过程中，快关历时 t_1，快关角度 φ_1；慢关历时 t_2，慢关角度 φ_2，则在任意时刻 t 的关闭角 θ 见表 2-1。

表 2-1　任意时刻 *t* 的关闭角 *θ*

关阀阶段	关阀历时	关闭角
快关阶段	$t \leqslant t_1$	$\theta=\frac{\varphi_1}{t_1}t$
慢关阶段	$t_1<t<t_1+t_2$	$\theta=\varphi_1+\frac{\varphi_2}{t_1}(t_1-t_2)$
关闭完成	$t \geqslant t_1+t_2=t_c$	$\theta=\varphi_1+\varphi_2=90°$

当时间 $t \geqslant t_1+t_2$ 即止回阀完全关闭后，$\theta=\varphi_1+\varphi_2=90°$，这时水泵流量或相对流量均为零。

在停泵水锤过程中，水泵出口处止回阀两阶段关闭时，水头平衡方程式应为

$$F_1=(C_P-C_M)-2B\nu Q_n+H_n(\beta^2+\nu^2)(A_0+A_1x)-C_\nu Q_n^2 v|v|=0 \tag{2-114}$$

$$(\beta^2-\nu^2)(A_0+A_1x)+m_0-\frac{GD^2}{g}\frac{N_n}{M_n}\frac{\pi}{60\Delta t}(\beta_0-\beta)=0 \tag{2-115}$$

式（2-114）和式（2-115）联立，即可解出 ν 和 β。

8. 箱式双向调压塔的边界条件

流入箱式双向调压塔的正相流有

$$Q_{P1}=\sqrt{2g(H_P-H_t)} \tag{2-116}$$

流出箱式双向调压塔的逆向流有

$$Q_{P2}=-\sqrt{2g(H_t-H_P)} \tag{2-117}$$

式中　Q_{P1}——流入箱式双向调压塔的流量，m^3/s；

Q_{P2}——流出箱式双向调压塔的流量，m^3/s；

H_P——箱式双向调压塔泄流或者注水后的水深；

H_t——箱式双向调压塔内原来水深。

这里主要介绍箱式双向调压塔的边界条件，在输水管路中，根据箱式双向调压塔的工作原理，假定箱式双向调压塔水压力为 h，调压塔在输水管线中安装的位置的最大压力为 H_n，定义为箱式双向调压塔的泄压值，令 $H_x=H_n+h$，则：①当输水管路中管道内安装箱式双向调压塔处的瞬时压力值 H 大于泄压值时，即 $H>H_n+h$ 时，箱式双向调压塔开始向外排水进行泄压，此时 $H=H_n+h$；②当输水管路中管道内安装箱式双向调压塔处的瞬时压力值 H 小于箱式双向调压塔水压力 h 时，即 $H<h$ 时，箱式双向调压塔开始向输水管道内，此时 $H=h$。

2.2.3　水锤分析软件

近代以来，随着人们对水锤现象的认知不断加深，水锤计算方法、计算理论不断创新，特征线法被应用到多种水锤计算商业软件中。目前市面上常见的水锤计算软件包括

Flowmaster、Pipenet、Hammer 和 AFT Impulse，这些软件的开发使得水锤数值模拟不再只是专业水锤研究人员才能进行的工作，甚至是没有水锤分析经验的工程设计师，经过短暂的、系统的软件培训后也可以计算水锤。此外，这些水锤软件经过几代设计人员的开发，已经不仅局限于计算长距离输水管道的水锤问题，以美国 Mentor Graphic Flowmaster 为例，它可以进行水、石油、冷冻剂、制冷剂等多种液体稳态和瞬态计算，也可以进行可压缩气体管路、液体流动与换热等计算，因此 Flowmaster 被世界各国设计人员广泛运用于汽车、航空、电力、核电、燃气轮机、船舶制造、油气输送、市政工程等各行各业。

1. Flowmaster

Flowmaster 最早由英国 Flowmaster 公司研发，后被美国 Mentor Graphic 公司收购，2004 年引入中国，拥有近百名工程师组成的研发团队。Flowmaster 具有功能完备、计算结果精确、操作简易、接口丰富等特点，并且集成了大量模型数据库。Flowmaster 可以帮助设计工程师模拟压力波动，快速了解设计方案的变更对整个管路系统的影响。Flowmaster 可以作为工程设计初期可行性分析的理想工具。

Flowmaster 可以对液体和气体进行稳态和瞬态的分析，可以分析系统的传导。此外 Flowmaster 可以对各类元件进行自定义，也可以用不同的编程语言二次开发新元件。

2. Pipenet

Pipenet 是一款管道和管网流体分析软件，以其强大的模拟复杂管网的功能著称，包括 3 个独立的模块，分别为标准模块、瞬态模块、喷雾/喷水模块。Pipenet 适用于多种管道系统，如冷却水系统、燃气系统、通风系统、消防水系统、长距离输水、海底管道、城市管网等，具有导入 AutoCAD 和 Windows 图元文件、模型色彩鲜艳、错误自检、无限制撤销等实用功能。独创的将弯头、三通等无须操作的元件以管道阻力系数代替的功能，可大幅提高建模效率。

3. Hammer

Hammer 软件是一款 Bentley Systems 针对分析研究复杂管道系统水力瞬变过程而开发的精确计算与高级数字模拟器，其功能强大且易于使用，是目前全球使用最为广泛的水力瞬变数值模拟软件，其于 2003 年引入我国，目前已有多个大型设计院及水务集团利用 Hammer 软件进行实际工程水锤模拟研究。

Hammer 软件的计算法是以特征线法为基础，结合气穴计算的相关复杂算法，顺着管路走向划分多个计算步长进行管线上各点压力和流量的瞬变计算。Hammer 软件全面涵盖了实际工程中的水力组件模型和水锤防护设备模型，甚至用户可以根据实际需求自定义组件，并且还具有全面的水锤防护控制程序，因此足以使用户精确模拟不同水锤工况下多种水锤防护方案的防护效果及管线各点参数数值。在模型构建与管理方面，这款软件不仅可以利用 EPANET、WaterCAD 等已有的水力模型，还支持用户在线自主构建简便模型，并且用户还可自主定义 FlexTables 参数以提高数据编辑、检索效率，而软件自身具有可用于流体、材料、水泵、阀门等的数据库以辅助模型的构建。在计算结果的表现形式上，Hammer 软件不仅可以提供各点压力极值、最大真空体积等数值情况表，还可以模拟呈现出管线各点压力、流量及气体体积实时动画。

Hammer 软件主要针对市政给排水、工业给排水管道系统中的水锤现象进行精确模拟分析，例如远距离输水管道系统、城镇配水管网系统、多级加压泵站输水系统、大流量工业输水系统以及大型水电站的涡轮发电机组及其管道等的水力瞬变分析。

利用 Hammer 软件精确模拟有助于了解水锤产生机理以及制定合理适用性强的水锤防护策略以实现供水系统的经济性与可靠性并行，有助于对各种工况下的瞬变情况进行设计校核以制定更合适的设计方案，有助于避免发生水锤事故时基础设备的损坏及供水中断。

软件建模计算流程如下：

（1）收集数据。对建模所需数据进行采集，并对收集的数据进行分析整理。软件建模计算数据由水泵参数、管道参数、节点参数及边界条件组成，其中：水泵参数涵盖水泵形式与台数、水泵流量扬程相关数据、水泵机组的转动惯量、转速、功率、效率、位置高程、吸水管与出水管相关数据、止回阀相关数据及阀门关闭规律等数据；管道参数涵盖管道结构组成要素的属性数据；节点参数涵盖各点高程、流量数据；边界条件则需要水锤防护设备参数（调压塔尺寸和位置等）、吸水池水位数据、吸水管管道结构组成要素的属性数据、末端水池水位及结构组成要素的属性数据等。

采集数据的方式大致分为 4 种，分别为从工程设计竣工图纸或 GIS 数据表中获得数据（管道结构组成要素的属性数据等）、通过现场勘测获得数据（用水量变化曲线等）、利用 SCADA 系统获得监测点数据（启停泵数据等）、对原始数据再次加工处理派生数据（用水量的预测数据等）。

（2）模型简化处理。建立包括上下游水池、阀门元件、管线、节点及水锤防护设备等组件的拓扑结构，并将采集的数据经分析整理后输入模型中。

（3）稳态工况模拟分析。对无水锤现象产生时的正常运行情况进行模拟分析计算，并以此工况下的计算值（流量、压力值等数据）作为水锤瞬变计算的初始条件。

（4）瞬态工况模拟分析。对各种瞬变工况（停泵工况、关阀工况、启泵工况等）进行水锤模拟分析计算，收集处理各瞬变工况下的水锤计算结果进行水锤产生过程分析，以此结果为依据对系统稳态工况进行校核，并为选用合适的水锤控制方案进行系统优化，提高数据支撑。

（5）水锤防护方案效果分析。将针对各种瞬变工况下的水锤计算结果进行分析后制定的多个水锤防护方案输入拓扑模型中，通过对采用不同方案时模型在瞬变工况下水锤计算结果的模拟分析，确定最合适的水锤防护方案。

第3章 水锤防护设备及应用

3.1 水锤防护设备

3.1.1 常用防护设备

长距离有压输水管道中易发生水柱分离并造成水锤危害，为了保证长距离多起伏输水管道安全运行，准确而周到地选定安全可靠、经济适用的停泵水锤防护措施及其设备，使管道免遭水锤破坏，变得越来越重要和迫切。

在长距离输水系统中，停泵水锤这一水力过渡过程是由降压开始的。随着水锤预防技术的发展，目前已有多种防护措施来解决这类由降压波的发生与传播开始的水锤升压问题，主要防护措施有“排、调、止、泄、蓄”，即通过排气、补水、止回、泄流、蓄能5种措施进行水锤防护。常用防护设备按照类型大致可分为以下几种：

(1) 注空气或补水缓冲稳压，从而控制住系统中的水锤压力振荡，防止真空和断流空腔弥合水锤过高的升压。这种类型的设备有进排气阀、单向调压塔水池、双向调压塔以及空气罐等。

(2) 合理选择止回阀阀门种类。止回阀不能抵抗水锤，更不能防水锤，相反，止回阀会产生关阀水锤叠加在停泵水锤之上，使停泵水锤问题复杂化，止回阀只需要止逆，不产生水锤即可。针对自动型止回阀的提法是正确的，但对于从动式分阶段关闭型和缓闭型止回阀并不适用，因分阶段关闭型止回阀可在泵倒转可控的条件下具有泄压作用，因此对于水锤高压有一定的防护作用，且比安全泄压阀效果更好，但需要核验管道后端低压危害。

(3) 泄水降压，避免压力升高。这种类型的设备有停泵水锤消除器、防爆膜、设置旁通管等。

以上是对常用的水锤防护设备按防护原理进行分类说明，在长距离有压输水管路系统中则分为泵站的水锤防护和管线的水锤防护。对于实际工程要具体问题具体分析，以预防为主，采用有重点的综合防护。水锤防护设备架构图如图3-1所示，分类图如图3-2所示。

工程中排气阀选用技术包括以下要点：

根据中国工程建设标准化协会出版的《城镇供水长距离输水管（渠）道工程技术规程》(CECS 193：2005) 中第5.3.4条规定：

输水管在坡度小于0.001时，宜每隔0.5～1.0km设置进气排气阀。一般情况下，每

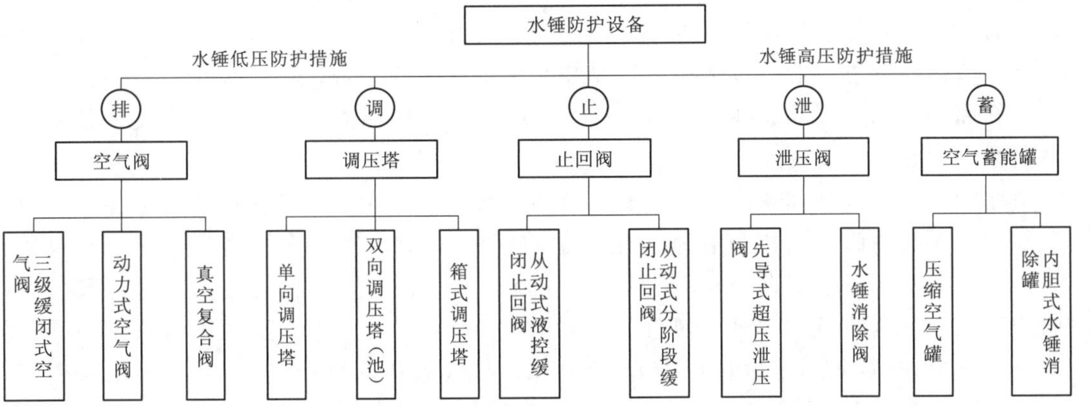

图 3-1 水锤防护设备架构图

隔 1.0km 左右设置进气排气阀。进气排气阀的设置位置，应根据管路纵断面高程情况确定或经水锤防护计算确定。在寒冷地区，应采取保温措施保护进气排气阀。选用的排气阀应符合下列规定：

(1) 进气排气阀的口径在仅需要排气功能时宜取输水管直径的 1/12～1/8，在进排气功能均需要时，宜取输水管直径的 1/8～1/5，或经计算确定。排气阀有效排气口径不得小于其公称通径的 70%。

(2) 进气排气阀必须具有在输水管道内多段水柱气柱相间或存在多个不连续气囊情况下，连续快速（或大量）排出管道内任何一段气体的功能，即在有压条件下，进气排气阀内充满气体时，大小排气口均开启排气，充满水时均关闭而不漏水，出现负压时可向输水管道注气。

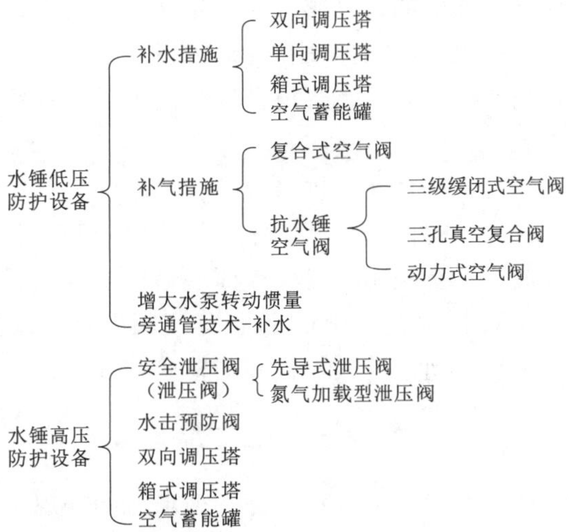

图 3-2 水锤防护设备分类图

(3) 安装前宜进行性能检测：在不小于 0.1MPa 的恒压条件下，交替向进气排气阀阀体内充水充气，排气阀大小排气口均做到充气开启高速排气，充水关闭不漏水，反复动作 3 次以上合格为止。

(4) 当管道压力较大或工况复杂对水锤防护要求较高时，应采用具有缓冲功能的排气阀或大小排气阀组合使用。

排气阀造价占输水管道工程的比例很小，但对输水管道安全运行至关重要。排气不畅可能产生如下问题：爆管，造成严重事故；水阻增大，输水能力降低；管道压力不稳，接口松动，漏水量增大；管道使用寿命降低，维护管理量增加。

根据国外相关技术资料和国内近年来的工程实践经验，输水管道上排气阀的布置方式为：在管道坡度小于 0.001 时，每隔 0.5～1.0km 设一处，一般情况下约 1.0km 设一处，每个排气阀都设在该管段的最高点，当管道起伏较多时，可根据其起伏高度分析是否需要增加，必要时进行相应的水力计算。排气阀的安装方式一般可每处只装一台，经水锤分析计算后，认为特别重要的位置可在一处安装大小排气阀各一台，其中较小直径的排气阀装于管顶，而较大的排气阀装在管道沿中心线30°～45°角的侧面，也可以只安装一台带缓闭装置的排气阀。

输水管上所用排气阀规格与主管道直径的关系，在实际供水工程上有很大差别。以前有关文献建议排气阀的公称直径采用主管道直径的1/12～1/10，但实际应用的一般比较大。例如：某工程主管道直径3m，排气阀一处安装2台，直径也为3m；某电厂输水管，主管道直径10m，排气阀一处安装直径2m和0.8m各一台；某工程主管道直径20m，排气阀选用直径3m；某引水管直径16m和14m，排气阀选用直径2m；某市输水管道直径12m，排气阀选1.5m和1m两种。总结近年来排气阀实际使用规格，公称直径大多为主管道直径的1/8～1/4之间，故根据实际应用及相应理论，推荐兼有注气、排气两种功能的排气阀公称直径宜取主管道直径的1/8～1/5，仅考虑排气功能的取1/12～1/8。

根据国内外相关理论和有关文献，较平坦的有压输水管道在充水和运行期间可能有层状流、波状流、段塞流、气团流、泡沫流和环状流等6种水气相间的形态，为及时排出管道存气，理想的排气阀应在管道任何状态下都能高速大量排气，而不是仅能微量排气。工程实践证明，不能保证在管道内任何水流状态下都高速排气，在大多数工况下只能微量排气，是造成有压供水管道排气难的根源，也给输水工程造成了大量的爆管事故和巨大的经济损失。

因此，符合有压供水管排气要求的排气阀，必须具有在管道水气相间的任何压力和状态下，只要阀体内充满气体，就可以打开大、小排气口，在快速、大量地排出管道内存气同时还应具有缓闭功能，保证管道排净气体后在主管道中产生水柱弥合流速小于0.3m/s，或升压值小于0.3MPa。选择排气阀应首先按有关规程和标准提出排气阀技术要求，必要时，可经专门论证或进行实测检验，以确保选择排气阀确实满足所提出的技术要求条件。

3.1.2　典型防护设备工作原理及结构

在压力管道中，水锤是一种水力冲击现象，指水流流速通过剧烈变化从而引起一系列强烈的压力交替变化的现象。

常见的水锤在输水系统中主要有关阀水锤、停泵水锤及启泵水锤三大类。关阀水锤是指重力流输水管路系统中末端阀门关闭而引发的水锤；停泵水锤是指水泵机组由于突然失电或者其他原因引起开阀停机时，水流流速在水泵与管路中发生变化而引起的压力交替现象；启泵水锤是指水泵机组转速从零到达额定值或从启动到正常出水过程中所产生的水锤。

3.1.2.1　进排气阀

进排气阀是一种用于防止停泵水锤过程中产生负压的特殊阀门，通常装设在管线凸起部分。进排气阀当管道内压力低于大气压时吸入空气，而当管道中压力上升高于大气压时排出空气。这种阀不允许水泄入大气，在排除管道中空气时具有自动关闭的功能。

目前，我国市场上常见的进排气阀按其功能和运行方式可以分为3类，分别为高压微量排气阀、低压高速进排气阀以及复合式进排气阀。按照使用要求不同，复合式进排气阀又分为普通型和缓闭型，普通型复合式进排气阀排气时，排气部分完全打开，大量排气；缓闭型复合式进排气阀在普通型复合式进排气阀基础上增加了缓冲机构，使阀门具有大量进气、大量低压排气、少量高速排气的特点，此功能专用于消除事故停泵时的弥合水锤。

1. 高压微量排气阀

(1) 结构及工作原理。在一般情况下，水中约含 2%VOL 的溶解空气，在输水过程中，这些空气由水中不断地释放出来，聚集在管线的高点处，形成空气袋，使输水变得困难，系统的输水能力可因此下降约 5%～15%。此高压微量排气阀主要功能就是排除这 2%VOL 的溶解空气，适合装置于高层建筑、厂区内配管、小型泵站用以保护或改善系统的输水效率及节约能源。

高压微量排气阀用来排出系统正常运行过程中管道中聚集的气体，排气量较小。管道中一旦有气体析出，高压微量排气阀便自动动作，随时排放在管道内聚集的少量空气，防止管道发生气阻、气爆等不利工况，使系统流量达到设计流量，保证系统安全、高效运行。高压微量排气阀必须能在有压力的条件下排出水中析出空气，同时具有一定的排气量。

高压微量排气阀结构示意图如图 3-3 所示。

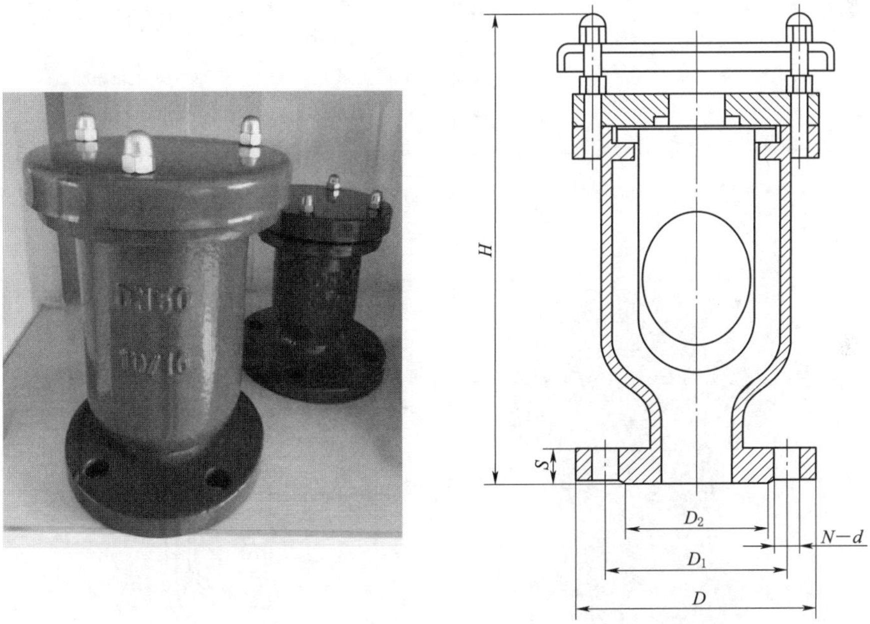

(a) 外形图　　(b) 剖面结构

图 3-3　高压微量排气阀结构示意图

(2) 性能特点。高压微量排气阀的性能特点包括：①能够排除管道中的气体，减少阻力，节约能源；②当管道负压时，能快速自动吸入空气防止管道破裂；③排气能力是普通双孔排气阀多倍。

2. 低压高速进排气阀

(1) 结构及工作原理。低压高速进排气阀中的“低压”是指管道中的压力还未产生或是已经降到无压状态，当系统低压运行时，该阀门大量进排气。当系统初次运行，管线充水过程中，低压高速进排气阀的大排孔将大量排气直至管道内空气排放完毕，水进入进排气阀内，浮起浮球，进排气阀关闭。在管线检修泄水等工况下，管道内突然出现负压时，低压高速进排气阀的浮球会立即落下，打开进排气口，利用管道与大气压的压差大量吸入外界空气，消除管道内的负压。只有当管道内的压力处于低压状态时，此类阀门才工作，一旦管道压力恢复正常，阀门便马上关闭。低压高速进排气阀的进排气孔较大，浮球在工作时的受力有自身重力、浮力、阀内外压差。管线充水刚开始阶段，浮球受到的内外压差不足以克服自身的重力，此时浮球处于下降状态，进排气阀大量排气，当有压水流上来时，浮球受到的浮力较大，此时浮球上升，从而使阀门关闭。低压高速进排气阀工作原理图如图 3－4 所示。

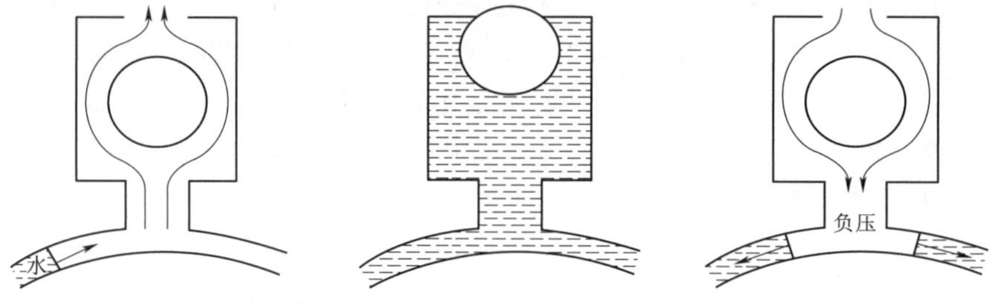

(a) 初次通水时大量排气　　(b) 通水运行阀门关闭　　(c) 产生负压吸气

图 3－4　低压高速进排气阀工作原理图

低压高速进排气阀结构示意图如图 3－5 所示。

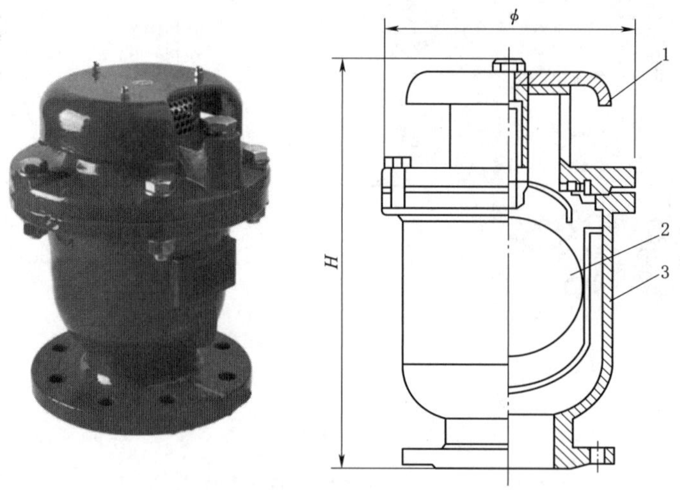

图 3－5　低压高速进排气阀结构示意图

1—阀盖；2—浮体；3—阀体

(2) 性能特点。低压高速进排气阀的性能特点包括：①管道负压时，低压进排气阀大量吸入外界空气，迅速消除管道内的负压；②管道低压状态时，阀门开启工作，管道压力恢复正常，阀门便马上关闭。

3. 复合式进排气阀

复合式进排气阀同时具有高压微量排气阀和低压高速进排气阀的功能。在水泵启动初期，通过主阀大量、快速的排出管网中的空气；在系统管网正常工况下，通过微量排气阀不断地将管网中集结的空气排出，以减少因之可能产生的多种不利后果；在系统停泵时，当水泵反转，系统管网中的水快速回流而在管道内部形成负压时，主阀快速大量吸气，补充管道内的负压，从而避免爆管事故发生；在管线检修需要泄水时，主阀打开大量吸气，确保管线安全。

随着工程建设的实践反馈和新型技术、材料的发明，复合式进排气阀又分为浮球式排气阀和气缸式排气阀等多种型式。

4. 浮球式排气阀

浮球式排气阀为目前国内市场的主力产品，可分为双口排气阀、杠杆式排气阀、复合式排气阀、动力复合式排气阀以及防水锤复合式排气阀。

(1) 双口排气阀。双口排气阀结构示意图如图 3-6 所示，即分为微量和高速排气阀两部分。工作原理是：在阀体内无水时，浮球落入护筒，排气口打开排气；在阀体内有水时，浮球浮起堵住排气口，封住水流。缺点是大排气口高速排气部分常常未排完气就会迅速关死，而且由于气托作用不再排气，仅靠 3～5mm 排气口径的微量排气口进行排气，故其有效排气量很小。

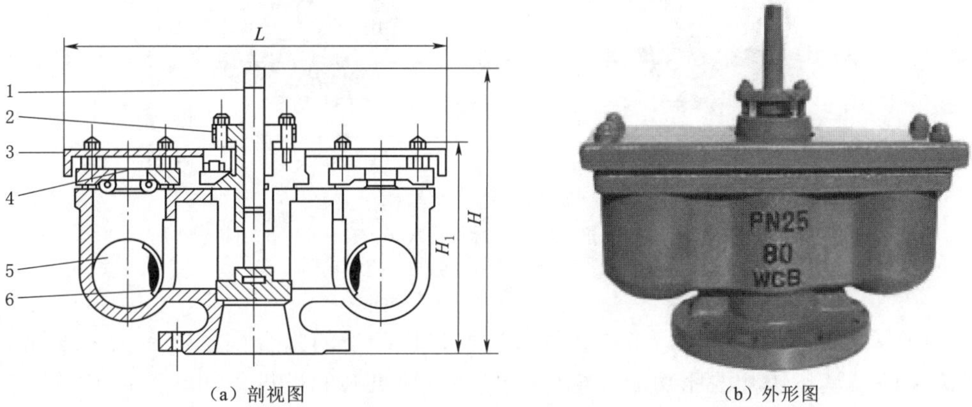

(a) 剖视图　　(b) 外形图

图 3-6　双口排气阀结构示意图

1—阀杆；2—填料压盖；3—护盖；4—排气口；5—不锈钢浮球；6—阀瓣

(2) 杠杆式排气阀。杠杆式排气阀结构示意图如图 3-7 所示。它对普通浮球式排气阀的改良主要是以浮球和杠杆来作为控制机构，在杠杆上另加装相应的执行机构装置来控制排气口开关，其控制机构和执行机构用杠杆相连接。该阀的工作性能良好，缺点是有效排气口径小，一般不适于直径 0.3m 以上的常用输水管。

(3) 复合式排气阀。大排气口加装了半球形挡板，将浮球执行大排气口开关的任务交给挡板来完成。在挡板中间开一小孔，用作微孔排气，浮球作为控制微孔的开关，当水流来时，浮球顶起挡板关死大排气口，同时浮球堵死微孔，当下一段气来的时候，气体压力主要作用在挡板上。而微孔口径较小，由压力为压强与面积的乘积可知，气缸内气压对浮

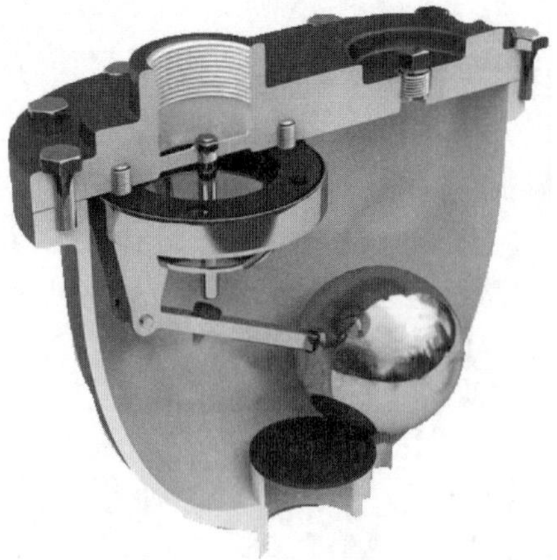

图 3－7　杠杆式排气阀结构示意图

球产生的压力也较小。浮球落下来，打开微孔排气。但挡板内外压差极大，其拖力可达几十至几百公斤，故在水气两相间时仍不能大量排气，只能微量排气。复合式排气阀结构示意图如图 3－8 所示。

动力复合式排气阀是美国近年来研制的最新产品，其性能在浮球式排气阀中处于世界领先地位。它对普通浮球式排气阀的改良主要是增加了偏流板，使排气时的气托力不能均匀作用在浮球上，这样在高速排气时浮球被吹向一边，从而排气口不易被浮球堵死，可达到在较高压力和高速排气条件下不起球，保证排气。但当多段水柱气柱相间时，仍只能排出第一个气囊而不能连续排气。

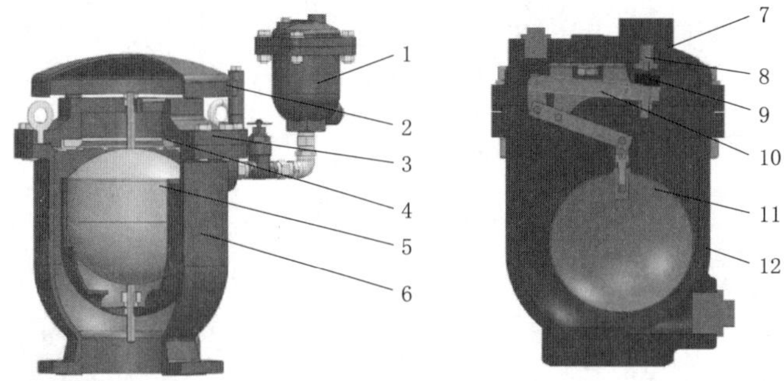

（a）视图1　　（b）视图2

图 3－8　复合式排气阀结构示意图

1—自动排气阀；2—排气罩；3、7—阀盖；4、8—密封座；5、11—浮球；6、12—阀体；9—顶塞；10—杠杆

（4）防水锤复合式排气阀。为防止排气速度过快产生的弥合性水锤，很多进排气阀设有防水锤组件，具备快开缓闭功能及配件。带有缓冲机构的进排气阀，可以避免浮球被气流吹起而使排气阀突然失去排气能力，从而减小因排气阀突然关闭造成的高压水锤带来的爆管事故发生，即在管道快速充水或管道内发生水柱分离后的水柱弥合阶段通过限制进排气阀的排气速度，在一定时间内使管道内留存空气，形成气囊，通过空气的可压缩性和弹性缓冲快速流动的水对管道的冲击，保护管道的安全。防水锤复合式排气阀先快速大量排气到设定压力后，再缓慢排放剩余全部微量气体，不会出现因管道排气速度过快，管线压力迅速上升而导致水锤及撞击。防水锤复合式排气阀结构示意图如图 3－9 所示。

防水锤装置缓闭机构其工作原理如下：①在排气口安装缓冲机构，当水泵启动时，水泵高速运行压缩管道中的空气，此时排气阀全开大量快速排气，空气快速排出时在排气口缓冲板上下产生压差 P，此时排气口排气面积不小于阀门通径，如图 3－10（a）所示；②当水泵加速时，系统管道压缩空气流速和压力均升高，排气口排气速度增加，压差 P 也随之增加，当压差增加到高速空气将会把浮球吹起的压力（此压力为空气关闭压力）

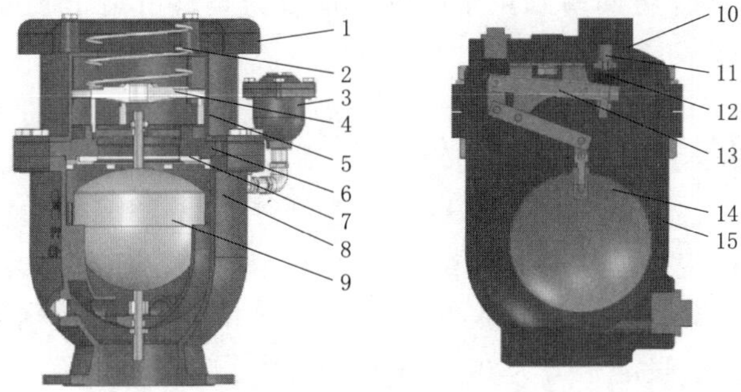

（a）视图1　　（b）视图2

图 3-9　防水锤复合式排气阀结构示意图

1—排气罩；2—弹簧；3—自动排气阀；4—节流环；5—缓冲架；6、10—阀盖；7、11—密封座；8、15—阀体；9、14—浮球；12—顶塞；13—杠杆

时，缓冲板受压上升，关闭缓冲盖周围排气的间隙，此时排气面积减小，阀门通过缓冲板上的小排气阀排气，如图 3-10（b）所示；③当水泵运行速度稳定时，管道中的空气压力开始减小，此时排气阀的压差 P 减小（小于空气关闭压力），则缓冲板下降，排气阀继续大量排气，如图 3-10（c）所示。

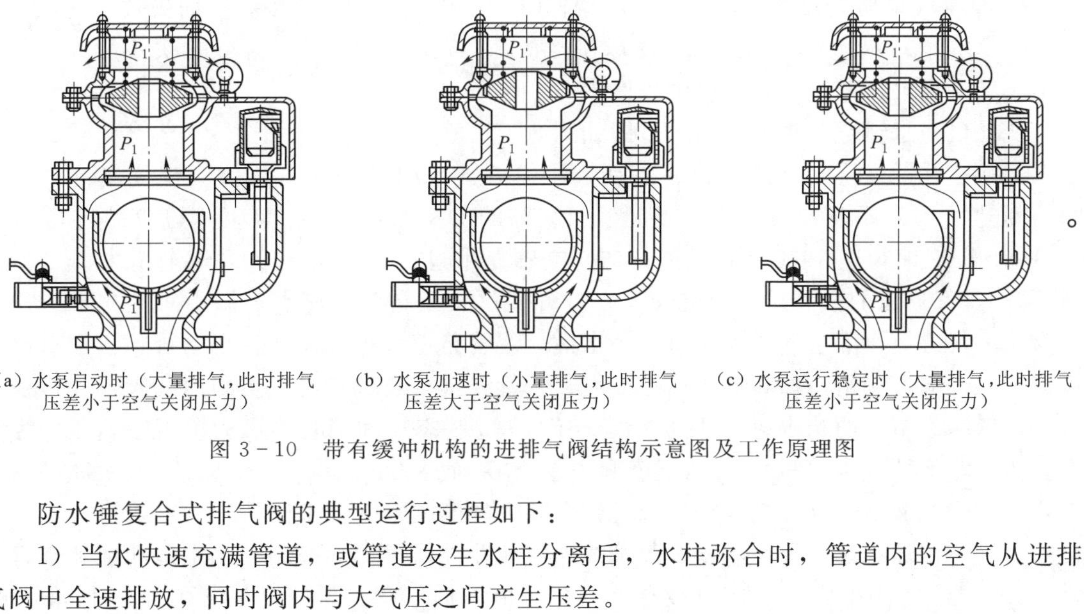

（a）水泵启动时（大量排气，此时排气压差小于空气关闭压力）　（b）水泵加速时（小量排气，此时排气压差大于空气关闭压力）　（c）水泵运行稳定时（大量排气，此时排气压差小于空气关闭压力）

图 3-10　带有缓冲机构的进排气阀结构示意图及工作原理图

防水锤复合式排气阀的典型运行过程如下：

1）当水快速充满管道，或管道发生水柱分离后，水柱弥合时，管道内的空气从进排气阀中全速排放，同时阀内与大气压之间产生压差。

2）当压差达到预定值，缓闭件自动上升，排气口部分关闭，降低排气速度，由于排气速度降低，管道在一定时间内保留空气，形成气囊，可缓冲水流对管道的冲击，保护管道。

3）空气会继续从进排气阀的缓闭件中央通孔排放，直到完全排出后，水进入进排气阀内，浮球受浮力作用上升，密封排气口，两级缓闭动作阻止因快速关闭冲击阀座所产生的水锤。

4）阀体上部的缓闭件将回落到正常的开启位置，空气由高压微量排气阀排放。

5）阀内水位继续升高，直至充满进排气阀。

6）当系统内出现负压时，阀内水位下降，浮球自动下落，打开排气口，大量的空气通过进排气阀进入管道系统，及时消除负压。目前国内外常用的浮球式排气阀存在以下共同技术缺陷：

a. 无法连续高速排气。输水管道一般坡度都不是很大，管道中大多是一段水一段气的水气相间状态，浮球式排气阀的浮球仅几千克重，而排完第一段气体，水就把浮球托起，第二段气体即使有压力，假定压力为0.2MPa，气体对浮球的托力等于排气阀口有效面积乘管道压力，计算可得DN100排气阀托球力约150kg，DN300排气阀托球力约为1400kg，故大排气口不可能再自动开启排气。所以水气相间时大排气口仅能排出第一段气体，不能连续排气。

b. 易起球，终止排气。排气速度较快时，当气流对浮球的托力大于球的重力，浮球被吹起，堵住排气口；气流带水雾的情况下，气雾的比重比干空气大，同等排气速度下，气雾作用于浮球的力比干空气作用于浮球的力大。在比干空气流速小很多的情况下，浮球就被气雾托起，终止排气。在这一点上复合式排气阀更为明显。

c. 仅能微量排气。如果大排气口性能不好，小排气口径一般，仅靠微孔排气时，气体不能快速排出，对大管径输水管是极危险的。

d. 小排气口易失效。运行时长期不动作时，小排气口浮球易因粘贴而失效。

e. 大排气口易跑水。大排气口浮球在停水后再充水，易因复位不正而关不严跑水，从而引起经济损失，并给日后管理带来麻烦。

变孔口防水锤空气阀的结构示意图如图3-11所示。

目前，浮球式排气阀具有以下功能：①空管充水时能高速排气，但排气流量先大后小，随排气压力逐渐升高，排气通道由100%的DN（全通径）自动逐渐缩小，压差至30～40kPa时缩径至50%的DN左右；②空管充水过程中随充水压力逐渐增大而自动调节/减小排气通道的截面积，为空管充水过程提供安全高效的充水控制，防止充水末期空气阀快闭，避免产生空气阀大孔口关阀水锤；③管路正常运行期间，自动排除水中析出的微量空气，减小流阻，提高输水运行效率；④管线排空或瞬态负压期间通气阀大孔口快速吸气，对瞬态负压的响应速度达到0.1～1kPa；⑤瞬态期间当管内压力由瞬态负压转为瞬态正压时（水柱弥合期间），排气通道随压差增大而逐渐关小，最小达到全通径的5%左右，故能瞬时截留部分气囊，缓冲水柱弥合，大幅度减轻弥合水锤。

总之，浮球式排气阀除具备3个管线通气功能外，再加上抑制弥合水锤功能和空管充水水锤功能，合计有5大功能，故称为“多功能”通气阀。再配合集气颈预先小量存气，克服吸气延时滞后缺点，抵抗瞬态负压更有效，成为管线/容器系统的水击防护得力措施。

5. 气缸式排气阀

气缸式排气阀结构及工作原理、技术特点如下：

（1）结构及工作原理。气缸式排气阀是国内近几年的最新产品，其结构示意图如图3-12所示。气缸式排气阀主要由壳体、浮筒、排气盖板、大小两排气口、气压缸，活塞杆、导管等组成。

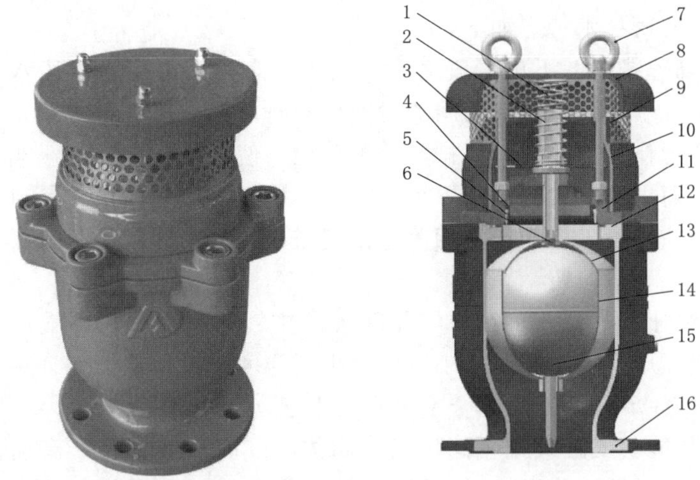

（a）外形　（b）剖面

图 3-11　变孔口防水锤空气阀结构示意图

1—弹簧；2—导向轴；3—缓冲板；4—阀座；5—阀座密封圈；6—微排密封圈；7—吊环；8—保护罩；9—过滤网；10—缓冲体；11—阀盖；12—O 形圈；13—阀瓣；14—护筒；15—浮球；16—阀体

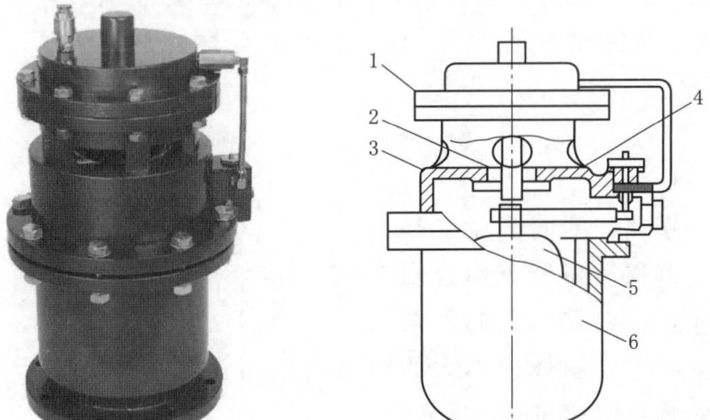

（a）外形　（b）剖面

图 3-12　气缸式排气阀结构示意图

1—气压缸；2—活塞杆；3—排气盖板；4—排气口；5—浮筒；6—壳体

当阀体内存气时，浮筒下降，带动小盖板动作上升堵住阀帽上的通气孔，同时打开小阀座，使阀体内有压气体进入气缸，因气缸内气动膜片组件面积远大于大排气口盖板面积，故大排气口开启排气，管道存气即可高速排出。当气体排尽后，浮筒上升，控制膜片的导管与大气连通，盖板受阀内压力作用复位，封住排气口。当下一段气团到达排气阀时，浮筒由于重力的作用下沉，使阀体与导管连通，气体由导管进入气压缸，这时气压缸的压力与托住排气盖板的压力相等，排气盖板在重力作用下打开排气。当管道出现负压时，进气口盖板打开进气，以防产生蒸汽型断流空腔。

(2) 气缸式排气阀技术特点如下：

1) 连续大量高速排气。不论水气之间是何种流态，无论是否多段水气相间，有压气体均可高速排出管外。当多段水气相间的情况出现时，第一段气排出后水流达到排气阀的时候，浮筒在水浮力作用下浮起，将排气盖板顶住，使大排气口关死。当下一段气团达到排气阀的时候，浮筒由于重力的作用下沉，打开小排气口，气体由导管进入气压缸，这时气压缸的压力与托住排气盖板的压力相等，排气盖板在重力作用下打开排气，保证了管道在正常运行时不产生气囊滞留。

2) 具有大量恒速排气功能。在水气相间大量排气的过程中，排气口开度随管道内排气压力大小而改变，压力大则开度减小，压力小则开度增大，从而保证主管道因排气引起的流速变化不超过 0.3m/s，断流弥合水锤升压小于 0.2MPa。

3) 具有缓冲功能。气缸式排气阀可以在阀体存气时迅速动作，高速排气，并在排气结束时，大排气口通过缓闭装置使阀板缓慢延时关闭，不引发管道压力瞬变。阀体内的缓冲装置亦可在排气速度较快时，控制排气速度，做到合理排气，此特点用于消减管道断流水锤有良好作用。

4) 微量排气。少量气体可通过微孔排出，当管道出现负压时可注气，以防污染并缓冲水锤升压。

5) 不起球、不跑水、不卡球。气缸式排气阀排气口密封先进合理，密封盖板与浮球分开，控制机构与执行机构分开，这是与其他排气阀的重要区别。且其浮筒起落不受排气口高速气流影响，可避免跑水、起球或气流太快带起浮球的常见故障，浮球不顶在排气口上，不存在卡球的问题。

3.1.2.2　调压塔

1. 单向调压塔

(1) 结构及工作原理。单向调压塔是防止产生负压水柱分离和消减断流弥合水锤过高升压的经济有效、稳妥可靠的停泵水锤防护措施和设备，主要由体积不大的水箱或容器、带有普通止回阀的向主干管中注水的注水管以及向调压塔容器中充水的满水管组成。注水管上的止回阀单向阀只允许塔中水流注入主干管中，是本设备的核心部件，其准确而及时的启闭必须切实得到保证。单向调压塔结构原理图如图 3-13 所示。

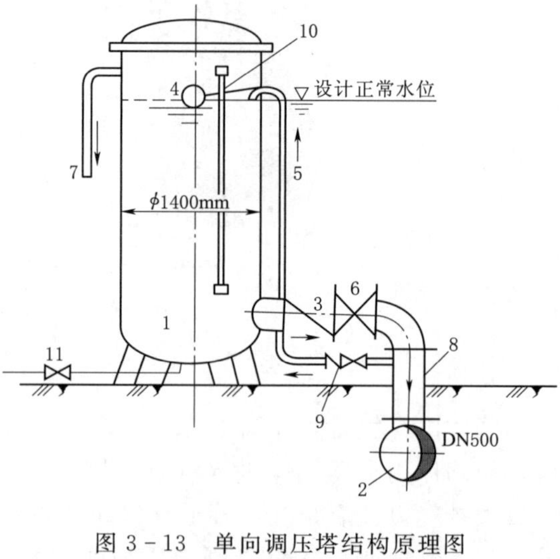

图 3-13　单向调压塔结构原理图

1—水箱；2—主干管；3—止回阀；4—浮球；5—进水管；6—闸阀；7—溢流管；8—注水管；9—满水管止回阀；10—水位计；11—排空管

水泵正常运行时，注水管 8 上的止回阀 3 处于关闭状态。如果调压塔水箱 1 不满或全空，则通过满水管止回阀 9 开启，向水箱充水；当箱中水位达设计标高时，满水管出口的浮球阀 4 关闭，并自动保持箱内设计正常水位。事故停泵后，当主干管中的压力降到事先设定的数值时，止回阀 3 迅速开启，利用势能差通过水管将足够流量的水及时注入主干管 2 中，从而防止负压发生并减弱泵管系统中的水锤压力振荡与危害。

（2）性能特点。单向调压塔的性能特点如下：

1）水箱中设计水位不需要达到水泵正常工作时的水力坡度线，安装高度可以大大降低，水箱容积不大，在经济上较有优势。

2）在管道产生负压时向管道内注水，防止水柱拉断保持水的连续性。但是当管道升压时不允许水流入塔内。

（3）选用的技术要点。单向调压塔选用的技术要点如下：

1）单向调压塔的装设位置、座数、容积、注水流量、水位标高、注水管主要尺寸以及防护效果等，都必须应用计算机动态模拟，经过方案比较后确定。

2）因为单向调压塔在设计上主要考虑如何消除水锤发生时产生的断流空腔，所以当正压波来临后，安装单向调压塔点仍会产生升压，因此单向调压塔应与超压泄压阀相配合使用，来达到防止断流以及防止管道升压的目的。

3）在北方冬季单向调压塔要注意防止冰冻损坏，为此，在水箱底部设置排空管将水箱排空或采取其他防冻措施；在南方要注意水质变坏问题。

2. 普通双向调压塔

（1）结构及工作原理。普通双向调压塔构造为一开口的水池，是一种兼有注水与泄水缓冲式的水锤防护设备，其结构原理图如图 3-14 所示。

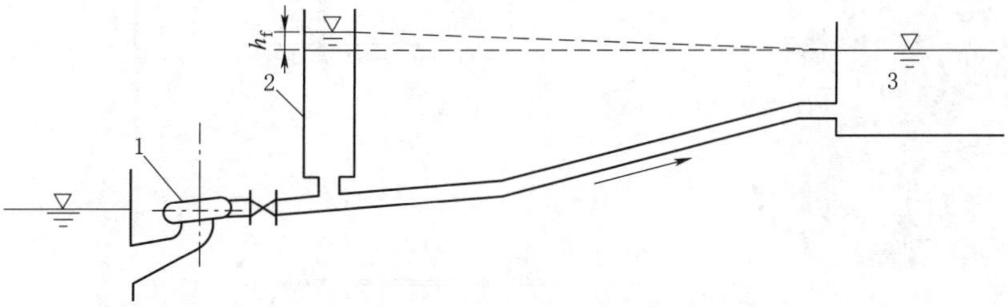

图 3-14　普通双向调压塔结构原理图

1—水泵；2—普通双向调压塔；3—高位水池

（2）性能特点。普通双向调压塔的性能特点如下：

1）一旦管道中压力降低，普通双向调压塔迅速向管道补水，防止管道中产生负压，防止水柱分离，可有效地消减断流弥合水锤升压。

2）当管道中水锤压力升高时，允许高压水流入普通双向调压塔中，从而起到缓冲水锤升压的作用。

3）普通双向调压塔结构简单，工作安全可靠，维护工作少，消锤功能良好，但在多数情况下由于高度大、造价高而难以采用。

（3）选用的技术要点。普通双向调压塔选用的技术要点如下：

1）为了防止产生负压，普通双向调压塔应当设置在可能产生负压的管道附近，如泵站附近或输水干管上易于发生水柱分离的高点或折点处。

2）普通双向调压塔应有足够的断面面积，在停止或启动水泵过程中，塔内水位波动不大。

3）普通双向调压塔应有足够的高度，在调压过程中不会产生溢流。

4）在调压过程中，为防止空气进入主干管内，普通双向调压塔应有足够的容量，确保在给水系统补水过程中塔内仍保持有一定的水量。

5）一般用于大流量、低扬程的长管路系统，也可结合地形应用于有压水管垂直上升的取水泵房中。

3. 箱式双向调压塔

（1）结构及工作原理。箱式双向调压塔主要由下阀体、上阀体、活塞、膜片、单向板、泄水口、防溢环等结构组成，其结构示意图如图3-15所示。

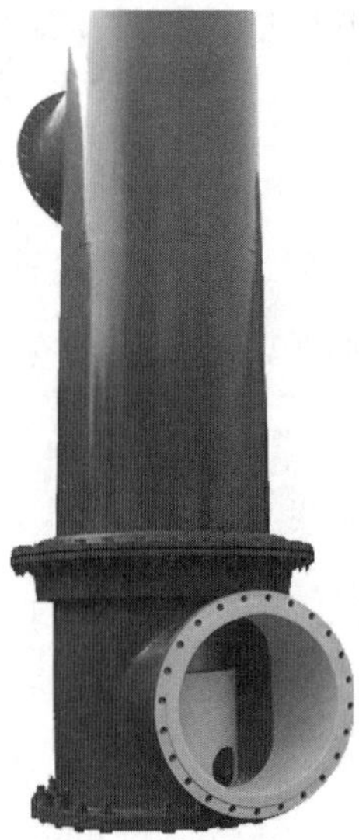

（a）外形

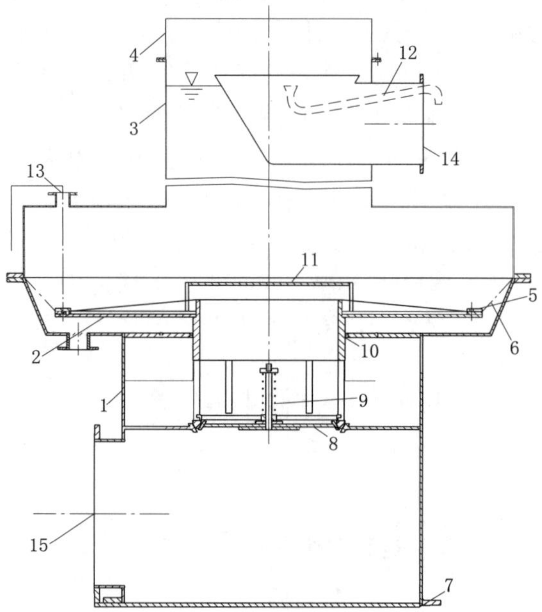

（b）剖面

图3-15　箱式双向调压塔结构示意图

1—下阀体；2—活塞；3—上阀体；4—防溢环；5—上压板；6—膜片；7—下封板；8—弹簧；9—单向板；10—密封环；11—防冲导流板；12—定深溢流管；13—活塞开度指示；14—泄水口；15—管道连接口

箱式双向调压塔的调压方式是在其活塞上部承受箱内水深的压力，活塞下部承受管道压力，活塞上部面积大，下部面积小，且其面积的比值根据箱式双向调压塔的水深即高度要求和管道内压的大小决定。在正常运行时，管道内压等于或小于其最大设计压力，活塞上部总压力大于或等于管道对活塞下部的总压力，活塞静止不动，被压在阀座上，并保持活塞与阀座间的密封。

当管道内产生水锤时，管道内压大于最大正常运行设计压力，管道对活塞下部的内水总压力大于水箱内水对活塞上部的总压力，从而使活塞向上运行，管道内水从活塞上的导流孔流进水箱，并从水箱溢流管流出，从而起到泄压的作用。当管道压力恢复正常，即等于或小于最大正常运行压力时，活塞下移复位，重新封住阀座不使管内水外流。当管道内出现负压时，活塞下部的单向密封板开启，使箱式调压塔内的水注入管道，消除可能出现的断流空腔，以预防和消除断流弥合水锤。

（2）性能特点。箱式双向调压塔的性能特点如下：

1）由于在结构上该调压活塞为直接动作形式，无外导管先导阀等，克服了超压泄压阀存在的拒动作和滞动作等问题，使管道泄压迅速及时，安全程度大幅度提高。

2）一般超压泄压阀除泄压动作滞后外，还必须保证 $2\sim3kg/cm^2$（即 $0.2\sim0.3MPa$）动作回位误差压力。箱式双向调压塔动作误差仅 $0.2\sim0.3kg/cm^2$（即 $0.02\sim0.03MPa$），使水锤防护效果进一步提高。

3）箱式双向调压塔动作灵敏，反应迅速，对任何水锤都有良好的防护效果。在水锤防护过程中，最可怕的也是最难防护的水锤类型是快速升压型，即在 1～2s 甚至不到 1s 的时间内水锤压力就升到极限。如含气型断流弥合水锤、气囊振荡水锤、气动阀门速闭和水轮机甩负荷关闭导叶等，都接近或属于快速升压型水锤，这种情况下普通先导式超压泄压阀几乎完全失去作用，而采用箱式双向调压塔则效果良好。

4）当管道内出现负压时，箱式双向调压塔可迅速向管道内补水，以防止水柱拉断，产生断流弥合水锤。

（3）选用的技术要点。箱式双向调压塔选用的技术要点如下：

1）箱式双向调压塔宜装设于泵站汇水总管处或输水干管上易于发生水柱分离的高点或折点处，一般应安装在管道一侧的阀口井内，大多可能高出地面，高出地面部分应设塔室。

2）箱式双向调压塔一般装于管道重要部位，其底部通过三通与主管道连通，顶部必须与管道稳定运行的最高水压线同高。

3）箱式双向调压塔的高度一般为 4～7m，可安装于阀门井内，为工程应用创造了较为方便的条件。

4）有条件时最好结合系统水锤防护计算进行选用，以使箱式双向调压塔的水锤防护效果达到最佳。

5）当管道断流空腔很长需较大注水量时，箱式双向调压塔可附设特别注水箱。

6）公称直径一般为主管道直径的 1/2～1/3，理论上，箱式双向调压塔直径越大，水锤防护效果越好，但成本也越高，因此应通过技术经济比较后确定。

4. 空气罐

空气罐是一种内部充有一定量压缩空气的金属水罐装置，直接安装在水泵出口附近。空气罐利用气体体积与压力的特定定律工作，随着管路中的压力变化，气压罐吸收管路中的过高压力，起到气垫消能作用；当管内由于突然停泵压力陡降，甚至可能发生水柱分离时，又可利用压缩空气膨胀向管中注水，因而有效地消减了停泵水锤的危害。如内胆式水锤消除罐，其结构示意图如图 3-16 所示。

（1）结构及工作原理。内胆式水锤消除罐气囊内胆内部储水，全尺寸丁基橡胶内胆与

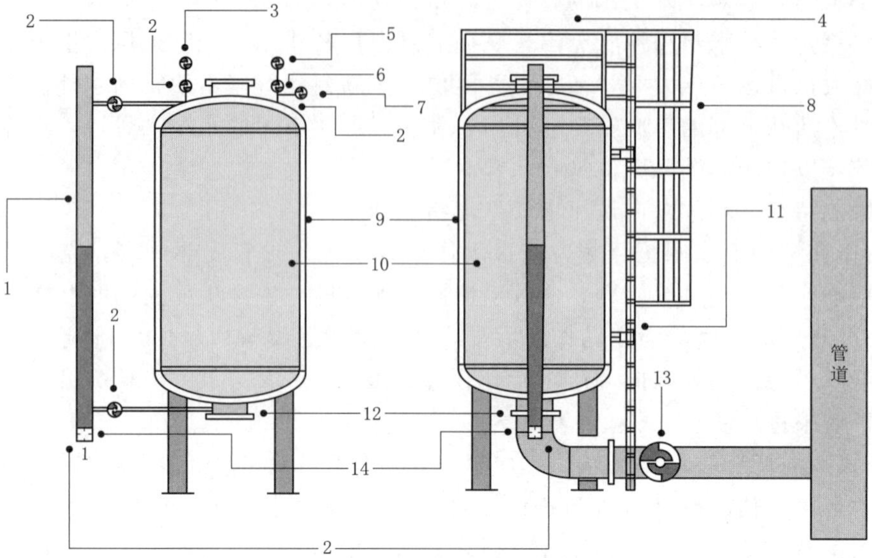

图 3－16　内胆式水锤消除罐结构示意图

1—磁性翻板液位计；2—球阀；3—压力变送器；4—检修平台；5—压力表；6—止回阀；
7—充气口；8—侧梯护栏；9—罐体；10—全尺寸内胆；11—爬梯；
12—内胆保护装置；13—进水球阀；14—液位变送器

罐体内壁之间充气，同时为了避免罐体被空气中的氧气氧化，可以采用氮气作为压缩气体，气体源为氮气钢瓶。此外根据客户需要还会配置磁性翻板液位计、压力变送器、控制柜等以实现自动充放气、远程报警、数据远传等功能。

1）第一阶段负水锤消除过程。当发生事故停泵时，由于水泵机组的惯性比管道中水的惯性要小，所以水泵转速变化很快，水泵出口压力急剧下降，由此产生的降压波向管道末端传递，沿高程点或平坦点容易产生负压，此时内胆式水锤消除罐在罐内压缩气体的压力作用下，罐内的橡胶气囊内胆的水快速补向管道，气体膨胀，体积变大，压力逐渐降低，内胆的水也逐渐减少，通过此操作可以提高系统的瞬时压力，从而达到消除负压/负水锤的效果。内胆式水锤消除罐负水锤消除过程如图 3－17 所示。

2）第二阶段正水锤消除过程。在水锤的第二阶段，管道内压力升高时，内胆式水锤消除罐在罐体内壁与内胆之间的预充气压和内胆弹力的缓冲下，以合理的、较慢的速度吸入管道内的水，吸收管道内回流水柱的能量。此时，气体压缩，体积变小，压力逐渐提高，内胆的水也逐渐增多，通过此操作可以防止回流水柱冲击管道或泵后止回阀，造成管道内发生瞬间压力大幅度跃升的事故工况。内胆式水锤消除罐正水锤消除过程如图 3－18 所示。

内胆式水锤消除罐起到了气垫的作用，当发生停泵水锤时，平衡了管路压力，防止瞬间高压水锤对水泵、阀门和管路的损害，保障供水管路的安装运行。

（2）性能特点。内胆式水锤消除罐连接在水泵出水侧的压力输水管道上，利用气体体积与压力的特定定律工作（波义耳定律）。随着管路中的压力变化，内胆式水锤消除罐向管道补水或吸收管路中的过高压力。

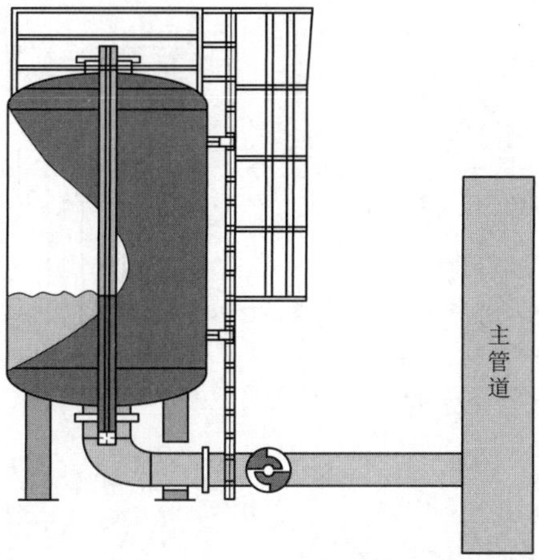

图 3-17 内胆式水锤消除罐负水锤消除过程

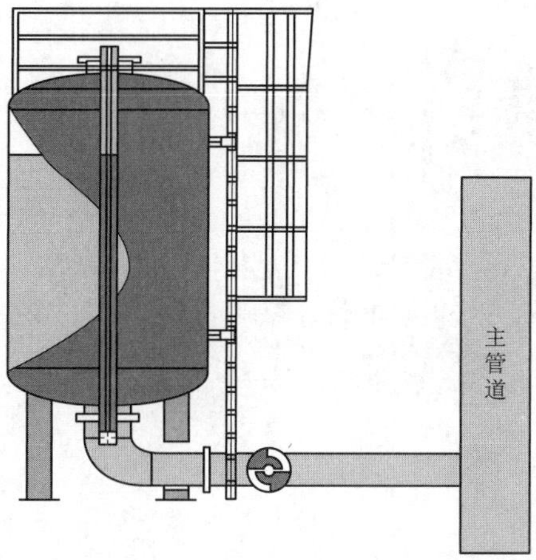

图 3-18 内胆式水锤消除罐正水锤消除过程

3.1.2.3 止回阀

止回阀的工作原理是介质按指定的方向流入，当流动压力超过止回阀的开启压力时，阀瓣在流体压力的作用下被顶开，从而接通管道介质的流通。反之，当管道介质倒向回流时，在流体压力的推动下，阀瓣被压在止回阀阀体上，此时阀门被关闭，从而切断管道介质流通。且倒流介质的压力越大，阀门的阀瓣关闭得越紧，密封效果越好，完全杜绝了介质回流的可能。

止回阀根据结构形式的不同，可分为升降式、旋启式和蝶式 3 种；按材质的不同可分为铸铁、黄铜、不锈钢、碳钢和锻钢止回阀；本次按照水锤处理方式分为快闭止回阀和缓闭止回阀。

1. 快闭止回阀

快闭止回阀主要由阀体、阀座、阀杆、弹簧、阀瓣、导套等零件组成。开泵时，阀瓣在水底推力下上升，开启阀门，同时弹簧在弹簧力的作用下迅速关闭，当水流接近于零时，阀瓣完全关闭。无水倒流现象，同时因水不能倒流，不产生动能，便防止了水锤的产生。

在较长的输水管路中，增设一个或多个快闭止回阀。把输水管划分成几段，每段上均设置快闭止回阀。当水锤过程中输水管路中水倒流时，多个快闭止回阀相继关闭，把回流水分成数段，由于每段输水管内静水压相当小，从而降低了水锤升压。此措施不能消除水柱分离的可能性，最大的缺点是在正常运行时水泵电耗增大、供水成本提高。

(1) 双瓣止回阀。DDCV 双瓣止回阀，采用薄型对夹轻巧设计，其利用弹簧作用，使阀瓣迅速关闭以减少水锤。由于阀瓣的关闭行程缩短及弹簧作用可加速关闭效果，减少水锤及水击声。双瓣止回阀结构示意图如图 3-19 所示。

(2) 静音式止回阀。静音止回阀采用符合水力学的轮廓设计取得较佳的流线型水路，内部附有导流体的设计能保证最小的压力损失，静音式止回阀可在水流倒流前先行快速关闭，避免产生水锤、水击声和破坏性冲击以达到静音。静音式止回阀结构示意图如图 3-20 所示。

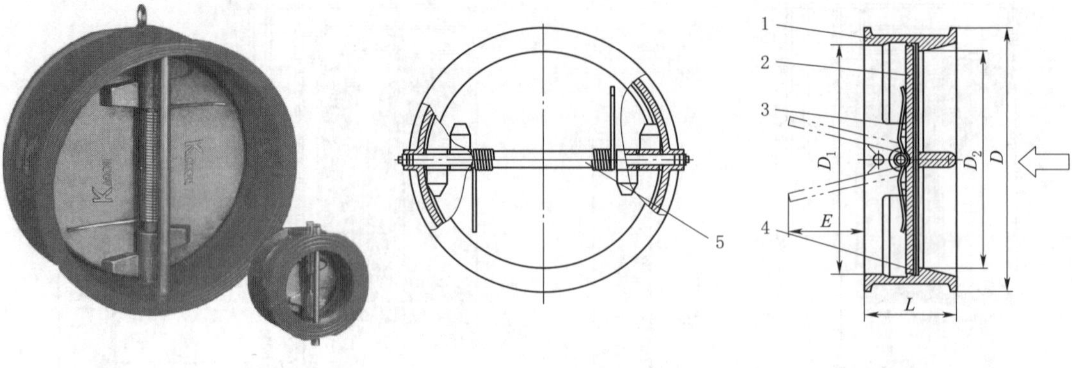

（a）外形　　（b）剖面一　　（c）剖面二

图 3-19　双瓣止回阀结构示意图

1—阀体；2—阀瓣；3—扭簧；4—阀座；5—阀杆

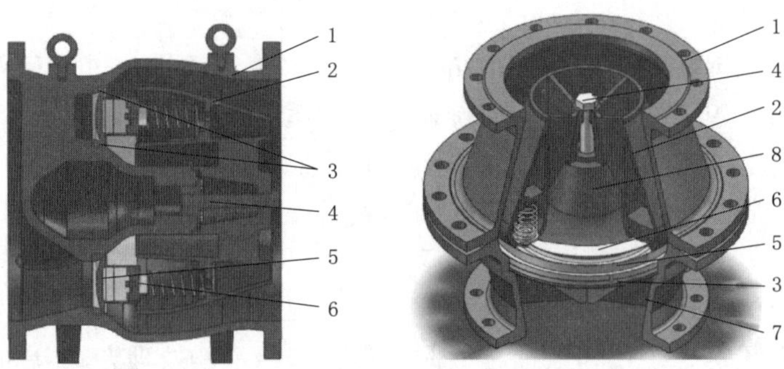

（a）剖面一　　（b）剖面二

图 3-20　静音式止回阀结构示意图

1—上阀体；2—导流体；3—阀座；4—中心螺栓；5—阀瓣；
6—弹簧组件；7—下阀体；8—导流体座

2. 缓闭止回阀

缓闭止回阀技术要点包括：①较小管径（一般不大于 0.4m）使用水泵自动控制阀较好；中等管径（0.4～1m）两种阀门各有千秋；较大管径（大于 1m）一般说来液控蝶阀技术优势更大；②水泵总扬程大部分由水头损失构成（即水泵静扬程较小的情况），使用水泵自动控制阀易出现电机过载和管道断流水锤问题；③在大流量、管路水头损失小的泵系统停泵水锤过程中，两阶段关闭液控蝶阀，对于防止过高的水锤升压及控制机组倒转等效果很好；④一般情况下，水泵自动控制阀故障率很低、安全可靠，但液控蝶阀则偶有拒动作现象，在运行过程中还存在油控系统密封不严、油泵频繁启动、增大水头损失、加大能耗等问题。

目前，国内缓闭止回阀的型式很多，性能良莠不齐，而性能有缺陷的缓闭止回阀不异于水锤发生器，现主要以液控蝶阀、水泵自动控制阀、橡胶瓣止回阀等来说明在水锤防护时对于产品性能了解的重要性。

（1）液控蝶阀。液控蝶阀的结构及工作原理、性能特点如下：

1）结构及工作原理。液控蝶阀由阀门本体、传动机构、液压站、电控箱等4部分组成。阀门本体由阀体、蝶板、阀轴、滑动轴承、密封组件等主要零件组成。重锤式阀体采用卧式安装，阀轴采用半轴结构。传动机构主要由液压缸、摇臂、支撑墙板等连接、传动件组成，是液压动力开关阀门的主要执行机构。液控蝶阀结构示意图如图3-21所示。

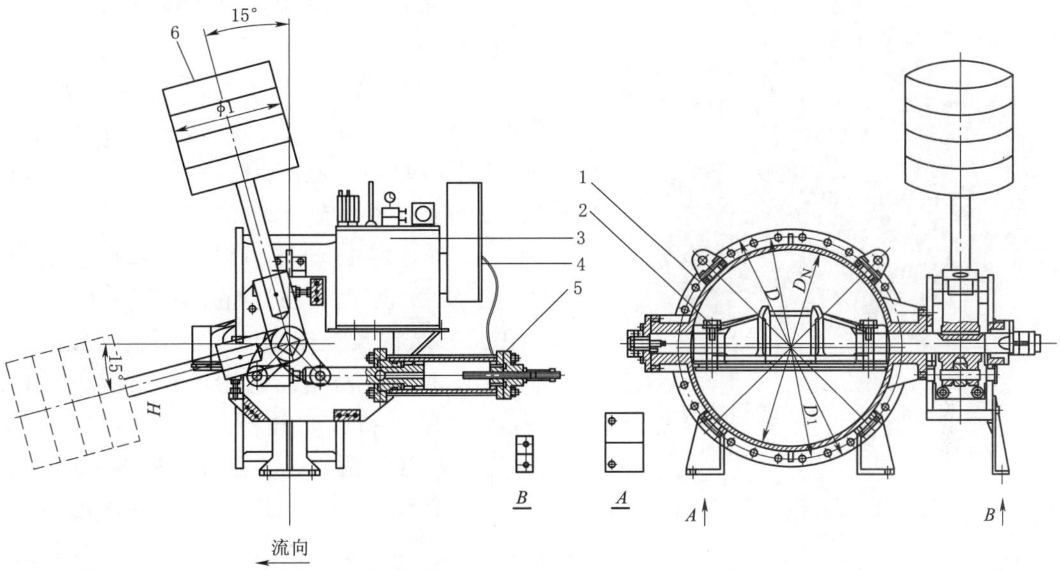

（a）剖面一　　（b）剖面二

图3-21　液控蝶阀结构示意图

1—阀体；2—阀瓣；3—液控组；4—电控组；5—摆动油缸；6—重锤

两阶段关闭蝶阀运作时，在水泵启动时，能够先快后慢地自行开启；在事故突然停泵时，阀门能按预先调定好的程序分两阶段（先快关一定角度，再慢关剩余角度）有效消除管路破坏性水锤，保证管线系统安全运行。第一阶段，阀门先较快地关闭至某一角度（快关阶段），关闭行程的大部分，虽然关阀过程产生了管道升压，但由于蝶阀在大开度范围内，行程其开度系数的变化率很小，升压并不明显。第二阶段，阀门以非常缓慢的速度关闭剩余的行程（慢关阶段），由于压力的升高与流速的变化成正比，慢关过程导致流速变化的增量减小，可把出水管道的压力升高限制在允许的范围之内。

开关阀具体过程如下：

a. 阀门开启。启动电机，带动油泵运转，液压油经过滤网、油泵、单向阀、电磁阀到主油缸推动活塞杆，带动与之相连的摇臂，此时阀轴及蝶板转动实现阀门开启。

b. 阀门关闭。切断电磁阀电源（或事故突然断电），则电磁阀打开，液压油经高压球阀、电磁球阀到油缸头部，由动力源重锤自由下落推动活塞杆做反向运动，带动摇臂及阀杆旋转实现关闭。

c. 调节开关阀门。蝶板可停止在0°～90°范围内的任何位置，通过蝶板角度的改变可达到调节水流大小之目的。

2）性能特点。液控蝶阀的性能特点如下：

a. 液控蝶阀能按程序启闭，在正常供电和突然断电情况下均能自动按预定的时间和角度分快、慢二阶段关闭，调节范围大、适应性强。

b. 液控蝶阀可消除破坏性水锤，防止水泵和水轮机组发生飞逸事故，有效地降低了管网系统的压力波动，保障设备安全可靠的运行。

c. 液控蝶阀具有水泵出口操作（控制）阀门的作用，又具有止回阀和水锤防护设备的作用，起到一阀三用之功能，减少占地面积及基建投资，节能效果明显。

（2）水泵自动控制阀。水泵自动控制阀结构及工作原理、性能特点如下：

1）结构及工作原理。水泵自动控制阀是通过一个双室膜片控制器，利用液压原理来控制主阀板和缓闭阀板的缓开和缓闭动作。水泵自动控制阀结构示意图如图 3 - 22 所示。

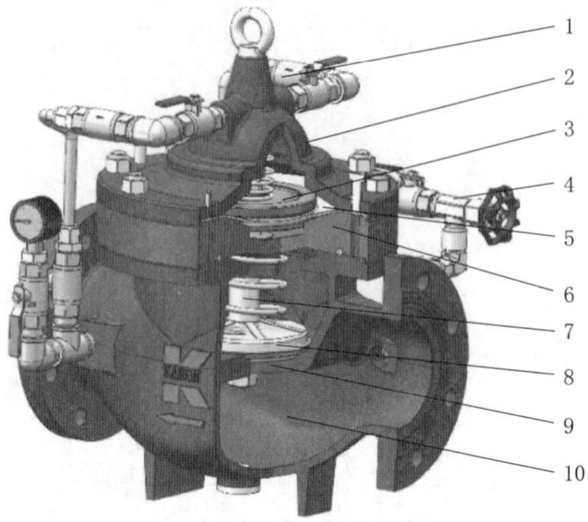

图 3 - 22　水泵自动控制阀结构示意图

1—止回阀；2—阀盖；3—膜片压板；4—针阀；5—膜片；6—下腔体；7—阀轴；8—活门；9—阀座；10—阀体

泵启动前，阀门出口端压力作用在主阀板上，主阀板处于关闭位置，同时膜片控制器的上腔连通压力水，下腔则与阀门进口端的低压相通。水泵启动后，阀门进口压力逐渐升高，同时压力水通过阀门进口端的连接管缓慢进入膜片控制器下腔，实现主阀板的缓慢开启，开启速度可通过控制阀进行调节。水泵停机时，阀门进口的压力降低，当接近零流量时，主阀板在自身重力作用下迅速关闭。因阀门进口端压力降低，阀门出口端的压力水通过连接管进入膜片控制器腔，下腔水通过阀门进口端的连接管压回至阀门进口端，缓闭阀板缓慢关闭，慢关时间可通过控制阀进行调节。主阀板的速闭和缓闭阀板的缓闭符合给水系统的两阶段关闭规律，因此能有效地削减水锤压力峰值。

2）性能特点。水泵自动控制阀性能特点如下：

a. 在水泵出水管初次充水或管路检修后首次运行时，管路中存在着大量气体，水泵自动控制阀可先向管道充水排气后再开主阀，这样可消减启泵水锤。

b. 水泵自动控制阀具有缓闭止回阀、电动阀两种阀门的功能，以一阀代二阀，可有效简化水泵出口各种阀门的安装，对泵站的设计具有很强的实用意义，可有效减少泵站的设计面积，使泵站在操作管理上更方便、实用。

（3）橡胶瓣止回阀。橡胶瓣止回阀采用全流域面积式设计，具有水头损失小、不易堆积杂物、维修简便等特性。此阀的关闭行程小，行程角仅 35°即可达到全开启，并且在弹性阀瓣及反向水流共同作用下关闭速度较快，减少倒流速度，从而减少阀瓣回座冲击力及水锤。对较大口径管道（不小于 DN250）可选用缓冲油缸装置，其中 85%～90%行程为快速关闭，10%～15%行程为慢速关闭，慢速关闭时间可调节，调节范围在 1～15s，以减少水锤对泵的损害。另外该阀还可安装在蓄水池进出水管的旁通管上，以辅助池水倒流至给水系统中。橡胶瓣止回阀结构示意图如图 3－23 所示。

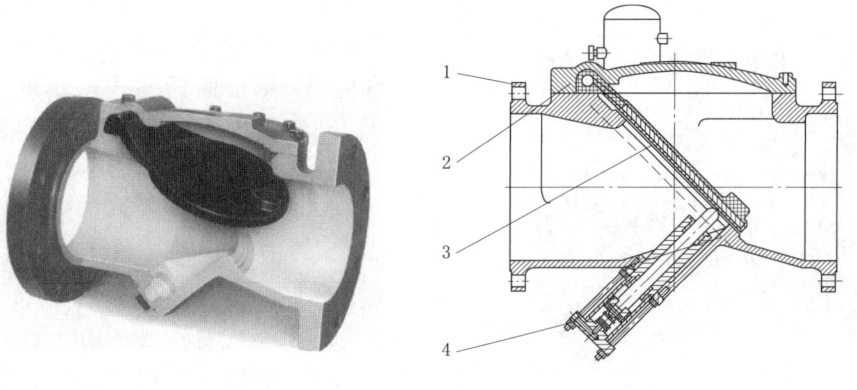

(a) 剖面外观　　(b) 剖面结构

图 3－23　橡胶瓣止回阀结构示意图

1—阀体；2—阀瓣；3—阀盖；4—缓冲油缸装置

3.1.2.4　超压泄压阀

超压泄压阀的选用有以下技术要点：

(1) 超压泄压阀应设在泵站出口总管起端、重力输水管道末端的关闭阀上游。输水管道中间是否需要设置超压泄压阀，须经分析计算后确定。

(2) 在实际应用中超压泄压阀的公称直径常按主管道直径的 1/5～1/4 选取，但当压力较大时，泄流量可能过大，故在这种情况下，应经计算确定超压泄压阀的规格。

(3) 目前，工程中常用的超压泄压阀均为先导式，即用先导辅阀控制主阀启闭泄压，泄压动作滞后，仅适用于水锤升压速度较缓慢的情况。经验表明，对于升压特快的管道含气型断流水锤，超压泄压阀几乎无泄压作用。

(4) 超压泄压阀释放压力应等于或大于最大正常使用压力加 0.15～0.2MPa。

(5) 先导式超压泄压阀有拒动作可能，故应特别注重分析和测试技术，以确保消除拒动作的可能。

超压泄压阀的主要作用是当管道中发生水力瞬变流时，当某点的压力过高时，超压泄压阀自动打开，泄流掉一定流量，维持管道在此点的压力，当压力降到安全值后，泄压阀再自动关闭。超压泄压阀包括先导式超压泄压阀和直动式超压泄压阀。

1. 先导式超压泄压阀

(1) 结构及工作原理。先导式超压泄压阀为一种隔膜型水力操作式阀体，主阀安装于输水管线旁通处，以便保持管中的安全压力，当水泵停止时，管中水流造成异常压力（水锤)，当超过泄压先导阀设定安全值时，主阀会迅速开启，以保持管中压力在安全范围内。当管中压力恢复至低于设定安全值时，主阀会缓慢关闭，以减小水锤形成，保护管线与设备。实际使用中安全设定值设定由泄压先导阀依需要调整。

先导式超压泄压阀正常使用时，由泄压先导阀感应进口压力，当管中压力超过设定安全值时，立即传讯至主阀，开启泄压。当管线压力恢复正常后，阀门自动关闭。先导式超压泄压阀结构示意图如图 3－24 所示。

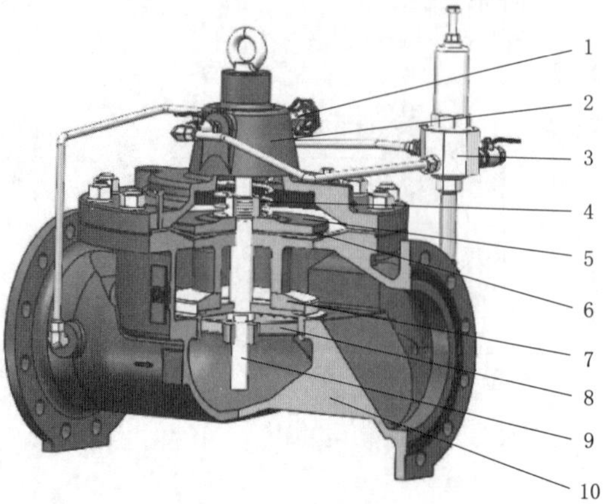

图 3-24　先导式超压泄压阀结构示意图
1—针阀；2—阀盖；3—泄压阀先导阀；4—弹簧；5—膜片压板；6—膜片；7—阀盘；8—阀座；9—阀轴；10—阀体

(2) 性能特点。先导式超压泄压阀的主要优点是将弹簧的直接作用转变为导阀的间接作用，从而提高了动作的灵敏度，且主阀采用套筒活塞式，双重密封阀座结构，动作精度高、重复性好、回座快、不泄漏、能带高背压排放、工作寿命长、工作稳定可靠。先导式超压泄压阀还可在线调校，反复启跳排放后，仍然能自动回座，关闭严密，操作维护方便。

2. 直动式超压泄压阀

(1) 结构及工作原理。直动式超压泄压阀的主体为一气压缸，上部充满了有压气体，中部为气动膜片及活塞杆等，下部为进水管盖板、泄压口等。正常运行时，阀上部有压气体的压力约等于或略高于管道最大设计使用压力，当管道出现少量压力波动时，有压气体被压缩起到缓冲稳压作用，吸纳压力波并防止管道出现负压。当出现异常大的压力升高时，气动膜片和活塞被压至上止点，并带动泄压口盖板开启，使超压水流迅速排出管外，释放超高压，压力释放后，管道压力恢复正常时，气动膜片及活塞复位，并使泄压口盖板关闭，但盖板关闭速度受泄压口外的缓冲器控制，实现缓闭，防止速闭产生的二次水锤。直动式超压泄压阀结构示意图如图 3-25 所示。

(2) 性能特点。直动式超压泄压阀具有吸纳供水管道运行和流量调节等工况下产生的压力波动的功能，可有效地防止管道产生局部负压，稳压作用良好。当管道因停泵、关阀以及水柱中断产生断流弥合水锤等异常快速升压时，可直接迅速打开泄压口释放压力，保护管道免遭破坏，其稳压范围和压力释放值可方便地进行调节。

3.1.2.5　减压恒压阀

减压恒压阀是通过调节，将进口压力减至某一需要的出口压力，并依靠介质本身的能量，使出口压力自动保持稳定的阀门。减压恒压阀是一个局部阻力可以变化的节流元件，即通过改变节流面积，使流速及流体的动能改变，造成不同的压力损失，从而达到减压的目的。其依靠控制与调节系统的调节，使阀后压力的波动与弹簧力相平衡，并在一定的误差下保持恒定，其广泛用于生活、消防及其他工业流体控制系统。

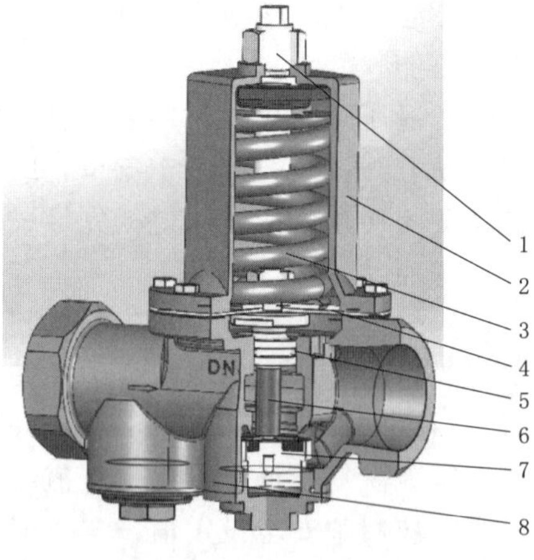

图 3-25　直动式超压泄压阀结构示意图
1—调节螺杆；2—阀盖；3—弹簧；4—膜片；5—密封圈；6—阀芯；7—活门；8—阀体

减压恒压阀按作用方式可以分为：①直接作用式，即利用出口压力变化，直接控制阀瓣运动；

②先导式，由主阀和导阀组成，出口压力的变化通过导阀放大控制主阀动作。

减压恒压阀按结构型式可以分为薄片式、弹簧薄膜式、活塞式、波纹管式及杠杆式。

1. 膜片式减压恒压阀

（1）结构及工作原理。此阀由主阀和副阀组成，主阀为减压过流通道，副阀起控制减压效果及恒压作用，通过旋拧阀上的调节螺栓可控制及调整主阀出口压力值。膜片式减压恒压阀结构示意图如图 3-26 所示。

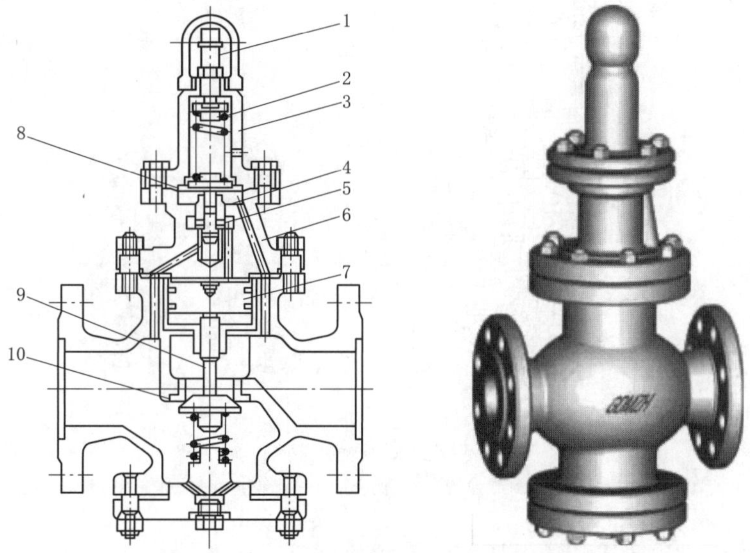

图 3-26　膜片式减压恒压阀结构示意图

1—调整螺钉；2—调节弹簧；3—帽盖；4—副阀座；5—副阀瓣；6—阀盖；
7—活塞；8—膜片；9—主阀瓣；10—主阀座

（2）性能特点。膜片式减压恒压阀性能评价如下：

1）膜片式减压恒压阀既能减动压又能减静压，无论进口压力和流量如何变化，稳压效果均良好，出口压力为 0.1～0.8MPa（可调）。

2）膜片式减压恒压阀高灵敏度，最低动作压力为 0.02MPa（即 2m 水柱）时可灵活开启关闭。

3）膜片强度大于等于 1.6MPa。

4）阀门对于支管流量的汇入流出具有自动的流量调节作用。

2. 活塞式减压恒压阀

（1）结构及工作原理。活塞式减压恒压阀由主阀和导阀两部分组成。主阀主要由阀座、主阀盘、活塞、弹簧等零件组成；导阀主要由阀座、阀瓣、膜片、弹簧、调节弹簧等零件组成。通过调节弹簧压力设定出口压力，利用膜片传感出口压力变化，通过导阀启闭驱动活塞调节主阀节流部位过流面积的大小，实现减压稳压功能。导阀的设计与直接作用与减压阀类似。来自导阀的排气压力作用在活塞上，使活塞打开主阀。如果主阀较大，无法直接打开时，这种设计就会利用入口压力打开主阀。因此，在相同的管道尺寸下，此种类型的减压阀与直接作用式减压阀相比，容量和精确度（+5%～−5%）更高。与直接作用式减压阀相同的是，此种类型的减压阀内部感知压力，无须外部安装传感线。活塞式减压恒压阀结构示意图如图3-27所示。

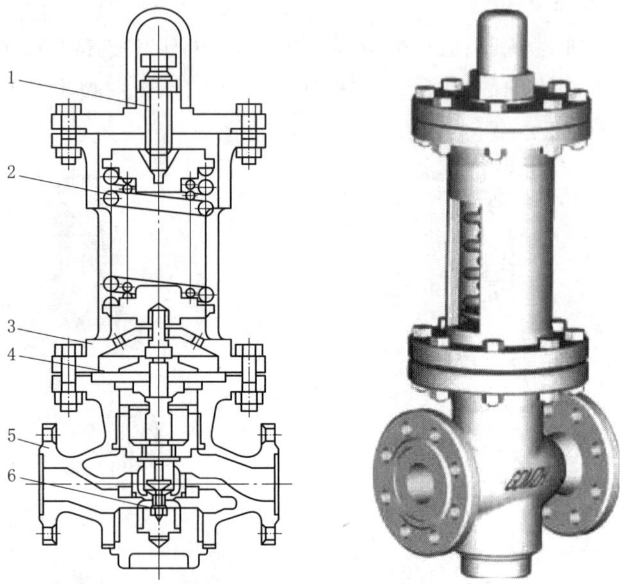

图3-27　活塞式减压恒压阀结构示意图

1—调整螺钉；2—调节弹簧；3—阀盖；4—薄膜；5—阀体；6—阀瓣

（2）性能特点。活塞式减压恒压阀性能评价如下：

1）活塞式减压恒压阀采用截流减压原理制造，同时采用了阀前阀后压力反馈系统，共同作用于比例式活塞，共同完成减压稳定过程。

2）活塞式减压恒压阀工作压力小于等于1.6MPa，工作压差大于等于0.1MPa，工作温度小于等于200℃，调压范围为0.1～1MPa，稳定误差为±5%。

3）膜片式减压恒压阀适用压力小于等于1.6MPa，活塞式减压恒压阀可用压力大于1.6MPa。

4）膜片式减压恒压阀灵活可靠，水头损失小，无卡阻现象，运行平稳，关键技术是大型高强度膜片制造技术和阀心防振颤技术。目前，国内最大可生产规格为DN2000。

5）活塞式减压恒压阀动作灵敏及可靠性均较差，易卡阻，在原压大于1.6MPa以上时使用才具有技术优势。

3.1.2.6　其他水锤防护设备

1. 取消普通止回阀

在实际的工程中，取消普通止回阀的优点是可以降低水泵正常运行时的电耗；缺点是若取水泵站远离净水厂，且当地电源又不稳定时，断电后会造成大量原水浪费，或有可能出现长管路中水柱分离现象。此法仅适用于低扬程非并联的泵系统。

2. 爆破膜片

泵站压水管路上装设金属爆破膜片（铝质片等），当管路中由于水锤升压超过预定值时，膜片自动爆破，水流外泄，起到泄水降压的消除水锤效果。

爆破膜片在水锤防护中的优点为结构比较简单，且拆装方便，成本比较低廉；缺点为由于目前没有固定生产膜片的厂家，通常现场制作的膜片因受到材质或者膜片的固定方式等其他影响，很难准确地确定其额定爆破压力值。因此，在工程实践中爆破膜片并不常见，但是其只能作为水锤防护措施中的一种后备保护来考虑。

3.1.2.7　水锤防护措施的选择

1. 选择水锤防护措施需要掌握的原始资料

（1）水泵机组方面需要掌握的原始资料包括水泵型号及规格、各设计参数（或额定参数，即额定流量 Q_n、额定扬程 H_n、额定转速 N_n、额定轴马力及总效率 η_n 等）、GD^2 值、水泵全面性能曲线或四象限特性曲线、水泵运行情况及台数、水泵可否倒转等驱动方式、原动机种类、电动机型号及规格、级数及转数、额定功率及电压、电流频率、电动机 GD^2 值、水泵与电动机的生产厂及出厂日期、水泵机组以前的运行及管理维修简况等。

（2）阀门方面需要掌握的原始资料包括各主要阀门种类、口径及布置情况、操纵方式、启闭程序及历时、水力特性及局部阻力系数（对应不同开度的）、使用时间及以前简况、止回阀种类及规格和其经常使用情况等。

（3）管路方面需要掌握的原始资料包括整个泵站系统内管路的总平面布置图和纵断面图、水管（材质、内径、壁厚、外径、允许压力）、管线上的附属设备（进气阀、排气阀、安全阀、排泥阀及支墩等）、管线上有无支管、变径及变材质等情况、管线上是否出过事故（若有，发生地点、时间及原因）。在管路纵断面图中，要特别注明可能产生水柱分离的各特异点，如驼峰、丘顶、膝状折点及鱼背等。

（4）水池方面需要掌握的原始资料包括吸水池及高位水池的构造、容积、池中水温、水位（正常水位、最低及最高水位）、进水及出水方式等。

（5）除以上原始资料外还需掌握：正常工作时运行的机组台数、方式及输水管根数；每台水泵的供水量 Q_0（不一定是额定流量 Q_n）及总扬程 H_0（不一定是额定扬程 H_n）；各管路中的稳态初始速度 V_0；是否发生过水锤事故（若有，产生的时间、原因及后果）；管线中水锤波的传播速度等；水泵站内各种工况组合及最不利的工况。

2. 长距离多起伏输水管道的主要水锤防护措施

根据以上对各类水锤防护措施结构原理、性能特点及选择的技术要点进行分析总结，长距离多起伏输水管道水锤综合防护的主要措施如下：

（1）在水泵出口处安装缓闭止回阀，一般选用两阶段关闭液控蝶阀。

（2）结合正常排气要求在管线上安装恒速缓冲排气阀，预防含气型断流弥合水锤，并把恒速缓冲排气阀作为管线安全运行的基本防护措施。

（3）根据实际情况分析计算后，根据不同的工况设计、选择超压泄压阀、单向调压塔以及在管线安装止回阀等水锤防护措施。

3. 选择水锤防护措施时应注意的问题

（1）所选用的防护措施，应与所处泵站及管路系统的规模、作用、对安全性的要求及技术（管理）水平相适应，并尽可能地选用技术安全可靠、经济合理、管理维修方便的防护措施。

（2）在有可能产生水锤危害的情况下，应早期防治。如在设计泵站及管路系统时，选定输水管走向、选用水泵机组和管材以及确定管内流速等方面，都应考虑采取消除或减轻水锤危害的措施。

（3）根据具体情况，特别在复杂的泵系统中，应当采用综合性防护措施（几种措施同时采用），以提高防护功能的安全可靠性及总体防护效果。

（4）对防护措施的管理维护及操作等方面的要求，应给予足够的重视，国内不少重大水锤事故都是由于对防护设备维修不善或失误操作而引起的。

（5）防护措施（方法）的选择，必须与停泵水锤精确计算及分析互相配合，同时进行。

3.2　重力流输水管道的水锤计算分析

3.2.1　水锤类型

3.2.1.1　输水管道中气水的流态产生及转化过程

1. 有压输水管道气水两相流的流态

通过对爆管时间和现象的分析可知，管道排气不畅，管道内有大量气囊存在，从而引起泵水锤是爆管的主要原因。

在较长距离的输配水管道中，管道起伏一般不大，可假设为水平管道，在充水阶段向存有气体的管道充水，在运行阶段管道中局部高点存有气体，且由于输水管道设计流速不是很大，气体多以气囊形式存在于管道上部。多起伏的管道中，大多时候气囊存在于管道的凸起点或高低转折点；坡度比较小或较平坦管道中，气体主要以相对独立的气囊形式分散存在于管道中。国内外水锤专家对有压输水管道系统中有关气体释放、气液两相流转化理论、进排气阀特性、空气团动态特性和动力特性的研究成果表明，在比较平坦的输水管道中有 6 种气液两相流状态，如图 3-28 所示。

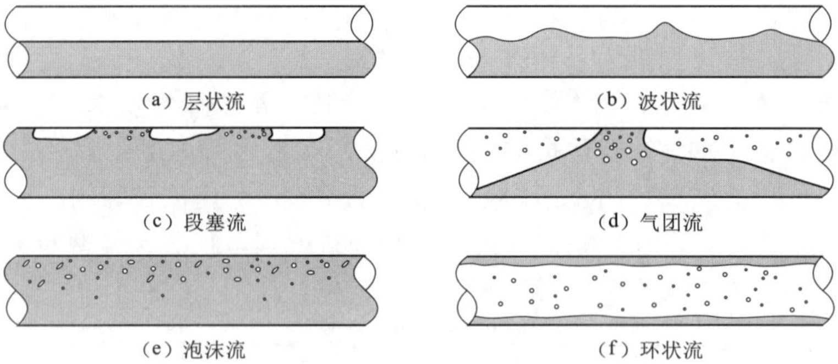

图 3-28　气水两相流状态示意图

（1）层状流：在充水初期，管道中液相比例较小，气相流速和液相流速都很小，它们分别在管道的上层和下层流动，气相和液相间具有平滑清晰的界面。

（2）波状流：在充水中期，随着液相流量的逐渐增大，液相比例也越来越大，流速较小，而气相比例逐渐减小，流速较大，于是下层慢速流动的液体在上层快速流动气体的扰动下，表面出现波浪状的界面。

（3）段塞流：在充水后期，随着液相流量的进一步变大，液相比例继续变大，反之气相比例减小，管道局部位置形成封闭的气体空间，而气团与管道管壁间存在一层液膜，液段中掺杂有许多小气泡，使得液相和气相互相间隔而形成段塞状流动，即段塞流。

（4）气团流：在充水后期和管道运行阶段，主要以液相充满管道，在局部位置有气团产生，此处气相流速较小，液相流速较大，气相以长条形的气团形式聚集在管道上部，跟随液相一起流动。

（5）泡沫流：气泡瞬间出现并迅速转化下，液相在强烈的扰动下，与气相混合或气相从液相迅速析出时会形成泡沫流。泡沫流转化速度快，形成条件比较复杂。因此，泡沫流并不稳定，会瞬间转化为其他流态。

（6）环状流：当气相流速很大时，液相被气相吹铺成沿管道管壁周边流动的环状液膜，气相在环膜中间以很高的速度运动，即是环状流。环状流同泡沫流一样不稳定，形成条件复杂，会瞬间出现并迅速转化成波状流或段塞流。

管道中存在的气囊的大小、数量，取决于管道的复杂程度、管径大小、充水的速度和方法、排气措施等。因此，必须了解管道中 6 种流态的转化过程才能更有效地选择水锤防护措施。

2. 流态的产生和转化过程

输水管道进行的充水排气过程是一个相当复杂的动态过程，研究表明，刚开始充水时的管道流态多为层状流、波状流、环状流，此阶段管道排气比较容易；而到了充水后期管道流态则多为段塞流、气团流或泡沫流，一般的排气装置就很难将管道内的气体排除。几种管道内水流流态过程如下：①层状流主要产生于充水初期阶段，管道中水流量小，气液两相流速都比较低；②当管道中空间不变，管道中水量逐步增加，而气体被压缩，液相流速变化不大，气相流速渐渐变大，随之产生波状流；③当管道中全部充满水时，气相以长条形的气团形式聚集在管道上部，形成段塞流；④水流进一步增加时，液相流速变大，形成气团流；⑤当管道中气液两相发生剧烈相互扰动时，气液相互混合，溶解于液相中的负压气体从水中逐渐析出时，变成泡沫流，泡沫流并不稳定，瞬间转化为其他流态；⑥环状流同泡沫流一样不稳定，形成条件复杂，瞬间出现并迅速转化成波状流或段塞流。一般情况下，气液相的速度、物理特性（温度、密度、压缩性、黏滞性等）、水流充满度、管道复杂程度、管径和排气措施等，影响着管道充水过程中气液两相流的流态变化。流态间的相互转化过程如图 3-29 所示。

通过以上 6 种流态的转化过程可知：在输水管道充水过程中，各液体的流动流态的相互转化变换是一个非常复杂的过程，当全部输水管道被水流充满时，管道内的大部分气体将慢慢排出，不管水流初始流态属于哪种，随着管道充水过程的完成，水流最终流态都会是具有一段一段气体腔的段塞流。充水过程时间段的划分如下：起初开始充水时，管道水流流态大多以波状流或层状流为主要形态，管道内容易排气；到了充水后期，则多为段塞流状态，排气比较困难，最终会产生气液两相流都转化为段塞流，即管道内的气体为不连续的多个或独立气体空腔存在于输水管道上部，随着水流运动。其占有过水断面的面积和

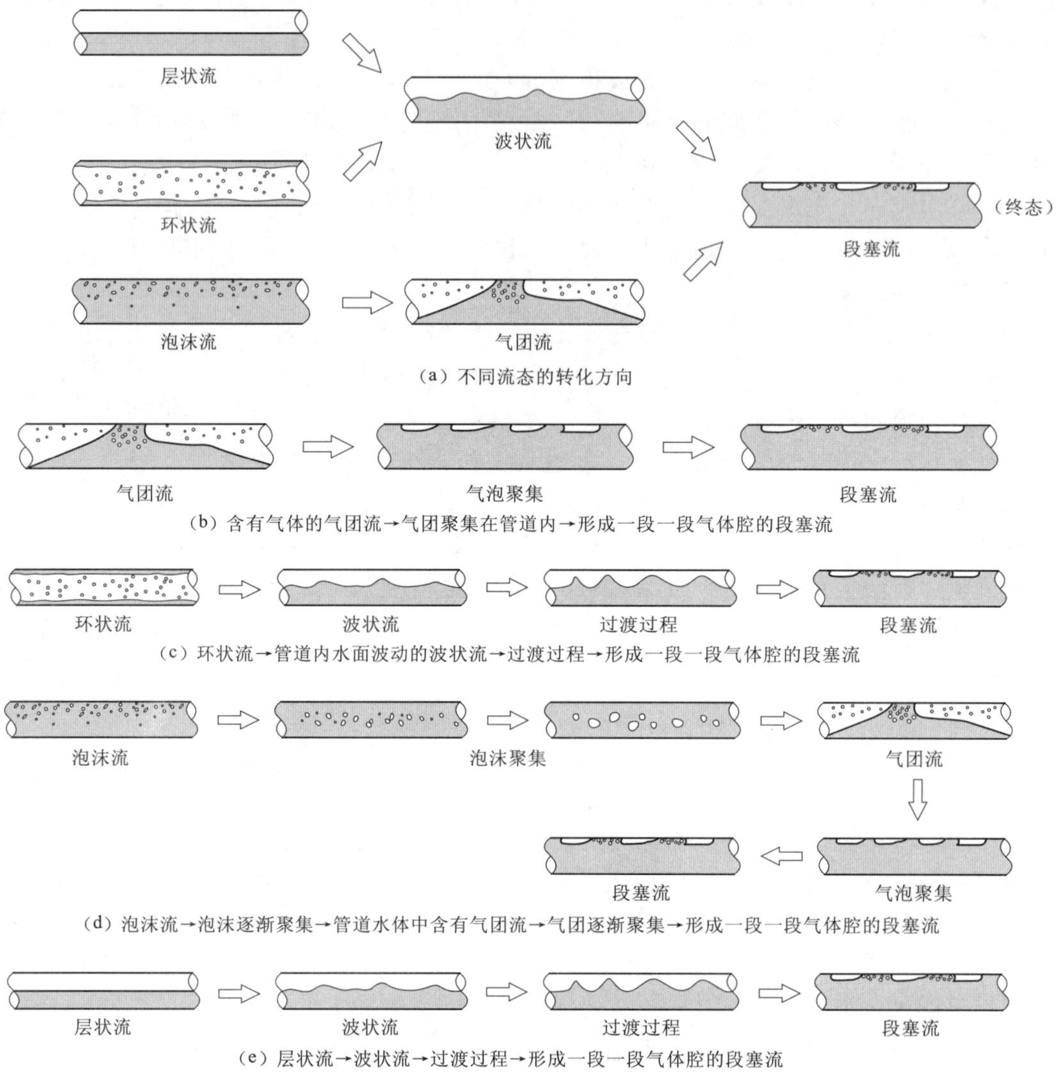

（a）不同流态的转化方向

（b）含有气体的气团流→气团聚集在管道内→形成一段一段气体腔的段塞流

（c）环状流→管道内水面波动的波状流→过渡过程→形成一段一段气体腔的段塞流

（d）泡沫流→泡沫逐渐聚集→管道水体中含有气团流→气团逐渐聚集→形成一段一段气体腔的段塞流

（e）层状流→波状流→过渡过程→形成一段一段气体腔的段塞流

图 3-29　流态间的相互转化过程

气体气囊的长度的影响因素主要是气体含量、管道纵断面条件、管径大小等。通过前期理论研究和实验数据表明，随着水流的运动存在于管道顶部的气囊也会运动，并且非常容易在管道转弯凸起、折点、管径变化、阀门等管道特异点处产生气体聚集，并产生剧烈的水流压力振荡过程，此处的水流速度的剧烈变化将会引起气囊运动导致水流压力的快速升高。有些学者通过实验得出，其水流压力可以超过 200m 水柱，远远高于一般供水管道的管道承压，如果不加以防治措施，将会产生很严重的后果。因此应该特别关注输水管道中含有运动气囊段的管道气体体积和此处的水流压力变化。管道含有气体危害主要的决定因素有含气量的大小多少、管道断面结构、运行中的操作管理等。输水管道中的含气水流的压力的剧烈波动超过管道允许承压值时，将会造成管道爆裂，对输水管道正常运行造成严重的危害。因此在大高差长距离重力输水管路中，选择安全合理的水锤防护设备一定要考虑到管路中水的流态形式。在大高差、长距离输水管路上的进排气阀，也要根据水锤计算得到的排气阀门的进气速度和实际运行时的工作压力的管道水锤防护效果的影响来选择合适安全的排气阀型式和口径，以保证管道的排气效果。

根据气液两相流理论可知，管流分析可采用一维模型，其常用分析模型为均质流、分离流和漂移通量模型3种，其中均质流模型比较适用于段塞流、气团流和泡沫流，是对管道含气水锤分析的最主要模型。

3.2.1.2 输水管道内气体的来源和产生的危害

1. 输水管道内气体的来源

输水管道中存有气体的情况非常多，气体的来源主要有以下方面：

(1) 当输水管道起伏较大时，停泵或停水管道局部位置产生真空会导致管道从排气阀处或高的用水点处吸气，气体从而进入输水管道。

(2) 进入输水管道的天然水体，其溶解空气的最大体积含气率约为2%（即水中含溶解性气体约为20L/m^3），研究表明，当压力降低到水的气化压强时，水中溶解性气体会以微小气泡的形式迅速析出，并随水流运行而逐渐聚积在一起并形成大气泡或大气囊。

对于压力输水管道系统，应特别注意水锤产生的可能性，应采取防止水锤产生和消除水锤措施，以及在管道系统中防止聚集气体和排放气体措施，以确保压力输水管道系统安全运行。

2. 输水管道内气体产生的危害

从众多水锤事故中可得知，气囊在管道中随水流一起运动时，对长距离输水管线造成了很大危害，主要表现在以下方面：

(1) 排气不畅造成输水管道输水困难，水阻增大，流量达不到设计值。坡度不是很大的输水管在初次通水或检修后再次通水，管道中水气相间是必然的，如果排气不畅，就造成了严重气堵，气无法排出，水流不畅，充水极其困难，尤其是重力流，坡度较小，管径较大时，更为严重。管道内有气囊存在，气阻增大，严重时形成气堵，过水断面减小，流量达不到设计值。

根据相关理论计算，气堵造成的压力升高最高可达20～40个大气压，其破坏力之大相当于40～80个大气压（静压），目前任何材质的供水管道都不能承受如此巨大的破坏压力。工程中强度最大的球墨铸铁管被破坏的例子屡见不鲜，各种类型的管道发生爆管的例子更是数不胜数。最典型的有：东北某市，输水管线长91km，运行几年之内爆管次数竟多达108次，沈阳建工学院的教授和专家经分析后得出结论，认为这些事故是气爆引起的；南方某城市，输水管线仅长860m，管径规格为DN1200，运行一年就6次爆管，经分析是由气堵造成的爆管；西北某市，输水管线长10.2km，管径1m，仅运行两个多月就爆管3次，也是由气堵造成的爆管。

(2) 排气不畅造成通水及运行期间爆管，供水系统无法正常运行。管道中存在的气囊随水流动时由于管坡、管壁粗糙度变化以及弯管、变径各类管道配件而分散聚合，管道内流速的变化，极易造成气囊两端压差改变，这种微小压差变化对于不可压缩的水来说不会有太大影响，但对于空气来说影响是极大的，它能引起水流速度的变化和管道中压力的急剧升降，造成水锤引发爆管。

对于以气囊形式存在于有压管道的气体，会长期存在于管道中的某处。其在管道中运动和排出管外的过程中，会使管道内产生剧烈的压力振荡而导致无法预测的危害，所以值得人们引起足够的重视。美国著名水锤专家 V. L. Streeter 所著的《瞬变流》（Hydraulic Transients）中介绍了一个实例：从水池引出一条直径 1m、管长为 61m 的管道，水池水位与管道末端管中心线高差为 30m，距离管道末端 20m 的一段管内存有气体，管道起始端阀门在 0.95s 内打开，开始时该管段绝对压力为 102kPa，在接近 2.5s 的时候压力突然增至 2331kPa，由此可见因气囊运动而引起的管路内压力剧烈振荡的严重程度。

压力管道中气囊运动引起的压力升高通常类似于断流再弥合水锤。国内外实际测得的较大断流水锤升压约为 1960～3920kPa。特别应引起重视的是，由于气囊运动而引起的断流弥合水锤升压非常迅速，往往不到 1s 的时间（停泵水锤的升压过程一般为十几秒到几分钟）就快速升压至最大值，所以比一般的停泵水锤更加难以防护。

我们应充分认识到管道存气时，对管网安全运行造成的危害，并采用合适的排气装置排除管道内的气体。防止此类的水锤升压常用的方法有：①及时排出管道内存气，保证任何情况下都不产生由于气囊运动而引起的断流弥合水锤；②采用中部流量调节阀对流量和流速进行控制，延缓水锤升压时间；③利用双向调压塔吸收水锤升压波。

3.2.1.3　重力流输水的分类及特点

在输水工程中，从取水点输水到用户可以采用以下不同方法来实现：用渠道、隧洞、地面或地下管道、沿河管道、逆河道、用形成水库链的方法靠壅水高差把水送到上游；用水泵克服水头差。在许多情况下，无论是输水系统造价还是对自然生态环境的作用程度都取决于输水方式的选择。目前，管道输水是最为常见的方式，特别是长距离输水管道。在长距离给水工程输水时，当地形条件允许时也可以采用重力流输水以降低输水成本。重力流输水是一种经济合理的输水方式，不需要水泵加压，完全依靠水流的重力，将水送至用户点。重力流输水方式能最大限度地利用水的势能，其优点有节约电能、运行费用低、减少前期投资成本和后期运行管理费用等，是人们优先考虑的一种输水方式。

给水工程中采用的重力流输水，从水力学的角度上可划分为无压流输水（明渠）和承压流输水（暗管、暗涵）。无压流输水有着和自然界的所有天然河流一样基本相似的流态，有自由表面，表面上压强为大气压强，重力起到主导作用，底坡的改变对断面流速和水深有直接影响，无压输水管渠的最末端一般是水库、水池或吸水井等构筑物，水流都是由于地心引力影响，沿着渠道从高地势往低地势流淌，水流坡度基本与管渠坡度相同，在没有压力影响只靠自身重力的条件下，流速变化也随着地势的缓急而变化。承压流输水在流态上比较复杂，与天然河流和水泵加压压力输送都不一样，这种输水方式是水在管道内流动时，起初属于无压流状态，随着水在管内流动距离的加长，慢慢从无压流变成有压流，距离不断加长，压力不断变大。承压流输水管道的末端，有静水压力和动水压力。当水力坡降与管道坡降相同时，动水压力值为零；当输水管道内充满水时，暂停输水，这时管道末端的静水压为最大值，数值与地形高差相等。

重力流输水主要是利用地势高差来达到水流输送的目的。与水泵压力输水相比，重力流输水特点如下：

（1）重力流输水受到区域地形、地貌的影响，还要考虑地形坡降问题和水力坡降等因素，当符合重力流输水的要求时，才可以考虑采用重力流输水方案。

（2）承压重力输水管道末端有静水压力，当静水压力超过管道最大承压时，会发生爆管事故，从而影响输水管道的安全运行。

（3）重力流输水是由水位高差引起的，输水起点取水口位置、末端水池位置以及输水管道的管材、长度及管径等影响因素已知，水位差可以相应的计算出来。管道流量和水压力的变化范围很小，能够调节的输水流量、压力变化幅度也就很小。

（4）重力流输水系统不需要水泵加压输水，不存在水泵系统在启泵、停泵过程中可能产生的水柱分离及再弥合水锤问题，重力流输水水力过渡过程主要关注管线末端阀的关阀水锤问题，也就是在管道正常运行过程中，为了调节流量、调节压力或维修检查下游出水口等，需要把管线末端阀的开度减小或者关闭时，由于关闭程序不当而可能引起的关阀水锤问题。

（5）长距离重力流输水管线由于不需要水泵加压供水，因此无停泵水锤危害，重力流管道静水压线高于动水压线，大流量运行状态时产生的压力小于小流量运行状态时产生的压力。

（6）当重力流输水管道和水泵加压供水管道连接时，由于2种供水方式压力并不完全相同，在同一给水管网中时，要避免2股水流发生撞击，保证两者动水压相等，以满足供水管网供水正常运行。

（7）输水管道不宜少于2条，且为保障事故管道能够通过事故流量，应在2条输水管道一定距离处设连通管。当多水源供水或设有调节水池等安全措施时，可修建1条输水管道。

3.2.1.4 重力流输水管道中压力特点

根据《城镇供水长距离输水管（渠）道工程技术规程》（CECS 193：2005）可知，长距离输水管（渠）道工程为距离超过10km的管（渠）道输送原水、清水的建设工程，一般包括输水管（渠）道、加压泵站、管道穿越障碍物措施、附属设施和管道附件等内容。

大高差长距离重力流输水工程利用自然地形高差、地貌特点进行输水，一般正常运行时，由于水流在流动过程中的水头损失，测压管水头都小于静水头。当长距离输水管道上阀门关闭后，管路中最大静水头是从管道起点到阀门处的最大地形落差，管路承压能力与地形落差成正比，故管道承受的压力随地形落差的增大而变大。当远处阀门处于非正常关闭时，强大的水锤压力很可能使长距离输水管渠发生爆管事故。而对于大高差长距离重力流输水管道，由于其管道起点与终点地形高差大，并且距离长，所以假如发生水锤事故，其水锤压力比一般平坦地势要高，破坏力强，水锤波传播距离广、范围大，事故危害性大。对多起伏重力流管路，在输水管道的高点、凸点、变径处以及转折点处会出现断流空腔。当断流空腔大量出现并逐步累积时，可能会产生断流弥合水锤。因此大高差长距离输水工程的水锤问题对整个供水系统的正常运行危害更大。

例如，山西万家寨引黄工程设计输水流量约为20.50m^3/s，线路总长为58km，地形落差约为250m，其中输水管路长43.5km，地形落差达到210m，管道采用内径为3m的预应力钢筒混凝土管。此类大高差长距离输水工程，在不采取任何减压防护措施时，管路末端只是静水头压力都有大约2MPa，再加上水锤升压作用后可能会超过3MPa。宝鸡冯家山水库取水工程为长距离大管径重力流输水系统，输水管道长为24.8km，管路形状为U形，这样很容易造成管路排气不畅，使得管道水流水力状态变得异常复杂，由已知的引水管道起始端和末端的地形高差、管道长度和管径等参数，可以计算得出满管水流流速为1.5m/s，当管道下游阀门由于检修或事故原因需要关闭时，以常规匀速4min完成全部阀门关闭过程。对关阀过程进行水力过渡过程计算分析，得到此过程将引起管路最大升压为0.99MPa，由于管道末端高程为43.00m，因此剩余56m是由水锤升压所造成的。根据材料力学及结构动力学的有关知识可知，振荡荷载的破坏力一般为静压力的2倍，故可认为总破坏力相当于静压力为1.54MPa，引水管线所选管材的公称压力为0.8MPa，试验压力（静压力）为1.2MPa，显然这种常规操作产生的水锤压力超过管道强度0.3Pa，是可能造成爆管事故的。

在大高差长距离输水工程中断流弥合水锤所导致的危害最大，因此必须采取相应的措施，使管路正常工作压力在管道所能承受的最高压力和最低压力之间，以用来减少断流弥合水锤的发生。在长距离供水管路中管道各个位置水流流速是时刻发生微小变化的，水流速度发生变化也会引起管路中压力变化，当管路中的压力下降到低于水的气化压强时，水流被强行拉断，产生断流空腔，空腔两侧的水柱在压力波反射后产生反射波，并引起水柱撞击升压，管道中的压力会快速升高，形成断流弥合水锤。

在大高差长距离输水管路设计时，要根据管道纵向断面布置，分析不同运行工况下的管道水流水力过渡过程，最终确定安装排气阀的位置（管道隆起、折点及驼峰处）和数量。在管线的平缓段，同样存在排气问题，而在实际工程设计中，一般人为地按一定距离的管线布置一些高点专门设置排气阀，根据过去的工程实践经验，水平段通常每隔800～1000m设置1个。根据《室外给水设计标准》（GB 50013—2018）中7.5.7条可知，输水管（渠）道隆起点上应设通气设施，管线竖向布置平缓时，宜间隔1000m左右设1处通气设施，配水管道可根据工程需要设置空气阀；根据7.5.8条可知，输水管（渠）道、配水管网低洼处、阀门间管段低处、环状管网阀门之间，可根据工程的需要设置泄（排）水阀，枝状管网的末端应设置泄（排）水阀，泄（排）水阀的直径，可根据放空管道中泄（排）水所需要的时间计算确定。设计规范要求排气阀的位置应设在管线的较高点，但冯家山引水管线几次爆管均在低凹处。考虑到管线低凹处积气因两端都是充实水柱而无法排出，所以在管线平直段、坡度较缓段也要安装排气阀，一般每隔500～800m需设置1个。所以必须根据实际工程的具体情况和水锤防护计算合理布置排气阀，以保证水锤防护效果。

近些年来，大高差长距离重力流输水工程大量建设，为了防止管道运行中产生的水柱断流再弥合水锤，实际工程中在输水管道适当位置安装超压泄压阀和双向调压塔，中途设置减压水池、减压阀等对管道进行分段或者分级减压，这些做法都具有良好的水锤防护效果，与加压供水管路相比，技术简单实用，工程造价成本得到降低，这种方法也得到了广泛的工程应用。

3.2.1.5　大高差长距离重力流输水富余能量的消减

重力流可利用水头为管道起点处自由水面高度与管道终点自由水面高度之间的高度差，此高度差越大，重力流的可利用水头越大。一般来说，在有压重力流输水中供水设计流量已知，当可利用水头大时，相应的输水管道管径可以相对较小，工程成本也就越低，但此时管道末端压力也可能提高，造成末段管道承压能力也会提高。另外，输水管道中的水流流速的大小也会影响到水锤升压，其流速越大，管道正常运行时可能引起的水锤升压也会越大，根据经验，给水管路中的水流流速不宜大于 3m/s。在设计中要考虑到经济安全合理有效的措施来保证大高差长距离重力流输水安全运行。在以下情况下，有压重力流输水管道需进行富余能量的消减：管道起点为水库时，水库正常水位与洪水水位和枯水水位变化幅度大；大高差管道输水，管道中流速大于 3m/s 或水力过渡计算分析中得到的最大流速；当管道正常运行时的流量小于设计值时，输水管道下游会产生很高的压力，可能导致下游管道爆管。

1. 关闭水锤

大高差长距离重力流输水管道正常运行状态时，管道各点处的测压管水头小于静水头；当管道上的闸、阀门关闭后，管道中最大静水头将会高于管道进出水口位置高差，位置高差越大，末端管道承受的静水压力也就越大；当管道末端闸、阀门发生非正常关闭时，即事故关闭时，很可能产生升压很大的水锤，即末端关阀水锤。

关阀水锤时水锤波传播过程的物理现象见表 3－1。

表 3－1　　关阀水锤时水锤波传播过程的物理现象

阶段	传播过程	流速变化	水流方向	压强变化	水锤波的传播方向	运动状态	水体状态	备　注
第一阶段	增压波逆传方向	$v\rightarrow 0$	水池到阀门	逐渐增高	阀门到水池	减速增压	压缩	此阶段末端瞬时，水锤波由阀门传播到管口处，全管路水流停止，水流压强增高，管壁膨胀
第二阶段	降压波顺传过程	$0\rightarrow -v$	阀门到水池	恢复原状	水池到阀门	减速减压	恢复原状	此阶段末端瞬时，水锤波由水池传播到阀门处，全管路流速$-v$，流向水池，水体压强、密度、管壁正常
第三阶段	降压波顺传过程	$-v\rightarrow 0$	阀门到水池	逐渐降低	阀门到水池	增速减压	膨胀	此阶段末端瞬时，全管路流速为零，压强降低，水体膨胀
第四阶段	增压波顺传过程	$0\rightarrow v$	水池到阀门	恢复原状	水池到阀门	增速增压	恢复原状	此阶段末端瞬时，全管路流速为v，水体压强、密度恢复正常

此后的水锤现象又将重复进行上述的四个阶段的传播过程。假如不考虑管道的摩擦阻力，以上水锤过程将永远的反复下去，由于水力摩阻的存在，水锤过程不可能一直的振荡下去，压力波会因摩擦损失而逐渐衰减，在一段时间后逐渐消失。由表 3－1 中压强变化和水锤波的传播方向可以得到，水锤波是通过水这个弹性介质来传播的，水体中各质点不随水锤波前进，只是各自以交变的速度在平衡位置附近振动。水振动的质点有动能也有水体变形产生的势能，因此水锤波的波动也是水体质点间能量的转化过程。在水锤四个阶段的水锤周期最末，压强非常剧烈的变化，从最高值突降到最低值或从最低值增加到最高值，所以阀门处受到水锤影响最为严重。

由于突然关阀发生水锤后，在长距离重力流输水管线首端首先产生向管线末端传播的负压波，当管道内某些位置的压力低于水的汽化压力时，水流连续性遭到破坏，在此处水流被拉断；负压波在管线末端以正压波反向传播，在水流断流处两股水流将发生剧烈撞击，产生压力极高的水锤，即断流弥合水锤。因此，长距离重力流输水管道防护的重点也将是断流弥合水锤防护。

2. 断流弥合水锤

在大高差长距离重力流输水管道中，管道中不同时刻、不同位置的水流流速是会发生变化的，而当速度发生剧烈变化时，会促使管道中的水压力增加或降低，在水的饱和蒸汽压低于水的气化压力时，管道内的水中气体将会析出或从外界吸入气体，随着大量气体在管道中聚集，水流连续性遭到破坏，水流水柱将会被拉断形成断流空腔，在空腔管段水流再弥合时两股水柱将发生猛烈地碰撞，因而造成的管道水流升压很高，这就形成断流弥合水锤。断流弥合水锤一般发生在含有微少杂质、微小气泡的水体中或在管道纵剖面折点变化较大的点处，如驼峰、膝部、凸点附近等。断流弥合水锤升压值很大，在试验装置观测能达到正常工作压力的2～4倍，对输水安全的危害巨大。由有压管道气水两相流6种流态的产生和变化机理可以知道，输水管道的水流状态实际上是一个过程非常复杂的气水两相流流态。因此对于长距离重力流输水管道的设计，必须依据输水管线的纵向布置情况，综合分析研究计算可能出现的不同工况下水的流动状态，采取相应的防护措施。在长距离重力流输水工程中还应充分认识到水柱弥合水锤的危害。对于大高差长距离重力流输水管道，在管路驼峰（凸点）、膝部、转折点的丘（峰）顶处经常会聚集空腔，这些管道特异点处水流流速变化剧烈，由于水流重力作用、流速梯度高、管道几何形状特殊等原因，从而为流段空腔的形成提供了有利条件，在管路的些地方都很容易产生断流弥合水锤。

对断流弥合水锤的升压原理进行具体分析得到：假设管道中的两股互相分隔的水柱在相互猛烈撞击前，设其中一股水柱具有比较大的流速 v_1，其水头为 H_1，另外一股水柱有比较小的流速 v_2，其水头为 H_2，v_1 和 v_2 的方向是相同的。当管道中的这两股水柱相互猛烈撞击后，其水流具有共同的流速 v，而碰撞后的水头为 H，则

$$v=\frac{g}{2\alpha}(H_1-H_2)+\frac{v_1+v_2}{2} \tag{3-1}$$

$$v=\frac{g}{2\alpha}(v_1-v_2)+\frac{H_1+H_2}{2} \tag{3-2}$$

当管道中产生水柱分离时，分离开的两股水柱之间的空间，假如只是充满水蒸气而没有其他空气作为缓冲，那么在此空间内再一次被水流充满时，就会产生两股水柱间的剧烈撞击，产生升压很大的水锤，即断流空腔再弥合水锤。在前边章节中有公式 $\Delta H=\frac{\alpha}{2g}(v_1-v_2)$，其为直接水锤计算公式。由此可以得出：断流水锤水柱弥合升压大小主要取决于发生断流时两股水柱的弥合速度，其弥合速度越大，产生的断流水锤升压也就越大。因此，降低水柱断流弥合速度可以有效地削弱断流弥合水锤升压。所以，在管道中应注意管道水流流速剧烈变化处的水锤作用，采取有效的措施，降低断流弥合水锤产生的水锤升压，保证输水管道运行安全。

3.2.1.6 长距离重力输水管道水锤防护

1. 泵站防护

高扬程多起伏长距离压力输水系统的动力由泵站中的水泵提供，所以泵站防护极为重要。泵站防护包括启泵水锤防护和停泵水锤防护。

启泵水锤通常由非正常的启动水泵造成，比如输水管道未充满水或停泵时管道内水被放空的情况下。在空管情况下启动水泵时，水泵的静扬程也在时刻变化着，特别当管道中空气没有及时排出情况下，会加剧管道中压力水头的急剧变化，甚至是水泵机组在不稳定的状态下运行，产生噪声和振动。停泵水锤是指因突然断电以及其他一些原因造成水泵机组开阀突然停车，在水泵管路系统中，由于水流流速骤变进而引起一系列压力的急骤交替升降的水力波动现象。在确保管道中的气体可以顺利排出的情况下，就能够有效地避免启泵水锤的发生，所以停泵水锤是高扬程多起伏长距离压力输水管道系统中泵站水锤防护的重点。

停泵水锤的主要防护措施一般有液控蝶阀、多功能水泵控制阀和水泵加装飞轮力矩。因为阀门安装操作简单、成本较小，所以在选择停泵水锤防护措施时，应首先考虑安装阀门控制。而加装飞轮力矩使输水能耗变大，增加了成本，因此一般在阀门控制无效时再考虑加装飞轮力矩。

在目前具体的技术条件下，如何进行停泵水锤分析，如何判断并采用何种合适的防护措施来消减停泵水锤的危害，进而评估选择的防护措施经济技术效果等，都应凭借相应的停泵水锤计算作为基础。进行停泵水锤计算主要是为了得到：

(1) 在停泵水锤发生的暂态过程中，泵站及管道中的水头 H、流量 Q、转矩 M 及机组转数 N 等基本参数随时间 t 变化规律。即求出全程输水管线的最小水头包络线和最大水头包络线，及其停泵水锤暂态过程线。

(2) 在输水管线中产生水柱分离的时刻和地点、分离水柱相互碰撞的时间以及断流弥合水锤的升压数值。

(3) 停泵水锤计算分析所需的其他数据和资料，如水锤波的传播规律和反射规律以及水泵的全性能曲线等。

(4) 停泵水锤对输水管线的危害和预测其结果，进而选择可能采用的防护措施以及其经济技术效果。

(5) 在停泵水锤处于暂态条件下，对输水管线中的水泵机组、阀门及管道等主要设备的安全强度进行校核与分析评价。

(6) 选择经济合理的水锤防护措施，保证泵站以及整个输水管线系统安全运行。

2. 管线防护

高扬程多起伏长距离压力输水管道管线防护可概括为升压防护和降压防护。突然关阀或停泵后，压力输水管道中由于水流流速的急剧变化，出现一系列压力剧烈升降的波动过程。压力的变化对输水管道的破坏一般可以分为升压破坏、降压破坏以及先降压破坏再升压破坏。

(1) 管道中正压波传播时，当升压过大，超过管道承压值时，输水管道可能会发生爆管事故。

（2）管道中负压波传播时，当降压过大，以致管道内外压力差急剧增大，超过管道承压值时，输水管道很有可能发生瘪管事故。

（3）管道中负压波传播时，管道中某点压力值降至水温的饱和蒸汽压值以下时，输水管道中的水会迅速汽化进而在管道中产生大空腔，以致水柱的连续性遭到破坏，在管道发生水柱分离现象；而当正压波反射回管道中的该处时，压力突然升高，管道中空腔内的水蒸气快速凝结，导致分离的水柱猛烈碰撞，使管道中的压力急剧升高，导致断流弥合水锤的发生，从而导致输水管道被破坏发生事故。断流弥合水锤事故发生地点、时间很难于事先预知判断，故其一旦发生，输水管线起始端采用的防止一般停泵水锤危害的停泵水锤消除器、缓闭止回阀等技术措施和设备均效果甚微。因此在进行水锤计算分析及预测危害时，首先必须判别输水管道中是否发生水柱分离现象，进而提前采取可靠的防护措施。

输水管道中发生水柱分离后进而产生断流弥合水锤，对高扬程多起伏长距离压力输水管线系统的危害是非常巨大的。因此，输水管线防护的重点将是断流弥合水锤防护。断流弥合水锤的研究在各种水锤研究中属于重点中的重点。而研究断流弥合水锤应先研究断流弥合水锤的分类特点，以及不同弥合水锤的产生根本原因。

常用的水锤防护措施按水锤防护原理大致可分为以下类型：

（1）泄水降压，避免管道中压力的升高。此类型的措施主要有设置旁通管、超压泄压阀等。

（2）注水增压，避免管道中压力的降低。此类型的防护设备主要有单向调压塔和双向调压塔等。

（3）排气、注水或注空气缓冲稳压，从而控制输水管道系统中的水锤压力变化，防止断流弥合水锤升压过高。此类型的防护设备主要有普通排气阀、真空破坏阀、恒速缓冲排气阀、单向调压塔以及箱式双向调压塔等。

3.2.2　减压消能防护

1. 减压消能原理

静水中是具有压力的，作用在单位面积上的静水压力为静水压强，它随水的深度增加而增加。静水压强的大小，是相对于大气压而言的。输水管道内作用在管道内壁的静水压力，在与大气相接触时，即在瞬间，静压能量以其他方式转化消耗，此时视管道内液体与大气接触面的相对压强为零，即消能构筑物必须有跟大气相连接的装置，并且要达到简单和保证饮用水供水安全的目的。

输水管道内除去只与水深有关的静水压强外，还存在动水压强，它不仅与该点的空间位置有关，还与水的流动有关。例如青海省西宁市第六水源工程中，在供水量达到设计水量15万m^3/d时，管道内流速为2.21m/s，在供水量未达到设计要求，在7万m^3/d时，管道为最不利状态，压力高。在事故或停水过程中，管道非满流，流速较高，动能大。

2. 减压阀减压消能分析

重力输水管管径按充分利用作用水头选取，故在设计流量工况下运行时无剩余能量，在流量低于设计流量下运行时，水头损失减少，重力流输水管路就有了富余能量。

《城镇供水长距离输水管（渠）道工程技术规程》（CECS 193：2005）提及减压阀的

种类很多，但作用于重力输水管上的主要是减压恒压阀，无论减压阀进口端流量和压力如何变化，出口端均保持恒压值不变，并且出口恒压值可方便地进行调节。减压阀出口恒压值根据最大设计水量水压线调整出口压力值，可实现在最大设计流量时不减压消能，而仅消减小流量运行产生的富余能量。

3.2.3　关阀水锤防护

1. 减压恒压阀防护

重力流输水管道因阀件及管道接头等漏水、管道爆裂、下游系统正常保养等原因需停运时，是应关闭管道上游进水阀门还是最下游出水阀门，目前仍颇有争议。前者优点是有利于防止水锤破坏，缺点是管道完全放空，再次启动充水也极困难和危险，且费时很长；后者保持管道满管水流，再次运行开阀即可，极为方便，但易产生关阀水锤。

对于重力流输水管，关阀过程中的流量变化为

$$Q=\sqrt{\frac{H}{1.1AL+\dfrac{8}{g\pi^2d^4}\zeta}} \tag{3-3}$$

式中　H——重力流输水管道作用水头；

Q——重力流输水管道内流量；

A——管道比阻；

L——管道长度；

d——管径；

ζ——末端阀阻力系数。

设关阀前阻力为 ζ_0，最大设计流量为 Q_0，则在关阀过程中流量为

$$Q=\sqrt{\frac{1.1AL+\dfrac{8}{g\pi^2d^4}\zeta_0}{1.1AL+\dfrac{8}{g\pi^2d^4}\zeta}}Q_0 \tag{3-4}$$

阀门阻力系数在匀速关阀过程中不是均匀增加的，一般在关阀的前 60°～70°增大不多，对流量 Q 减少也不大，但在之后的 20°～30°则突然增加，故极易造成很大的关阀水锤。由式（3-4）可见，管道长度 L 越大，ζ 值对流量的影响越小，越易造成最后突然关阀时的 ΔH 最大。而加装减压阀后 L 值仅为减压阀后的管段，故 L 值变小，$\Delta H'$值亦减小。由此可见，重力流输水管安装减压阀对水锤防护作用极大。例如我国西北某电厂补给水管的压差 H 为 1050kPa，管径为 0.8m，加装减压阀前计算关阀水锤升压达 3400kPa，采用减压阀后计算最大水锤升压仅为 790kPa，可见安装减压阀对水锤防护作用显著。

2. 缓闭蝶阀防护

关阀水锤防护最简单有效的手段是延长阀门关闭的时间。

就某一种管道安装情况来说，应考虑几种可能的解决办法，从中找出可提供最大保护作用而花费最小的一种方法。这些方法包括：①在阀门处布置旁通管；②对阀门最后15%～20%开度提供缓冲保护；③采用双速两段式启闭阀门；④在某些情况下，可以考虑

安装进气阀或液压气室。延长阀门关闭或打开时间，可以将水锤压力控制在一定范围内，这对于大型阀门比较简单易行。但是，对于长管线来说，按照控制水锤压力反算的阀门关闭开启时间往往较长，达到5～10min甚至更多，同调度运用灵活性要求构成了矛盾。因此，对长管道的水锤危害问题应进行专门研究，综合采用多种手段，也许可能开发出某些特种阀类产品。

3. 缓冲排气技术分析

在首次充水或需要排空时，管道系统要排出或吸入大量空气。而在管道系统运行中，水体中残存的气体会不断逸出，聚集在系统高处，轻则降低运行效率，重则引发爆管事故。因此，应当及时地将这些气体排出，工程实践中均采用自动进排气阀。

当分析进、排气过程时会发现一个矛盾现象，管道首次充水或需要排空时，排除或吸入的空气比较集中，而且不需要过高的压力；而系统运行中只需要排除少量的气体，并且这些气体大都处于较高的压力环境之下。为满足排气量并保证安全，根据国外相关技术资料和国内近年来的工程实验，输水管道上排气阀的布置方式为管道坡度小于0.001时，每隔0.5～1.0km设1个，一般情况下约1.0km设1处，每个排气阀都设在该管段的最高点，当管道起伏较多时，可根据其起伏高度分析是否需要增加，必要时进行相应的水力计算。

经研究认为，在适当位置设减压阀和排气阀以及适当延长关阀时间是行之有效的管道降压措施。

3.3 扬水泵站的水锤计算分析

在扬水工程中，基于泵站运行水锤的防护，两阶段出水液控蝶阀的应用是事故停机水锤防护的重要措施，通过调节出水蝶阀的关阀时间和角度大小来预防水泵停泵水锤的产生，重点应用于两阶段储能缓闭式液控蝶阀。

3.3.1 水锤类型

综合扬水泵站机组在运行过程中的经验总结，水锤产生的原因是突发停电或因意外导致停机，当突然关闭出水蝶阀时，压力管道内的水体在极短时间内出现复杂变化，停机后管道内的水体由于水力惯性首先向上流动爬升，失去水泵持续转动力矩后管道内水体压力逐渐下降趋于无压状态。随后管道内水体以极大的势能由压力管道顶端大量顺由管道内部倾泻而下，冲撞出水蝶阀或水泵流体部件，此时管道中段内可能产生负压和震动，以管壁裂纹的形式破坏管道设施，如果此时出水蝶阀关闭较快，在水泵出口处具有巨大势能的水体无法泄出时，流体动能向水体的弹性压缩能转化，这种破坏性压缩能压强很大，从开始接近出水蝶阀后在管道内交替波动，形成停机水锤。水锤增大的压迫力有时会达到管道正常压力的多倍以上，造成管道破裂、设备受损、淹没泵房，可见其危害极大。

实践发现，扬水泵站停泵水锤产生常见原因为：①管理人员误操作，出现未关闭出水蝶阀前执行停机的操作；②外界因素导致全站停电，出水蝶阀联动功能失效，水泵机组停机后未能及时执行缓闭程序。这类危害在事故停机时泵后缓闭液控蝶阀要求必须可靠动作，阀门拒动而造成的水锤事故，尤其是形成水泵倒转或在此时快速截断水流将对泵站及压力管道及其辅助设施造成严重的危害更是防范的重中之重。

3.3.2 停泵水锤防护

水泵事故停机时缓闭液控出水蝶阀开关技术要求在泵站各系统的安全稳定运行中起着至关重要的作用。根据运行分析，出水液控蝶阀的关闭角度及对应时间会对压力管道内的水体压力产生直接影响，而且阀门关闭的时间和角度将会对停泵时水泵反转和反转速度起到防范作用，因而阀门的开关阀时间和角度的调节将是水锤防护的关键技术参数。目前采用的水锤防护措施较多，本书主要对扬水扩灌系统蓄能罐式液控缓闭止回蝶阀的防护技术措施进行讨论。

1. 防护优势

蓄能罐式液控缓闭止回蝶阀兼具有闸阀和止回阀的功能，通过完善电气 PLC 控制系统和液压控制系统按预先调定好的程序，分 2 个阶段实施开启和关闭的动作，严格执行开关阀角度和时间来消除水锤对管网破坏的最优控制设备。

2. 阀体结构

蓄能罐式液控缓闭止回蝶阀主要由蝶阀本体、电气控制部分、液压控制部分、传动装置等构成，具有以下特点：

（1）液控阀内腔过流表面应用防腐防锈涂料涂护。

（2）阀体主密封采用橡胶-不锈钢二偏心结构，具有优异的密封可靠性，在阀门开启过程中可减少摩擦行程，延长设备使用寿命。

（3）转动部件中无铅型无给油自润滑轴承的运用，使设备不但具备良好的耐磨性、强大的承载能力和较小的摩擦阻力，同时还采用轴端密封利用自紧式双重密封工艺，避免高压水流渗透外溢。

（4）在电气 PLC 控制系统和液压控制系统方面，既可实现就近操作，也可执行远程控制和联动控制功能。蓄能罐式液控缓闭止回蝶阀优化了重锤式液控蝶阀，实现了重锤势能安全。

3. 两阶段关闭规律

所谓蓄能罐式液控缓闭止回蝶阀两阶段关闭规律是指：泵站发生事故停机时，水泵出水侧缓闭液控阀先立即执行快关动作，再行至一定角度后再执行缓闭动作，也就是所谓的大角度快关，小角度慢关，直到液控阀完全关闭，进而防范停泵水锤的发生。根据泵站扬程、机组参数等进行严格计算后的出水液控蝶阀两阶段关闭规律，将明显改善和控制出水压力管道泵后压力及水泵倒转等指标，对于事故停机泵站的安全运行起着关键作用。

4. 液压系统原理及结构

液压系统液压动力提供方式有蓄能器存储的液压能、油泵电机加压组和手动油泵加压，其中蓄能器存储的液压能是动力源，蓄能器存储的能量足够阀门开启或关闭 1 个工作行程；油泵电机加压组负责向蓄能器加充液压油，必要时也可直接给阀门开或关提供动力；手动油泵加压是在储能器没有动力或者油泵电机组失去电源时用液压手柄给系统加压实现阀门的打开、关闭。

第4章 水锤安全在线监测与设计

4.1 管道水锤在线监测

长距离管道有压输水工程包括水泵扬水工程和重力流输水工程，对于输水距离较长且地形起伏较大的管道供水工程，水泵机组的突然失电或管道控制阀门的急启急闭会产生管道系统的水力过渡过程。这一过程中产生的水锤现象极易引起输水系统的安全问题，甚至引发管道爆管、破裂、变形等严重事故。采用过渡过程仿真计算的方式确定水锤防护设计方案，是现阶段工程中普遍所应用的，但工程运行后仍有出现防护措施不到位而引起的爆管事故或者过度保守的防护措施导致工程投资过大等问题。

在供水工程运行管理信息化系统的设计中，对水力过渡过程的监测考虑较少，在系统实际运行中无法对水力过渡过程发生时的压力、流量等参数进行监测，同时对水锤防护设备的动作情况无法获知，进而影响对防护设备、设施运行及水锤防护效果进行有效的评估和判断。当前我国长距离供水工程项目逐渐增多，对管道水锤防护的研究和应用也越来越引起各方的关注，在工程设计和运行中将水力过渡过程监测、水锤防护监测纳入工程总体运行管理信息化系统，为工程安全运行和水锤防护的深入研究提供相关数据资料十分必要。

4.1.1 水锤防护在线安全监测系统工作原理

4.1.1.1 系统的总体方案框架

随着我国经济的发展，为保障供水工程安全可靠、科学水量调度、现代化综合管理、智能自动监控、高清晰视频监控、高效办公自动化等综合需求，目前几乎所有的新建大中型供水工程均建设了运行管理信息化系统。系统利用数据采集技术、监视控制技术、通信技术及计算机网络技术、自动控制技术、地理信息系统技术等，以水量调度、决策指挥、工程运行管理、综合会商、办公自动化等业务应用为中心，构建涵盖工程水资源信息采集、传输、处理、存储、管理、服务、应用、决策支持和远程监控等信息流程为一体，能够及时、准确地对水情、水量、水质、图像、视频、工情等信息进行自动化汇集存储、共享分发、预测预警和决策支持，实现对水资源的实时监测、实时调度和实时管理，逐步达到“采集自动化、传输网络化、集成标准化、管控一体化、决策智能化”的目标。

运行管理信息化系统的总体设计架构可分为以下几级：第一级为中心监控平台，是基于工程规模建立的全工程信息化管理平台，用以实现总体工程调度、安全分析评估、事故应急处理、工程管理、办公自动化等功能；第二级为各管理站所，根据工程布局，建立分部工程管理站所，各管理站所将实现数据收集、数据中继、数据传输和二级报警等功能；第三级为现地监测点，其作用一是对监测（控）点进行数据采集和上传，二是接收上一级的指令实现监测（控）点设备的自动控制，三是在紧急状态或权限状态下实现监测（控）点设备的现地控制。运行管理信息化系统总体设计架构如图 4-1 所示。

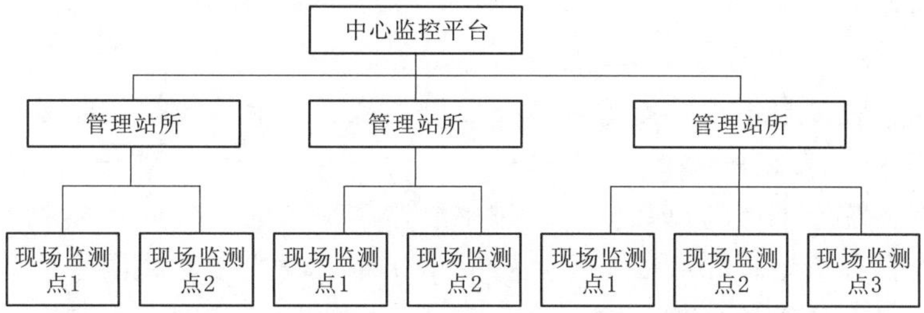

图 4-1　运行管理信息化系统总体设计架构

在总体设计架构基础上根据各工程信息自动化系统的建设目标与任务划分系统组成，具体如图 4-2 所示。

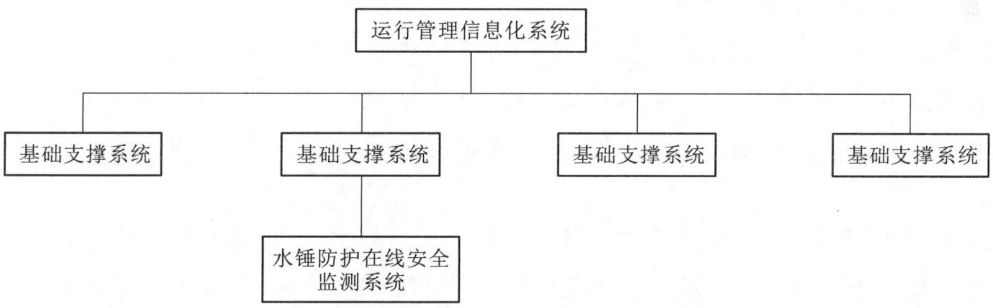

图 4-2　运行管理信息化系统主要组成结构

水锤防护在线安全监测系统是基于现有工程运行管理信息化系统扩展的一个子系统，其目的是利用已有的系统网络对系统运行状况进行监测，包括管线各重要部位的压力、流量变化、水锤防护设施的动作状态监控等，收集记录相关信息数据，分析管道系统安全性能，判断水锤防护效果，为供水安全提供数据支撑并依托数据确定解决方案。实际应用中可以在现地监测点增设用于水锤监测的相关监测设备，实现对工程系统防水锤设施及装置的信号测量、数据采集、数据上传，实现对管线在正常运行和水锤状态下的设备、装置的动作状态的监测。同时在应用系统中增加水锤防护在线安全监测系统，利用新开发的应用软件，实现水锤防护效果的评价和运行状态的安全评估，为工程安全运行和我国水力过渡过程的科研提供基础支撑。

4.1.1.2　系统的主要功能定位

水锤防护在线安全监测系统利用机械自动控制技术、传感器技术、数据传输技术及计算机技术，实现管道系统的运行参数在线监测、管道阀门设备的动作监测、运行安全预警以及数据分析反馈解决方案等。该系统具体功能包括数据采集与处理、控制与调节、运行监测、在线数据分析及安全预警以及数据存储与查询。

1. 数据采集与处理

现地传感器自动采集被控对象的各类实时数据，并将数据通过通信网络系统传至上一级管理单元，同时能够接收来自上一控制级的指令数据。

2. 控制与调节

通过现地控制设备或接收上一控制指令启动 PLC 自动控制流程，实现阀门等机械设备的自动控制与调节。

3. 运行监测

实现现地设备直接显示运行参数及状态监测，或通过上传数据在监控端实时监测。

4. 在线数据分析及安全预警

根据传输至系统终端的监测数据，通过中心监测平台的业务应用模块中安全分析应用程序，对数据进行分析处理，判断工程运行安全状态。设置参数超限阈值，对超限参数进行实时警告并提出水锤事故处理方案，进行现地阀门等设备控制、调节等运行动作。

5. 数据存储与查询

通过传感器采集的数据可运用采集器进行采集，并通过计算机系统进行数据存储，同时提供查询接口，以便调取历史数据，为管道安全运行及后续项目的设计积累经验。

4.1.1.3　系统的重点和难点分析

水锤防护在线安全监测系统是基于工程运行管理信息化系统的一个子系统，目前国内大中型供水工程基本都建立了工程运行管理信息化系统，其数据传输及通信网络、后台一体化平台均在设计范围内或已形成，但本系统自身仍有一些建设的重点和难点需要重点研究及补充。

（1）进排气阀的进排气量及开关状态监测及数据采集。目前管线的压力、流量、液面水位、阀门开度等信号的数据采集在水利工程中应用较多，技术成熟，但用于测量通气量的仪器以及监测空气阀工作状态的仪器设备在水利工程中基本没有应用，此类仪器仪表的性能、特点、精度和经济性等对本系统的建成非常重要，应重点研发空气阀状态和气量的测量手段和办法。

（2）部分工程的数据传输方式因地质环境等因素的影响无法铺设有线网络及通信设备，数据只能依靠无线网络实现传输和通信，无线网络传输的延时性、可靠性对系统平台的分析结论可能会造成影响。由于部分现地监测设备需要外部电源进行供电，如配置蓄电池或光伏电池等电源时可能影响系统的总体可靠性并影响数据分析结果，也造成了工程投资的增加。

（3）对于后台软件的开发应用，由于存在大量不同类型数据间的处理和逻辑关系的关联，区别于原有的单一信号或简单逻辑关系的计算原则，需要后台软件系统的开发具备水锤理论和其他水力学知识的综合支撑，因此后台应用软件的开发专业性更强，难度更大。

大型长距离管道输水工程运行管理信息化系统中，对于水锤防护措施一般未进行监测，造成了对防护措施的实际运行状态无法进行科学地分析和评价。将水锤防护在线安全监测系统纳入供水系统运行管理信息化系统中，可以通过收集记录有关的信息数据，分析管道系统安全性能，验证设计防护措施的合理性，为供水安全提供大数据支撑。同时通过工程的实际检验，真实反映管道的运行状态和水锤防护措施的效果，也通过实际数据验证仿真计算的结果。

4.1.2 集控式监测

4.1.2.1 集中监视运行管理模式

将集中巡检、两级监视及应急操作理念引入集中监视运行管理模式。集中巡检是指通过白天联合巡检、夜间重点巡检来提高巡检工作质量，由每天的集中巡检代替站内长期驻守人员。两级监视是指在集中巡检的基础上，通过采集现场关键工艺设备的报警数据，实现站场、地区公司生产调度室对设备、设施异常状态的监视。应急操作是指站场指定专人24h接听值班电话，接收地区公司调度室下发的异常信息，检查异常设备，负责按指令监护或操作工艺设备。站场工作重心由运行监视与操作转变为设备设施的维护保养和应急操作。

4.1.2.2 集中监视报警系统

为满足集中监视运行管理模式需求，实现在地区公司调度室能够快捷、清楚地了解各站场及阀室关键报警数据的目标，需要筛选并归类 SCADA 系统海量报警数据，结合运行经验，提炼出各大系统重要报警数据，上传至地区公司调度室监视终端。当某设备（或参数）发生异常报警时，调度人员可以在第一时间确定报警发生的位置，并立即通知相关人员做出处置。

1. 系统架构

以某大型输气管道运营公司为例，在地区公司调度室增加相应设备，包括路由器、交换机、实时数据服务器、中心通信服务器以及操作员工作站，建立集中监视报警系统架构，如图 4-3 所示。操作员工作站可根据所辖管道站场所需的调度人员数量进行配置。中心通信服务器通过 IEC104 协议或直接读取方式接收站控系统报警数据，将采集到的相关数据存储在实时数据服务器中，并在操作员工作站进行显示与声光报警提示。该地区公司下辖各条管道通过站场与调度室之间已有光通信路由，在不改变原管道 SCADA 系统硬件配置与数据传输方式的基础上，将站控系统（Station Control System，SCS）与（RTU）相关报警数据采集至中心通信服务器，如图 4-4 所示。

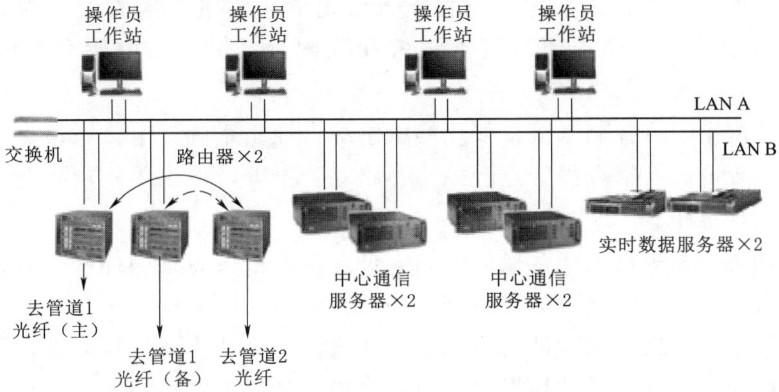

图 4-3 集中监视报警系统架构图

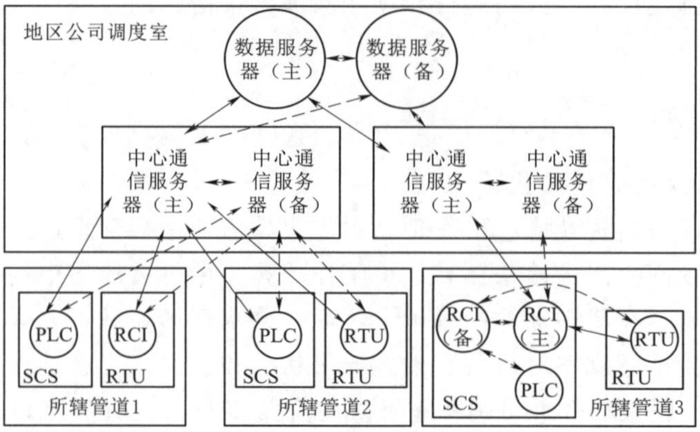

图 4-4 集中监视报警系统总体数据流向图

2. 数据采集

结合 SCADA 系统历史数据库报警信息研究，确定每座站场分为 10 类报警，即火气系统报警、管道保护报警、安防系统报警、紧急停站系统报警、工艺系统报警、计量系统报警、电气设备系统报警、自动化系统报警、通信系统报警及阀室报警。每个站场设置不超过 30 个二级综合报警点（线路阀室报警点包括在对应区段的站场中），以便调度室操作员工作站能迅速确定报警区域。以某压气站阀室报警系统为例，提取该站所管辖的阀室门禁报警、阀室供电系统报警、线路截断阀关断报警及阀室火气系统报警作为二级报警目录。若阀室发生非法闯入事件，则门禁系统报警提示调度人员，同时弹出窗口信息，显示该阀室编号、位置及所属站场应急值班电话，调度人员在第一时间做出响应，下达处置指令，避免事故发生。所有报警事件形成报表并存储在服务器中。作为补充手段，集中监视系统所需的所有报警基础信息源均应在站控系统提示报警，并将报警接入站场防爆扩音系统、驱动应急值班室警铃，以提示站场应急值班人员作出响应。

集中监视运行管理模式，可在国内大型输油管道运营公司予以推广应用，管道自动控制水平应达到远程监控、无人操作要求。通过对应用情况进行总结分析，提出以下建议：

（1）十大报警系统在选择报警驱动数据源时，可在数据采集划分标准的基础上，结合实际情况进行筛选。对于输油管道，可将输气管道的压缩机组报警设置为输油泵机组报警，并与站控系统报警、站内值班警铃报警相互配合，保证站内所有系统重要报警不漏报。

（2）对于站内第三方控制系统，如压缩机组综合控制系统、电力系统、综合保护系统等，在其控制系统内部将重要报警点合并为一路综合报警，输出给站场控制系统，以减轻站控系统数据处理负担。

（3）为实现集中监视目的而裁撤的驻站人员，需严格按照集中巡检模式，对站内各系统和设备进行必要排查与评估，必要时进行相关改造。

（4）集中监视运行模式对于站内检测仪表准确性、自动化系统可靠性、各设备运行参数可靠性、数据通信系统可靠性均提出了更高要求。为减少误报警，保证集中监视系统的正常运行，需要加强站内设备维护。

（5）根据现场实际生产情况，为避免调度室监视终端因站场维护及检修作业或改扩建期间出现大量、频繁的报警以致干扰调度人员判断，无法及时分辨站场情况，可在站场控制系统设置报警屏蔽按钮，需要时进行报警屏蔽，但在调度室应有“该站报警屏蔽”信息提示。

4.1.3 分布式监测

管道泄漏发生后，若不及时处理将造成严重的经济损失和安全隐患，为了能够在第一时间发现泄漏，需要研制专用的仪器系统来对管道泄漏进行检测。通过对泄漏信号辨识基本原理及管内外噪声抑制处理的分析，可以明确管道泄漏辨识系统设计的基本要求和相应的数据处理算法，同时整个系统应该是按节点分布式安置，每个节点间歇性地向服务器端发送管道振动数据以实现长期监控的要求。由于传感节点向服务器发送数据的过程将消耗大量的电能，以往的供水管道检测仪器往往需要较大的电源供给以实现远程通信的功能，携带、安置等都极为麻烦。本系统为了实现长期监测功能，在保证小型化、高效率的前提下，采用一系列低功耗系统设计手段，不断优化电路结构，尽可能地降低无线传感节点的功耗，同时为了实现与服务器间的无线通信，选择合理的通信方式、通信芯片进行数据传输。服务器端数据处理程序需要对供水管道泄漏检测节点传来的管道泄漏数据进行分析处理，实现泄漏辨识的功能。

1. 系统整体结构

管道泄漏辨识系统大致可分为两部分，首先是负责数据采集的无线传感节点，然后是负责数据处理的后台服务器端。无线传感节点和后台服务器端采用 GPRS 方式进行无线通信，管道泄漏辨识系统整体结构示意图如图 4-5 所示。

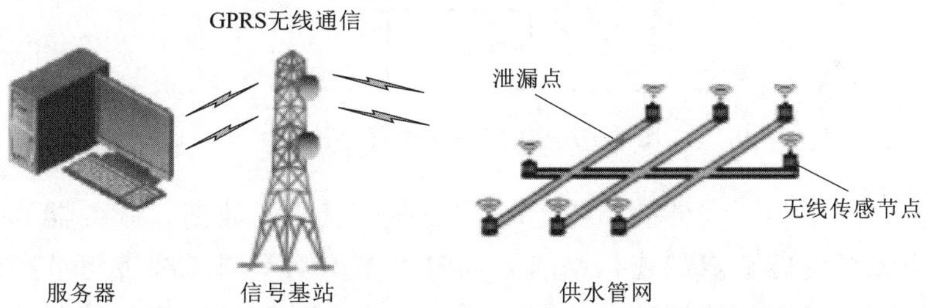

图 4-5 管道泄漏辨识系统整体结构示意图

无线传感节点主要由 SIM 卡通信模块、加速度传感器、主控芯片 STM32F103、滤波放大模块、电源管理模块、存储模块等组成，如图 4-6 所示。整个无线传感节点由电源模块外接 3.7V 锂电池进行供电，系统首次上电时会同步后台服务器端的配置信息，包括系统时间、采样频率、工作时间等。当无线传感节点处于工作时间时激活系统，按照服务器下达的指定采集参数对供水管道的振动数据进行采集，之后将数据发送给通信模块，通信模块利用 GPRS 通信方式将管道振动信号传输到后台服务器端，后台服务器端成功接收到数据后发送采集结束标志，之后无线传感节点进入低功耗状态，关闭外围设备电源并进入睡眠模式，当下次工作时间到达后激活设备，重复以上步骤。

通信模块作为无线传感节点的核心单元之一，负责整个系统的无线通信工作，模块主

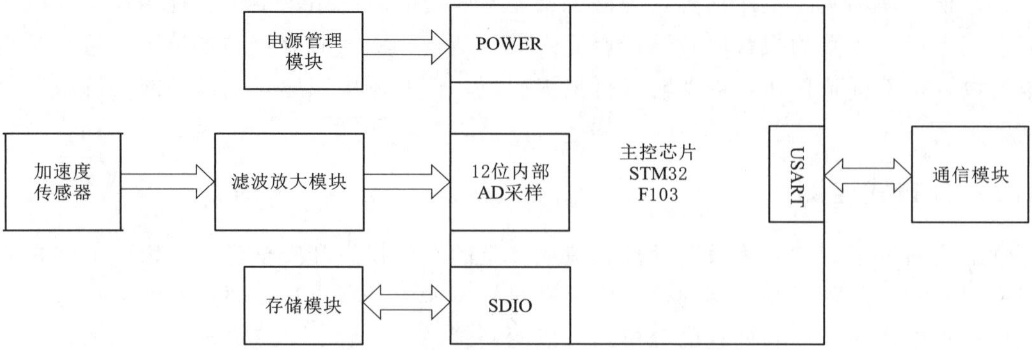

图 4-6　无线传感节点硬件结构图

要由 SIM800C 通信芯片、可控低功耗电源模块和射频天线组成，如图 4-7 所示。通信芯片主要负责与服务器进行无线通信，同时接收服务器端下达的指令，工作时 SIM800C 通信芯片通过串口接收主控芯片发送的 AT 指令并进行相应操作；可控低功耗电源模块有两个作用，一是给 SIM800C 通信芯片供电；二是通过接收主控芯片发送的指令，使 SIM800C 通信芯片在低功耗状态和工作状态之间进行切换；射频天线通过将功率放大使系统保持在稳定的信号通信状态。

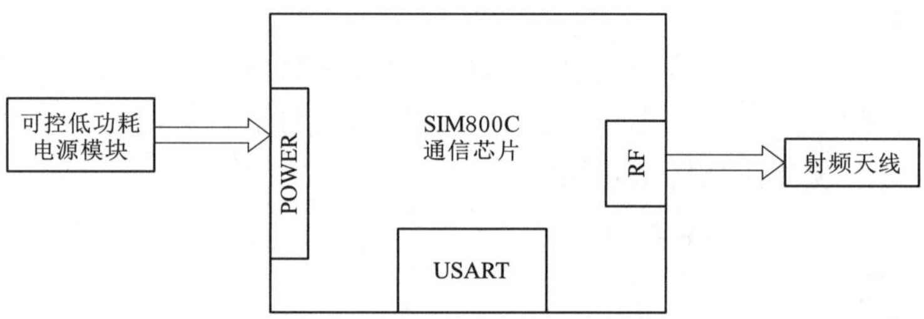

图 4-7　通信模块硬件结构图

服务器端主要用于和无线传感节点通信并处理管道泄漏数据。服务器端应用程序要能够同时响应多个无线传感节点的连接请求，同时可以识别不同无线传感节点的序列号并按照序列号分类保存各节点的泄漏信号数据。通过调用 MATLAB 程序编写的泄漏信号处理库文件，可以简化 C 语言编程步骤，提高数据处理运行效率。

针对某一区域进行泄漏检测时，首先需要在该区域范围内安置多个无线传感节点，每个无线传感节点装置的底座都配备了磁吸式吸附装置，因此可以将无线传感节点以磁吸的方式安放在供水管道暴露位置（如消防栓），通过服务器端下达的控制指令，每个无线传感节点都可以定时测量、采集管道振动信号，之后通过无线网络将采集到的数据传输至服务器端，服务器端接收到管道振动信号后进行泄漏辨识，判断该区域是否存在可疑泄漏点。另外，每个无线传感节点工作完毕后都会进入低功耗状态，主控芯片进入睡眠模式，统一关闭外围设备的电源，并在下次测量前 3s 重新激活电源，以达到低功耗的要求。

2. 工作流程

管道泄漏辨识系统工作流程如图 4-8 所示。

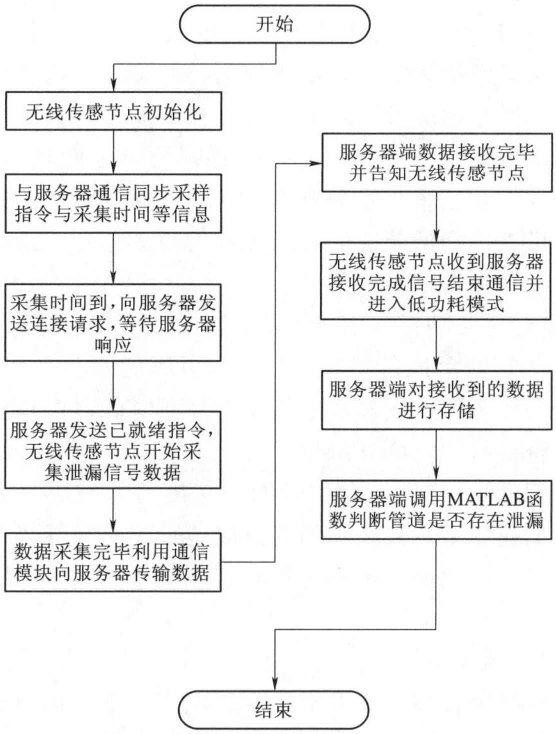

图 4-8　管道泄漏辨识系统工作流程

具体工作流程如下：①无线传感节点安置好后开机并与服务器端同步参数信息进行数据初始化；②初始化完毕后等待采集时间到来，采集时间到后开始采集数据并确定服务器是否可用，若可用则利用通信模块将数据传输给服务器端，传输完毕后等待服务器端接收完成的指令，若接收失败需重新发送；③服务器端数据接收完毕，无线传感节点进入低功耗状态，关闭所有外围电路，等待下一个采集周期的到来；④服务器端对刚才接收到的数据进行存储和预处理工作，预处理包括对信号滤波、删除无用项数据点等步骤；⑤服务器端对预处理完毕的数据进行分析，调用 MATLAB 函数判断该节点是否存在泄漏。

3. 硬件结构

（1）传感器模块的设计。由于管道泄漏信号本身能量较小且在传播过程中存在衰减，因此设计合适的传感器不失真的这类捕获信号尤为重要。选用电容式加速度传感器，可以将管道振动信号转换为易于捕获的电信号，方便数据的存储与传输。另外为了使传感器可以牢固吸附在铸铁管道表面，采用内嵌加速度传感芯片的专用磁性基座同时配合质量块一起组合成传感器模块，可以更好地拾取微弱的管道振动信号，减少能量损失，对提高泄漏辨识准确度有至关重要的作用。传感器模块示意图如图 4-9 所

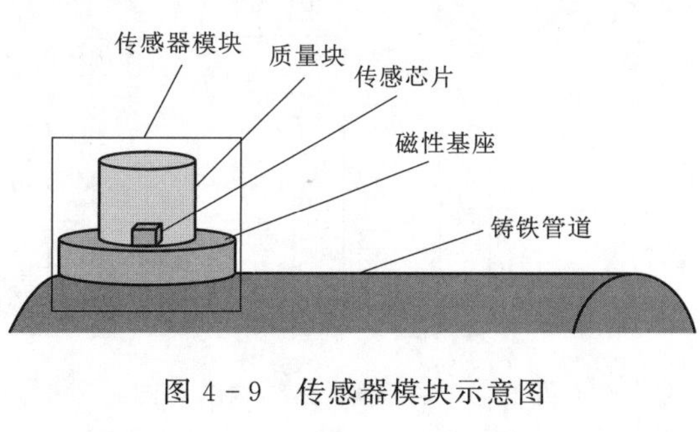

图 4-9　传感器模块示意图

示，其设计可以从以下几方面来考虑：

1）传感芯片的灵敏度和频率响应范围。灵敏度决定了传感芯片能捕捉到的最小管道振动幅度，是传感器最核心的指标之一，由于泄漏传感信号较为微弱，因此灵敏度成为选择加速度传感芯片时首先要考虑的参数，通常在选择时要结合被测信号的频率分布以及测试现场实际环境来进行多重考量。一般而言，传感器的灵敏度越高其可测频率范围越小，对于测量的泄漏信号而言，其频率主要分布在 2kHz 以内，而环境中的噪声信号有很大一部分是高频噪声，因此可以选择低频段的灵敏度高的传感芯片，这样既可以对噪声信号实现一定的抑制，又能有效采集管道泄漏信号。

2）传感芯片的供电电压及功耗。由于本套系统采用 3.7V 锂电池供电，配合电源管理模块可以输出 3～6V 的电压，因此传感芯片的工作电压应该在这个范围之内。另外本系统作为一个长期监控的低功耗系统，同样要求传感芯片具有较高的能量转化效率，在保证传感器精准工作的同时，将自身功耗降到最低。

3）传感芯片的动态范围。管道振动信号的加速度可能较小，因此需要考虑到传感芯片的动态范围，理论上加速度传感器在零值附近时也处于有效线性区域，但是实际取决于电路布线和噪声抑制情况，因此要求传感芯片动态范围不能太大，需要根据泄漏信号进行合理选择。

4）传感模块质量。传感模块的整体灵敏度与其质量大小有关，质量越大灵敏度越高，但是将质量较大的传感器吸附在被测管壁上也会影响到管道的固有频率，因此传感模块在设计时要使其远小于被测管道的动态质量但仍具有较高的灵敏度。

5）传感模块防水性。传感模块安装在测量现场时通常处于高湿度、高溢水风险的区域，若传感器防水性能差很容易出现锈蚀、电路板破坏等情况，因此传感模块需要具备较高的防水等级并且具有良好的密封性。

鉴于以上传感器筛选条件，选用以 ADXL345B 芯片为核心的模块化加速度传感器，其频率响应范围在 0.1～2.5kHz，灵敏度为 6338mV/g，正常模式下工作电流为 23μA，功耗较低，其量程为 1.3g，同时最大能够承受 400g 的峰值加速度，质量大小为 10g。通过使用磁性基座进行封装密封后符合以上传感模块的设计条件。

（2）滤波放大模块设计。传感器捕获的管道泄漏信号十分微弱且包含各类噪声（如随机噪声、尖峰毛刺噪声等），若不进行预处理而直接由 AD 采集模块量化存储会使得采集信号中的噪声成分大于泄漏信号成分，加大泄漏辨识难度甚至导致辨识失败。为了能够对传感信号中的噪声进行抑制，同时对有用的泄漏声信号进行放大，需要使用滤波、放大两个步骤对传感输出信号进行处理，处理过程如图 4－10 所示，其中滤波部分包括了低通滤波和高通滤波，两者组合形成一个带通滤波器，放大部分又包括了前置放大和程控放大电路。

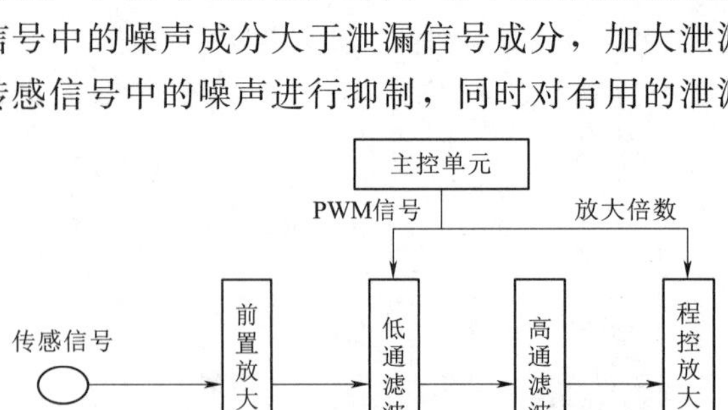

图 4－10　调理电路结构示意图

1）前置放大电路。实际中采集的管道泄漏信号本身很微小，且沿管道传播时会发生衰减，因此需要使用放大电路对微弱信号进行放大处理。然而管道泄漏信号成分复杂，信号中常含有各种干扰，在有用信号被放大的同时，噪声也会被一起放大。前置放大电路作为滤波、放大模块最核心的元器件，一方面，其自身产生的电噪声会对泄漏信号造成污染；二方面，传感信号中自带的电噪声也会被放大，因此设计放大模块时必须考虑噪声系数，选择噪声系数低的放大芯片以提高信噪比；三方面，放大芯片在满足合适的放大倍数、动态范围、线性增益段和线性度等要求的条件下，还需要具备较大的输入阻抗以匹配传感器的高输出阻抗，同时考虑到泄漏信号的频率分布范围，放大模块的响应频率最好在 0～2000Hz 之间。

根据以上要求进行筛选后，系统可采用 MAX4478 电压放大芯片作为前置放大单元的核心器件，该芯片具有低噪声、宽频带、动态范围高、线性度强等优点，另外其正常工作电压下工作电流仅为 2.2mA，满足系统低功耗设计的要求。

MAX4478 电压放大芯片的主要参数如下：共模抑制比为 115dB，失调电流为 12nA，失调电压为 70V/μs，偏置电流为 1pA，增益带宽积为 10MHz，转换速率为 10V/μs，输入阻抗为 1000G。根据以上参数可知，该芯片输入阻抗足够大，共模抑制比较高，电压、电流输入噪声都比较小，非常适合低失真和低噪声要求的场合。前置放大电路模块的电路原理图如图 4-11 所示。

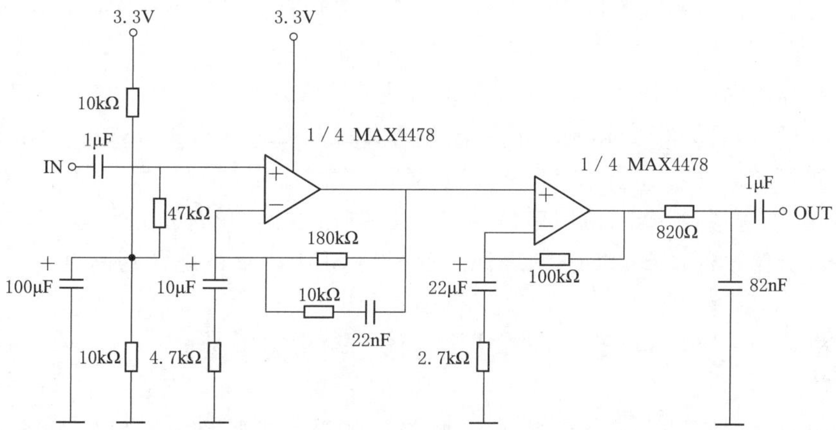

图 4-11 前置放大电路模块的电路原理图

2）低通滤波器和高通滤波器。管道泄漏信号频率主要集中在 1000～2000Hz 的范围内，但是为了满足不同场景下进行泄漏检测的要求以及系统升级拓展的需要，选用的滤波芯片应该具有通带可调的特点，因此系统若采用 MAX7421 滤波芯片，该芯片可以通过输入不同周期的 PWM 波实现截止频率可调的功能。

3）程控放大电路。由于本课题组采用 STM32F103 芯片内部自带 AD 转换外设进行数据采集，该外设输入电压范围设置为 0～3.3V，为了能够保证滤波放大后的信号在 AD 电压输入范围内，充分利用 AD 采样模块的分辨率，可以利用程控放大电路将不同幅值的信号调制到最佳的输入范围。本系统使用 2 片 LTC6910 级联组成程控放大电路，具有多种不同的增益，满足多种级别微弱信号放大的要求。

（3）主控芯片。主控芯片是无线传感采集节点的核心器件，用于采集、存储数据并控制通信模块与后台服务器端进行通信，接收并执行后台服务器端下达的指令等，结合本项目实际情况，主控芯片选择应从以下方面考虑：

1）功耗要低，本设备需长期在野外进行频繁的数据采集、发送等工作，考虑到只使用一块高密度锂电池供电的情况，要求主控芯片须具备较低的功耗才能满足每个无线传感节点工作数年之久的设计目标。

2）由于采集到的管道泄漏数据要进行存储、发送等操作，所以要求主控芯片具有较大的存储空间以方便数据暂存和转移等功能。

3）主控芯片内需要具备 JTAG 或 ISP 接口，方便在线编程调试。

4）主控芯片体积要尽可能的小。

（4）存储模块。在实际中进行管道检漏时，通常需要采集 5～10s 的管道振动信号进行分析，才能准确地判断出管道是否存在泄漏，然而 STM32F103 内部 Flash 只有 512K，对于大容量的泄漏信号数据来说是远远不够的，需要利用芯片内部自带的如 SPI、I2S、SDIO 等外设协议对其存储容量进行扩展。

（5）通信模块。目前常用的物联网通信方式主要有 ZigBee、无线 RF433、LoRa、WiFi 等，这些通信方式的通信距离在几百米到几千米不等，无法实现远距离通信。为了实现低功耗、长距离稳定通信，可以选择 GPRS 作为基础通信方式。GPRS 通信方式技术成熟、传输稳定、信号接收范围广，同时 2G 通信在功耗方面有极大优势，可以满足本项目低功耗的要求。

为了选择合适的芯片作为 2G 通信方式的载体，在考察了功耗、传输速率、稳定性、价格等方面因素后，选择 SIM800C 作为通信模块的主控芯片。SIM800C 价格低廉，有多种低功耗模式可选，主要工作在 850～1900MHz 之间的不同频率段，符合 GSM2/2＋标准，支持多种 AT 控制指令，使用串口协议可以方便地配合单片机进行通信。为了实现通信模块功耗最低化，选择 TPS61025 电源芯片控制 SIM800C 的电源通断。

4.2　安全防护设备在线监测

管道安全监测一直是市政等给排水领域关注的重点，特别是长距离输水管道，多为“生命线工程”，由于其口径超大、压力高的特点，一旦发生事故不仅会造成大量水量浪费，还会影响正常的输水、供水，产生的经济与社会影响不可估量。

目前管道安全监测主要依靠被动巡检，单纯依靠检漏设备和技术人员，缺乏有效性和及时性。而在线式的主动监测手段相对较为匮乏，目前应用于实际工程案例中的在线式监测手段以压力法、流量法为主，其主要功能为实现大水量爆管预警和定位，无法全面掌握管网运行的安全健康状况，这与管网信息化、智慧化的发展要求不相符。因此寻找一种全面、及时且有效的管道安全在线监测系统成为完善长距离输水管道设计迫在眉睫的任务。

4.2.1　智能防护设备分类与设计

4.2.1.1　安装防护设备

1. 缓闭止回阀

目前国内外，对于扬水泵站，在水泵出口通常安装两阶段缓闭止回阀或液控蝶阀，当直径不大于 0.6m 时，采用水泵控制阀；直径为 0.7～1m 时，水泵控制阀或液控蝶阀均可；超大管径直径不小于 1.2m 时，推荐使用液控蝶阀。美国也有安装三阶段的情况。对于重力流输水工程，在管道末端安装两阶段缓闭液控蝶阀，第一阶段快速关闭大角度，第二阶段缓慢关死阀门，从而减少水锤升压，确保管道安全。

2. 调压塔

调压塔可分为单向调压塔、双向调压塔、箱式双向调压塔 3 种类型。

(1) 单向调压塔。其可防止产生负压，是降低断流弥合水锤升压的防护设备，一般在泵站附近或管道的适当位置修建，可设置于输水管线的主要特异点处，如驼峰点、折线顶点等，设计上主要考虑如何消除水锤发生时产生的断流空腔，正压升高一般利用超压泄压阀泄压，达到防止管道升压的目的。

(2) 双向调压塔。其是一种兼具注水与泄水缓冲式的水锤防护设施，其典型特征是塔（井）与管道贯通连接，当压力输水管道中压力降低或升高时，双向调压塔向管道补水或管道中的高压水进入塔中，有效防止水锤的发生，构造简单，效果好。设计中应注意：塔应有足够的容积和断面面积，在停止或启动水泵过程中，塔内的水位变动不大；应当设置在可能产生负压的管道高点或折弯点；当塔距离泵站较远时，应考虑泵站与塔之间的水锤问题。

(3) 箱式双向调压塔。其是我国自行研发的水锤防护设备，具有泄压和补水功能，其调压原理是采用上下不等面积活塞增压原理，达到活塞的动态平衡，依靠活塞的运动，打开或关闭泄水口，从而保护管道安全，其主要性能特点是：①防水锤泄压溢流性能高，安全可靠；②泄压动作回位误差小；③动作灵敏，反应迅速，对任何水锤都有良好的防护效果；④当管道内出现负压时，该调压塔可迅速向管道内补水，以防止水柱拉断，产生断流弥合水锤。

3. 空气蓄能罐

在水电站气垫调压池的设计基础上，逐步研发出了空气蓄能罐水锤防护设备，该罐能够应对管道瞬态工况下的高压和低压危害，与双向调压塔具有相同的贯通结构，可以极大化地减小管道压力波动频率和振动，还可以适用于各种压力工况和安装位置。按照其充气方式和内部结构，可分为压缩空气罐和内胆式水锤消除罐等。

(1) 压缩空气罐是在内部充入一定量压缩空气的金属水罐装置，一般直接安装在水泵出口附近的管道上，如图 4-12 所示。发生水锤时，压缩空气罐利用罐内的空气压缩或膨胀，防止管道水锤升压或负压，消减停泵水锤危害。通常情况下，空气容积占罐总容积的 20%～25%，罐内预充压力为水泵扬程的 80%～90%，压缩空气罐的液位需要监测，当液位低于设定液位时，需要空气压缩机向罐内补充空气。

从图 4-12 可以看出，压缩空气罐中空气与水直接接触，随着运行时间的增加，空气会不断溶于水中，致使空气罐的缓冲能力减小，需要管理人员定时补充空气；由于运行过程中，空气不断地溶于水中，使得管道中水的溶气量增加，致使空气有可能在管道的低压段逸出，形成气阻，聚于管道高点或变坡点，如果该点无空气阀有效排放

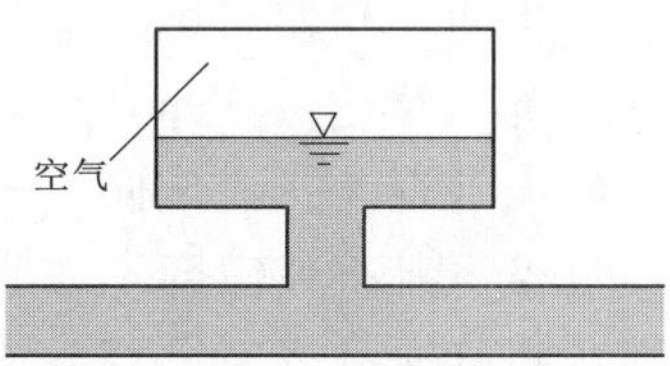

图 4-12 压缩空气罐原理示意图

空气，则会造成气堵，影响输水经济性。加之压缩空气罐还需配套空气压缩机，在无电区域无法使用，故内胆式水锤消除罐水与空气无接触，避免了空气在水中的溶解，罐内或内胆内的压力稳定。

（2）内胆式水锤消除罐由橡胶隔膜罐改进，早期的橡胶隔膜罐主要用于小型的配水管网。随着科技的不断发展，最新生产的丁基橡胶内胆钢制水锤消除罐，并在大中型管道中进行了应用，其水锤防护性能可靠。目前内胆式水锤消除罐的制造容量已达 120m^3，为大型扬水泵站和中小型水电站调保安全防护应用提供了可能。当发生停泵水锤时，管道中压力急降时，内胆膨胀或回缩，将内胆或罐体内的压力推入管道系统，起到补水稳压作用。当反射回来的正压波到达时，内胆压缩或膨胀，起到气垫消能作用，使水锤波动幅度平缓。内胆式水锤消除罐示意图如图 4－13 所示。

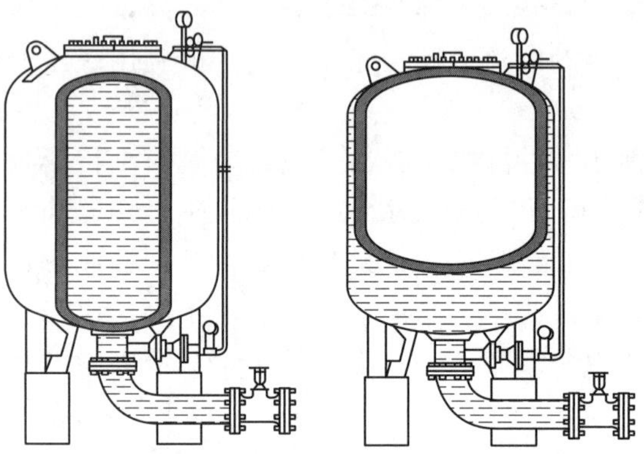

（a）全气囊式内胆水锤消除罐　　（b）无内胆式压缩型水锤消除罐

图 4－13　内胆式水锤消除罐示意图

4. 安全泄压阀

安全泄压阀是一种自动阀门，当管道发生水锤时，不借助任何外力，当阀前压力大于设定的压力时，阀门会自动开启，避免管道水锤压力超过预设压力；当管道压力小于设定压力后，阀门自行关闭。输水工程中常用的安全泄压阀主要包括直动式泄压阀、先导式泄压阀和水锤消除阀 3 种。

（1）直动式泄压阀也称直动式安全阀或弹簧式安全阀，一般仅靠直接的机械加载装置，如重锤、杠杆加重锤或弹簧来克服阀瓣下介质压力所产生的作用力，输水中主要采用弹簧加载式。当管道内压力大于弹簧整定压力时，压力顶起阀瓣，水流由泄压口排放；用于气体介质泄放效果要好于液体介质。

（2）先导式泄压阀是在水力控制阀基础上研制出的安全泄压设备，阀门由主阀和导阀两部分组成。当系统内压力大于导阀设定值时，系统压力克服导阀张紧力，导阀滑阀向上移动，把主阀隔膜腔内压力导通主阀排水口或大气，主阀开启泄压。

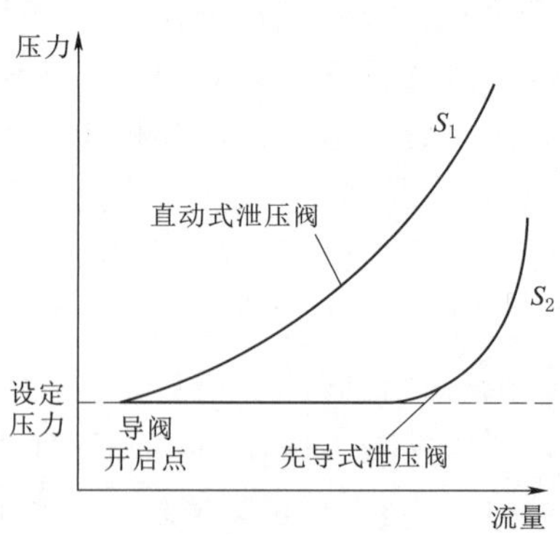

图 4－14　直动式泄压阀、先导式泄压阀的开启和关闭特征

直动式泄压阀和先导式泄压阀相比较，在控制上都是采用了弹簧作为压力整定组件，但在开启和关闭特征上区别较大，如图 4－14 所示。直动式泄压阀在开启的初期，开度与压力呈较为近似的线性关系，而先导式泄压阀，一旦开启后会快速地达到全开，泄放效果要优于直动式泄压阀，先导式泄压阀有一个导阀泄压过程，泄压灵敏度不如直动式泄压阀，但是先导式泄压阀可通过调节隔膜腔充压速度，来控制主阀的关闭速度，可最大化地避免直动式泄压阀容易出现的

突跳和回座所产生的关阀水锤事故。先导式泄压阀具有快开慢关的特点，在输水管道系统中，对于超压持续时间超过5s以上的高压危害工况防护效果较好，其泄压后的关闭时间参数设定，是管道瞬态仿真模拟的重要因素。

（3）水锤消除阀在国外被称为压力波动预止阀，是在先导式泄压阀基础上根据瞬态特征研制的一款安全泄压防护设备。由高压导阀、低压导阀、手动关闭阀杆和主阀组成。水锤消除阀可分为液动型水锤消除阀和电控式水锤消除阀。其中液动型水锤消除阀在管道充水时可由手动关闭阀杆关闭，以避免充水低压泄水，在管道充水后打开，高压导阀和低压导阀在正常运行压力和静压下都保持关闭，主阀也保持关闭状态。当断电停泵发生时，管道首先产生较大的压降，当低于低压导阀设定低压值时，低压导阀弹簧克服压力复位，导通主阀隔膜腔与大气外界通路，主阀开启泄水，管道压力上升至低压设定值时，低压导阀关闭，在高于高压导阀设定值时，高压导阀开启，主阀再次泄水，在瞬态压力波动的整个过程中该操作自动重复进行，直到压力平稳至静压，水锤消除阀进入到关闭待用状态。在陡峭和距离较短的扬水管道系统或水电站压力引水管中，为避免导阀反应速度慢的问题，一般采用电控式水锤消除阀。

普通泄压阀在水锤发生时，需要一个高于设定压力的持续存在，才能打开泄压阀泄放高压，但多数情况下由于瞬态过程的危害，高压是以瞬间波动的形式出现的，往往会造成泄压阀反应迟缓，无法打开或完全开启，导致管道的薄弱点爆裂或内部损坏，因此，泄压阀不完全适用于所有扬水泵站系统中的安全防护。

5. 空气阀

将空气阀按用途进行分类，可分为低压进排气阀、高压微量排气阀、组合式空气阀（同时具备微量排气和高速进排气的功能）、防水锤型空气阀。

（1）低压进排气阀。低压进排气阀能够在管道充水时大量排气；在管道放空或出现水柱分离，或管道发生负压时大量进气（防止管道溃管）。在充水过程中，当阀内的水位上升，将浮球顶起，低压进排气阀就完全关闭，当阀内的气压低于外界大气压时，才能再次打开。浮球不应被高速流动的空气吹上去而密封住排气口；当管道压力低于大气压时，应及时向系统补充空气，以平滑的方式排出空气，以减少系统的压力波动。

（2）高压微量排气阀。高压微量排气阀能够在管道持压工况下排气，是为了弥补低压进排气阀在管道系统有压流条件下，无法开启排气而设置的，主要用于压力条件下连续排出管道内空气，由于排气口径非常小，通常口径在1mm左右，被称为针孔排气阀。建议不要单独将其应用于需要消除负压工况的系统中，因为虽然此型排气阀可以在真空状态下进气（真空止回阀除外），但其进气量对于需要大量、高速进气的系统来说过小。

（3）组合式空气阀。组合式空气阀将低压进排气阀和高压微量排气阀组合为一体，兼有两种排气阀的功能，通常情况下该阀能够应对排空、进气和带压排气等需要。但由于高压微量排气阀排气孔径小、易堵塞的问题很突出，以及低压进排气阀容易封堵失效，漏水现象在应用中非常普遍，对用户造成很大的困扰。同时，在水锤防护、原水或污水进排气和防冻等特殊需求场合，还需要其他结构和功能的空气阀，但几年来随着空气阀技术的不断进步，组合式空气阀在功能、性能和质量上都得到了较高的提升。

（4）防水锤型空气阀。防水锤型空气阀也称三级缓闭型防水锤空气阀，是针对水锤控制的性能需求开发出来的特殊功能空气阀，与普通复合式空气阀相比增加了一个限流排气组件，空气在管道内的排气为限流盘、低压进排气浮球和高压微量排气浮球三级缓闭排气过程，在有可能发生断流弥合水锤工况的管道上使用，可提高系统安全，降低水锤防护总投资。

6. 止回阀

止回阀又称单流阀、单向阀、逆止阀、背压阀。止回阀属于自动阀门类，其主要作用是防止介质倒流、防止泵及驱动电动机反转、防止水从容器泄放。止回阀主要用于水单向流量的管道上，只允许一个方向流量，以防止事故发生。目前有多种类型的止回阀，包括两阶段关闭蝶阀、水泵自动控制阀、球形止回阀、静音式止回阀等。

在水泵出水端安装止回阀的目的是阻止水的倒流。止回阀的关闭速度、关闭方式关系到流态变化导致水锤的程度，因而形成了快速关闭与缓速关闭两种对策。快速关闭即在水锤未形成前就迅速关闭，也就是当断电停泵瞬间，水流由正向流、减速正向流、停顿、倒流、加速倒流的变化过程，倘若止回阀在水流停顿时关闭是理想的，则形成的停泵水锤微小，达到预防水锤的功能，符合快速关闭功能的为静音式止回阀。缓速关闭在于止回阀采取快闭、慢闭两个阶段，在慢闭阶段让水部分回流到水池，消除或减轻停泵水锤的能量，符合这种功能的有各种形式的缓闭止回阀、缓闭蝶阀、水泵自动控制阀。

通常在以下管路上设置止回阀：①用水系统的进水管上；②密闭的水加热器或用水设备的进水管上；③水泵水管上；④进出水管合用一条管道的水箱、水塔、高位水池的出水管段的适当位置。

7. 恒速缓冲排气阀

根据工程的实际经验，在管道平坦且管道坡度不超过 $D/1000$ 时，恒速缓冲排气阀的设置间距为 0.5～1.0km；如果管道坡度不超过 $D/100$ 时，设置间距为 1.0～1.5km；如果管道坡度再大时，设置间距为 1.5～3.0km；但是当管道的坡度大于 $D/10$ 时，仅考虑在管道的高点处设恒速缓冲排气阀（D 为管道管径，单位以 m 计）。

多起伏长距离输水管道应在各个最高点的位置设置恒速缓冲排气阀。相关的要求为：①一般较为平坦的输水管道，恒速缓冲排气阀的设置间距为 0.5～1.0km；②在陡坡的管道上，恒速缓冲排气阀必须设置在坡顶；③如果仅在坡顶设置恒速缓冲排气阀，其他位置均不设时，必须装设带有一定缓闭功能的排气阀，假如没有带缓闭装置时，必须安装 2 台恒速缓冲排气阀；④主输水管道直径的 1/8～1/5 为恒速缓冲排气阀的口径；⑤在选用恒速缓冲排气阀时，应当选用性能良好、在水柱相间的条件下能够持续排气、带缓闭装置的恒速缓冲排气阀。

以上观点仅用于一般管道的参考，但是对于一些特殊的管道必须经过专业的计算后方可确定。

在选择恒速缓冲排气阀时应注意以下问题：①在输水管道上，恒速缓冲排气阀属于一种特殊的产品，市面上恒速缓冲排气阀的合格产品比较少，之间的性能差异很大，非常容易选错，如果选错就有可能给整个输水管网以及单位带来非常严重的后果；②要依靠经验丰富的设计院，尊重设计人员的合理意见，按有关技术条件选择恒速缓冲排气阀；③在有条件时，可聘请专家对恒速缓冲排气阀选择进行专题论证；④对所选购的恒速缓冲排气阀进行性能测定，该方法是目前较为常用方法，也是最可靠的方法。

8. 减压恒压阀

隔离水池或减压恒压阀一般用于重力流输水系统。设制分段水池适用于管线落差过大，而下游管线的静水压力过高的情况下。在设计过程中应当注意上下游的流量配合情况，同时使用水位双控阀来实现水量的自动控制，或者可以用减压恒压阀来代替，注意减压恒压阀的压力设定值要经过严格计算。

9. 电位器式多点位移计

电位器式多点位移计具有工程量大、适用于长距离信号传输、环境温度影响小、测量精度高、稳定性好、体积小、适合恶劣环境、耐高压等优势，是长距离输水管道工程的首选计量工具。根据工程地理环境、实际使用要求，为了能够适应潮湿环境，决定采用ND-3型电位器式多点位移计。电位器式多点位移计主要是用作围堰变形、支墩位移监测，在取水头安装6个电位器式多点位移计、输水隧洞安装5个电位器式多点位移计、预应力钢筒混凝土管段安装2个电位器式多点位移计、玻璃钢管段安装3个电位器式多点位移计。

10. 差动电阻式类仪器

差动电阻式类仪器包括钢筋计、锚杆应力计、钢板计、应变计、测缝计、无应力计。这类仪器的特点是利用内部2组特高弹性钢丝（直径0.04～0.05m）的差动变化实现测量。如果仪器没有受力变形，内部钢丝应力可达到2000MPa，这些特点决定了这类仪器不耐碰撞、不耐振动、容易损坏、超载性差、测量精度会受到外部环境影响的特性。但是该类仪器长期使用稳定可靠，同时可以测量环境温度，在高压力环境下工作可靠，适合该工程监测要求。

11. 振弦式渗压计

常见的渗压计可以分为差阻式、振弦式两种形式，结合工程的精度标准和要求，需要采用高精度的振弦式渗压计。振弦式渗压计不仅能够克服电阻值随温度变化而变化的弱点，并且还可以用在宽温范围。振弦式渗压计不仅仪器灵敏度非常高，并且还具有稳定性好、耐久性强、抗干扰能力强等优势，不会受到长电缆影响，绝缘性要求较低，为了能够有效提升工程可靠性、安全性，在本工程全线布置了27个振弦式渗压计。

12. 压阻式管道压力计

相比其他类型的压力计来说，压阻式管道压力计不会受到温湿度、气候、大气等因素影响，在使用中动态范围好、稳定性强、传输距离远，具有良好的防水密封性、绝缘性，传感器防漏性非常好，因此在工程设计中决定采用压阻式管道压力计检测隧洞连接段、玻璃钢管段、预应力钢筒混凝土管段的内部水压。

4.2.1.2　最佳防护措施的设计技术要求

1. 缓冲排气阀的设计技术要求

缓冲排气阀具有大量的注气、大量的恒速排气以及缓冲式关闭的功能，因此才能确保输水管道运行安全稳定。

（1）排气阀在大量注气时的相关要求。结合中国给排水协会所编的有关《2010年发展规划及2020年远景目标》中对输水管道的分析中指出，如果排气阀管道中的负压值大于3.5m时就会出现失稳的现象，所以排气阀在注气时，它的口径以及阀门开度越大越好。

（2）排气阀在大量的恒速排气时的设计要求。按目前排气阀的构造来看，如果微量排气孔的直径超过3mm时，排气就无法保证，而且此时管道中的气囊比较小，在管顶的许多部位存在，必须等到气囊聚集很大时才能够突然运动，而排气阀一般数百米才安装一个，大气囊在经过排气阀的时间非常短暂，因此对于大管径，微量排气几乎没有作用。只有当排气阀具有无论在任何的一种流态下都能够快速排气，这样的效果才是最好的。如果在某些流态下不能快速的排气时，导致管道内的存气增多，发生气堵，有可能造成输水管道不能达到设计时的流量，更严重的时候甚至发生管道的爆破事故。所以在设计时选择的排气阀应该能够在任何的流态下，无论管道的压力有多大，都应确保排气通畅。同时国家根据实际情况也在制定相关的规范，而且明确提出了这种要求。

（3）缓冲关闭的设计要求。在排气阀结束排气时，缓冲关闭有三方面的作用：①降低水流对排气阀板带来的冲击力，确保管道运行稳定，延长管道的使用寿命，并且减少维修费用；②可以降低关闭阀门所带来冲撞的噪音，减少对环境的危害，而且对管道系统的安全维护有利；③可以有效降低排气阀由于关闭水锤而引起的升压。缓闭的时间一般为5～10s。

（4）限量排气应该满足工程在实际应用的情况，具体分析如下：

1）第一次充水前期，输水管道处于层状流或者波状流的阶段。这一阶段主管道的充水速度为0.3～0.5m/s，在主管道单台排气阀的排气速度限制0.2～0.3m/s。该阶段输水管道空管的程度大，多数情况下需要多台排气阀同步排气，才能满足排气的相关要求。

2）第一次充水后期，输水管道处于断塞流阶段。这一阶段中管道内气体的含量占输水主管道1/4～1/5的面积，所以单台排气阀在排气时的速度能够满足设计的相关要求。

3）在输水管道正常运行的阶段。当输水管道突然停泵，或者用水大户由于水量调节快速，设置在高处的排气阀突然进气或者由于水泵的气体释放等，使空气进入输水管道，一般都小于段塞流的气体含量，因此限量排气能够满足设计的相关要求。

2. 箱式双向调压塔的设计技术要求

（1）根据安装在主管道上的要求对箱式双向调压塔的泄压值进行整定。

（2）在输水管道运行中，经过整定的箱式双向调压塔的泄压值应该是稳定不变的。

（3）当输水管道运行稳定时，安装处管道的最大压力值应该小于箱式双向调压塔的整定值；如果输水管道在开始、停止或者运行过程中发生流量调节时，发现水力过渡中的压力波动比箱式双向调压塔的整定值0.15MPa还大，箱式双向调压塔的活塞应该快速上移，同时开启，管道泄压泄水，降低水锤压力的最高值，确保管道的安全运行。

（4）当水箱水位高于管道压力0.5m时，下部的密封板会及时打开，水箱内的水自动流向输水主管，降低主管道断流的风险，同时防止水锤现象的发生。

（5）在超压开启的过程中，调压阀快速动作且没有滞后，在关闭时带有缓闭的功能，根据用户的要求对缓闭时间进行适当调整。

（6）水箱内包含水的容积必须符合供水管道对水锤发生时注水水量的要求，不能满足时则需要增加助水箱。

(7) 在泄水及泄压的过程中，活塞运行应稳定，不会引起撞击及震颤，而且不会产生由于活塞振动而引起的开关阀水锤。

(8) 在泄水泄压的过程中，箱式双向调压塔活塞开启后能够自动消能，防止产生汽蚀现象，防止由于汽蚀的影响，减少设备的使用寿命。

3. 合理的操作规程

为了确保供水管线的运行安全，减少断流弥合水锤的发生概率，结合管网以及在稳定或者非稳定流状态下的计算成果，制定合理的泵站运行顺序。

(1) 第一次充水、突然停泵及检修后再次启动水泵之前的工作准备包括：①做好输水管道在通水之前的工作准备；②做好输水管道在启泵前的常规检查以及准备工作；③整定水泵控制阀关阀时间。

整定水泵控制阀关阀时间的主要过程如下：①分别打开水泵控制阀进水端、出水端与水泵控制阀液压缸间的连通导管；②使进水端导管连通手压泵（或其他水泵），出水管、出水端导管放空；③用手压泵向水泵控制阀液压缸下腔注水，注满后停止，并关闭进水端导管阀门；④将手压泵（或其他水泵）出水管与水泵控制阀出水端导管连接；⑤用手压泵（或其他水泵）向水泵控制阀液压缸上腔加压，使活塞下移，当压力达 0.2～2.0MPa 时，打开水泵控制阀进水端导管上的关闭阀门，并使之达到某一整定开度，在手压泵压力基本不变的条件下，计算活塞从全开至全关的时间；⑥采用上述方法，通过调节进水端导管阀门开度，控制水泵控制阀全关时间为 1～2min。

(2) 开泵充水过程如下：

1) 在供水管道试水时，应有一定的应急保护措施，防止意外发生，造成较大的损失，同时加强观测，发现异常应及时汇报。

2) 水泵在启动前，水泵出口处的手动蝶阀必须处于完全关闭状态；待准备工作准备完善后，启动水泵及时充水。

3) 开启水泵试水时，开启 2 台水泵中的一台。

4) 当水泵一切正常，加大水泵出口处的阀门开度，使其出水水量达 460L/s，如流量计显示异常，根据理论计算阀门开启大约为 8°～10°，观测泵站及管道设备是否正常，如有异常，应及时向指挥部汇报。

5) 保持水泵出水量 460L/s 不变，以试通水管道约 46.9km 计，理论的充水时间大约为 40h。

(3) 第一次试充水过程中，管道及阀门的操作如下：

1) 水泵开始充水后，应观察管网中所有排气阀的排气状态，同时记录排气阀排气动作的起止时间。

2) 观察排气阀在排气时上游管道的工作状态，及时检查管道和所有阀门的接头处是否漏水、阀门开启和阀门的关闭是否符合操作要求等。

3) 当管道即将完全充满，末端阀门有出水后，应关末端阀，确保总出水量大体等于水泵的充水流量。

(4) 加大水量至设计流量过程如下：

1) 增加水泵出水流量至 900L/s（此时泵前阀门开度约 150°），运行 3～5h，并沿线观察管道有无异常及排气阀工作状况。

2）进一步增加水泵出水流量至 1100L/s（此时泵前及管道末端阀全开），运行 3～6h，并沿线观察管道有无异常及排气阀工作状况。

3）开启另一台水泵继续增加水泵出水流量，该水泵出水阀门应先开启 150°，运行 2～3h，观察管道及排气阀无异常后，进一步增加水泵出水流量至 1500L/s（此时泵前及管道末端阀全开），运行 3～6h，观察管道及排气阀无异常后，可将阀门全开，使管道在最大流量下运行。

4）首先，在设计最大流量时持续运行 3～5h 后，管网沿线及阀门均正常工作，其次，在所有的排气阀整体终止排气 1～2h 后，全部管道及阀门运行正常且无漏水点，才能认为管道的充水是合格的。

（5）通水与停水。在试验通水正常或者出现其他的原因需要暂时停止充水和系统运行时，应该采取以下措施：

1）把水泵出水的阀门关小，使水泵的出水水量降低到 460L/s，如流量计不正常，根据理论计算阀门开启大约为 20°，观察泵站及管道设备是否正常，如有异常，应及时汇报指挥部。

2）大约 30min 后，关小该出水阀门至全关，并迅速关停水。

4.2.2　故障在线监测

输水管道的安全运行是供水安全的重要组成部分，是供水高效率、高质量运转的保证。只有尽快、全面、系统地掌握地下管线现状，才能确保为日后的规划、设计、施工及运行管理等提供完整的基础数据。由于影响输水管道安全运行的因素很多，管理十分困难，地下输水管道安全事故时有发生。如何建立科学的地下输水管道安全管理模式，研究开发相应的信息系统，准确、快速地查询地下管道各种技术信息，为科学管理与事故紧急处理提供决策依据，是亟待解决的重大工程问题。通过对输水管道管理的现状及存在问题的分析，可以看出东水西调管道故障诊断监测和信息管理系统的建立非常必要。管道故障诊断监测系统能够有效判断可能发生的故障部位、预报运行信息等。管道信息管理系统要求进行基于地理信息系统的地下管道安全管理的需求分析，融合地理信息系统、计算机辅助设计、空间数据库于一体，实现图形与数据库的连接。管线数据的动态更新、维护和管理。充分体现了先进的管道故障诊断监测系统和现代化管道信息管理系统在输水管道领域中的应用。

1. 管道技术资料整理

（1）管线图，表明管道的直径、位置、埋深以及进排气阀、拐点等的布置，这是管网养护检修的基本资料。

（2）管道过河、过铁路、过公路等涉管道工程的构造详图。

（3）各种管道附件及附属设施的记录数据和图文资料，包括安装年月、地点、口径、型号、检修记录、位置等。

（4）管道设计文件和施工图文件、竣工记录和竣工图。

（5）管道运行、改建及维护记录数据和文档资料。

管道埋于地下，施工完毕覆土后难以看到，因此对管道各类资料的整编工作要求细致准确，对有疑义的区域要求进行地下管道探测。运用先进的探测技术，结合巡视和技术人员的经验数据，做到一次普查不留死角。

2. 管道故障诊断监测系统

管道安全运行是供水系统的重要指标。降低管道事故率，提高其安全可靠性，除了依靠合理的设计和优良的施工外，运行后的良好维护和检修也是十分重要的关键因素。实现对管道科学合理维护和检修的关键取决于管道状态监测和故障诊断监测系统的开发。

输水管道在各种外力、输送介质和周围环境因素的作用下，逐渐产生变形、磨损、腐蚀、泄漏和振动，从而影响管道系统的整体性能。管道故障诊断监测系统是以输水管道运行状态的实时在线监测为基础的，根据状态监测所获得的各状态参数的数据，提取反映管线运行状态的征兆，并利用这些征兆对发生故障的管段进行诊断，从而确定故障原因、部位、类型、性质、严重程度以及发展趋势，并指导维修部门进行管段检修，确定最佳维修时间，实施预知维护。对突发性故障，例如人为、自然灾害等造成的管道断裂，能够做到及时报警和定位。

监测数据包括人工巡查数据、振动、温度、压力、流量、管道应力应变测量、管道壁厚测量、管道泄漏监测及定位、设备缺陷监测等内容。

管道故障诊断监测系统要实现的主要功能有状态数据采集、实时监测、信号分析处理、数据管理、报警处理、故障诊断及定位、故障预测、自动打印记录等。管道故障诊断监测系统总体流程如图 4 - 15 所示。

管道故障诊断监测系统能实现管道的实时在线状态监测和基于人工智能的在线自动诊断。该系统技术水平先进，不需要人为更换测点，不需要专业的测试人员和技术人员参与分析和判断，避免设备突发性故障，极大地提高输水的可靠性，延长无故障工作时间，减少检修和维护费用，充分提高输水效率。随着计算机技术、现代传感和测试技术、人工智能等技术的快速发展，及其在实际中的广泛应用以及数据处理软件的大量应用，开发管道故障诊断监测系统是适应自动化监控和现代化科学管理发展的必然选择。

3. 管道信息管理系统

随着泵站运行的自动化和信息化发展，建立完整准确的管道信息管理系统，可以提高供水系统管理的效率、质量和水平，是现代化供水工程发展和管理的需求。

地理信息系统是能够收集、管理、查询、分析、操作以及表现与地理相关的数据信息的计算机信息系统，能够为分析、决策提供重要的支持平台。地理信息系统具有信息获取与输入、数据存储与管理、数据转化与分析和成果生成与输出等主要功能，广泛地应用于地学、资源管理、土地规划、环境监测、防灾减灾、电力行业、交通管理、城市规划、供水、科研、教育和国防等领域，在我国国民经济建设中发挥着越来越重要的作用。

管道地理信息系统是融合计算机图形和数据库于一体，存储和处理管道空间信息的高新技术，它把地理位置和相关属性有机结合起来，根据实际需要准确真实、图文并茂地输出给用户，借助其独有的空间分析功能和可视化表达，进行各项管理与决策，满足管理部门对供水系统的运行管理、设计和信息查询的需要。

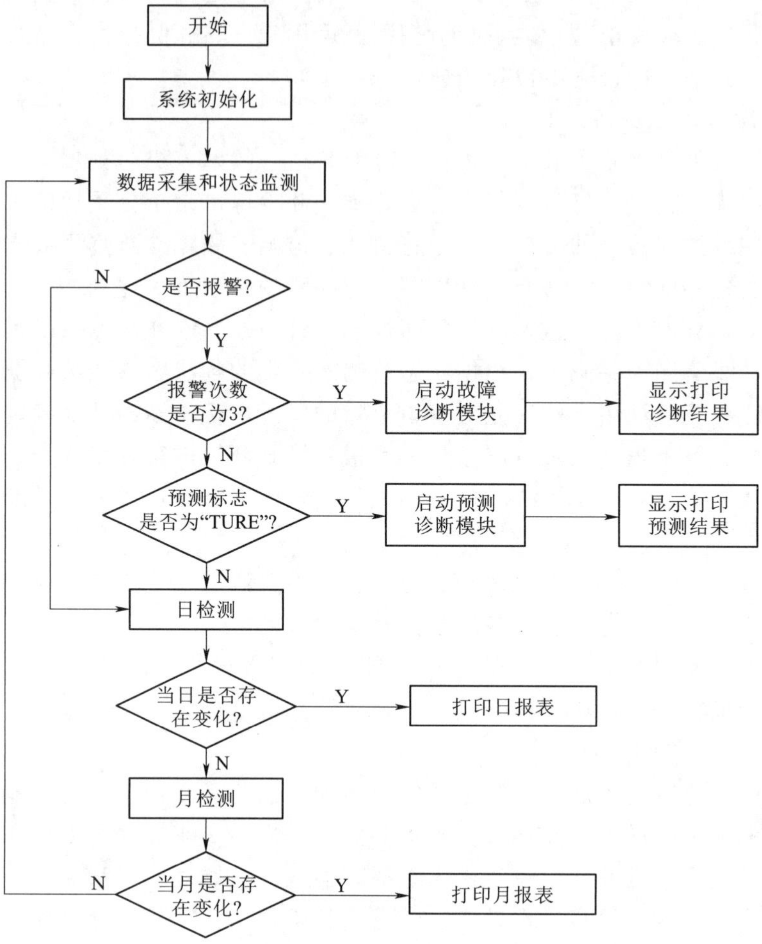

图 4－15　管道故障诊断监测系统总体流程图

管道地理信息系统的主要功能是输水管道的地理信息查询，查询内容包括管道、泵站、管道阀门井、排气阀、用户资料等。管道地理信息系统建立中央数据库，全面实现供水系统档案的数字化管理，形成科学、高效、丰富、安全可靠的供水管道档案管理体系。管道地理信息系统提供精确的图纸和数据，准确定位管道埋深、位置、排气阀井、拐点桩的位置、供水管道与其他管道的布置和相对位置等，动态管理各类档案资料，并对巡视人员巡查信息进行备案，以减少由于开挖位置不准确造成供水管道损坏所带来的经济损失甚至更严重的后果；提供整个供水系统实时运行模拟、状态参数胶合、优化调度运行等技术性功能的软件接口，实现供水系统的优化、科学运行、降低运行成本。管道地理信息系统框图如图 4－16 所示。

管道属性数据可以按照实体类型分为节点属性、管道属性、阀门属性等。其中：节点属性主要包括节点编号、节点坐标、节点流量、节点压力等；管道属性包括管道编号、起始节点号、终止节点号、管长、管材、管道直径、施工日期、维修日期等；阀门属性主要包括阀门编号、阀门坐标、阀门种类、阀门所在道路名等。

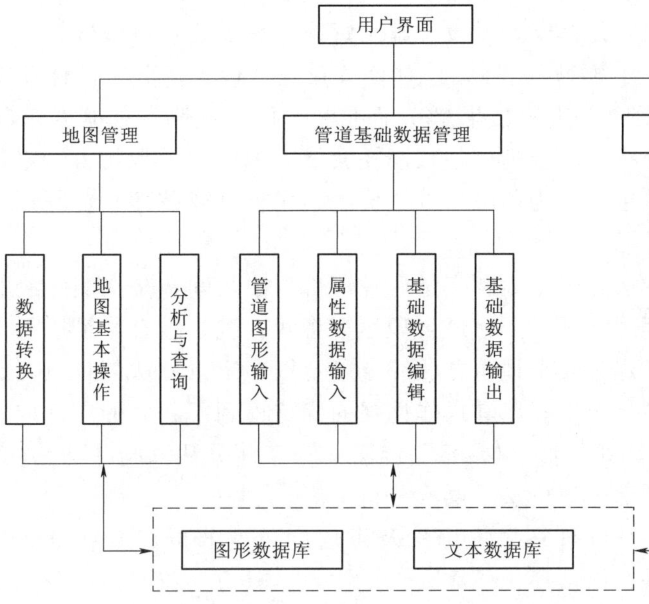

图 4-16　管道地理信息系统框图

在管道系统中采用地理信息系统，可以使得图形和数据之间的相互查询变得十分方便快捷。由于图形和属性可以被看作是一体的，所以得到了图形的实体号也就是得到了对应属性的记录号，并获得了对应数据。管道地理信息系统与泵站监控数据相连后，地理信息系统可以调用泵站运行的实时数据，通过对泵站运行数据分析和计算，把结果存入地理信息系统属性数据库，实现了地理信息系统将所得数据与空间数据相连接，结合报警、查询等，扩展地理信息系统的功能。并且结合全球卫星定位系统，对管道上的附属设施，如进排气阀、拐点等，以及管道上其他节点位置进行高精度定位，来获取管道的空间位置和属性数据，实现生产数据的集中管理和共享，达到管道管理中对生产运营管理和安全管理的要求。

4.2.3　有效性评价

经过近几年的发展与演变，管道安全评价技术已经取得了长足进步，多种多样的安全评价模型相继被提出，并付之于实际工程项目中。通过实际工程来检验模型的正确与否，可以修正模型参数使其更加完善。总之，管道安全评价方法研究的发展演变要经历定性向半定量，再向定量评价的方向发展，即向数据可靠性更高、评价结果客观性更强的方向发展。

(1) 定性安全评价方法，是在决策科学与贝叶斯统计理论基础之上，主要根据分析人员实践经验及判断能力对管道系统进行定性分析，找出导致危害的相关因素、预测事故可能带来的严重程度，并提出对策及措施的方法。定性安全评价方法不需建立精确数学模型及计算方法，简便实用性强，但其结果不能量化，只能凭借专家经验提供高、中、低相对安全等级。传统定性安全评价方法包括安全检查表（Safety Checklist Analysis，SCA）、故障树分析（Fault Tree Analysis，FTA）、事件树分析（Event Tree Analysis，ETA）等。

（2）定量安全评价方法，是基于大量设计施工资料、竣工运行历史数据资料以建立完善的数据库和获得准确的数学模型（规律），对管道系统进行定量分析，计算得到管道评价结果的方法。定量安全评价方法的结果严密而准确，可信度高，但其要求原始数据完整、数学模型准确，以及分析方法合理，往往消耗大量人力、财力和物力。定量安全评价方法按定量结果类型不同，主要分为危险指数评价法、伤害（或破坏）范围评价法、概率风险评价法等。

（3）半定量安全评价方法介于定性和定量两种评价方法之间，是在实际经验基础上对管道事故概率风险及严重程度合理打分，经合理运算将两者进行组合，最后得出相对风险指标并进行分级的方法。半定量安全评价方法综合了定性、定量方法的特点，在历史数据资料收集、统计困难的现实状况下，以其操作性强的优点得到了各界的广泛应用。典型的半定量安全评价方法有 LEC 评价法、MLS 评价法、专家评分法（指数法）、日本六阶段法等，还有发展迅速的模糊综合评价法、层次分析法等。

上述三种评价方法中，从评价结果准确性及可信度角度分析，定量安全评价方法最好，其次为半定量评价方法；而从评价所需人力、物力、财力的花费角度分析，定性评价方法所需最低，半定量评价方法仅略高于定性评价方法。

定量评价方法是管道安全评价技术发展的高级阶段，但由于受到安全评价历史基础数据不完善等限制，定量评价方法短期内还不能实现。而半定量安全评价方法以其所需原始基础数据较少、评价成本较低的特点，广受科研及企业的青睐。本书在借鉴国内外油气及供水管道系统研究成果的基础上，结合我国长距离输水管道系统自身特点，采用半定量安全评价方法进行分析研究。

各种安全评价方法都有其各自特点及适用范围，应根据评价对象特点、具体条件和需要，慎重选用。必要时，为提高评价结果准确性，可针对评价对象实际情况，同时运用几种安全评价方法对其进行综合分析，相互补充、验证。现就几种安全评价方法进行归纳、比较，见表 4-1。

表 4-1　　常用安全评价方法归纳比较表

评价方法	类型	评价内容	评价特点	适用范围	方法优缺点
危险性与可操作性研究	定性	对系统工艺偏差的原因及后果进行分析	通过关键词识别分析系统工艺偏差，进而探讨其产生原因、后果及对策	化工及热力系统的设计及生产阶段	简明实用，评价人为主观影响大，缺乏客观性
安全检查表	定性	对影响系统安全性能的危害因素进行分析	针对检查对象编制表格，进行检查评价	建设项目的设计、施工及运行各阶段	简明实用，但表格编制过程复杂、有难度
预先危险性分析	定性	对影响系统安全性能的危害因素进行分析，确定系统危险程度	根据经验查找危险源并分类，识别危险程度，进行危险性分级	项目开发初期及方案设计阶段	简明实用，评价人为主观影响大，缺乏客观性
故障树分析	定性	分析系统失效原因及确定发生概率	演绎法，构建故障树，布尔代数运算，分析原因、确定事件概率	系统事故分析	复杂、形象，故障树构建整个复杂欠妥会对结果影响很大

续表

评价方法	类型	评价内容	评价特点	适用范围	方法优缺点
事件树分析	定性	分析系统失效原因及确定发生概率	归纳法，构建事件树，逐步确定事件概率	各类系统的局部工艺区域	简明形象，评价人为主观影响大，缺乏客观性
LEC评价法	半定量	进行危险等级划分，确定系统危险程度	对系统的L、E、C三者按规定等级赋分，半定量计算评定危险程度	各类系统的生产作业	简明易行，评价人为主观影响大，缺乏客观性
MLS评价法	半定量	进行危险等级划分，确定系统危险程度	综合考虑危险源固有危险性及监控措施指标，综合计算后评定危险程度	各类系统的生产作业	简明易行，评价人为主观影响大，缺乏客观性
日本六阶段法	半定量	进行危险等级划分，确定系统危险	在资料整理、相关方法定性及定量评价后采取安全措施；对事故案例、FTA等方法再评价	化工相关工程项目	几种方法综合应用、多次评价，结果准确，但评价复杂、工作量大

对现有常用安全评价方法进行深入分析，它们都有其自身优缺点及局限性。主要表现在：

(1) 评价缺乏完整性。一是风险辨识阶段，安全评价人员无法确保查找分析出全部事故影响因素或决定性因素；二是安全评价阶段，无法确保查找分析出引发管道失效的全部事故原因及后果。

(2) 评价方法缺乏客观性。由于现有安全评价方法高度主观的特性，评价结果受假设条件支配。使用同一资料评价同一系统时，不同评价人员得出的评价结果存在差异性，甚至截然相反。而运用安全评价方法评价事物时，准确性很大程度取决于评价实施者的能力、实践经验等。按安全评价发展现状，主观性不可避免。

(3) 评价结果缺乏可靠性。目前的管道安全评价停留在大多不能建立精确数学模型及计算方法的定性方法阶段，人为因素影响较大，且管道风险辨识事故要素关联研究较少，使得评价结果缺乏可靠性。

(4) 评价方法缺乏适用性。例如一些定量安全评价方法可靠性强，但是必须建立在充足数据的基础上，并且方法复杂、可操作性差，适用范围偏窄。

4.2.4 管道监测点布置

目前管道主要监测包含管道流量监测和管道压力监测。

1. 管道流量监测

常规管道供水工程的流量监测一般仅设置在管道进口、出口及管道分水处，其主要作用多是为了水量的计量。水锤防护在线安全监测系统则是在原有流量监测点的基础上每5km左右增加1处流量监测点，目的是监测运行过程中的管道流量变化，当水力过渡过程发生时监测管路沿线的流量变化情况。结合水锤防护设备的动作情况，分析措施的防护效果，并通过数据分析优化，如泵后控制阀关阀时间等装置动作规律。

2. 管道压力监测

一般有压流管道供水工程的压力监测点较多，在水泵进出口、管道分水口、管道控制阀门前后等处均有设置，部分工程项目在管道进排气阀处也设置了压力监测点，但压力数据并未全部实现在线自动采集和传输。水锤防护在线安全监测系统在布设以上常规压力监测点的基础上，根据管道长度及起伏特点额外增加部分管道压力监测点，尤其是通过仿真计算得出极易产生高低压水锤的位置。从而实现所有压力监测点的自动测量、采集和上传，目的是在监测运行过程中压力变化的同时，监测理论上宜发生水锤点的实际运行情况，同时也是对该点如空气阀等防水锤设备是否动作的间接监测。

4.3　管道水力特征监测

管道漏损是供水行业普遍存在的问题，管道一旦发生漏水，严重时会干扰用水户的正常用水和生活，同时对于供水企业来说，水量损失意味着增加了供水成本，对企业的经济效益和社会效益造成直接影响。目前常规的管道在线监测系统主要是根据在线检测的压力和流量数据进行漏损监测及定位的模型方法，而这些模型基本都适用于虚拟的理想管网，当应用于实际管网时，会因为测量数据不足、测量误差及水力模拟误差等问题而影响模型的精度，导致定位偏差大、无法反映管道微小漏损等问题的产生。

水锤是压力管道中由于流体的惯性作用而引起管道内流体产生流速的急剧变化进而造成管道内的压强急剧升高或降低交替变化的一种水力过渡现象，是造成输水管道破坏的主要原因。目前普遍采用在管道沿线设置防水锤型空气阀的方式来消除水锤的产生，但是水锤防护装置是否达到预期的效果，目前国内仍没有相应在线监测手段，运行过程中管道内是否有危害性的水锤无从得知。常规的管道在线监测系统主要基于稳态工况下的压力、流量等数据采集和监测，采集时间间隔较长，而水锤发生的过程一般在几秒至几分钟之间，受监测频率的影响，传统的监测并不能反映过渡过程中的流量或压力变化以及水锤事件，而且基于水力模型软件的水力过渡过程计算和安全防护分析报告，都是离线式的理论计算，很多边界条件和运行工况在实际运行过程中无法掌握，也无法进行计算的验证和结果的模拟。

4.3.1　管道磨损监测

随着城市化和乡村振兴进程的推进，人们对水质、水量提出了更高的要求。为了满足这些需求，输水管道从早期的灰口铸铁、预应力混凝土管和铁管转变为球墨铸铁管、预应力钢筒混凝土管（可分为内衬式及埋置式）、塑料管、钢管以及塑料/金属复合管（GRP/RMP）。由于管道受外部荷载的变化、内部承压的变化和温度的变化影响，因此无论哪种材料的管道都会发生渗漏，一般情况下渗漏分为管孔渗漏、承插口渗漏、接口渗漏和破裂渗漏。

埋在地下的输水管道（灰口铸铁、铁管、钢管等）很容易受到电化学腐蚀和微生物腐蚀的影响，施工时没有做好防腐处理或者防腐层因老化而性能降低，随着腐蚀的不断发展，会在腐蚀部位的管壁产生局部薄弱层，最终会发生管孔渗漏。采用刚性接口进行管道连接，接口处的膨胀水泥、石棉水泥没有完全封严，或者灌铅时接口内气体有存留，在外荷载的作用下承插口容易出现局部损坏，导致承插口渗漏。青铅接口和石棉水泥接口形式逐渐被橡胶圈式的柔性接口形式所代替，由于钢管耐高压、重量轻、易加工等优良特性，在特殊的地段被广泛应用，但是钢管的接口是焊接或者法兰连接，不属于柔性连接，受焊接质量缺陷和荷载变化的影响，在钢管连接的接口处易出现损坏，出现接口渗漏。当管道受内外压力变化和内外温度变化的影响，使管道承受的荷载大于其承载力而产生局部挠度过大，导致管道出现纵向破裂和环向破裂，形成破裂渗漏。

4.3.1.1 易发生漏损磨损事故部位

由于管材问题、接口问题、施工问题、腐蚀问题、内外荷载、水击现象、低温和其他工程问题等都可能导致输水管道发生漏损、磨损，从而产生渗漏。同时，这些问题又分为静态因素问题和动态因素问题。

其中，管材问题、接口问题、施工问题、腐蚀问题等大部分问题均是静态因素问题，静态因素问题在一定程度上可以人为控制。有统计资料显示：管材问题主要表现为管道的渗漏，通常发生在铸铁管道和镀锌管道上，分析后认定原因是国内连续铸管工艺先天有缺陷；接口问题较多，我国早期使用的青铅接口和石棉水泥接口，由于对材料本身特性认识不足，应用时出现很多接口问题，管道接口最好采用橡胶圈密封的柔性接口，在特殊区段的管道根据实际的情况进行调整；施工问题主要表现为沟底填土没有平整夯实甚至没有将石头等硬物挑出以及管道两边回填土没有分层捣实，从而引起管道的损坏；腐蚀问题是针对金属管道的，主要有电化学腐蚀和微生物腐蚀两种，可以根据具体所处的环境选择合适的管道防腐措施。水击现象又称为水锤，是动态因素问题，在长距离输水管道中，经常引发爆管事故，其原因是水击引起的压强可超过管道本身的极限承载，使管道发生很大的变形甚至破裂。

在实际的输水管道渗漏中，渗漏往往不是单一原因引起的，可能为多个原因叠加造成的。

1. 管材问题

据统计，我国现有的 20.3 万 km 给水管道中，80%以上的管道是灰铸铁管。我国从 20 世纪 60 年代起开始生产灰铸铁管，是以连续浇铸的铸管工艺为主，而采用连续铸管工艺生产的铸铁管的材质问题比较多，在新管试压和投产运行时时常发生管道断裂现象。

所谓连续铸管工艺系水冷金属模的铸浇方法，在拉管脱模过程中，管壁内外表面首先激冷凝固，形成渗碳体的硬壳，然后借助其中心液相同的高温进行自行退火。虽然具有工艺简单、生产速度快、产量高的优势，但连续铸管工艺存在无法消除的先天缺陷，主要表现为：

（1）连续铸管工艺由人工控制铁水液面高度和拉管速度，整根管子难以达到冷却均匀、组织一致。组织不均匀的灰铸铁的内部有许多片状石墨，这相当于材料内部有许多小穴，使得材料本身具有很严重的应力集中，承载能力大大降低。

（2）连续铸管工艺由于冷却过快，无退火工序，导致管壁表面产生脆硬而形成过冷石墨层，管壁温度应力无法消除，出现冷脆层，使管身脆性增大，不耐冲击、不耐震，抗弯抗拉强度降低。

(3) 连续铸管工艺生产的管体，组织疏松，难以消除气孔、黑渣、内沟和重皮等铸造缺陷。如果内沟和重皮刚好在管底、管顶或两侧受弯曲应力比较大的部位，由于作为脆性材料的铸铁管没有屈服阶段，当局部最大应力达到强度极限时，该处首先断裂，从而导致管身破裂的可能。

由于连续铸管工艺先天上的缺陷，加上我国使用的灰铸铁管壁厚标准与其他各国的灰铸铁管壁厚标准相比明显偏低，因此导致我国灰铸铁管漏损频率高。

2. 接口问题

接口问题主要有以下表现：

(1) 接口施工差。接口过程中，油麻填塞得不均匀，四面水泥口打不结实，有的管道竣工后不进行试压，导致管道正常工作时出现接口漏水。

(2) 接口刚性太强，不能承受弯曲力和进行伸缩补偿。管道从施工开始到使用若干年后，一直处于缓慢的沉降过程中。由于土质和地基处理的差异，会使整根管道的沉降不均匀。如果刚性接口很强，当产生不均匀沉降时，管道像是一根相当长跨度的承重梁，如果跨度长到一定程度，即使管道有一定强度也会产生破裂。

3. 施工问题

施工问题必会造成施工质量不良，主要有以下表现：

(1) 管道基础不好。由于此间不良或松软导致管道不均匀沉陷，或管下有大的石块、硬物造成局部应力集中，在内外负荷作用下逐步损坏接口甚至管道。

(2) 覆土不实。覆土未分层夯实且管道两边土的密度不均匀，使管道尤其是大管径受力显著增加，增加管道破裂的可能。

(3) 未设支墩或支墩后座土坡松动。大口径管道弯头、丁字管及爬陡坡处有较大的推力，主要靠支墩顶住推力。未设支墩或支墩后座土壤松动会引起弯头和丁字管等部位位移较大。

(4) 接口质量差。石棉水泥接口的石棉含量太高和捻打不实；承插管转接角太大；球墨铸铁管接口在放橡皮垫圈时没有将接口清扫干净，导致垫圈偏心和扭曲等。

(5) 焊接质量不过关。管道焊缝有尖渣、气孔或焊缝不均匀。

(6) 管道防腐不好。没有按管道防腐层的标准和要求操作，或管的镀锌处没作特别处理。

4. 腐蚀问题

管道腐蚀会使管壁变薄，引起局部穿孔漏失，严重的则发生爆裂。腐蚀是金属管道的变质现象，主要表现方式为生锈、坑蚀、结瘤、开裂或脆化等管道腐蚀。腐蚀包括外腐蚀和内腐蚀。

(1) 管道的外腐蚀。管道的外腐蚀主要是电化学腐蚀和细菌腐蚀。

1) 电化学腐蚀。金属管道埋在土壤中的电化学腐蚀，是指金属在土壤中发生的化学变化。其特点在于金属溶解损失的同时，还产生腐蚀电池的作用。

形成的腐蚀电池可分为微腐蚀电池和宏观腐蚀电池。微腐蚀电池是指金属组织不一致的管道和土壤接触时，就好像两块不同金属放在同一电解液中一样，在这两部分组织有差异的金属管道间发生电位差而形成腐蚀电池。宏观腐蚀电池是指长距离金属管道沿线的土壤特性不同时，在土壤和管道之间发生电位差而形成腐蚀电池。管道在土壤中的电化学腐蚀通常是由微腐蚀电池和宏观腐蚀电池共同作用的综合。

地下杂散电流对管道的腐蚀，是一种因外界因素引起的电化学腐蚀的特殊情况，其作用类似于电解过程。土壤中的杂散电流可能来自以下方面：①某些直流电力网络利用大地作为接地回路；②某些和土壤接触的导体，绝缘不良而发生漏电。杂散电流由土壤进入管道，也就是土壤中的阳离子趋向管道表面；而杂散电流从管道返回土壤时，管道上的金属离子溶入土壤，致使该处的管道被腐蚀。由于杂散电流来源的电位往往很高，电流也大，故杂散电流所引起的腐蚀远比一般的电腐蚀严重。

2）细菌腐蚀。土壤中的某些细菌对金属管道的腐蚀有一定的作用，最常见的细菌是硫酸盐还原菌，它在自然界分布广泛。当土壤的 pH、温度和电阻率有利于这些细菌繁殖的时候，细菌就起腐蚀作用，具体过程可分为：①细菌将在土壤中的某些有机物转化未能与金属发生腐蚀作用；②细菌能在金属表面上生产薄膜，促进了腐蚀电池的发生；③细菌的活动，破坏了防腐层的作用。

因此，细菌的腐蚀作用主要是通过某些细菌的活动引起或加速了电化学腐蚀的过程。

（2）管道的内腐蚀。管道的内腐蚀同样主要是电化学腐蚀和细菌腐蚀。

1）电化学腐蚀。对于金属管道而言，输送的水就是一种电解液，所以管道内腐蚀多半带有电化学的性质。由于金属不是化学上的纯金属，其本身含有不同的杂质，因此在金属表面的两个部位间存在着物理或化学上的差异时，两个部位间的还原电位就存在着差异，电位低的部位形成阳极，电位高的部位形成阴极。阳极部位的金属受到损坏，转入溶液中呈离子状态同时失去电子，释放出来的电子趋向附近阴极部位，在阴极形成的 H^+ 放电，溶液在阴极失去 H^+ 而增加 OH^-，当形成的 OH^- 达到足够数量时，在溶液中的金属离子就形成金属的低价氢氧化物。低价的氢氧化物如 $Fe(OH)_2$ 被水中的溶解氧所氧化而变成高价氢氧化物 $Fe(OH)_3$ 沉积在管道内壁成凹凸不平。在正常状态下，如水中没有侵蚀性 CO_2 时，这样的沉积物在管内壁形成一层薄膜，抑制了腐蚀作用。否则 $Fe(OH)_3$ 吸附 CO_2，破坏了酸式碳酸盐溶液中的化学平衡，加速产生 $CaCO_3$ 沉淀。由于腐蚀的生成物能溶于酸性介质中，而不易溶解于碱性介质中，因此 pH 低时能促进腐蚀作用，pH 高时能抑制腐蚀作用。

2）细菌腐蚀。铁细菌是一种特殊的自养菌类，其依靠铁盐的氧化，在有机物含量极少的给水管道中，利用细菌本身生存过程中所产生的能量而生存。铁细菌附着在管内壁后，在生存过程中能吸收亚铁盐并排出超过其本身近 500 倍的 $Fe(OH)_3$，所以有时能使水管过水截面严重的堵塞。

5. 内外荷载

长距离输水管道担负着把水安全可靠地送到配水管网，并满足水量、压力和水质的要求。随着城市建设的发展，长距离输水管道的规模也在不断扩大，长距离输水管道的复杂性也随之增加，在满足用户用水需求的前提条件下，长距离输水管道的总体压力越来越高，其中局部区域压力存在过高现象。压力高，对管道强度的要求也会相应提高，管道的事故频率也会随之增高。

埋管过浅会使动荷载增加；路基不好、地下管道漏水、路面质量不好等因素，可能导致路面凹凸不平，车辆在凹凸不平的路面行驶，也增加对管道的动荷载。随着城市交通运输业的不断发展，车辆吨位不断提高，运输的频率不断增加，管道的动荷载明显增长。同时在城市基础设施建设中，由于各类管的更新改造和建设，形成管道之间原有外力荷载的改变。过大的活荷载容易引起接口漏水甚至爆裂。

6. 水击现象

在长距离输水管道中，由于阀门突然关闭、水泵机组突然停车等外界原因，使得管道中水流状态发生突变，管道压力发生剧烈波动而引起的水击现象称为水击。水击分为直接水击和间接水击。直接水击是指水流突变的时间小于水击波的周期时，所引起的水击现象；间接水击是指水流突变的时间大于水击波的周期时，所引起的水击现象。

水在长距离输水管道中造成破坏性事故的水击通常是直接水击。水击是非恒定流，采用理论力学中的动量定律进行推导，可得到直接水击压力的计算公式，即

$$\Delta p = pa(r_0 - r) \tag{4-1}$$

式中　Δp——水击压力，Pa；

p——水的密度，N/m^3；

a——水击波的传播速度，m/s；

r_0——水击前的水流速度，m/s；

r——水击时的水流速度，m/s。

式（4-1）表明，水击压强与水击波的传播速度成正比。考虑到水的压性和管壁的弹性变形，应用连续性方程可得到水击波的传播速度计算公式，即

$$a = \frac{a_0}{\sqrt{1 + \dfrac{E_0 D}{E\delta}}} \tag{4-2}$$

式中　a_0——水中声波的传播速度，m/s；

E_0——水的弹性模量，Pa；

E——管材的弹性模量，Pa；

D——管径，m；

δ——管壁厚度，mm。

由式（4-2）可知，水击波的传播速度与管材、管径和管壁厚度有关。对于同一种管材来说，管径越小，管壁越厚，则水击波的传播速度越快，水击压强也就越大；反之则水击压强越小。铸铁管管径在75～1500mm范围之间，水击波的传播速度在1345～1027m/s范围内变化。

假设阀门关闭前管径为150mm的铸铁管水流速度为1m/s，当阀门瞬间完全关闭即水流速度为零时，其水击压强值约为1225kPa，可见水击压力是很大的。

需要指出的是，由于管道摩阻或气蚀的影响，实际产生的水击压强值可能要比计算的水击压强值高出许多，这种巨大的压强可使管道发生很大的变形甚至破裂。若遇到多波源水击波共振水击发生，则水击压强将比单波源水击数倍增加，其后果更加严重。

7. 低温

长距离输水管道事故易于发生在冬季，主要是由于温变应力和冰冻荷载两个方面引起的。

（1）温变应力。管道是在一定温度下铺设的，却是在温度不断变化的环境下运行。管道随温度的变化会发生伸长或收缩，从而在管壁上产生轴向应力，这种应力称为温差应力或温变应力。根据线膨胀定律和胡克定律可推导出温差应力 σ 计算公式，即

$$\sigma=-\alpha E\Delta t \tag{4-3}$$

式中 α——管材的线膨胀系数；

E——管材的弹性模量，Pa；

Δt——温度变化的差值，℃。

温度变化的差值在升温时取正值，降温时取负值。显然，温度上升时，$\Delta t>0$，则 $\sigma<0$，管道受轴向压应力；温度下降时，$\Delta t<0$，则 $\sigma>0$，管道受轴向拉应力。

温度随着一年四季的不同而作周期性地变化，管道所受的温差应力也随着温度的变化而作周期性地改变。天气变暖时，管道受轴向压应力；天气变冷时，管道受轴向拉应力。由于管道所受的温差应力随时间变化而呈周期性变化，因此管道所受的温变应力是交变应力，这样即使管道所受的温变应力小于其允许应力，但是经历了长期的运行之后，由于疲劳破坏也会发生断裂破坏。

（2）冰冻荷载。当气温低于 0℃时，土中孔隙水冻结的同时伴随着土体积的增大、析冰作用和土颗粒冻结。如果土在冻结时体积增大（冻胀）是均匀发生在成分与含量均一的大面积上，则土中将不会产生内力，而只发生冻土层的单纯膨胀。在天然的条件下，由于土在平面上和深度上的非均质性，几乎见不到土层完全均匀的膨胀现象。当膨胀受约束或不许可，将对管道产生数值相当大的冻胀力。温度越低，冰冻层越厚，冻胀力越大。研究表明对于埋深为 1.4m 的管道当冰冻层厚度达到 0.6m 时垂直作用在管道上的负荷增加近 1 倍。

8. 其他工程问题

附近开挖管渠、深沟、打桩、拔桩、降低地下水水位、堆土等工程的施工过程，也可能引起地下水管道损坏。主要表现为：

（1）附近开挖深沟。沟底越深，距离管道越近，管道底部土壤产生的沉降量也越大。

（2）降低地下水位。为了施工需要降低地下水位，将影响到管道附近的地下水位下降。不均匀的水位下降和不同的地质条件，将使管道不均匀沉降，导致管道接口损坏。

（3）打桩和拔桩。打桩时由于土壤挤压和振动会影响管道周围的土壤变形。一般在管道附近打深桩，易使管道向上（和偏桩的另一侧）凸起，引起管道损坏。拔桩可能引起相反的结果。

4.3.1.2 减少漏失磨损的预防性措施

1. 管道材质

管材不能满足使用要求而被采用，就等于给系统埋下了隐患。新敷设管道材质应根据安全可靠性高、维修量少、管道寿命长、内壁粗糙系数低，且在此基础上造价相对低的原则选择。

考虑上述因素，从我国的国情出发，预防性措施应有以下考虑：

(1) 连续浇铸铸铁管管材不能满足给水使用要求，尤其是现行小口径铸铁管材，既易受温差拉断，又易受水击破坏。因此，应逐步淘汰各种类别的连续铸浇铁管。

(2) 对于管径大于等于1.5m的，宜采用薄壁预应力钢筒混凝土管、钢管和球墨铸铁管；管径200～1500mm的，宜采用球墨铸铁管、预应力混凝土管和玻璃纤维增强管；管径75～150mm的，宜采用PVC、PE或球墨铸铁管。

2. 接口形式

接口质量是保证管道质量的重要因素。早期使用的青铅口有一定的柔韧性作用，但其容易拉伸漏水，后来被有防渗能力、成本低的石棉水泥接口所代替，但石棉水泥接口刚性太强，当发生不均匀沉降时，往往在较小口径水管产生环向裂缝，在较大口径水管产生承口豁裂。如果温度下降管收缩时不能有纵向移动，那么产生的应力会使强度较低的水管拉断。因此接口应采用柔性接口且保证接口不漏水。20世纪80年代以后出现了橡胶圈式的柔性接口，可以消除温差、不均匀沉降等不利因素产生的各种应力，是比较理想的管道接口。因此，除特殊管段外，接口应采用橡胶圈密封的柔性接口。

3. 施工质量

管底应是好的黏土或砂，有一定的承载力，管道要平整好，使管道和基础能整体接触，尽量避免不均匀沉降。同时还要检查管底，保证管底不含有石块等硬物，以防硬物将来对管道构成集中荷载而引起管道破裂。设置阀门等配件时要注意基础的沉降量应尽量与管道接近，砌阀门井时在管道旁留有空隙，以防沉陷不同时压坏管道。覆土密实度不一致和两侧不均匀，均会使管道变形增加，受力增加。近管道部分的覆土不应有硬物，硬物会破坏管道防腐层并形成集中荷载。

较大口径水管的弯头，特别是丁字管或管道堵头，有较大的外形推力，故一般应设置支墩以防管道移动。设计支墩是主要靠支墩背后的土压力，因此在施工时力争支墩背后的土为原土，在压力试验时要密切注意支墩及有关接口的移动情况。

4. 管道防腐措施

金属管道的防腐是决定金属管道使用寿命和输送能力的重要环节，尤其在土壤和水侵蚀性较强的情况下。

(1) 管壁保护涂层。就防护而言，土壤腐蚀条件相同时，钢管的腐蚀比铸铁管和球墨铸铁管更严重，故一般铸铁管和球墨铸铁管的外防护采用沥青或环氧媒沥青涂料，钢管则采用三油二布或四油三布，油一般用环氧媒沥青，布一般用玻璃纤维布。由于不同土壤条件下腐蚀程度不同，因此对埋设在不同土壤条件下的管道应采取相应的防腐措施。例如，由于球墨铸铁管的管壁薄，埋设在腐蚀性土壤中受蚀穿孔速度比铸铁管快很多。因此，对埋在腐蚀性土壤中的球墨铸铁管，首先应喷涂锌层，再刷沥青；同时还需要外加聚乙烯松套，保护管段的效果比较好。在确定防腐措施时，金属管道内壁要推广使用水泥砂浆衬里。

(2) 阴极保护。阴极保护是保护管道外壁免受土壤侵蚀的防腐措施。根据腐蚀电池原理，两个电极中只有阳极金属发生腐蚀，所以阴极保护的原理就是使金属管成为阴极，以防止腐蚀。阴极保护有两种方法：一种是使用消耗性阳极材料的牺牲阳极法，另一种是直接通入直流电的外加电流法。牺牲阳极法与外加电流法的比较见表4-2。

表 4-2　　牺牲阳极法与外加电流法的比较

方法	优　点	缺　点
牺牲阳极法	1. 不需要外部电源； 2. 对临近金属构筑物干扰小； 3. 管理维护工作量小； 4. 工程费用与保护长度成正比； 5. 保护电流分布均匀，利用率高	1. 高电阻环境不宜使用； 2. 保护电流不可调； 3. 对覆盖层质量要求高； 4. 消耗有色金属，需定期更换； 5. 杂散电流干扰大时不能使用
外加电流法	1. 输出电流连续可调、可满足较大的保护电流密度要求； 2. 不受环境电阻率限制； 3. 工程越大越经济； 4. 对管道防腐覆盖层质量要求相对较低； 5. 保护装置寿命长	1. 需要可靠外部电源； 2. 对临近金属构筑物干扰大，特别是辅助阳极附近； 3. 需设阳极保护站，日常进行维护管理； 4. 在需要较小电流时，无法减少最低限度的装置费用

对土壤的腐蚀性进行正确评价是实施阴极保护的前提，在工程实际中常通过测量钢管环境的土壤电阻率和自然电位来评价土壤腐蚀性。对于大多数情况，土壤电阻率越小，自然电位负值越大，则土壤的腐蚀性越强。土壤电阻率与土壤腐蚀性评价标准见表 4-3，自然电位与土壤腐蚀性评价标准见表 4-4。土壤环境经测定和评价为腐蚀性强、较强和中等的，一般都应进行阴极保护。

表 4-3　　土壤电阻率与土壤腐蚀性评价标准

土壤腐蚀性	土壤电阻率/(Ω·m)					
	中国	苏联	英国	日本	美国	法国
强		<5	<5			<5
较强	<20	5～10	9～23	<20	<20	5～15
中等	20～50	10～20	23～50	20～45	20～45	15～25
弱	>50	20～100	50～100	45～65	45～65	
很弱		>100	>100	>60	60～100	>30

表 4-4　　自然电位与土壤腐蚀性评价标准

自然电位/V	>−0.55	−0.45～−0.55	−0.30～−0.45	−0.15～−0.30	<−0.15
土壤腐蚀性	强	较强	中等	弱	极弱

选择阴极保护方式，应根据防腐层负重、土壤环境、现场条件和运行管理等因素进行技术经济分析，综合考虑确定。一般原则如下：①工程规模大宜采用外加电流法，规模小则宜采用牺牲阳极法；②城市市区内等密级区域考虑到对外界干扰电流的影响，一般应采用牺牲阳极法；③当土壤电阻率大于 100Ω·m，或管道覆盖层质量差时，一般宜采用外加电流法。根据上述原则，经过分析比较，输水钢管阴极保护考虑管线埋设现场的特点以及对外界干扰因素的不同，分别采取牺牲阳极法和外加电流法两种方式。在市区内及无可靠交流电源的管线地段采用牺牲阳极法，直接焊接捆绑块状镁阳极；在市郊及工程规模大的管线地段采用外加电流法，设置阴极保护站。

5. 压力

长距离输水管道漏损量随管道压力的增加而增加，因此降低过高的长距离输水管道供水压力是降低长距离输水管道漏损的有效措施之一。长距离输水管道压力降低有许多种方法，如通过调整泵的运行、装置泄压水池等方法，在满足水量、压力和水质的前提条件下，使长距离输水管道运行压力趋于合理。这些方法都可以在保证供水服务的前提下，适当降低输水系统局部供水压力，减少管道漏损水量。

6. 水击

在长距离输水管道中应因地制宜地设置有效的排气阀、水击消除器，泵房应设置关闭止回阀。应加强日常的运行调度、养护管理和检修操作，注意管道排气通畅，泵和阀门启用严格按照操作规程执行；充水时需打开消火栓、排气阀。

4.3.1.3　输水管道磨损腐蚀在线监测系统

目前，国内长距离输水工程日益增多，输水量逐年增大。长距离输水工程的设计服役寿命一般都超过 30 年，为保证其使用寿命，在设计时经常要对输水管线采用阴极保护设计，输水管线阴极保护系统的有效运行是保证输水管线使用寿命的一种重要手段。

以长距离输水管线用预应力钢筒混凝土管的阴极保护系统为例，国内开发了一种新型的用于长距离输水管线阴极保护系统在线监测专家系统。该系统将在线监测服役状态下的阴极保护系统的运行情况，可根据阴极保护系统运行情况预测整个系统对输水管线的有效保护年限。

腐蚀在线监测系统主要是在线监测预应力钢筒混凝土管的阴极保护系统的运行情况，该系统的大部分功能也可以用于钢制管道或者混凝土管道的在线腐蚀监测。长距离输水管线腐蚀在线监测系统主要由传感器系统、预应力钢筒混凝土管电位监测系统、数据采集/传输及评价系统、专家控制及评价系统等几个方面组成。

1. 传感器系统

传感器系统是腐蚀在线监测系统中最重要的组成部分之一，该系统主要由预应力钢筒混凝土管模拟测试探头与 ECI 多功能腐蚀测试探头两个部分组成。

预应力钢筒混凝土管模拟测试探头系统由预应力钢筋、不锈钢钢筋和参比电极组成，通过恒电量脉冲方法测量不受阴极保护的预应力钢筋的腐蚀速度和自腐蚀电位。该系统中最重要的组成部分为参比电极系统，本系统的参比电极采用 MnO_2 参比电极系统，其性能参数满足以下各项要求：①电位稳定性为±20mV；②电极极化性，在极化电流 5μA 下电位波动为±30mV；③电极外形尺寸为 ϕ20×56mm；④电极外壳抗压强度大于等于 10MPa。

ECI 多功能腐蚀测试探头系统包括电阻率探针、MnO_2 参比电极、氯离子测定传感器、温度传感器、辅助电极等。可以测定氯离子浓度、混凝土电阻率、极化电阻、温度和开路电位。该探头系统具有以下几个优点：①同时测量与腐蚀相关的几个最重要参数；②包含了所有必需的电极和电路元件；③作为数字网络的终端装置；④数字信号对附近的 EMI 源有抗干扰能力；⑤采用 SDI－12 工业标准协议；⑥测量网络每个终端最长连接可达 200 英尺；⑦系统可以选用太阳能电池和可充电电池供电；⑧可以通过混凝土外部的蜂窝式收发装置进行无限远程通信。

2. 预应力钢筒混凝土管电位监测系统

目前国内所用的预应力钢筒混凝土管多以双层缠丝与单层缠丝为主，如何判断预应力钢筒混凝土管各层的阴极保护效果是一个较难的课题。预应力钢筒混凝土管电位监测系统采用在预应力钢筒混凝土管中预制探头的方式，可以有效采集管中不同层次的阴极保护电位。该系统采用混凝土中最稳定的电极——丹麦进口的ERE20埋地参比电极。ERE20埋地参比电极是一种应用在混凝土中，监测阴极保护水平和钢筋腐蚀速率的长效参比电极。ERE20埋地参比电极的电位几乎不受混凝土中化学性能变化的影响，因此常用于含有氯化物和碳酸盐的潮湿或干燥的混凝土中。根据成熟的电池技术，ERE20埋地参比电极是由MnO_2电极和碱性凝胶组成的半电池电极。外壳是不锈钢304。凝胶的pH值和正常混凝土孔隙中的液体保持一致。因此可避免因多孔连接处离子扩散引起误差。

3. 数据采集/传输及评价系统

数据采集/传输及评价系统是腐蚀在线监测系统的终端。数据在远程传输之前，由模拟信号转换为数字信号。测试数据既能通过无线通信传输，也能现地下载到便携式计算机上。数据采集装置可以在排气阀井内，外壳应采用抗干扰机箱。数据采集装置具有良好的防水、抗低温性能，适合长期在潮湿环境下工作。

数据采集/传输及评价系统具有现地数据管理、数据采集频次控制、数据通信方式、数据存储功能。同时该系统可以根据现场实测的数据与实验室已有的数据库进行对比分析，预测出整个长距离输水管线的阴极保护系统的服役寿命。

4.3.2 管道结垢监测

4.3.2.1 管道内结垢分类

1. 结垢分类

根据管道内结垢形成原因的不同可分力沉积垢、结晶垢、化学垢、腐蚀垢、生物垢及凝固垢等，管道内的结垢通常为结晶垢。

（1）沉积垢。沉积垢一般是由管道内的液体夹带的固体颗粒，诸如尘埃、炭屑在管壁上沉淀而形成的，其在水冷系统、换热器等灰尘较多的地方容易出现。沉积垢与管壁的作用力较小，易从管壁上剥离。

（2）结晶垢。结晶垢是由管道内液体中盐浓度增高至饱和而析出晶粒并沉淀于管内壁上而形成的结垢。由无机盐结晶而形成积垢的行为主要取决于该无机盐在液体中的溶解度。若液体中为单盐，则管壁上的结垢层较厚且结垢层结构致密，与管壁的作用力较强，不容易脱落；若液体中为复盐，则管壁上的结垢层较薄且结垢层结构较为松散，与管壁的作用力较弱，容易脱落。

结晶垢的形成一般分为两个阶段：一是晶核的形成，二是晶核生长并形成结垢层。温度升高可增大无机盐在液体中的饱和度，抑制晶核的形成。而晶核的生长则受管壁的温度变化以及管内壁材质、平整程度的影响。

（3）化学垢。化学垢的形成一般是由于管道内液体中的某些物质发生自氧化反应或聚合反应而形成的结垢。例如，在石化工业中，某些石化产品在接触到温度较高的管道内壁时会发生聚合反应，形成聚合物附着于管道内壁上。化学垢通常十分坚韧，不易去除。

(4) 腐蚀垢。腐蚀垢是管壁自身发生化学反应或电化学反应而形成的金属氧化物或其他化合物。这种垢不但增大了管壁的热阻，降低了其热交换能力，而且起到了催化作用，加速了其他结垢的形成。同时，结垢的腐蚀使得管壁凹凸不平，有利于其他结垢的附着。

腐蚀垢可从管壁剥离并悬浮于管内液体中。随着液体的流动，悬浮于液体中的腐蚀垢可能会沉积在管道内其他地方形成结垢层。同时，其也会对管内液体的化学性质产生影响，污染管内液体。

(5) 生物垢。生物垢常出现在排污管道或输送有机物的管道内部。这种垢主要是由菌类、真菌以及藻类形成的一层生物膜。这种生物膜是一种黏液状膜，其可黏附管内其他类型的结垢物质。

(6) 凝固垢。凝固垢是指液体在流过温度较低的换热面时所产生的结垢。温度的分布情况对这种垢的形成影响很大。

2. 结垢形成和变化过程

上述几种结垢并不是单独存在的，在实际中各种结垢一般是掺杂在一起，其形成原因和机理十分复杂。以管道内结垢为例，一般结垢形成和变化过程分为以下几个阶段：

(1) 引发阶段。引发阶段是指从管道内液体浓度达到过饱和状态到管壁明显析出结晶层的时间段。在这个阶段内，晶核在管道内壁的微凹凸处形成并生长。随着时间的推移，各个独立的晶核慢慢变大并与其他附着在管内壁的晶核及裸露于管内壁表面的晶核相互连接，直至在管内壁的部分区域形成一层薄结晶层。

(2) 传送阶段。传送阶段是指结晶物质扩散的过程，其传送机制包括布朗运动、湍流扩散、碰撞、电泳、重力等。

(3) 沉积阶段。沉积阶段是指结垢微粒在管道内壁附着的过程。在这个过程中，结垢微粒受到范德华力、流体剪切力等多个作用力的影响。

(4) 剥蚀阶段。剥蚀阶段是指结垢物质脱离管道内壁或结垢层，被管内液体带走的过程。按结垢物质脱离形态（离子、微粒、大块）可将其解释为溶解、剥蚀和剥落。

(5) 老化阶段。在老化阶段，结垢层内部发生变化而使得结垢层的物理特性发生改变。

4.3.2.2　管道内结垢清洗

管道内结垢的问题长期困扰着各行各业的生产，国内外对此已有相当长时间的研究。管道除垢的方法是多学科知识的综合交叉。总体来讲，管道除垢的方法主要有冲刷法、清管器法（机械法）、空气冲刷法、化学法、喷射法、管道清理与修复法及超声波除垢法等。上述方法各有其优势，但也有其应用缺陷。

(1) 冲刷法。该方法使用水或其他流体对管道进行冲刷使结垢层与管壁分离，以达到去除结垢的效果。冲刷法对管道结构无特殊要求，适用于管径不超过 25mm、流速小于 1m/s 且长度在 3～5km 的大部分管道除垢中，但其除垢不彻底且对水资源的浪费十分严重。

(2) 清管器法。该方法是将一个固态设备放置于管道内部，通过与内部结垢的摩擦将结垢去除。根据不同的特点，清管器法又可以进一步分为磨蚀清管器、智能清管器以及冰清管器等。该方法仅适用于清除结垢层较薄、管径较大且距离较长的管道，在堵塞严重或管径较小的管道中应用该方法则可能造成清管器的卡堵，使得堵塞情况更加严重。该方法对管道结构要求较高，管径较小、几何形状不规则的管道均不宜应用清管器法除垢。

（3）空气冲刷法。该方法是使用活塞流对管道进行冲刷，将附着在管道内壁的污垢、微生物等剥离管道，达到除垢的目的。这里的活塞流是指高压冷空气打入含水的管道内所形成的一种气液混合流体。该法对管道承压要求较高且对管道有损害。对于本身有缺陷或腐蚀较为严重的管道，应用空气冲刷法进行除垢可能会造成管道发生破裂，进而引发安全事故。

（4）化学法。该方法是使用化学试剂来腐蚀或消融管道内的结垢。其使用的化学试剂有酸类溶液或其他腐蚀性物质、化学溶剂、脂肪酸类物质等。该法适用于清洗小管径管道，其缺点是：①投放的用于除垢的化学试剂的剂量无法精确估计；②除垢效果无法保证；③化学试剂在溶解结垢的过程中也会对管道造成伤害；④在管道内注入大量除垢化学试剂会污染管道本身及管道输送的流体；⑤冲洗管道内的残留化学试剂需要大量的水，对水资源的浪费极为严重。

（5）喷射法。该方法与空气冲刷法类似，都是用水流对管道内部进行冲刷。但与空气冲刷法相比，喷射法使用的水流的压力更大、流速更快，对管道要求也更高（要求在作用区域内的管道不能有金属疲劳和裂纹）。该方法除垢效果明显，但对管道的损害也不容忽视。

（6）管道清理与修复法。该方法是在管道内壁附一层涂层（一般为水泥砂浆或是环氧树脂）以增加管道的耐腐蚀性。该方法可大幅提高管道的使用寿命，但其使用亦有限制（要求在作用区域内的管道不能有金属疲劳和裂纹）。

（7）超声波除垢法。该方法是利用超声波的特性使得附着在管内壁上的污垢的物理形态和化学性质发生改变，使之从管壁上脱落且不再容易沉淀结垢。超声波除垢法的主要作用机理包括空化效应、活化效应、剪切效应、抑制效应。超声波除垢法安全高效，对管道伤害较小且不影响管道的正常输送，成为先进除垢技术的发展方向之一。但由于超声波除垢法的主要作用机理是空化效应，决定着其作用环境必须是液体环境，这大大局限了其使用的范围。

由于电子信息技术、传感器技术、化学、新材料等学科的发展进步，上述的除垢方式也处在不断发展中。例如：为了使冰清管器在除垢时更加有效，研发人员考虑添加化学试剂（例如腐蚀性液体），用以加快除垢速度；机械电子技术的发展则为智能清管器的发展提供了更多的选择空间；由于更高水压的喷射工具的出现以及喷射液体中添加有助于加快除垢速度的特殊化学物质，使其有了更加明朗的发展前景。

各种除垢技术在对管道的损害程度、管道自身的约束、除垢的有效性及费用等指标上各有优劣。在当今社会大力提倡环保、节能、可持续发展的背景下，应用传统方法除垢已经无法满足实际需求。为提高效率、控制成本，研发应用新除垢技术已经成为除垢领域发展的新趋势，如基于超声导波的管道内结垢去除技术，应用超声导波进行管道除垢，不仅保留了传统超声波除垢法高效、节能、节水、低成本的优势，也解决了单个换能器作用范围较小、由于盲目或过度的超声除垢操作带来的由空蚀引发的管道疲劳和损害等不足。

4.3.2.3 管道内结垢监测系统

国内外学者对污垢的研究主要从污垢的预测模型、污垢监测方法及设备、防垢的对策等方面来展开。其中研究污垢的预测模型及防垢的对策时，都需要连续、实时、准确地监测实验系统中污垢的生长状态及生长量。然而污垢的形成包含着非常复杂的物理和化学过程，伴随着质量、能量、动量之间的相互转化和相互作用，同时还受到无机盐在水中的溶解作用、微生物的腐蚀作用、材料的表面特性及不同种类污垢之间协同作用等多种因素的影响。管道中污垢的形成与管材壁面特性、内壁温差、流速、含水率、流体特性等因素均相关。目前的研究单从模型分析上预测污垢的成长，显然是不现实的。因此，开展污垢连续、实时监测技术的研究，对污垢的预测及防垢对策具有重大的意义。

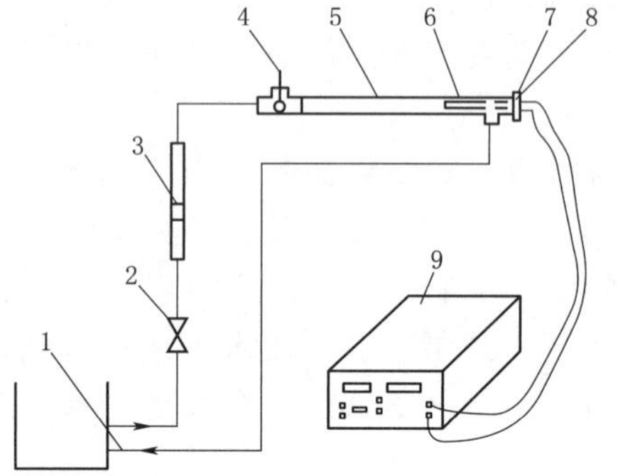

图 4-17　便携式污垢热阻监测装置
1—循环冷却水回水管线；2—进水阀；3—转子流量计；4—温度计；5—有机玻璃管；6—探测器；7—螺钉；8—法兰；9—主机

1. 便携式污垢热阻监测装置

便携式污垢热阻监测装置是由南京工业大学化工学院研制的，该装置体积小，便于携带安装，可直接观察传热表面上的结垢和污垢沉积的状况，以及对传热的影响，还能定量地测出污垢热阻以及污垢沉积速率。便携式污垢热阻监测装置如图 4-17 所示。流体从入口流经转子流量计，引入旁路有机玻璃管中，探测器从出水端插入有机玻璃管中，接通探测器上电源，改变电压即可模拟所需的壁温，并可在主机上显示出来。同时，可以透过有机玻璃管直接观察探测器上结垢情况，通过主机上显示的壁温变化，可及时了解水垢对传热的影响。

2. 自动采集处理污垢热阻监测系统

常州大学研制的自动采集处理污垢热阻监测系统如图 4-18 所示，可以实现对数据的在线自动采集和处理。流体经过泵和转子流量计进入测试管段，测试管段外加装套管，管内为 120℃的饱和蒸汽，其外有保温层。流体在测试管段内形成污垢，通过测试管壁温度测量污垢热阻。流体经过冷却系统后流入水槽，以便循环使用。

3. 监测沉积物的压力降测定装置

美国腐蚀工程师协会推荐采用的监测沉积物的压力降测定装置如图 4-19 所示。其测试原理为流体流经管道时，由于流动方向的摩擦力的作用，总会产生一定的压力降。如果管道内部存在污垢，管道截面积减小，流体阻力增加，管道两端的压力降会增加。所以管道两端的压力降增量与产生的污垢量存在一定的函数关系。

4. 换热管污垢热阻动态监测系统

换热管污垢热阻动态监测系统如图 4-20 所示，由东北电力大学研制，设备的主体是由两根管组成的管式换热器。这两根管是可以拆卸的，都可以作为实验管，对于单纯监测水质污垢热阻，两根实验管可同时进行两种或不同工况的污垢热阻监测：管内为了模拟实际换热器的冷却水或据其主要成分配置的工艺流体；管外是由电加热器和温度调节器构成的可调温度的恒温水浴。实验管段安装有壁温、出入口介质温度、实验段流动压降等测点；所有测量信号经由传输电缆经过数据采集器输入计算机，实现了污垢热阻的在线自动监测。

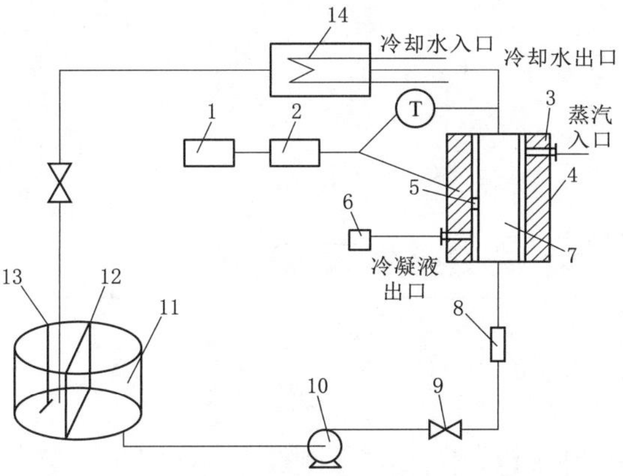

图 4-18　自动采集处理污垢热阻监测系统

1—主机；2—数据采集设备；3—保温层；4—套管；5—热电偶；6—冷凝液收集器；7—实验管；8—转子流量计；9—阀门；10—循环水泵；11—流体；12—过滤网；13—搅拌设备；14—冷却水系统

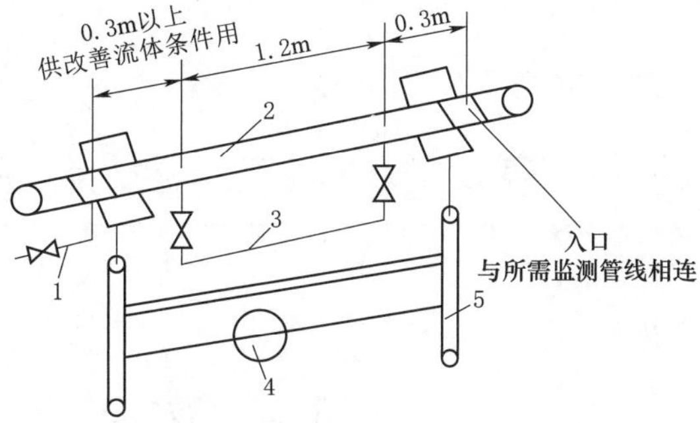

图 4-19　监测沉积物的压力降测定装置

1—出口；2—绝缘水平管道；3—测定压差的旁通管；4—压差计；5—恒速控制器支架

5. 集成系统污垢热阻监测系统

集成系统污垢热阻监测系统由华南理工大学研制，由冷水机组运行系统和数据采集和监控系统组成。其中，冷水机组运行系统由制冷剂回路、冷却水回路和冷冻水回路组成，数据采集和监控系统由数据采集系统和计算机处理系统组成，如图 4-21 所示。

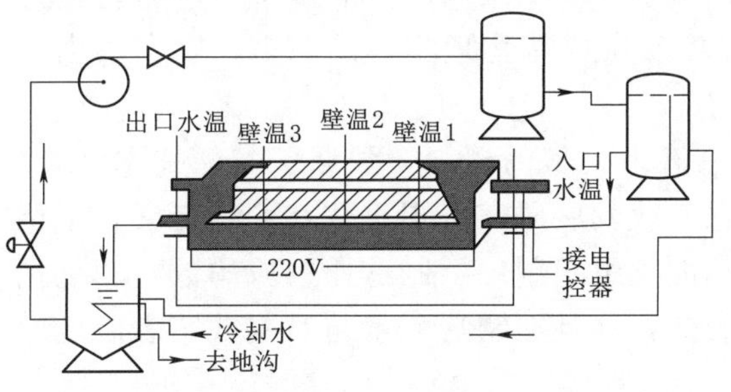

图 4-20　换热管污垢热阻动态监测系统

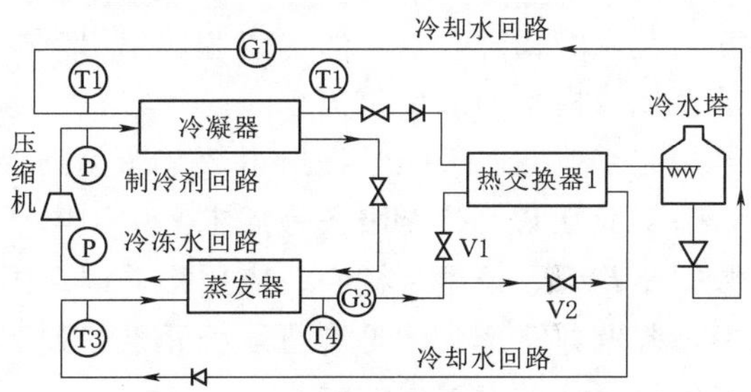

图 4-21　集成系统污垢热阻监测系统

集成系统污垢热阻监测系统的总体思路是：通过数据采集系统采集来自冷水机组系统中的 3 个回路的不同参数，并输到计算机处理系统进行处理，完成数据处理和监控的任务。由于在实际操作中很难直接测量换热面的壁温，需从总体的角度来探讨平均污垢热阻。利用冷水机组可完成这样的任务，只需要测量冷却水的进出口温度、冷冻水进出口温度、冷却水流量、冷冻水流量以及冷凝压力就可以得出对应条件下的污垢热阻值。

随着科技的进步以及测量设备的更新，国内的污垢监测水平有了显著的提高，各种污垢监测设备已经实现工业化生产。但是通过对以上装置的监测原理分析可以发现、目前大部分的污垢监测装置都是基于热学法的测量，热学法测量的严重缺陷是可信度不高；污垢监测的自动化程度不高，严重影响污垢监测设备的发展。所以，污垢监测装置的发展必须注重自动化程度的提高和测量原理的改进，新型的高自动化的光学法和电学法式污垢监测设备是未来发展的趋势。

第5章　数字孪生输水管网安全运行关键技术

5.1　数字孪生输水管网应用前景

5.1.1　数字孪生体技术发展

1. 数字孪生体的概念

数字孪生体的概念可追溯到2002年，美国密歇根大学Grieves教授提出并定义了数字孪生原型（Digital Twin Prototype，DTP）及数字孪生实例（Digital Twin Instance，DTI）的概念，揭示了物理实体和虚拟现实二元性的含义，一个是真实存在的物理系统，另一个是包含了该物理系统所有信息的虚拟系统，对应的数字孪生体具有现实空间、虚拟空间，两个基本要素之间由数据流和信息流相连接，在现实空间系统和虚拟空间系统之间互为镜像的物理与数字的“双胞胎”，以体现虚拟现实代替物理实体的能力、数字孪生体信息镜像模型的应用价值。

北京航空航天大学提出了数字孪生通用抽象五维模型的概念，强调了与新技术结合、普适工业互联、智能服务等需求。中国电子信息产业发展研究院提出数字孪生定义，强调数据是基础、模型是核心、应用是关键。国际标准化组织制定了制造业领域的数字孪生标准，强调数字孪生体是制造系统元素的数字化表达，并且在制造元素与对应数字表示之间能够以合适的速率保持同步。

2. 数字孪生体的级别

数字孪生体的级别根据物理实体与虚拟现实的数据映射、模型算法研发、支持业务应用服务的情况而定。最新提出的数字孪生体成熟度模型，包含数字孪生的数化、互动、先知、先觉、共智等过程。

3. 数字孪生技术应用

数字孪生技术最初被应用在航天和军事领域。2012年美国航空航天局基于飞行器仿真系统工程，提出使用最合适的物理模型、动态传感、历史数据等构建飞行器数字孪生体，建立多物理量、多维度的系统集成和概念模拟，通过数字化方式，在数字世界中构建一个完全一致的虚拟实体，即数字孪生体，并将设计、工程、制造数据直接关联于数字化应用场景，以实现相互依存、数据挖掘、高度仿真、模拟预测的功能特性，从而代表实体的特征和行为，大大提升了建造质量和效率。

综上所述，尽管人们对数字孪生体的认识有所不同，但共同的特点是都包含着数据、模型、应用服务三元要素，并且需要结合物联感知、大数据分析、人工智能驱动等信息技术（Information Technology，IT）予以实现。

5.1.2 管输企业数字化转型

《中华人民共和国国民经济和社会发展第十四个五年规划和2035年远景目标纲要》明确了“加强关键数字技术创新应用，加快推进网络强国、数字中国、智慧社会建设步伐”国家战略，从不同层面颁布了数字化转型的相关政策，提出了优化升级数字基础设施、充分发挥数据要素作用、大力推进产业数字化转型、加快推动数字产业化、持续提升公共服务数字化水平、健全完善数字经济治理体系、着力强化数字经济安全体系，要加快推进企业数字化转型，运用大数据、云计算、人工智能等新一代信息技术，构建多元化应用场景，提升企业数字化服务能力。尽管管输企业具有较强的社会公益型性质，但企业数字化转型也迫在眉睫，正迎来了数字化转型的新发展阶段。

管输企业肩负着水安全保障和区域经济社会高质量发展的重任，面对着复杂的水源特征，线长、点多、涉及面广的工程布局，自然环境多变的影响因素。抢抓企业数字化转型的机遇，深入研究现代信息技术与管输业务的深度融合，实现从数据采集服务→决策支持应用、业务流程复制→流程优化再造、信息化支撑保障→智能化驱动引领、应急事件被动响应→主动应对的转变，支撑输水管道安全运行、提高管网输水效能、保障供水安全已成为管输企业的必然选择。

5.1.3 孪生应用智能化前景

管输企业数字化转型，重在通过新一代信息技术与管输业务的深度融合，构建基于数字化场景、智能化仿真、精准化决策、智慧化服务的数字孪生体，实现管输企业涉及范围的透彻感知、全面互联、数字孪生、智能应用、综合性预判、自适应优化、可视化管理、智能化管控功能，为水安全保障供给提供全面支撑。

管输企业在“十二五”“十三五”期间，紧密结合自身业务管理特点和特定业务问题，经过企业信息化建设，积累大量的数据资源和以信息化技术提升企业管理能力等经验，为企业数字化转型、实现企业智能化管控、提升企业治理能力现代化奠定了良好的前提条件。

在管输物联感知层面，国内管输企业以管输网络，以及加压泵站的压力、流量、液位、应力、应变、开度、供电等“水/油/气、机、电、工”物联感知为基础，形成了以管道伴行光缆传输数据采集与监视控制系统，或利用运营商的无线通信网、北斗卫星短报文通信网实现数据传输的物联感知体系，积累了大量富有研究价值和支撑数字孪生管输工程建设的数据资源。

在专业分析应用层面，管输企业以保障工程安全运行和提高企业管理效益为出发点，基于现行信息化技术手段，不同程度地开展了地质灾害监测、管道智能防腐监测、油气水泄漏检测、场站阀室周界防护、管道挖掘监测、视频安防监控、无人机巡检监测、自然灾害监测预警等业务应用系统建设，为深化提升管输企业智能化管控能力积累了经验。

在现代业务管理层面，管输企业先后建立了包括工程建设管理系统、管道完整性管理、管道生产管理、管道企业资源计划（Enterprise Resource Planning，ERP）管理等符合企业管理实际需求的信息化系统，提升了企业管理的科学化水平和支撑企业数字化转型的基础。

聚焦管输企业数字化转型和企业高质量发展的新阶段，坚持“目标导向、应用至上，需求牵引、融合创新，数字赋能、提升能力”的原则，按照“强感知、增智慧、促应用、保安全”的思路，构建以数字孪生赋能管输工程现代化管理的新发展格局，强化水安全感知能力，畅通管输信息传输网络，强化网络安全保障，推进工程智能化改造，全面支撑和保障国家水安全和油、气供给安全，不仅具有良好的前期工作基础，更有国家政策支持、成熟技术支撑，为数字孪生管输工程智能化应用提供了良好的发展前景和前所未有的机遇。

5.2　数字孪生管输工程总体架构

5.2.1　数字孪生管输工程关联关系

构建数字孪生管输工程的重点在于基于多维多时空尺度数字化应用场景，以实体工程全要素和企业管理活动全过程的数字化映射、智能化模拟为途径，实现数字孪生管输工程和物理工程实体的同步仿真运行、虚实交互、迭代优化，支撑精准化决策。

5.2.1.1　管输工程孪生聚合

通过对管输工程中管道生命周期管理的分析表明，不同阶段的数字孪生体特点不同，但在针对具体业务应用时，需要明确多个数字孪生体或不同类型孪生体之间的聚合关系，形成建设期和运行期数字孪生体应用场景的不同聚类，产生多种层级、关联、对等的聚合关系类型。数字孪生体类型与管道资产阶段关系如图 5-1 所示。

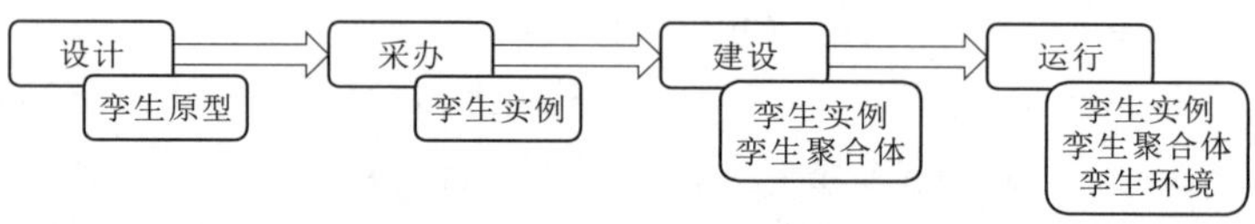

图 5-1　数字孪生体类型与管道资产阶段关系

结合管道物理实体对象和长输管道业务现状，管道实体按照层级关系可划分为管网、管道、场站、场站设备和线路设施。管道实体层次划分如图 5-2 所示。具体如下：

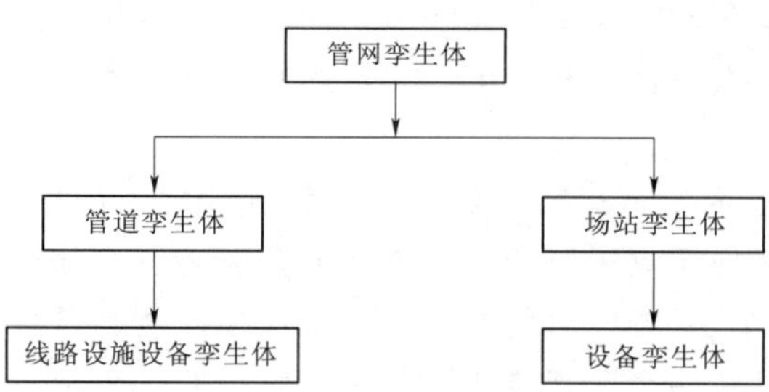

图 5-2　管道实体层次划分

（1）管网孪生体关系。管网孪生体的每个层级还有层级、关联、聚合关系。管网孪生体的组成，主要包括管网、子管网、管线、场站和管段，主要关系是管网包含管线、管线聚合管段、管段关联场站等。

（2）管道孪生体关系。管道孪生体主要包括管道、场站、线路及附属设施、周边环境、第三方设施、安全防护与监测系统，主要关系包括场站阀室关联管段、场站包含进出站口、站列关联收发球筒、线路包含附属设施、线路关联第三方设施、线路包含穿跨越等。

（3）场站孪生体关系。场站孪生体主要包括场站、进出站口、管道线路、功能区、设备设施、工艺管段、工艺管段焊口、管道组件等，主要关系包括场站包含设备设施、场站包含功能区、场站包含工艺管段等。

（4）设备孪生体关系。设备孪生体主要包括台套设备、单体设备、零部件、备品备件，主要关系包括台套设备包含单体设备、单体设备聚合零部件、单体设备关联备品备件。

5.2.1.2 孪生应用场景

孪生应用场景是在某一个阶段将多种类型的数字孪生体进行组合，形成相互影响和相互作用集合。例如天然气管道首站工艺运行场景中，主要工艺流程包括进站压力表和进站温度计、过滤分离器、流量计、压缩机、空冷器、出站温度计和出站压力表，对应由各种设备数据组成的孪生原型，产生孪生实例，多个孪生实例形成孪生聚合体，将主要工艺流程设备组合形成场站工艺运行的孪生环境，这个孪生环境的场景可服务于场站生产运行各种业务。

在数字孪生应用场景下，通过各种算法模型分析，从而解决业务需求，达到预期效果。例如在输气管道中，压气站工作产生的能耗费用会对整个管道的能耗费用产生直接影响，必须对压气站的能耗进行优化，从而需要准确掌握压气站中各台压缩机的特性，建立模型对压缩机的综合效率进行优化。20 世纪 60 年代起，国内外学者先后提出运用变转速二次拟合法、神经网络等多种方法进行数学和大数据算法建模，分析压缩机特性曲线的变化规律。主要模型有利用经验机理模型及利用数据驱动的大数据模型，通过算法模型，达到对压缩机性能优化的功效。

5.2.1.3 孪生供水关注重点

城市供水管输工程的运行和管理涉及人员、事物、流程等不同主体对象状态监测、预警、调度、运维等众多业务环节，应用数字孪生技术则是有效推进和实现供水生产、监管、调度、服务的主要途径。基于供水管输工程物理实体，构建虚拟现实的数字孪生体，以动态实时的方式，将建立的模型、监测的数据驱动数字孪生管输工程同步仿真运行，实现供水可控和可预测、激活供水数据资源价值，赋能供水管输工程科学管理和供水企业精细化运营是供水管输企业关注的重点。

1. 数字孪生功能应用

（1）绘制供水工程虚拟画像。通过建设城市供水系统全流程数字孪生体，以定量和定性结合的方式，通过物联网、数字孪生、人工智能、虚拟现实仿真驱动引擎等数字化手段，将物理设备的各种属性映射到虚拟空间，绘制虚拟供水系统画像，为推演水厂生产工艺、管网泵站水力、用户终端用水等场景提供基础。

（2）实现供水可控和可预测。供水管输工程的数字孪生体，应具备对供水设施设备和要素的在线模拟仿真和同步控制功能，直观地掌握供水生产流程、管网水力变化态势、机械设备控制、终端虚拟用水等内在信息，以提供供水科学调度、生产预警预报、过程控制等运行效能。

（3）激活供水数据资源价值。供水系统数据资源包含资产、监测、业务、经营等方面的数据资源，通过数字孪生体分析、挖掘、盘活无序的数据资源，能够发现很多有价值的信息和规律，可为辅助决策应用提供有力的支撑。

（4）助力智慧城市动态管控。智慧供水是智慧城市建设的主要组成部分，基于数字孪生供水运管体系的构建，可为智慧城市提供供水系统全局感知数据，有效助力智慧城市的建设与发展。

2. 数字孪生实现途径

（1）孪生映射。由于供水管输工程的复杂性和多变性，需要物理实体具备多源异构数据的实时感知能力和人、机、物、环境四大要素的深度融合，基于供水系统原水、水厂、管网、泵站、终端等基础设施的全面数字化建模，在信息维度上实现虚拟供水系统与实体供水系统信息表达和精准映射。

（2）孪生交互。供水系统数字孪生体不仅是虚拟展示，更重要的是应用。以泛在互联网作为实体供水系统与虚拟供水系统联通的纽带和桥梁，基于供水系统的数字模型，以真实供水系统的状态和趋势作为边界条件，将各项物理指标在数字孪生体中予以融合，构建虚实融合、双向映射、虚实协同的智慧供水运管创新体系，支持供水系统规划、设计、建设、运行方案模拟推演，实现供水系统的智能控制。

（3）智慧决策。数字孪生的核心是模型和数据，重点是预测、预报、预警和智慧决策功能的实现。借助大数据、人工智能技术和云计算强大的算力支撑，供水系统数字孪生体通过数据收集、数据分析、模拟评估、优化分析、预测预警，为供水系统优化运行、科学管理、应急响应、决策处置提供智慧化支撑。

5.2.2　物理管网虚拟现实关键要素

数字孪生技术应用主要包括数据、模型、服务三个方面。数据是基础，模型是核心，服务是数字孪生应用的关键。通过数据融合、模型驱动，实现物理空间与虚拟空间的相互映射，支撑辅助决策和持续优化等业务应用功能，解决业务问题。

5.2.2.1　数据是基础

数据融合的关键在于精准映射，通过数据感知、数据建模，将物理实体感知数据与虚拟实体之间进行映射。数据感知包括：建设期管输工程从设计、采购、建设各阶段产生的数据；运行期物理实体运行产生的动态监测数据及业务管理数据。

根据定义，数字孪生应用重点是向业务应用层级提供数据。从管输企业对管道管理的数据需求考虑，结合管道业务以及数字主线概念，管道数字孪生体的数字主线主要分为水平主线和垂直主线两个方面。

水平主线：主要解决从设计、施工、安装到运维全生命周期的数据传递及共享问题，涉及多个静态基础参数、多个时间段，需要多阶段整合数据。这些数据是随实物资产一同交付的数据资产，主要存放在数据资源平台。

垂直主线：物理传感器设备监测、专业计算和业务管理等数据的结合，解决运行期数据上传汇总，需要多源数据集成加载。垂直主线主要包括管道实体运行监测数据、专业分析计算数据、各种业务管理数据。这些数据随着管道运行实时产生。

水平主线与垂直主线的数据不是相对独立的，对于复杂问题需要将水平主线数据与垂直主线数据融合关联，并进行数据的组织管理，以体现数字孪生体层级与数据的聚合关系，达到模型计算的输入要求，实现支撑业务应用的基本作用。

管道数字孪生体模型信息与数据包括资产交付数据、运行监测数据、专业分析数据、业务管理数据等，要进行融合打通，对数据进行集成、存储、管理，并按统一标准提供接口服务。因此，在搭建数据资源平台时需要考虑以下内容：

（1）建立以数字孪生体为中心的数据标准。数据从水平与垂直两个方向进行融合的前提条件是建立统一的数据标准。数据标准的建立需要以数字孪生体为中心制定标准。因此对物理实体的数据划分不但需要考虑单个物理实体的属性，更应该考虑数字孪生体的组合关系，其中包括层级、关联、对等聚合，以支持上层应用场景的数据服务。

（2）以数字孪生体为中心的多阶段数据整合与管理。针对设计、采办、施工、安装逐阶段进行数据采集，需要针对相同实体对各阶段数据进行属性对齐更新和属性整合，最终达到准确的实体数字化交付。

（3）数字孪生体运行涉及多源数据集成，包括物联网监测设备的采集系统、自动化数据采集系统、多个信息管理系统等多源数据的集成。因此受到通信协议、数据格式、编码等因素的影响，需要多系统与移交的实体数据进行集成关联，形成以统一孪生体实体为中心的运行期多业务、多源数据的集成。

5.2.2.2　模型是核心

面向物理实体和逻辑对象建立机理模型或数据驱动的大数据模型，关键在于利用软件定义模拟或监测物理空间的真实状态和规则。模型将定义物理实体中各种运行及管理规则。模型并非将所有物理世界的规则一次性的全部建立，而是一个逐步完善的过程，要根据不同的业务问题进行逐步建模分析处理。通常依靠对管道业务专业知识的研究和积累，利用已知的数学、物理、化学等机理公式，针对业务问题进行分析建模。如在设备故障诊断场景中，压缩机故障诊断往往需要利用幅值域分析、时域分析、频域分析等分析方法，对压缩机系统测量信号进行分析。这些方法都是基于对设备运行原理的了解和长期运维经验积累。这种建模方法的特点是利用已知的知识进行分析预测，结果是可解释的。

随着各种传感器监测技术的发展，数据类型更加多样化，对于海量数据的处理分析技术也突飞猛进，使基于数据驱动的建模分析成为可能，因此出现了利用基于大数据处理的机器学习和深度学习建模分析算法。如在设备故障诊断的场景中，国内外学者多次提出利用神经网络和支持向量机等数据驱动的人工智能算法对阀门故障及压缩机性能进行诊断识别。采用这种方法的前提是采集足够多的样本数据，以数据驱动的方式利用神经网络深度学习的算法进行模拟预测，由于神经网络算法内部为“黑盒”，对分析结果的成因解释便成为难题。

有学者提出将大数据、机理模型和人工分析相结合的复杂系统数学建模方法。这种方法比较复杂，需要针对具体问题结合大数据算法，对过程机理进行逐个影响因素分析，建立多个子模型，对不同子模型选取适合的模型进行分析计算。复杂设备诊断问题流程如图5-3所示。

模型不仅需要数据作为输入，同时还需要结合模型开发技术。模型算法技术中包括知

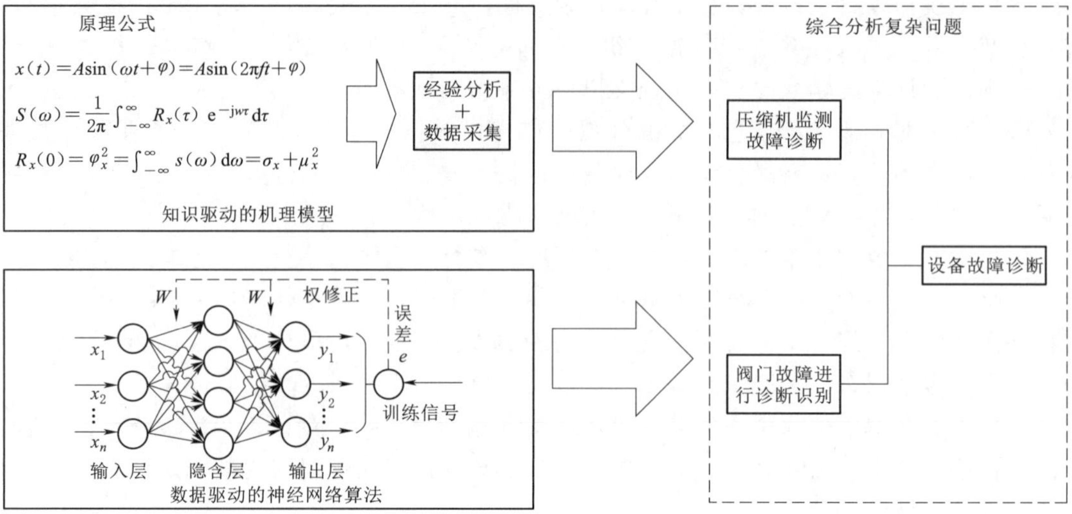

图 5-3　复杂设备诊断问题流程图

识驱动的机理模型和数据驱动的大数据模型。对于大数据模型应用可以考虑利用开源框架（如 TensorFlow 等）的基础算法，并在此基础上融合业务特征。另外，对于算法和业务结合，逐步建立典型案例，需要对案例信息进行知识提炼，利用知识管理技术逐步进行知识驱动的机理模型建立，以及需要从平台角度考虑对算法框架、知识管理等功能支撑。因此在搭建模型管理平台时需要考虑：

（1）通用基础算法框架。为了提高解决实际业务问题的效率和效果，需要在通用成熟的基础框架上，实现数据驱动的大数据模型、知识驱动的机理模型构建、存储和管理功能，因此在搭建管道业务管理模型平台时，可以考虑集成多个基础模型算法框架，为业务算法模型研发提供支撑。

（2）建立解决业务问题的算法模型知识库。在形成大数据和机理模型后，需要及时总结业务场景及算法模型，通过案例信息分析提炼形成知识，逐步建立算法模型知识库。

5.2.2.3　服务是关键

服务是数字孪生应用的关键。服务（应用）应在宏观战略层面以管输企业的战略目标进行规划，以支撑管输企业数字化转型。业务问题的提出，需要对应层级数字孪生应用的数据（包括水平主线移交的数据和垂直主线实时监测数据），融合对应问题的分析模型，形成支持对应的业务应用。对于复杂业务问题需要进行分解，以确定它们之间的关联关系。最终利用各种建模技术建立模型，输入数据，输出分析结果。

基于管输企业提出的“本质安全、高效运营”的战略目标。针对本质安全的战略需求，提出了线路本体腐蚀预测、地灾监测等业务问题。针对高效运营需求，提出了针对设备运行效率优化等业务问题。在开发应用的过程中参考相应阶段，结合数据与模型分析解决业务问题，梳理、明确数字孪生应用场景和应用功能设计，并利用分析结果对实际物理实体进行优化，从而实现数字孪生业务应用的价值。逐步完善多层级、多种组合关系的孪生应用，最终形成孪生业务生态。因此，在搭建业务应用支撑平台时需要考虑：

（1）应用统一规划，逐步开发实施。从业务角度对应用进行整体规划，按照企业战略目标进行业务问题的优先级划分，整合后台数据，按照优先级进行业务问题研究及模型建立，逐步进行应用的开发和实施。

（2）建立业务应用敏捷开发模式，快速响应业务应用问题。业务问题是按照企业战略目标和优先级进行解决，根据不同的业务问题进行逐步建模分析处理，同时对应的业务应用也是逐步建立，并随着战略目标的变化进行维护更新。需要平台具备敏捷开发模式迭代更新的能力，进行快速发布部署，最终达到与业务需求相匹配的应用模式。

5.2.3　孪生管网应用逻辑层次架构

聚焦现代化管输企业管网及泵站工程“施工管理、安全运行、科学调度、快速应急”核心业务，对标“安全实用、高效可靠”的基本需要，秉承“数据引领、拓展智能”的信息化建设宗旨，基于“数据是基础、模型是核心、应用是关键”数字孪生应用的基本理念，深化管输企业工程建设、安全管控、运行管理与物联网、大数据、大模型、云计算、可视化、BIM+GIS、自动监控、人工智能、数字孪生、移动互联、泛在服务等新一代信息技术的深度融合，构建现代管输企业数字孪生管网应用逻辑层次总体架构，如图 5-4 所示。

5.2.3.1　信息基础设施

现代管输企业数字孪生管网应用信息基础设施包括物联感知网、数据通信网和云计算平台建设。

1. 物联感知网

管输供水企业物联感知网建设主要以“水源地—输水管—净水厂—加压站—供水网—二供站—用水户—排污管—污水处理厂—中水管”全流程水位、流量、压力、水质和工程设施位移变形、机械设备应力应变、闸门阀门开度、泵站电流电压、全要素监测为目标，采用机械转换、电磁感应、压阻效应、化学反应、雷达扫描、红外探测、视频识别、卫星遥感、全球定位、超声波及声学多普勒等物联感知自动转换技术，实现管输企业监控管理对象全天候实时在线动态监测，为数字孪生公网应用提供翔实的实时监测数据。

物联感知信息传输拟以管理机构设施，管网及沿程泵站布设、净水厂和污水处理厂工艺流程设备配置、公网通信条件，合理选用物联感知信息通信组网方案。单纯的信息监测站由前端传感器、数据采集终端 RTU/MCU、有线（光纤通信）/无线（4G/5G 公网/卫星）通信传输模块、市电/太阳能供电所构成；泵站自动监控一般由水机电运行数据采集传感器、电动机控制断路器、闸阀门控制驱动机构、可编程控制器 PLC 和上位监控计算机所构成，监测控制信息通信传输拟采用光纤通信，实现在监控中心远程集中监控的功能。

2. 数据通信网

管输供水企业数据通信网建设包括工控网、业务网、互联网的广域通信网和局域网络，工控网与业务网之间拟采用物理隔离、业务网与互联网之间拟采用逻辑隔离，以保障网络安全运行。根据公网通信现状，监控中心与净水厂、污水处理厂、加压泵站之间拟采用租用或自建工控网、业务网宽带光纤通信专用链路方案，互联网可按照属地分别租用互联网专线予以实现的方案。所有监测站有光纤通信链路条件的首先应接入业务网，其次再采用 4G/5G 公网无线通信或卫星通信链路方案，以实现物联感知数据的汇聚整合功能。

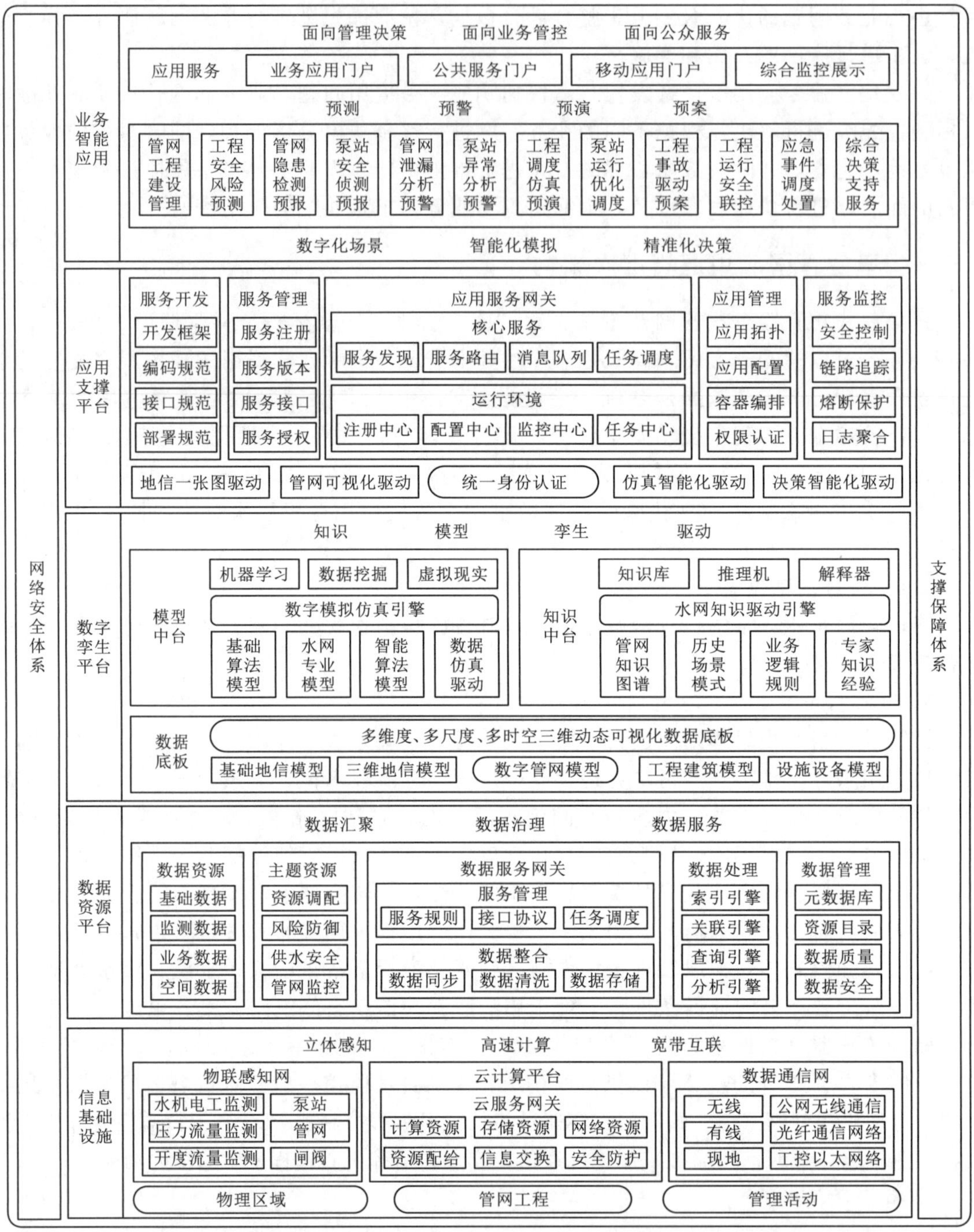

图 5－4　现代管输企业数字孪生管网应用逻辑层次总体架构

由于视频监视、可视化调度图像传输所需带宽往往较大，而泵站、净水厂和污水处理厂监控信息传输占用带宽又特别小，因此可将视频信息基于工控网予以部署。

3. 云计算平台

建设管输供水企业云计算平台，首先应结合管控对象规模和信息量估算，科学定位两地三中心（总调中心、监控中心、备份中心）、两地两中心（监控调度中心和备份中心）、现地一中心（监控调度中心＋备份设备）设置方案，合理确定监控调度备份3个中心云计算网络架构、超融合网络架构、裸机网络架构的网络拓扑结构和设备部署方案，其中包括工控网、业务网、互联网的路由交换、存储服务、网络安全设备配置，为智慧水网建设提供合理的算力，以支撑数字孪生水网业务功能的全面实现。

5.2.3.2　数据资源平台

现代管输企业数字资源平台建设包括数据资源（基础数据、监测数据、业务数据、空间数据等）的建库（归集库、标准库、主题库三类库），以及数据资源管理（数据汇聚整合、数据共享交换、数据服务管控三中台）的建设。

1. 数据资源建设

基于物联感知网络建设的各类自动监测站上传监控中心的数据、设施监控建设的泵站现地监控数据库、企业运行管理部门管理数据库、行业外部共享数据库和通信链路，在监控中心设置数据接收与数据交换前置工作站，按照前端监测站、监控站通信协议和前端数据库表结构，构建不同通信模式、通信协议、通信接口、数据格式、发报频次和发报规则的数据接收处理软件，不同类型数据库、不同通信协议的数据同步应用软件，基于监控中心构建的归集库，实现前端实时监测数据的接收处理、归集整合，以及前端监测站、数据库运行状态的监控管理、异常处置与报警功能。

数据资源建设还包括数字孪生管输工程所有对象的基础数据、业务管理数据和空间数据、多媒体数据、超文本数据，应按照国家和行业相关规程规范规定的数据类型和满足数字孪生管输工程建设精度需求，收集、整理、测绘相关数据，为数据资源建库提供数据资源。

2. 数据资源建库

根据国家和行业信息化数据管理技术标准规范，结合管输供水企业信息化涉及范围，建设归集库、标准库、主题库。在建立管网建设、管网安全、泵站/闸门监控归集库的同时，建设基础数据库、监测数据库、业务管理库、空间数据库、共享交换库、多媒体数据库、超文本数据库、工程档案库、元数据库。建设管输工程建设管理、管网水锤风险预测、泵站安全监测预报、管网漏损分析预警、工程调度仿真预演、泵站优化调度管控、工程风险驱动预案、综合决策支持服务等业务应用主题数据仓库，通过建设数据汇聚整合、资源共享交换、数据服务管控平台，全面支撑数据资源采集、传输、存储、处理、服务、共享、应用功能的实现。

3. 数据资源管控

数据资源管控功能的实现，基于数据资源平台构建数据汇聚、数据治理交换、数据服务管控三中台予以实现。

（1）数据汇聚。是实现数据资源建库、数据资源汇聚、数据资源治理和数据质量维护、数据资源服务基础功能的关键环节。基于管输企业涉及的结构化、半结构化、非结构化数据资源类型和标准建立的数据归集库，实现各类监测站数据采集传输接口适配，计算机终端或手机App人工报送、资料整编、共享外部数据接口的开发与配置；按照统一的数据标准、数据质量检验规则与归集入库策略，审核校验归集数据并进入归集库。标准库的构建，将依托归集库存储的数据，通过数据融合治理工具ETL实现，按照标准库库表结构和存储方案，通过抽取、清洗、转换、校验、加载到标准库；数据融合治理是保障数据质量的关键，也是建立标准库数据对象、数据属性、保障“一数一源”安全存储的重要步骤。

（2）数据治理是建立主题数据仓库内含，实现主题数据接口、数据资产目录相应逻辑与实体资源封装、注册、发布、服务功能的核心，也是实现共享外部资源和对外提供数据资产双向服务与管理功能的基础。拟基于元数据库建设和可视化操作能力的建立，实现主题数据集和数据资产的增加、删除、修改、查询、服务等动态管理功能。

（3）数据服务是保障数据中心安全可靠运行的重要组成部分，是实现主题数据与业务应用组件关联服务、内部与外部数据资产交互共享过程静态配置、动态监控、运行监视、异常处置、事件报警、后台日志、统计分析关键所在。通过数据可视化服务门户，实现监测站网、监测设备、设备接入、通信链路、通信协议、数据接入、数据归集、数仓建模等全方位静态监控管理功能；基于运行状态日志数据采集与分析，全面实现从数据归集整合、数据融合治理、数据校验入库、数仓主题建立、数据资产开发、数据交换共享、数据服务运行等全流程动态监控管理与支撑服务功能。

为保障数据资源安全、业务应用系统安全可靠运行，通过统一权限管理，实现数据资源和业务应用的统一鉴权与管理，包括数据资源权限划分、数据资源（含业务应用资源）管理、用户权限管理、访问权限配置、单点登录、认证监控全流程管理与操作界面可视化功能的实现。

5.2.3.3　数字孪生平台

数字孪生平台是实现管输工程智能化监控、智慧化服务的核心，其中包括管输工程多维度、多尺度、多时空三维动态可视化数据底板，管输工程安全监控、工程风险预警、调度仿真预演、大数据挖掘、智能化决策等专业模型库，管网知识图谱、历史场景模式、业务逻辑规则、专家知识经验等业务知识库，以及数据、模型、知识驱动三维动态可视化业务应用场景的引擎构建。

1. 数据底板

基于数据资源平台汇聚整合的管输工程的基础地理数据、工程基础数据、实时监测数据、业务管理数据、外部共享数据，以及区域地理信息模型、工程空间网格模型、管输工程BIM模型、工程专题数据模型，紧扣数字化场景、智慧化模拟、精准化决策功能实现，构建管输工程物理实体及其影响范围高保真、全要素、数字化虚拟现实空间的多维度、多尺度、多时空三维动态可视化数据底板，形成数字化应用场景。

管输工程多维度、多尺度、多时空三维动态可视化数据底板的构建，关键在于管输工程涉及范围三维地理信息模型、工程建筑信息模型的建立与空间数据融合。地理信息模型宜以无人机航拍正射影像、数字高程模型、数字表面模型和激光点云补充测量与精修为基础，构建管输工程区域高精度的三维地理信息模型，融合基于工程CAD数据构建的工程建筑信息模型，形成支撑管输业务应用的三维可视化静态数据底板；开发基于GIS+BIM三维模型各个构建、节点和点线面属性数据、监测数据、模型驱动应用场景引擎的数据接口，为关联业务应用基础数据、实时监测数据和特定应用场景叠加渲染、专业模型及业务知识驱动引擎提供路径，实现不同业务轻量化三维动态仿真应用场景，全面支撑数字孪生工程业务应用智能化功能的实现。

2. 模型中台

按照“模型标准化、功能模块化、平台生态化、应用智能化”建设思路，根据数字孪生管输工程专业算法模型驱动应用管理需求，聚焦管输工程应用模型计算共性剥离和微服务构建，基于标准统一、接口规范、分布部署、快速组装、敏捷复用的原则，构建模型存储库、模型库管理、模型库应用，通用基础模型、管输工程专业模型、智能算法模型、可视化模型和虚拟仿真驱动引擎在内的数字孪生管输工程模型中台，实现对通用模型、专业模型、智能模型、仿真模型的开发管理、存储管理、接口管理、注册发布、服务关联、运行监控、安全管理功能。

针对管输工程特定的数字孪生应用，构建管输工程安全、高效、经济运行智能优化模型、输水管网水锤压力在线监测预警水力过渡过程模型等详见 5.3 节，为实现数字孪生管输工程与工程实体实时同步仿真运行，驱动管输工程安全预警、工程优化调度运行功能的实现。

3. 知识中台

聚焦数字孪生管输工程知识驱动应用需求，按照“标准统一、表述规范、接口适用、智能驱动应用”原则，构建支撑知识汇聚、知识治理、知识表达、知识图谱和知识应用驱动引擎的数字孪生工程知识库。基于主题、属性、边关系 SPO 三元组关联模型，知识建模规则、知识表达规范、知识推理机制、知识迭代方法、工程关联图谱及内在规律，实现知识主题定义、结构解析、词典定位、知识抽取、知识清洗、知识融合、知识表达、知识标签、知识映射、知识图谱、知识建库、知识存储和智能处置功能，支持以主题知识关联属性数据、边关系关联知识集、多级多层次标签体系的知识加工与管理功能。通过构建基于知识解译—知识推理—事件驱动主题知识关联图谱和知识应用的驱动引擎，结合主题知识应用前置条件，智能驱动业务规则、专家经验、调度方案、应急预案、历史场景等知识的推理应用，为决策支持提供有效支撑。

大模型技术是构建知识中台的最佳途径，具有广泛的人工智能应用前景。通过汇聚整合管输工程与企业相关的政策法规、标准规范、专业知识、技术方案、业务规则、调度方案、管理规程、应急预案、历史场景、专家经验等各类文献资料建立语料库，基于基础大模型提供的知识深度学习神经网络模型，利用微调技术，训练管输工程和企业所需知识的语言表达模式，逐步实现从知识问答到支撑业务应用与智能管控的发展。

5.2.3.4 应用支撑平台

应用支撑平台是实现业务应用的基础，也是支撑数据管理、孪生赋能、业务应用相互关联的服务平台，拟基于微服务技术架构，采用成熟的应用服务器、消息中间件、工作流引擎等中间件产品，构建适应于云服务环境条件下的服务开发、服务管理、应用管理、服务监控、安全监控、服务网关、运行环境等在内的业务应用组件全生命周期支撑服务，融合数据资源管理、工程数据底板、算法模型管理、数字孪生工程、图像语音识别、工程监控智能化驱动引擎，实现主题数仓资源、专业智能模型、知识推理机制、业务应用组件的有机关联、灵活装配和融合服务，为提升管输企业智能化管控能力提供多层次、全方位支撑服务。

1. 服务开发管理

微服务组件是将一个完整的业务应用拆分成为数据资源、算法模型、业务流程组件及成果可视化驱动引擎，为业务应用的标准化开发、通用化复用、可视化管理提供支持，切实提升业务应用功能装配的灵活性和适应性，增强业务应用系统信息服务、业务管控、决策支持能力。微服务组件的开发管理主要包括：开发框架、编码规范、接口规范、治理规范、部署规范的建立；实现微服务组件的服务注册、服务证书、服务版本、服务接口、服务发布管理，以及基于逻辑流程、关联图谱、数据底板、空间关联、业务关联、模型关联、知识关联、数据关联、接口配置、服务配置、服务授权的业务应用装配静态管理支撑功能。

2. 服务支撑环境

服务支撑环境基于业务支撑平台注册中心、配置中心、监控中心、认证中心运行环境，实现业务应用系统的运行支撑保障服务，其中包括服务发现、权限认证、服务路由、消息队列、任务调度等功能。

3. 服务运行监控

服务运行监控基于业务支撑平台运行监控能力，实现进程监控、性能监控、安全控制、链路跟踪、熔断保护、日志聚合、监控报警功能，并通过服务集群、负载均衡、内部和外部网关，全面实现微服务组件开发部署、业务应用系统装配与运行监控、系统运行安全管理、业务应用统一权限认证的全方位支撑。

5.2.3.5　业务智能应用

管输工程信息化智能应用开发，是在管输工程物联感知建设的同时，基于云计算平台、数据资源平台、数字孪生平台、业务支撑平台资源配置、静态服务、动态监控和通用服务能力、业务应用微服务开发技术标准、多维多时空三维动态可视化场景驱动引擎，实现数据、模型、应用之间的有效解耦，充分利用汇聚整合、融合治理、形成一数一源标准库的数据资源，建立支撑业务应用的主题数据、构建智慧赋能模型、开发业务应用流程组件，以提高专业模型、智慧赋能、知识驱动、业务组件的通用性，增强业务应用服务装配的灵活性，实现业务应用服务的灵活装配和快速构建目标，促进业务应用不断迭代、优化升级、完善功能、持续发展。管输工程业务智能应用开发，单从工程视角可概括为工程安全管控、优化调度运行、应急事件管理 3 个方面，其中包括工程安全风险预测、管网隐患监测预报、管网故障分析预警、工程调度仿真预演、泵站运行优化调度、管网安全监控联动、应急事件调度处置等业务智能应用开发。

5.2.3.6　运行保障环境

数字孪生管输工程运行保障环境包括网络安全保障、虚拟现实环境、建管运维机制 3 项建设内容。

1. 网络安全保障

管输工程信息化网络安全体系建设包括：技术层面的物理安全、网络安全、系统安全、数据安全、应用安全；管理层面的安全组织、安全策略、安全运维；安全体系层面的边界防护、入侵检测、漏洞扫描、病毒防范、安全审计、Web 防护、安全管理系统；统一的信任服务、授权服务、密码服务体系等内容。通过建设一个集态势感知、主动防御的网络安全保障体系，确保管输工程信息化网络安全。

2. 虚拟现实环境

数字孪生管输工程信息化虚拟现实运行环境应包括高清可视化监控大屏、音响扩声、数字会议、视频监控、中央控制和高性能图形工作站，以及虚拟现实 AR/VR/MR 设施设备虚实交互联动和虚幻驱动引擎，支撑数字孪生管输工程三维动态可视化业务应用场景与工程实体同步仿真运行，全面实现管输工程运行数字化模拟、智能化监控、智慧化服务的功能。

3. 建管运维机制

构建管输工程严谨的监管运维机制，是保障工程信息化建设质量与安全运行的必备条件，通过建立工程建管运维机制体制，健全统一的技术规范标准、进度质量管控措施、运行维护管理制度、运行管理操作规程、安全运行保障措施，全面保障管输工程安全、可靠、稳定运行。

5.3 输水管网数字孪生赋能模型

5.3.1 管网水力模型研究进展

输水管网系统一般由水源、一级泵站、水处理厂、二级泵站、输配水管网、加压泵站、水塔等组成。水源为用户提供足够的水量；一级泵站用于给原水加压，将原水从水源地输送到水处理厂；水处理厂对原水进行净化处理，使其达到饮用水水质标准；二级泵站设置于水处理厂，将水处理厂处理过的水输送到给水管网，以满足用户需求；输配水管网用于输送原水和饮用水；当用户水压不足时设置加压泵站，提高管网中的压力；水塔是储水和配水的设施，用来调节管网系统的水量。输水管网是保障居民生活基本需求的重要基础设施，安全运行事关城市发展和人民福祉，然而城市供水管网爆管事故频发多发，如何有效解决城市供水安全问题，受到国内外学者的重视。

输水管网水力模型研究的目的在于保障工程安全运行、提高管网运行性能、确保居民用水需求，重点在于针对复杂的管网工程结构分布和管网水流非稳态特性，通过建立输水管网水力模型、水质模型、水锤模型等，基于图形模拟、状态模拟、参数模拟、数字孪生模拟等多种形式，仿真管网运行状态、优化管网布局设计、诊断管网安全隐患、降低管网安全风险，提升管网运行安全性能和供水保障率是一条切实可行的途径。

输水管网水力模型研究进展可归纳为基于平差计算模拟管网运行状况、基于水动力计算模型自动监控管网运行、基于地理信息系统融合多模型优化调控管网运行 3 个阶段。

1. 第一阶段（1960—1990 年）

这阶段国内外学者开展了以平差计算模拟管网运行状况为重点、实现城市管网布局优化设计为目标的管网模型研究，建立了宏观模型、微观模型、简化模型。

（1）宏观模型，是 Demoyer Jr 和 Horwitz 于 1975 年基于黑箱理论提出的比例负荷工况条件下适用的输水管网模型。宏观模型宏观角度出发，忽略管网系统的具体构造形式和拓扑关系，简化建模过程，仅关注几个重要的管网状态参数，利用大量的历史运行数据，运用统计分析理论，建立与调度决策相关参数之间的经验性数学表达式，在知道各水泵流量的情况下，可以快速求出出厂水压力和各控制点的压力，使调度计算变得简单，但其不能应用于计算节点压力，进行消防分析、制订关阀方案等。国内学者为了改善比例负荷假设管网中各节点水量按比例增减的这一不确切条件，提出了时段宏观模型、非比例负荷宏观模型，但仍然存在着很大的不确定性和操作性差的问题。

（2）微观模型，以管网系统的管道、节点、阀门等结构信息为基础，基于管网连续性方程和能量平衡方程而建立，建模过程较为复杂，应用于调度决策时需要准确测量节点流量和管段特征参数。但微观模型能反映整个管网各节点的状态信息，因此在优化管网设计、分析管网改造优先顺序、细化完善 DMA 分区、判断漏损区域、制定漏损控制方案、查找不满足消防要求的区域、判断管网运行异常状况、实施能耗分析与优化运行方案中得到了较为广泛的应用。基于管网微观模型可进一步开发水质模型、水锤模型。国内很多自来水公司建立了管网微观水力模型指导生产，进行科学化管理。

（3）简化模型，是在微观模型的基础上，根据水力条件，忽略小管径的管段或用当量管段简化替代而建立的模型，具有建模过程较为简单、数据量小、模型精度也较高的特点。若不考虑小区管道的影响，在分析研究市政管道运行状况时，简化模型更加实用。但简化模型不能应用于制定关阀方案、指导小区管网改扩建、判断小区的消防流量是否合格等情况。

2. 第二阶段（1990—2010 年）

这阶段基于水动力计算模型自动监控管网运行的研究，逐步走向成熟应用阶段，管网优化调度、水质模拟、漏耗分析得到进一步提高。

国外学者在给水管网水力模型领域做了大量研究，包括水力建模方法、建模数据分析、算法研究、模型校核、关阀分析、管网优化、可靠性评估。从管网监测点布置、管网数据采集、水力模型构建、定义模型变量、选择目标函数、模型校核算法选择等方面，到水力模型在管网设计、管网优化、漏损分析、水力状况分析应用总结了在澳大利亚、埃及、德国、尼日利亚大中城市取得的成功经验。

国内学者基于城市给水管网简化模型构建方法，通过简化管网计算模型、测试管道阻力系数、测量水泵特性曲线、优化测压点布置、建立管网水力模型，应用于北京、天津、上海、广州、深圳、中山、佛山等城市给水管网日常运营管理、运行工况分析、优化调度运行、判断漏损区域、查找高低压区、判定管网经济流速、紧急事故处理、指导管网改扩建，取得了良好的应用效果。同时还提出利用矩阵分析法推导给水管网的雅克比矩阵，提出基于加权最小二乘法校核管网阻力系数，构建反演计算模型用于管网水力分析和漏损定位。提出定期更新管网拓扑结构、节点流量、水泵特性曲线，维护管理水力模型，维持模型精度的方法等在城市给水管网运行管理中发挥着重要作用。

国内外学者还利用 Water CAD、WaterGEMS、InfoWorks WS、EPANET、三高宏扬等给水管网水力模型建模软件，构建特殊应用场景下给水管网水利模型，用静态压力数据、消防测试数据、连续测压数据对模型进行校核，校核参数包括摩阻系数和节点流量，校核工况分别为最低工况、正常工况、最高工况、消防工况，并将校核生成的特定水力模型应用于管网现状评估、模拟管网运行工况、查找低压区和低流速区、确定漏损量和漏损位置、实施消防流量压力分析、提出管网改造计划、优化管网设计和远期规划，并提出了水源污染、爆管等紧急事故下的应急预案，大大提升了城市供水安全保障能力。

3. 第三阶段（2010 年至今）

这阶段基于地理信息系统融合多模型优化调控管网运行研究正迈向数字孪生智能应用的新发展阶段。

基于地理信息系统构建动态水力模型，自动生成管网计算图和基础数据，实现水力模型随用水量和管网拓扑关系变化而变化的动态模拟方法；基于地理信息系统和 EPANET 构建管网水力水质模型，融合 SCADA 实时监测数据，通过图形模拟、状态模拟、参数模拟对比分析，支撑管网规划最优方案选择、评估和优选 DMA 分区、优化管网运行优化调度的研究与实践等，为当今开展数字孪生城市给水管网工程建设，基于三维动态可视化数据底板，融合管网水力水质模型，对接物联感知管网数据，实现给水管网与虚拟现实同步仿真运行奠定了前期工作基础。同时也为强化城市水务业务管控功能与物联网、大数据、大模型、云计算、人工智能、数字孪生、虚拟现实技术的深度融合，构建智慧水务信息化体系，保障管网安全运行、提高管网运行性能、保障居民用水需求提供了智能化支撑和驱动。

5.3.2 输水管网水力模型构建

5.3.2.1 输水管网建模软件

国内外成熟的给水管网建模软件包括 WaterGEMS、InfoWorks WS、EPANET、Mike Urban 以及三高宏扬管网模拟软件等。建模软件的衡量标准主要包括与地理信息系统连接性能、图形处理和管网分析能力、建模软件运行界面的友好性。以下对国内外常用的 5 款建模软件进行对比分析。

1. WaterGEMS 建模软件

在输水管网建模软件的领域中，美国 Bentley 公司于 1983 年推出了最早给水管网建模 KYPipe 商业软件，2002 年 Bentley 公司又推出了 WaterGEMS V1.0 给水管网建模软件。WaterGEMS 建模软件的特点是能与地理信息系统相连接，具备方案模拟管理功能，对数据的操作较为简单，是给水管网建模业内公认的一款实用性强的软件。WaterGEMS 建模软件的缺点是打印功能比较弱。WaterGEMS 软件基本功能见表 5-1。

表 5-1　WaterGEMS 软件基本功能

数据输入检查	输入界面	WaterGEMS 本身提供完善的管网图形输入工具，可以对管道、节点、阀门和水泵等图形及属性数据进行输入、修改和删除等操作
	外部导入数据	WaterGEMS 具有通用的数据接口，能够直接与其他地理信息系统连接，也可以与任意关系数据库连接
	动态连接数据同步	动态连接方式能够在建立了与外部数据库的连接后，自动保持双方的数据更新同步。即任何一方的数据进行了修改后，通过同步操作，可以立即使另一方的相应数据同步更新

续表

节点流量分配	根据用户水表分配水量	自动将显示在地图上的用户水表水量分配到管网中最近的节点上
		自动将显示在地图上的用户水表水量分配到管网中最近的管道上，然后可以选择平均分配、按照与两端节点距离加权等方式分配节点流量
		将分布于节点供水服务区域内的水表流量汇总后分配给相应节点
		将某些大用户水量直接分配给某节点
	根据面积区块分配水量	按照某节点所拥有的服务区域的面积占总服务面积的比例来计算节点流量
		按照某节点所拥有的服务区域内的总人口数、占总人口数量的比例，来计算节点流量
		先计算出某一个服务区域的总用水量，然后平均分配给该服务区域内的所有节点
	用水量发展估算	根据某阶段土地使用的预测和人口增长的评估，快速而正确地估算未来需水量的变化，进而评估需水量变化对系统的影响
		根据切换不同的土地使用和人口增长预测区域图层来建立多种流量预测方案
管网平差分析操作	静态与多时段实时动态水力模拟平差计算	静态分析是指管网系统在某种特定条件下的运行模拟，这种特定条件是某种确定的用水量、阀门调度方案、水库水位、水泵运行方案等
		多时段分析是指模拟给水系统连续运行时的状态变化情况，通过设定不同时段的节点流量变化曲线和水泵运行方案，计算出每个时段给水系统运行状况，了解期间水池的水位变化及整个运行区间的实际能量损耗等
	动态运行模拟	WaterGEMS 与 SCADA 系统的连接，将使 WaterGEMS 能够随时调入 SCADA 系统的实时数据进行平差计算与模型校正，实现给水管网运行的动态模拟
	消防流量分析	WaterGEMS 的消防评估系统能够自动检测出管网的最大消防流量供应能力，模拟各种消防流量下的给水系统运行状态
	管网特征曲线绘制	可自动绘制各水源出口处的管网特征曲线及水泵特性曲线，找出运行工况点。可用于科学的水泵改造、设计和选型
模型方案管理	方案管理	可使用全面详细的方案管理功能对各种方案和子方案数据组进行分析管理。利用方案管理工具可非常容易地改变数据。可模拟无限多种系统条件，并可对它们用图形图表进行比较
	方案比较	可以对任意种方案进行经济技术比较，并将比较的差别标注在管网图上，制作成方案比较专题图
	方案合并	可以将子方案的各种变化参数合并到上一级的父方案中，形成一个完整的新方案
		可同时校正多流量负荷的情况，如不同时段的实测值及消防水量发生时的情况
		自动剔除不良数据，如错误的阀门设置或非正常实测数据
		与 SCADA 系统连接，实时读入实测参数，真正实现管网动态模拟
		可以人工调整校正的参数，使校正过程更加合理
数据管理	功能表格	可完全按用户要求修改图表，或者创建一份新图表
	拓扑关系管理	WaterGEMS 能够在一个项目中建立多个拓扑关系，并在计算时任意切换
	模型管理	WaterGEMS 允许将几个独立的管网子模型合并为一个完整的管网模型
报表与结果演示	报表	为任何一个元件或者一组元件产生详细的报告，并按逻辑格式显示数据
	彩色图形显示	可根据管径、流量、流速、压力线、压力等任何特性，对系统进行上色显示
	动态标注	为管网系统加注释，在图面上加上描述性的文字和数字
	等值线绘制	可对任何特征值产生精确的、醒目的等值线显示
	动画显示	可以像放录像一样来演示给水系统在某一个连续时间段中的压力、流量等多参数的变化情况

2. InfoWorks WS 建模软件

InfoWorks WS 建模软件由英国 HR Wallingford 软件公司开发。InfoWorks WS 建模软件可以对给水管网进行规划和设计、对现状给水管网的运行工况进行模拟分析、可对管网水质进行分析并能够对泵站的水泵进行优化运行调度。InfoWorks WS 建模软件能对数据进行便捷输入与修改，保持了数据库的完整与开放性。InfoWorks WS 建模软件具有开放的共享平台可以与地理信息系统进行连接。InfoWorks WS 软件基本功能见表 5-2。

表 5-2　InfoWorks WS 软件基本功能

工作群组 模式管理 解决方案	管理已有的和现存的模型库
	从多数据源中整理并取出模型数据
	模型合并和创建子模型
	利用数据标签，保证模型的可信度
模型构建	根据用户点地理参考位置自动分配水量
	自动从地理信息系统数据中提取模型所需数据
	可进行流量平衡以及供水区域分析
	可进行管道连接性推断
	可进行建模数据准确性推断
成果展示	动态纵断面图
	实时动态变化的数据图表
	动态显示阀门的操作情况
	结构化查询语言查询
高效的水力模拟	具有综合水质和即时控制模拟功能
	综合水质、消防计算模块
	延伸的用水量处理能力包括强大的用水量编辑器
开放的共享平台	从地理信息系统和其他的应用软件传送数据
	利用数据录入中心从任意数据源录入模型
	利用 InfoWorks CSV 数据格式输入模型的数据
	带有遥感测量和资料记录系统的界面
	采用标准记录界面格式与所有厂商的数据记录进行连接
	空间点如用户反映点及爆管处的模拟结果与即时数据的比较

3. EPANET 建模软件

EPANET 建模软件能够对给水管网系统进行水力与水质的模拟分析。EPANET 建模软件在 Windows 环境中操作、运行和显示，具有给水管网平差计算、现状工况运行模拟分析和管理等功能。EPANET 建模软件采用解节点方程的方法，可以对未经简化的管网直接进行建模，能有效减少计算的时间。EPANET 建模软件的缺点在于不能与地理信息系统连接，输入数据仅能以编辑文本的方式进行。

4. Mike Urban 建模软件

Mike Urban 建模软件引进了 ESRI 的地理数据库技术，将地理信息系统与管网建模进行环境整合。Mike Urban 建模软件能很好地连接 SCADA 系统、实时控制（Real Time Control，RTC）系统和决策支持系统（Decision Support System，DSS）。Mike Urban 建模软件的主要功能有进行消防流量的分析、自动校核配水管网系统模型、比较并模拟不同的调度方案等。Mike Urban 软件基本功能见表 5－3。

表 5－3　　Mike Urban 软件基本功能

与地理信息系统连接与兼容	由美国环境系统研究所公司最新的地理信息系统和领域内标准的模拟引擎的最新版本支持
	兼容性：无须额外的地理信息系统或其他软件的使用许可
	可与地理信息系统、CAD 和管理软件包便捷的连接
主要性能指标	给水管网模型的自动率定
	先进的消防水流分析
	先进的控制系统模拟功能
	高速模拟计算
开发性平台	数据模型，对数据文件的格式没有特殊要求，开放的模型界面
支持性	在世界各地以当地语言提供的当地支持，目前已有中文版
国内外应用	应用于欧洲、大洋洲和美洲的各大城市，如捷克首都布拉格、丹麦哥本哈根、挪威奥斯陆、意大利威尼斯、法国巴黎、西班牙巴塞罗那、斯洛文尼亚的卢布格雅那、澳大利亚悉尼、新西兰奥克兰、美国密尔沃基等

5. 三高宏扬管网模拟软件

三高宏扬管网模拟软件，系统采用多视窗技术，各种信息一目了然，表达方式多种多样。提供与地理信息系统、TXT 文本和 SCADA 系统等连接的多种接口，实现数据的共享。三高宏扬管网模拟软件基本功能见表 5－4。

表 5－4　　三高宏扬管网模拟软件基本功能

主要功能	给水管网图形和资料编辑	具有给水管网各种设施的图形对象，可以进行图形编辑和资料输入修改，实现给水管网图形资料管理
	给水管网水力模型生成和编辑	将给水管网的完整信息直接转化为模型，实现网模转换
		具有给水管网各种设施的模型对象，使模型能完整、正确地模拟实际给水管网情况
		具有各种模型对象的拓扑图和属性的编辑功能
	模型拓扑检查和简化	具有模型拓扑关系的检查功能，包括孤立点、超近点、超近点线、孤立管线、重叠管线、连通性、参数合理性
		具有模型拓扑关系的简化功能，包括末梢管段简化、并联管段合并、串联管段合并、枝状网模型简化
	用水量分配	单点水量分配、多点水量分配、区块水量分配、全模型水量分配
		在区块和全模型分配中，可以选择平均水量、比流量等多种分配方法
	模型的水力模拟计算	根据给水管网水力模拟计算理论，实现静态水力计算、动态水力计算，计算前可以设定计算的时间步长
	模型校验	设置模型校验点，将模型计算值与实际测量值比较，检验模型的精度
		设置与 SCADA 监测点相对应的校验点，将模型计算值与 SCADA 监测数据比较，进行模型校验

续表

主要功能	实用工具	方便灵活的建模小工具，包括单管水力计算器、通用计算器、物理量单位转换器等
		模型对象特性编辑工具，包括用水模式、水泵特性、阀门特性、摩阻系数、局部阻力等
	模型的Web展示	系统应用Web技术（互联网技术），实现给水管网水力模型的展示分析
		分级查询：通过对模型节点、管段的各项属性的分级着色，在空间上展开给水管网中水力或水质的分布特性
		动态播放：对模型的计算结果按时间顺序连续播放，动态展示给水管网的时空变化
主要应用	规划设计	给水管网的中长期规划
		新供水系统的设计，新水厂、水库、增压泵站的安排
		现存系统的改建、扩建设计
	管网评估	分析现存给水管网系统的工况，并给出相应的供水特性的评估
	工程管理	确诊管网中的异常情况
		处理给水系统中的突发事故
		分析工程或事故对管网的影响
	调度应用	指导日常管网供水调度，优化运行成本。制作节假日、事故时的调度预案

6. 建模软件的优缺点及性能比较

给水管网建模软件优缺点见表5-5。

表5-5　给水管网建模软件优缺点

软件名称	WaterGEMS	InfoWorks WS	EPANET	Mike Urban	三高宏扬管网模拟软件
优点	能进行模拟方案管理；能与地理信息系统连接；管网简化简便	能进行给水系统的投资规划；能对泵站水泵进行优化调度；管网的简化比较方便	免费软件，且代码公开	能对配水系统模型进行自动的校验；能进行消防流量分析； 可进行压力管道瞬变流分析	多视窗技术，表达方式多样化；提供与TXT文本、地理信息系统、SCADA系统等连接的多种接口，实现数据的共享
缺点	软件图形打印功能不如基于AutoCAD的软件好	数据的结构比较特殊	没有多方案模拟管理功能；不能连接地理信息系统；使用文本编辑输入数据	无管网冲洗规划功能；无模拟方案管理功能	无模拟方案管理的功能

给水管网建模软件主要性能比较见表5-6。

表5-6　给水管网建模软件主要性能比较

软件名称	WaterGEMS	InfoWorks WS	EPANET	Mike Urban	三高宏扬管网模拟软件
公司	美国Bentley公司	英国HR Wallingford软件公司	美国环境保护总署国家风险管理研究实验室	丹麦DHI公司	上海三高计算机中心股份有限公司
连接到地理信息系统	能够直连地理信息系统	与地理信息系统无缝连接	不能计算	能连接到地理信息系统	可连接地理信息系统
软件的功能	标准功能	标准功能	基本功能	标准功能	标准功能
图形显示界面	标准功能	标准功能	基本功能	标准功能	标准功能
对用户的服务	提供支持	提供支持	不具有支持	提供支持但有限制	提供支持

5.3.2.2　管网水力建模理论

输水管网水力模型采用与实际管网水力学基本理论相一致的建模方案，综合地理信息系统和 SCADA 信息，通过软件内置的计算引擎，计算节点压力、管段流量、流速、水头损失等水力信息，并将结果直观予以呈现，使管理者了解整个管网的运行状况。

质量守恒和能量守恒是物质运动遵循的基本规律，水从水厂输送到用户的过程也满足这一基本理论。给水管网系统的质量守恒主要体现在流量上，能量守恒则主要体现在流速、压降上。

计算压力、流量、流速等水力运行参数包括管网水力学方程和管网水力分析两部分。

1. *管网水力学方程*

输水管网中水流运动时，管道流量、流速、压力等都是动态变化的，这些参数之间的关系可以用一系列的方程组来表示，从而简化水力计算的过程。给水管网水力模型的模拟包括稳态模型和延时模型。两种模拟的计算方法不同，其理论基础也不同。

（1）稳态模型水力计算。稳态模型描述的是用水量固定时管网系统的水力状况，稳态水力模拟所涉及的管网水力学方程组有 3 个，其中节点流量方程反映的是质量守恒定律，管段压降方程和能量平衡方程反映的是能量守恒定律。稳态水力方程 W 可以表示为

$$W=\begin{bmatrix}W_L\\W_P\\W_E\end{bmatrix} \tag{5-1}$$

式中　W_L——节点流量方程；

W_P——管段压降方程；

W_E——能量平衡方程。

1）节点流量方程。节点流量方程指管网内任一节点的流入和流出流量相等，即节点进、出流量的代数和为零。假设管网系统有 m 个节点，n 条管道，则节点流量方程可表示为

$$W_L=Cq+Q=0 \tag{5-2}$$

$$Q=[Q_1,Q_2,\cdots,Q_m]$$

$$q=[q_1,q_2,\cdots,q_n]$$

式中　Q——节点流量矩阵；

Q_1，Q_2，…，Q_m——节点 1，2，…，m 的流量；

q——管段流量矩阵；

q_1，q_2，…，q_n——管段 1，2，…，n 的流量；

C——关联矩阵，代表第 i 个节点与第 j 条管段的连接情况。

关联矩阵 $C=[c_{ij}]$，并满足

$$\begin{cases}c_{ij}=1, & \text{当第 } j \text{ 条管段从第 } i \text{ 个节点流出}\\ c_{ij}=0, & \text{当第 } j \text{ 条管段不与第 } i \text{ 个节点连接}\\ c_{ij}=-1, & \text{当第 } j \text{ 条管段流向第 } i \text{ 个节点}\end{cases} \tag{5-3}$$

管段流量的方向以指向节点为负，离开节点为正；节点流量的方向以流入为负，流出

为正。

2）管段压降方程。管段压降方程指管段两端的节点压力之差等于该管段的压降，假设管网系统有 m 个节点，n 条管道，则管段压降方程可表示为

$$W_P = H_{Si} - H_{Xi} = h_i \tag{5-4}$$

式中 H_{Si}——管段 i（$i=1, 2, \cdots, n$）上端节点的压力，m；

H_{Xi}——管段 i（$i=1, 2, \cdots, n$）下端节点的压力，m；

h_i——管段 i（$i=1, 2, \cdots, n$）的压降，m。

根据设定的管段方向来判断起点和终点。

3）能量平衡方程。能量平衡方程指管网中任一闭合环内各管段压降代数和为零，能量平衡方程可表示为

$$W_E = Lh = 0 \tag{5-5}$$

式中 h——管段压降矩阵，$h=[h_1, h_2, \cdots, h_n]$；

L——关联矩阵。

关联矩阵 $L=[b_{ij}]$，且有

$$\begin{cases} b_{ij}=-1, & \text{当第 } j \text{ 条管段在 } i \text{ 环上,水流为逆时针方向} \\ b_{ij}=0, & \text{当第 } j \text{ 条管段不在 } i \text{ 环上} \\ b_{ij}=1, & \text{当第 } j \text{ 条管段在 } i \text{ 环上,水流为顺时针方向} \end{cases} \tag{5-6}$$

4）沿程水头损失公式。给水管道的沿程水头损失常用海曾-威廉（Hazen - Williams）公式计算，即

$$h_f = \frac{10.67 q^{1.852}}{C^{1.852} D^{4.87}} l \tag{5-7}$$

式中 h_f——管段沿程水头损失，m；

q——管段流量，m^3/s；

C——海曾-威廉系数；

D——管径，mm；

l——管长，m；

5）局部水头损失公式。给水管道的局部水头损失计算公式为

$$h_m = \xi \frac{v^2}{2g} \tag{5-8}$$

式中 h_m——局部水头损失，m；

ξ——局部阻力系数；

v——管道流速，m/s；

g——重力加速度，$9.81 m/s^2$。

（2）延时模型水力计算。给水管网水力模型可以进行延时水力模拟，模拟给水管网的水力状况随时间变化的情况。延时水力模拟由一系列稳态模拟组成，每个时段稳态模拟结束后，更新流量、水泵状态、水塔水位等信息，重新进行下一个时段的模拟。延时水力模拟的基本理论除了稳态模拟的理论外，还包括初始值动态变化的理论。

流量和水泵状态随时间变化的信息一般是已知的，对于固定几何形状的水塔，水位变

化的计算公式为

$$\Delta H=\frac{\Delta V}{A}=\frac{Q\Delta t}{A} \tag{5-9}$$

式中　ΔH——t 时段内水塔水位的变化量，m；

Δt——时间增量，s；

ΔV——t 时段内水塔水量的变化量；

Q——t 时段内的流量，m^3/s；

A——水塔的截面积，m^2。

2. 管网水力分析

实际给水管网系统结构复杂，管道和节点数量庞大，进行水力计算时，方程个数非常多，而且是非线性的，一般用迭代法进行求解。

如果管网中有 N 个节点的压力已知，则有 $N-1$ 个独立方程，由能量守恒定律有

$$\Delta E=\sum_{i=1}^{l} s_i Q_i^n-\sum_{j=1}^{p}(A_j Q_j^2+B_j Q_j+C_j) \tag{5-10}$$

式中　ΔE——起点和终点之间的压力差，m；

$\sum_{i=1}^{l} s_i Q_i^n$——计算路径上所有管段的水头损失之和，m；

$\sum_{j=1}^{p}(A_j Q_j^2+B_j Q_j+C_j)$——计算路径上水泵提供的总扬程，m。

对于闭合环，起点和终点重合，$\Delta E=0$；若选定的计算路径上不含水泵，则 $\sum_{j=1}^{p}(A_j Q_j^2+B_j Q_j+C_j)=0$。

管网平差计算就是指用迭代法可求解出节点压力、管段流量等水力信息。常用的求解方法包括哈代-克罗斯（Hardy - Cross）法、线性理论（Linear Theroy）方法、牛顿-拉弗森（Newton - Raphson）法和梯度算法（Gradient Algorithm）。

（1）哈代-克罗斯法。哈代-克罗斯法先给各管段赋予一个初始流量值，使每个节点都满足质量守恒定律，然后逐步修正管段流量，使所有环都满足能量守恒定律。哈代-克罗斯法主要用于简单给水管网的手工计算。

在计算路径为闭合环，且不考虑水泵的情况下，若 i 环在第 k 次迭代时流量为 $Q_{i,k}$，则该环的校正流量为

$$\Delta Q_L=\frac{-\sum_{i=1}^{l} s_i Q_{i,k}^n}{n\sum_{i=1}^{l}\mid s_i Q_{i,k}^{n-1}\mid}=\frac{-F(Q)}{\frac{\partial F}{\partial Q}\mid Q_{i,k}} \tag{5-11}$$

计算出校正流量后，在下一次迭代计算时更新流量，即

$$Q_{i,k+1}=Q_{i,k}+\Delta Q_L \tag{5-12}$$

此过程一直重复进行，直到 ΔQ_L 小于某一指定值。

（2）线性理论方法。线性理论方法不需要假设初始管段流量，直接将各管段流量视为未知量，然后联立求解节点方程和环方程，得到各管段的流量。计算时将环方程中的非线

性项转化成线性项，并略去高阶项，然后用迭代法求解。此法不会出现不收敛的情况，且收敛速度快。

若第 k 次迭代时流量为 Q_k，Q_k 为管段流量矢量，定义函数 $f(Q_k)$ 为

$$f(Q_k)=\sum_{i=1}^{l}s_iQ_k^n-\sum_{j=1}^{p}(A_jQ_k^2+B_jQ_k+C_j)-\Delta E=0 \tag{5-13}$$

将此函数中的非线性项转化成泰勒级数形式，有

$$f(Q_{k+1})=f(Q_k)-\frac{\partial F}{\partial Q}|Q_k(Q_{k+1}-Q_k)=0 \tag{5-14}$$

若 Q_{k+1} 与上一次的迭代值 Q_k 的差值小于某一指定值，则停止迭代。

(3) 牛顿-拉夫逊法。牛顿-拉夫逊法是解非线性方程的方法，与哈代-克罗斯法一样，先赋予各管段一个初始流量值，使其满足质量守恒定律，将流量的变化值 Δq 视为未知量写入环方程，解此非线性方程，得到 Δq 的值，然后更新流量，进行下一次迭代计算，直到满足设定条件。此方法的未知量和方程数最少，理论严密，若初始值选择得当，最终结果一般能收敛；若初始值选择不当，则可能出现难以收敛的情况。

假设第 k 次迭代时的节点水头压力为 h_k，则有

$$F(h_k)+\frac{\partial F}{\partial Q}|h_k\Delta h_k=0 \tag{5-15}$$

求解偏微分方程，计算出 Δh_k 后，更新第 $k+1$ 次迭代时的节点水头为

$$h_{k+1}=h_k+\Delta h_k \tag{5-16}$$

当 h_{k+1} 与 h_k 的水头压差小于某一指定值时，停止计算。

(4) 梯度算法。梯度算法与以上算法不同，可同时求解流量 Q 和节点压力 h。该方法已经应用于 EPANET 中，本书也采用梯度算法进行水力计算。

环方程组的矩阵形式可表示为

$$\begin{bmatrix}NA_{11} & A_{12}\\ A_{21} & 0\end{bmatrix}=\begin{bmatrix}\Delta Q\\ \Delta h\end{bmatrix}=\begin{bmatrix}\Delta E\\ \Delta q\end{bmatrix} \tag{5-17}$$

式中 N——管段压降方程 (n) 的对角矩阵，$N=\begin{bmatrix}n_1 & & \\ & \ddots & \\ & & n_p\end{bmatrix}$；

A_{11}——包含线性化系数的对角矩阵；

A_{12}——关联矩阵，表示节点与组件的关联关系，由 0 和 1 组成；

A_{21}——关联矩阵，$A_{12}=A_{21}$；

ΔQ——未知数，表示管段流量的变化值；

Δh——未知数，表示节点压力的变化值；

ΔE——管段压降方程组当前解 Q_k 的余项；

Δq——管段压降方程组当前解 h_k 的余项。

求解出 ΔQ 和 Δh 后，分别将管段流量和节点压力更新为

$$Q_{k+1}=Q_k+\Delta Q \tag{5-18}$$

$$h_{k+1}=h_k+\Delta h \tag{5-19}$$

式中　Q_{k+1}——第 $k+1$ 次迭代时的管段流量；

h_{k+1}——第 $k+1$ 次迭代时的节点压力；

Q_k——第 k 次迭代时的管段流量；

h_k——第 k 次迭代时的节点压力。

当 ΔE 和 Δq 的值在指定范围内时，停止迭代。

迭代过程中，一种有效的递归方法为

$$h_{k+1}=-(A_{21}N^{-1}A_{11}^{-1}A_{12})^{-1}[A_{12}N^{-1}(Q_k+A_{11}{}^{-1}A_{10}H_0)+(q-A_{21}Q_k)] \quad (5-20)$$

式中　A_{10}——已知压力的节点；

H_0——已知的节点压力值。

计算得到 h_{k+1} 后，Q_{k+1} 可用下式计算，即

$$Q_{k+1}=(1-N^{-1})Q_k-N^{-1}A_{11}{}^{-1}(A_{12})h_{k+1}+A_{10}H_0 \quad (5-21)$$

5.3.2.3　管网水力建模数据导入

1. 管网构筑物分类

城市给水管网系统包含大量的管道、节点、阀门、消防栓及其他附属设施，建立给水管网水力模型时，要先在模型中输入这些基本的属性数据。若采取手工输入的方式，效率非常低下，而且容易出错。直接将地理信息系统数据批量导入模型，能大大提升建模效率。在将地理信息系统数据导入模型时，需设置模型精度，对比精度值分别为 5m、0.5m 和 0.1m 时模型的准确度，发现精度设置为 0.1m 时效果较好。

给水管网系统所包含的数据种类繁多，每一类数据又有多种不同属性。在建立给水管网水力模型时，实际构筑物分类见表 5-7。

表 5-7　　实际构筑物分类

编号	实际给水管网构筑物名称	编号	实际给水管网构筑物名称
1	水库	7	止回阀
2	水塔	8	隔离阀
3	节点、大水头、预留口、三通、四通、水表、水表组	9	排泥阀
4	市政管道、小区管道	10	排气阀
5	水泵	11	消防栓
6	闸阀、蝶阀		

2. 管网属性数据

给水管网系统由水库、水泵、节点、管道、阀门、消防栓及其他附属构筑物组成，每一种构筑物都有其独特的属性参数。这些管网属性数据是建立管网水力模型的基础，应在模型中对其进行设置。

(1) 水库属性数据设置如下：

编号：水库的唯一编号，便于对其进行查询、记录、定位等操作。

坐标：水库的 x，y 坐标，显示水库的位置。

高程：水库的水面高程，等于库底高程和水位高度之和，m。

流量：水库的供水量，m^3/h 或 L/s。

绝对压力：与水库的水面高程相等，Pa。

(2) 水泵属性数据设置如下：

编号：水泵的唯一编号，便于对其进行查询、记录、定位等操作。

下游管道：与水泵相连的管道。

坐标：水泵的 x，y 坐标，显示水泵的位置。

转速系数：水泵运行时的转速与额定转速的比值，恒速泵的转速系数为 1，变速泵的转速系数随时间动态变化。

状态：水泵的开/关状态，反映水泵是否工作。

高程：水泵的泵轴高程，m。

额定转速：水泵在额定条件下工作时的转速，r/min。

额定流量：水泵在额定条件下工作时的流量，m^3/h 或 L/s。

额定扬程：水泵在额定条件下工作时的扬程，m。

水泵特性曲线：指水泵扬程、效率、轴功率随流量变化的曲线，反映水泵的性能，是水泵最重要的参数之一。

是否是变速泵：水泵是恒速泵还是变速泵，若是变速泵，还要设置实际转速与额定转速的比值随时间变化的曲线。

电机功率：带动水泵工作的电机的额定轴功率，W。

电机效率：带动水泵工作的电机的额定效率，%。

吸入压力：水泵工作时入口处的压力，m。

吸入总水头：水泵工作时入口处的总水头，m。

输出压力：水泵工作时出口处的压力，Pa。

输出总水头：水泵工作时出口处的总水头，m。

流量：水泵实际工作时的流量，m^3/h 或 L/s。

扬程：水泵实际工作时的扬程，m。

(3) 节点属性数据设置如下：

编号：节点的唯一编号，便于对其进行查询、记录、定位等操作。

坐标：水泵的 x，y 坐标，显示节点的位置。

节点流量：节点处的用户用水量，m^3/h 或 L/s。

单位节点流量：节点处用户的单位用水量。

高程：节点的高程，m。

绝对压力：节点的绝对压力，等于节点高程与节点压力之和，Pa。

节点压力：节点所在管道的压力，Pa。

消防流量：在满足用户用水要求条件下，所能提供的消防水量，m^3/h 或 L/s。

消防流量是否满足要求：可用消防流量是否能达到设定值。

(4) 管道属性数据设置如下：

编号：管道的唯一编号，便于对其进行查询、记录、定位等操作。

起始/末端节点：管道两端的两个节点的编号，规定的正方向为从起始节点指向末端节点，若管段流量方向与此方向相同，则为正，否则为负。

爆管次数：此管道的历史爆管次数，此信息可以从地理信息系统或人工填写的爆管记录表中查得。

管径：分为管内径和管外径，mm。

管材：包括球墨铸铁管、混凝土、PE 管、钢管、镀锌管、铸铁管、玻璃钢管等。

海曾-威廉系数：C 值，与管材、管径、管龄等有关，用于计算沿程水头损失，是水力计算的重要参数之一。

局部水头损失系数：用于计算局部水头损失。

铺设时间：管道施工完成并投入使用的时间，用于计算管龄。

流量：管段流量，m^3/h 或 L/s。

流速：管段流速，m/s。

水力梯度：管段的沿程损失与管段长度的比值，m/m。

水头损失：该管段的沿程损失，m。

起点绝对压力：管段起始节点的绝对压力，Pa。

终点绝对压力：管段末端节点的绝对压力，Pa。

（5）阀门属性数据设置如下：

编号：阀门的唯一编号，便于对其进行查询、记录、定位等操作。

下游管道：阀门的下游管道编号，可从与阀门相连的两条管道中任选一条。

坐标：阀门的 x，y 坐标，显示阀门的位置。

状态：阀门的开/关状态。

高程：阀门的高程，m。

安装时间：阀门安装的时间，用以确定阀门的使用年限。

直径：阀门的直径，mm。

局部水头损失系数：用于确定阀门的局部水头损失。

阀门特性曲线：阀门的水头损失与流量的关系曲线。

阀门类型：包括闸阀、蝶阀等。

（6）消防栓属性数据设置如下：

编号：消防栓的唯一编号，便于进行查询、记录、定位等操作。

坐标：阀门的 x，y 坐标，显示消防栓的位置。

高程：消防栓的高程，m。

状态：消防栓的开/关状态。

绝对压力：指消防栓的绝对压力，为该处的压力与高程之和，Pa。

压力：消防栓的压力，Pa。

消防流量：在满足用户用水条件下，消防栓所能提供的流量，m^3/h 或 L/s。

是否满足消防要求：消防栓提供的消防流量是否满足消防标准。

5.3.2.4 管网节点高程确定

给水管网系统压力过高会导致漏损率提高、爆管概率变大、能耗增加，而压力过低又会使用户的水压力不足，无法正常用水，降低供水服务质量，所以管道压力分布情况是管理者尤为关心的问题。

给水管网系统中节点压力的计算公式为

$$H_P = H_T - H_o \tag{5-22}$$

式中 H_P——节点压力，m；

H_T——节点绝对压力，Pa；

H_o——节点高程，m。

通过水力计算可以得到节点绝对压力 H_T，所以只有已知节点高程才能计算出管道压力。

5.3.2.5 给水管网拓扑检查

为了有效管理给水管网系统信息，基于地理信息系统存储的管网信息往往存在着错误、遗漏、缺失等问题，一方面是由原始数据本身不完善而造成；另一方面与数据录入时操作不当也有关系。

给水管网系统的拓扑关系是指管道、节点、阀门、消防栓及其他管网设施之间的相互关联关系。保证拓扑关系的正确性是进行准确给水管网水力模拟的基本前提。管网拓扑关系检查包括连通性检查和孤立管段校核。

1. 连通性检查

给水管网系统中各元素必须满足连通性要求，即点元素必须与线元素相连，线元素必须同时有起点和终点，且起点和终点必须是点元素，且所有元素都必须与水源连通。点元素包括节点、阀门、消防栓、水泵、水库等，线元素主要是管道。

不满足连通性要求包括以下情况：

(1) 点元素不与任何线元素相连，即点元素不是线元素的起点或终点。若某节点不与任何管道相连，则称之为孤立节点。

(2) 线元素的起点或终点不是点元素。在将管网数据导入模型时，若线元素的起点或终点不是点元素，则自动在该线元素的起点或终点处添加一个节点，所以数据导入后不会出现线元素的起点或终点不是点元素的情况。

(3) 点元素与线元素相连，且线元素的起点和终点都是点元素，但这些元素与水源不连通。若管道与点元素相连，但与水源不连通，则称之为孤立管段。

2. 孤立管段校核

孤立管段校核的方法包括：

(1) 通过连通性检查，找出模型中所有孤立管段，并标记出来。

(2) 将所有孤立管段按区域分类。

(3) 通过核查相应区域的管网竣工图，咨询管理该区域管网的现场工程师，并去现场进行实地勘察来确定孤立管段的正确连接方式。

(4) 在模型中修正各孤立管段的拓扑图。

5.3.2.6 创建模型应用场景

模型背景图能清晰地展示道路、管网、监测点的分布情况，为孤立管段校核、调整节点高程、用水量分配、模型校核等提供参考。本研究用到的模型背景图包括路网图、航拍图、地形图、SCADA 在线测压点分布图、人工测压点分布图等。

(1) 路网图：展示研究区主要道路分布，管道一般铺设于道路两侧，根据道路分布情况可以大致判断管道分布是否合理，还可用于孤立管段校核、水表定位等。

（2）航拍图：详细展示局部区域的建筑物、道路分布情况，主要用于确定 SCADA 监测点和水表的位置。

（3）地形图：包含研究区的点高程和线高程信息，用 TRex 模块提取的节点高程部分存在错误，可以用地形图中的高程信息进行校对。

（4）测压点分布图：用于定位测压点在模型中的位置。

5.3.2.7　节点水量分配方法

研究区给水管网系统的用水量分为以下几部分：① 营业收费系统的水表编号与地理信息系统的水表编号能对应上的用户水量；② 编号无法对应上，且用水量大于 $1000m^3$/月的大用户用水量；③ 编号无法对应上，且用水量小于 $1000m^3$/月的小用户用水量；④ 漏损水量。

第①部分水量可以直接导入模型，第②部分水量通过水表定位工作也可以输入模型，第③部分水量平均分配给所有水表组，第④部分水量分配给相应的节点。

5.3.3　管网水力模型在线校核

5.3.3.1　管网水力模型校验目的

将管网拓扑数据、水泵特性曲线、阀门特性曲线、用水量变化曲线、节点高程等建模数据输入模型，并进行管网拓扑关系检查、用水量分配、设置边界条件，至此建模工作基本完成，可进行水力模拟，得到节点压力和管段流量的初始值。但此时的管网水力模型并不能反映实际的管网运行工况，还需要进行校核，修正节点流量、摩阻系数、用水量变化曲线等模型参数，使模拟结果达到一定精度。

模型校核是不断调整模型参数，使模型模拟结果与管网实际运行工况逐渐接近的过程，这是一项复杂且耗时的工作，常用的校核方法有自动与手工校核。通过模型校核可以提高模型精度，增强模型的可信性。水力模型只有满足一定的精度才能应用于现状分析、管网改扩建、近远期规划以及水力状况预测。

5.3.3.2　影响管网水力特性因素

1. 管网基础数据的准确性

供水管网系统模型水力计算过程涉及庞大数量的数据，包括管网布置图、管道（管长、管径、管材、敷设年代）、节点（位置、标高）、阀门（类型、尺寸、开启度、坐标位置）、水库/水塔（容积、池底标高、水位），同时还包括水泵运行特性曲线和水泵启停情况等，在准确的基础数据的平台上，建立供水管网水力模型，管网水力模型的精度直接受数据好坏的影响。但是上述数据数量庞大，资料繁多，类型复杂，供水企业管理上很困难。目前使用数据库或地理信息系统存储管网的数据，这种管理方式是比较方便快捷的。

2. 管网拓扑图的完善性

管网拓扑图中不可能包含实际管网中的每条管段，一般会对管径小、对水力条件影响也较小的管段进行合并或删减。但有些重要的连接管段或合并后会对下游压力造成明显改变的管段，即使管径很小，也不宜进行删减与合并处理，另外对处理后会改变附近管段水流传输方向的管段也不宜进行简化处理。

3. 管网节点流量的不确定性

开展管网水力计算时，为方便计算，设置虚拟节点流量。将管段上随机的流量集中到管段两端节点上作为节点流量，在计算分配时具有明显的随机性。这种为方便水力计算而进行的节点流量简化分配是合理的，但如果与实际情况差距较大，就会直接影响管网水力计算结果，进而导致水力模型偏离真实管网。如将大用户流量分配到错误的节点上，则将对这个管网模型中的压力管段流量分布造成影响。

4. 管段摩阻系数的不确定性

供水管网中每条管段的管道摩阻系数都通过实测方式来确定是不太可能的，因此只能选择有代表性和方便测量的管段进行实测，然后利用管段属性等信息对其余管段摩阻值进行估算。这样就使管段摩阻初始值带有一定的不确定性。

5. 管网运行中未被发现的问题

供水管网长期埋在地下运行，常年经受腐蚀，还可能因为外界压力、施工和维护过程中的疏漏甚至地震等灾害而造成破损。由于管网埋在地下，因此这些破坏不是直观可见的，不易被人们察觉，而这些问题也会对管网水力模型的准确性造成影响。

6. 实测数据的准确程度

供水管网模型校核离不开管网的相关实测数据，但由于仪器精度、测量误差和数据在传输过程中信号不稳定等因素，实测数据可能更多偏离真实值。同时可能因为测量位置不合理，测量数据并不能更多、更全面地反映管网运行状况。另外如果测量数据绝对值过小，则实测数据与模拟数据的绝对误差会更小，会造成实测数据与模拟数据接近的假象。校核管网水力模型时，使用不合理的实测数据，将使得模型更偏离实际情况。

7. 校核参数之间的补偿误差

对供水管网水力模型精度有影响的因素不止一个，各因素都会对计算值造成影响，因此就可能形成对模型误差相互补偿的结果。这种误差补偿是一种极随机的现象，管网越复杂这种现象就越难确定，减少这种误差补偿的方法有：①采用多工况校核或延时水力模拟的方法校核模型；②实测尽可能多的管网模型校核参数，加强对校核参数的约束。

5.3.3.3 管网水利模型校核标准

模型的用途不同，所需精度也不同，若应用于管网规划，则对精度的要求较低，压力误差在5m以内都可以接受；若应用于优化调度，则对精度要求较高，只有模拟结果比较准确，才能有效指导调度。目前国内外还没有统一的模型校核标准，部分研究机构根据工程经验给出参考标准。

英国水研究中心模型精度评价标准见表5-8。

表5-8 英国水研究中心模型精度评价标准

指标	参数	校核标准
管段流量	大于用水量10%的管道	实测值的±5%
	小于用水量10%的管道	实测值的±10%
节点压力	100%的压力监测点	实测值的±2m或整个系统最大水头损失的±15%
	95%的压力监测点	实测值的±0.75m或整个系统最大水头损失的±7.5%
	85%的压力监测点	实测值的±0.5m或整个系统最大水头损失的±5%

国内模型精度评价标准见表5-9。

表5-9 国内模型精度评价标准

指标	参数	校核标准
管段流量	大于总供水量1%的管段	实测值±5%
	大于总供水量0.5%的管段	实测值±10%
节点压力	100%的压力监测点	实测值±4m
	80%的压力监测点	实测值±2m
	50%的压力监测点	实测值±1m

5.3.3.4 管网水力模型校核方法

1. 静态校核

供水管网静态校核是通过人工比对的方法，检查管网建模过程中各个阶段的数据。静态校核包括管控运行参数校核、拓扑结构校核、泵站模型校核、水量分配校核等内容。

(1) 运行参数校核。管网运行参数校核主要是校核管网监测点的水量和压力数据的准确性。主要手段是检查管网监测点布置的合理性、监测数据记录资料的准确性和了解监测数据记录资料处理方法等。

(2) 拓扑结构校核。拓扑结构校核主要针对基础信息，以保证所建立的拓扑结构是正确的。主要包含检查管网要素的属性信息，如高程、埋深、管径等是否存在明显错误，以及核实管网建模过程中不确定的管道连接关系和管网新增及删除管段等。同时，对管网中阀门的开启状况也需要核实，以达到对拓扑结构进行更新的效果。

(3) 泵站模型校核。泵站模型校核是进行水泵 $Q-H$ 曲线的核实，以保证水泵运行的高效性。主要通过检查泵站出水压力、出水流量以及水厂清水池动态水位，来分析水泵的 $Q-H$ 曲线，校核真实的水泵流量扬程曲线。

(4) 水量分配校核。管网中节点流量的分配对模型计算准确性影响很大，水量分配校核主要就是通过校正管网中用户用水量的准确性来提高模型的准确性。主要包括管网中大用户的位置与用水量等信息核实。当地理信息系统数据中用水用户的用水分配区域存在争议时，工作人员还需要进行现场核实确认。

2. 动态校核

在进行管网基础信息的静态校核之后，模型精度有所提升，但是要达到模型的精度要求还需要进行管网的动态校核，也称为管网的自动校核。动态校核包括管道摩阻系数等的校正。管道摩阻系数是影响管道水头损失、控制管网整体压力走向和坡降的重要参数，同时也是极不好确定的管道影响参数。目前常用来确定管道摩阻系数的方法主要包括传统校正方法、算法优化法、现场实测法。

(1) 传统校正方法。传统校正方法主要包括灵敏度分析法、解析法、管网水力方程组法和最优化法。其中最优化法由于对给定参数进行了约束，因此准确性高于灵敏度分析法、解析法、管网水力方程组法。传统校正方法应用较为广泛，具有操作简单、应用便利等优点，但校正的准确性较低。

(2) 算法优化法。算法优化法中较为常用的方法有遗传算法、人工鱼群法、BP神经网络算法。算法优化法通常以模型误差的平方和为目标函数、管道摩阻系数为约束条件，建立模型并求解。使用算法优化法进行校正管道摩阻系数往往具有很高的准确性和稳定性，但是算法复杂性较高，有时不适合较为复杂的管网。

（3）现场实测法。现场实测法是进行管道摩阻系数校正最准确的方法，但是这种方法往往费时费力，受实际情况约束，现实中不宜采用。如果将管道进行分类处理后，进行典型管道的摩阻系数测试，将会大大节省时间和精力，测出的数值也具有代表性，同时也解决了管道摩阻系数校正的问题。

5.3.4 输水管网水力分析应用

5.3.4.1 管网水力分析目标函数

节点需水量随时间和空间的变化非常大，被评估为研究和项目中影响模型不确定性的主要来源，必须对其进行校准以满足短期内不同时段的变化。将最小化水源水量、节点压力、管段流量的监测值与模拟值之差作为目标函数 f，则

$$\min f = \sum_{i=1}^{nh} W_i^h \mid h_i^c - h_i^m \mid + \sum_{j=1}^{nq} W_j^q \mid q_j^c - q_j^m \mid + \sum_{k=1}^{ns} W_k^{qs} \mid qs_k^c - qs_k^m \mid \tag{5-23}$$

式中 nh，nq，ns——管网中压力、流量、水源水量监测点总数；

W_i^h，W_j^q，W_k^{qs}——压力、流量、水源水量的权重因子；

h_i^c，h_i^m——第 i 个压力监测点模拟计算值、监测值；

q_j^c，q_j^m——第 j 个流量监测点模拟计算值、监测值；

qs_k^c，qs_k^m——第 k 个水源点供水量模拟计算值、监测值。

5.3.4.2 管网监控的灵敏度矩阵

使用影响系数法对参数进行扰动来定义灵敏度矩阵 S 中的元素 s_{ij} 为

$$s_{ij} = \frac{\partial y_i}{\partial x_j} = \lim_{\Delta x_j \to 0} \frac{y_i(x_j + \Delta x_j) - y_i x_j}{\Delta x_j} \tag{5-24}$$

式中 y_i——状态变量，比如管段流量、节点压力等；

x_j——节点需水量。

则矩阵形式可表示为

$$\Delta y = S \Delta x \tag{5-25}$$

同时，将水力方程组 G 转换成矩阵形式来简化计算，则

$$ACA^T H^* = Q^* \tag{5-26}$$

$$ACA^T (H^C + \Delta H) = Q^C + \Delta Q \tag{5-27}$$

式中 A——关联矩阵；

C——非线性矩阵，取决于管道糙度、长度、直径和水力梯度等；

H^*——真实节点压力；

Q^*——真实节点流量；

H^C，Q^C——压力模拟计算值、流量模拟计算值；

ΔH，ΔQ——模拟计算值与测量值的压力差、流量差。

而模拟计算值 H^C、Q^C 满足式（5-26），即

$$ACA^{\mathrm{T}}H^{C}=Q^{C} \tag{5-28}$$

联立式（5－26）和式（5－27），可得出扰动方程为

$$ACA^{\mathrm{T}}\Delta H=\Delta Q \tag{5-29}$$

令矩阵 $D=ACA^{\mathrm{T}}$，则可写成

$$\Delta H=D^{-1}\Delta Q \tag{5-30}$$

从 D^{-1} 和 ΔH 分别提取关于压力监测点的 D_{mh} 与 ΔH_{mh}，可得

$$\Delta H_{mh}=D_{mh}\Delta Q \tag{5-31}$$

同样地，对于 Δq，有

$$\Delta q=C\Delta h=CA^{\mathrm{T}}\Delta H \tag{5-32}$$

将式（5－30）代入可得

$$\Delta q=CA^{\mathrm{T}}D^{-1}\Delta Q \tag{5-33}$$

从 $CA^{\mathrm{T}}D^{-1}$ 和 Δq 分别提取关于流量监测点的 D_{mq} 与 Δq_{mq}，可得

$$\Delta q_{mq}=D_{mq}\Delta Q \tag{5-34}$$

同理可得，关于水源点和大用户点的扰动方程，分别为

$$\Delta q_{sq}=D_{sq}\Delta Q \tag{5-35}$$

$$\Delta q_{bq}=D_{bq}\Delta Q \tag{5-36}$$

同时满足约束条件

$$\mathbf{1}\,\Delta Q=0 \tag{5-37}$$

$$\mathbf{1}=[1\quad 1\quad 1\quad \cdots\quad 1]$$

联立式（5－31）、式（5－34）、式（5－35）、式（5－36）和式（5－37）得出节点需水量对监测数据的灵敏度方程如下

$$\begin{bmatrix} D_{mh} \\ D_{mq} \\ D_{sq} \\ D_{bq} \\ 1 \end{bmatrix}\Delta Q=\begin{bmatrix} \Delta H_{mh} \\ \Delta q_{mq} \\ \Delta q_{sq} \\ \Delta q_{bq} \\ 1 \end{bmatrix} \tag{5-38}$$

5.3.4.3　管网水力模型校正步骤

对于节点需水量的反演主要依照以下步骤：① 获取 SCADA 监测数据；② 节点需水量初始分配；③ 运用 EPANET 进行水力平差，对比监测数据获取平差结果的误差值；④ 创建监测点灵敏度矩阵，包括压力监测点、流量监测点、水源点、大用户点；⑤ 通过奇异值分解求解方程组，获取节点需水量迭代步长，并对节点需水量进行更新；⑥ 计算当前平差结果的误差，当误差小于允许值或达到最大迭代次数时终止迭代，至第⑦步，否则返回第③步；⑦ 运用 EPANET 进行水力平差，输出结果。

5.3.5　管网运行优化调度模型

供水管网系统优化调度是在保证安全供水的前提下，通过建立反映管网状态的模型，结合用户需水预测，运用数学最优化理论，求解经济性、合理性、可靠性最优的调度运行方案，以此来监控调度供水管网的运行。

根据选取的决策变量不同，优化调度决策模型分为直接优化调度模型和间接优化调度模型。间接优化调度模型又称两级优化调度模型，是将优化模型划分为管网运行和泵站运行两级调度模型，在第一级模型中，以各时段泵站需要提供给供水管网的流量和压力作为决策变量，在求解得出泵站的流量和扬程之后，进入第二级模型，在满足第二级流量和压力优化结果的前提下，最终寻求泵站内水泵的优化组合方案；间接优化调度模型简化搜索过程、求解迅速，但很容易出现两个模型寻优结果不匹配，不符合最优化的准则。直接优化调度模型以各时段泵站内水泵的调配组合作为决策变量，在满足供水管网水量、压力等约束条件下，求解最优化调度方案。直接优化调度模型计算简便、求解思路简洁，多应用于结构简单的供水管网系统。

5.3.5.1 优化调度建模步骤

供水管网优化调度模型的建立步骤如下：

（1）决策变量的确定：一般包括水泵开关状态及水泵转速、台数、流量、出口压力等，是建立优化调度模型的首要基础。

（2）目标函数和约束函数的确定：目标函数是模型运行需要达到指标（电耗或能耗等）的数学表达式，约束函数则是对系统运行变量进行约束的数学表达式。

（3）约束条件的确定：是保证供水系统正常运行的条件，如压力、水量和可靠性要求，包括一系列的等式或不等式条件、特定情况下的微分方程。

5.3.5.2 优化调度模型分类

根据不同的决策变量，分为不同的优化调度模型建立方法，主要分为直接优化调度模型和间接（两级）优化调度模型。

（1）直接优化调度模型：将整个供水管网系统一起建模，直接对水泵组合方案进行寻优，以泵站内水泵的开停、变速泵转速及单泵流量等作为决策变量，同时存在离散和连续变量，为混合离散变量的非线性规划问题。

（2）间接（两级）优化调度模型：将各泵站的供水流量和供水压力作为第一级优化的决策变量，求得目标最优时各泵站的流量和压力。第二级优化是在第一级优化的基础上，寻求各泵站内水泵的优化组合，得出开停水泵方案。求解间接优化调度模型相对容易，计算速度较快，但当第一级优化得出的结果特殊时，可能存在无法得到第二级优化的方案，或者只能得到近似的组合方案，无法很好地满足管网流量和压力需求。

5.3.5.3 直接优化调度模型

1. 直接优化调度的目标函数

若将供水管网的运行费最小用作为优化调度的目标函数，则主要包括制水成本和能耗，泵站的电耗是最主要的能耗方式，目标函数为

$$\min f = \sum_{k=1}^{m}\sum_{i=1}^{n} S_{ik}Q_{ik} + \sum_{k=1}^{m}\sum_{i=1}^{n} C_{ik}\sum_{j=1}^{p}\left(Q_{ijk}\frac{H_{ijk}}{\eta_{ijk}}\right) \tag{5-39}$$

式中 S_{ik}——i 泵站在 k 时段的单位制水成本；

Q_{ik}——i 泵站在 k 时段的供水量；

Q_{ijk}——i 泵站 j 号水泵在 k 时段的供水量；

H_{ijk}——i 泵站 j 号水泵在 k 时段的出水扬程；

η_{ijk}——i 泵站 j 号水泵在 k 时段的效率系数，包括水泵效率、电机效率等；

C_{ik}——i 泵站 k 时段的电耗系数，等于电价乘以换算系数；

m、n、p——时段、泵站、水泵的总数。

2. 直接优化调度的约束条件

优化调度模型的建立，不能单纯地寻找目标函数数学意义上的最优点，而需要考虑供水管网的水力特性，满足水力条件与需求，约束条件如下：

（1）管网水力平衡约束：满足管网水力平衡方程组，包括连续性方程、能量方程。

（2）各水厂泵站供水能力约束为

$$Q_{i,\min} \leqslant Q_i \leqslant Q_{i,\max} \tag{5-40}$$

式中 $Q_{i,\min}$——i 泵站允许最小供水量；

Q_i——i 泵站供水量；

$Q_{i,\max}$——i 泵站允许最大供水量。

（3）水泵供水能力约束为

$$QP_{ij,\min} \leqslant QP_{ij} \leqslant QP_{ij,\max} \tag{5-41}$$

$$HP_{ij,\min} \leqslant HP_{ij} \leqslant HP_{ij,\max} \tag{5-42}$$

式中 $QP_{ij,\min}$、$HP_{ij,\min}$——i 泵站 j 号水泵允许最小供水量、最低扬程；

QP_{ij}，HP_{ij}——i 泵站 j 号水泵供水量、扬程；

$QP_{ij,\max}$，$HP_{ij,\max}$——i 泵站 j 号水泵允许最大供水量、最高扬程。

（4）水泵数量约束为

$$NP_{i,\min} \leqslant NP_i \leqslant NP_{i,\max} \tag{5-43}$$

式中 $NP_{i,\min}$——i 泵站允许最少开泵数量；

NP_i——i 泵站开泵数量；

$NP_{i,\max}$——i 泵站允许最多开泵数量。

（5）变速泵转速约束为

$$S_{i,\min} \leqslant S_i \leqslant S_{i,\max} \tag{5-44}$$

式中 $S_{i,\min}$——i 变速泵最小转速；

S_i——i 变速泵转速；

$S_{i,\max}$——i 变速泵最大转速。

（6）节点压力约束为

$$H_{k,\min} \leqslant H_k \leqslant H_{k,\max} \tag{5-45}$$

式中 $H_{k,\min}$——第 k 节点允许最小压力；

H_k——第 k 节点压力；

$H_{k,\max}$——第 k 节点允许最大压力。

5.3.5.4 优化调度模型分析

优化调度的目的在于确定水泵最优组合方案，使供水管网在运行安全可靠的前提下，达到运行费用最省，包括工频泵和变频泵运行的型号及台数，以及变频泵的最佳转速。

工频泵的流量—扬程特性曲线可用二次多项式表示，即

$$H = a_0 - a_1 Q^2 \tag{5-46}$$

$$\eta=b_0+b_1Q+b_2Q^2 \tag{5-47}$$

式中 H，Q，η——泵的扬程、流量、效率；

a_0，a_1，b_0，b_1，b_2——常数系数。

变频泵可以通过调节转速来适应水量的变化，在不同流量范围内保持高效运行，以达到节能降耗的作用。设额定转速为 n_0，对于当前转速 n_i，转速比为 S_i，则

$$S_i=\frac{n_i}{n_0} \tag{5-48}$$

相同效率下，有

$$\frac{Q_i}{Q_0}=\frac{n_i}{n_0}=S_i \tag{5-49}$$

$$\frac{H_i}{H_0}=\left(\frac{n_i}{n_0}\right)^2=S_i^2 \tag{5-50}$$

$$\frac{\eta_i}{\eta_0}=1 \tag{5-51}$$

式中 Q_i——当前流量；

H_i——当前扬程；

η_i——当前效率。

因此，可得出在转速 n_i 条件下，泵的流量—扬程特性曲线为

$$H_i=a_0S_i^2-a_1Q_i^2 \tag{5-52}$$

$$\eta_i=b_0+b_1Q_i/S_i+b_2\left(\frac{Q_i}{S_i}\right)^2 \tag{5-53}$$

直接优化调度模型具有同时包含连续变量和离散变量的特点，目标函数与约束条件均非线性，为一个非常复杂的非线性规划问题，如果采用传统的基于梯度优化的方法进行求解将十分繁琐，变量之间也存在数量级差异。遗传算法作为一种基于自然选择、群体遗传机理的搜索算法，鲁棒性强、高效实用的特点显著，因此拟采用遗传算法对优化调度模型进行求解。

5.4 输水管网安全运行调度支持

输水管网系统的优化调度是在满足安全供水的同时，根据管网监测信息，预测未来调度时段内的需水量，通过调控管网内泵站、水塔、阀门等关键组件，运用科学合理的优化算法，综合考虑节能降耗、水量、压力、水质等多方面要求，最终寻求一个经济合理和安全可靠的调度方案。对供水管网系统实施优化调度目的是在优化泵站调配组合、控制泵站在高效区运行、有效降低运行能耗的态势，运用合理的泵站调度措施，调控全网压力，避免过高压力持续出现，减少管网漏损。输水管网系统的优化调度不仅对供水企业降低运行费用具有促进作用，还有利于维持管网压力，减少安全事故，降低维护成本。

目前，输水管网系统优化调度研究主要包括需水量预测、管网分析模型、调度决策模型 3 部分。需水量预测是基于历史用户用水数据，预测未来调度时段内的用户需水量，是进行优化调度的前提，其精确性直接影响着最终优化调度方案是否经济安全。管网分析模

型用于模拟管网的运行状态，依照调度方案模拟调控管网的运行工况，判断该工况是否满足各方面要求，工况表达是否符合实际工况，并决定着后续调度决策的准确性。调度决策模型是以需水量预测和管网分析模型为基础，通过确定调度最优化目标、调度约束条件（水量、压力、水质等方面要求）和调控运行的决策变量（泵站调配组合、阀门、水池等组件），构建最优化调度模型，选取适用的算法，求解最优运行调度方案。

5.4.1　管网运行故障分析

水泵机组在运行时突然停电或者机械设备发生故障时，容易诱发输水管道水锤现象。水锤是管道在输水过程中，管道内压力值由于流速瞬间发生剧烈变化而产生的压力交替急骤升降的现象。水锤是流体的一种非恒定状态的压力流，其运动要素（速度、密度、加速度、压力、摩擦阻力等）均随着时间和空间的变化而发生改变。当管道内部水流有水锤现象发生时，管道内的压力会瞬间骤增至正常工作压力的几倍甚至几十倍。管道中的水流主要受自身惯性和可压缩性的影响，当管道中发生水锤现象时，水的流速会发生剧烈变化，在惯性和可压缩性双重作用下，会引起管道内压力的升降变化，这种压力变化以振源为起点，沿着管道以纵波的形式往复传播。水锤波属于机械波，其传播速度会受到管径、管材、管壁厚度、管道存气量等因素的影响。同时水锤波的运动特点与机械波的运动特点相似，都属于一种能量传递与转换过程。

导致水锤形成的因素很多，诸如水泵突然断电、管道中阀门突然关闭等，破坏了管道内原有恒定流状态，从而导致压力的交替升降。综合来讲，导致水锤发生的主要因素就是管道内流速的剧烈变化引起了输水系统的边界条件发生了改变，或在某些气液两相流的状态下，如蒸汽管道中，若冷热介质混合不均匀，蒸汽冷凝时体积骤然缩小形成暂时的真空状态，从而产生压力差，蒸汽和冷凝水相互撞击，这些都可能引发水锤。此外，导致管道中发生水锤的原因还可能有管道存气、水库水位的变化、往复泵的影响、水泵或涡轮机叶轮的振动、可变形的管道附件（阀门等）的振动、不稳定的水泵或水泵叶片等。

输水管道运行时发生水锤故障有以下危害：

（1）管线高压与负压的瞬变交替。输水管道在水锤波的影响下，管道中的压力值骤然升高或降低，且呈现交替变化状态，容易造成管道爆裂及瘪管事故，并且瞬变流形成的负压易使土壤或地下水中污染物质通过管道破损处进入输水系统中，对水体造成二次污染。

（2）水体流速的骤然升高。由于水锤现象所引发的水体流速突然急剧升高，瞬变的高速水流极易将管壁的涂层、沉淀物、锈垢甚至生物膜冲刷进入水体，造成管道末梢出黄水或红水的现象。

（3）作用力的瞬间形成。输水管道在水锤波传播、干涉、衍射的影响下，在弯管段或管道配件的位置极易产生相当大的瞬变作用力，引发管道接头断开、阀件毁坏、爆管等事故。

（4）产生水柱分离。输水管道中压力值骤降至液体的汽化压以下，管道局部（局部高点、膝部）处形成气穴，当蒸汽充满整个断面时，水柱发生拉断，流体连续性被破坏，气穴的产生会破坏管道内衬而导致管道变形，并且若水柱弥合速度快，空腔的瞬间溃灭会引起局部瞬间高压，造成管道爆裂等事故。

（5）产生剧烈振动。输水管道中压力的瞬变交替所引发的管道及设备强烈振动，会导致其功能损坏甚至完全毁坏，尤其对于埋地管线，由于压力骤变而反复的形变极易发生管道泄漏甚至功能完全失效等问题。

（6）发生水体流态改变。输水管道中的水体由于自身惯性，在发生停泵工况水锤时，在水锤波及摩阻的影响下，其流态会发生改变，出现水体倒流现象，从而易引发水泵反转、破坏泵房内设备或管道甚至淹没泵房等事故。

5.4.2　管网运行方式模拟

长距离输水工程按水的动力来源，可分为压力输水、重力输水和压力与重力联合输水。无论是水泵加压还是重力输水，都是由取水工程、净水工程、输配水工程3部分组成。不同形式的输水系统在布置型式上会有所取舍，相应的也有其特点和适用性。取水工程包括取水构筑物和一级泵站，其作用是从选定的水源取水，输水到处理构筑物，保证足够的用水量。净水工程包括水处理构筑物和清水池，水处理构筑物的作用是处理后的水能够满足生活饮用水水质标准或工业用水水质标准的要求；清水池的作用是储存和调节相邻泵站之间水量的差额。输配水工程包括二级泵站、输水管道、配水管网、水塔和高位水池等，作用是将足够的水量输送和分配到用水地点，同时保证水量、水质、压力的要求。输水管道和配水管网较长，投资占比较大。

1. 水泵加压输水建筑物构成

（1）水泵加压输水的布置型式。长距离管道输水系统由一系列相互联系的构筑物和输配水管网组成。当水源水位低于供水区地形标高时，需要采用泵站加压的方式输水，在水源水位与地形高差较大的情况下，需设置多级泵站进行加压。

1）取水构筑物。取水构筑物用以从选定的水源或取水地点获取原水。水源的水文、地质、环境和施工等条件，对取水工程的投资产生直接的影响。取水构筑物需要对其进行独立运行和管理。

2）水处理构筑物。水处理构筑物是为对源水进行净化处理而设置各种构筑物的总称，使处理后的水满足水质标准的要求。水处理构筑物常集中布置在水厂范围内，是水厂保障供水水质的主要设施设备。

3）泵站。泵站是将水从地势较低的地方提升到要求的压力或高度的构筑物，其满足水处理构筑物运行和向用户供水的需要。按功能可分为一级泵站、二级泵站和设置于管网中的增压泵站等。

一级泵站的任务是将取水构筑物取得的水输送给水处理构筑物。二级泵站又称清水泵站，将处理后的清水提升到一定的压力或高度，通过管道系统输送给用水区。增压泵站是进一步提升输水压力的泵站，依具体需要可设在各种长距离输水的管网和管渠中间位置。

4）输水管渠。输水管渠是输送处理后的水到各个用水区的全部管（渠）道，尽管取水构筑物与水厂的距离不尽相同，输水管渠都是必不可少的。

5）配水管网。配水管网是供水区域内向用户配水的管道系统，承担着将清水输送并分配到各个用户的任务。配水管网又分为干管和支管，干管主要将清水输送到城镇，支管则将水分配给各个用户。

（2）水泵加压输水的优缺点及适应地形。加压输水对地形的适应性较好，供水效率高，运行方式灵活，对流量、压力的调控性较强。建设加压泵站，构建供水系统相对复杂，运行费用相对较高。加压输水适用于水源低于用水区的地形，海拔较高的地区，宜建设高扬程梯级泵站实现供水目标。

2. 水泵加压与重力联合输水

（1）联合输水布置型式。长距离输水工程多采用水泵加压与重力联合输水方式，将水由水源地提升到线路地势较高的地方，修建高位水池或水塔，再由水池或水塔在重力作用下自流向供水区输水。在输配水管网中增设水塔和高位水池等调节构筑物，可储存和调节二级泵站送水量与用户用水量之间的差额，并保持管网中有一定的压力。在地形起伏变化大的地区，联合输水方式能够较好地适应地形变化特点及输水要求，结合泵站供水量与用户用水量的实际情况，修建多个高位水池，分多级泵站提水，起到更好的调节作用。

（2）联合输水的优缺点。联合输水中设置水塔或高位水池向供水区供水，能够使管网中用户的供水压力保持相对稳定，并调节水量。但布设水塔和高位水池的管网不便于扩建，因为扩建供水管网时要提高水厂的供水能力，因此水塔或高位水池只适用于小型管网。

3. 管网运行数字化仿真模拟

基于输水管网工程结构组成和分布状况，以工程范围内基础地理信息系统数据和管网分布图层三维建模为基础，融合供水泵站厂房布局、机电设备结构和水处理厂工艺流程设备三维建筑信息模型及GIS+BIM涉及的基础数据、属性数据，构建管网运行数字化仿真模拟多维多尺度时空三维动态可视化数据底板，建立管输工程运行监测数据对接接口，管网水流流态、机电设备运行动态变化仿真驱动模型和虚拟现实驱动引擎接口，为构建管输工程同步仿真运行应用场景提供支撑。

5.4.3　管网输水仿真预演

管输工程输水运行涉及的业务智能应用包括工程安全风险预测、管网隐患监测预报、管网故障分析预警、工程调度仿真预演、泵站运行优化调度、管网安全监控联动、应急事件调度处置等关注重点，拟在构建相应的管输工程同步仿真运行应用场景的同时，建立与管输工程特点相适应的管网水力模型、风险预测模型、故障判断模型、优化调度等模型和管输供水工程运行可视化渲染驱动引擎，融合物联感知实时监测数据，在三维动态可视化虚拟现实环境中，打造精准映射、模拟仿真和虚实交互的数字孪生体，实现数字孪生管输供水工程涉及的加压泵站、水处理厂工艺流程设备、输水管道及控制阀门虚拟仿真同步运行，以及管输供水工程运行安全风险监测预报、故障隐患实时预警、优化调度超前预演、应急事件驱动预案的四预功能，全面提升管输供水工程数字化模拟、智能化监控、智慧化服务的水平，支撑供水保障能力和区域经济社会高质量发展。

5.4.4　管网安全监控联动

管输供水工程安全运行最大的风险之一是由水锤压力产生的破坏。通过建设水锤防护和智能化调控系统，将水锤自适应防护设备驱动、水锤压力实时监测、水流过渡过程仿真模型融入数字孪生管输供水工程三维动态可视化数据底板，形成管输供水工程瞬态过程智能控制集合体，有效解决管输供水工程水锤防护安全瓶颈与智能化调控技术问题，对保障人民生命财产安全，以及避免人为事故、地面塌陷、地下设施被淹等公共事件和应急管理等问题，强化节能减排、减少调度滞后形成的城市管网水资源浪费，降低电耗、物耗。实现对供水系统全流程数字孪生管理的监管和控制，将为管输供水企业提供技术支持和强力驱动。

第6章 伽师县城乡饮水安全工程输水管网水锤在线监测

6.1 工 程 概 况

6.1.1 工程总布置

1. 工程总体概况

伽师县城乡饮水安全工程输水主干管从水源地总水厂至伽师县城全长111.888km，设计流量为203.49～935.31L/s，流速为0.72～1.86m/s，设计管径为0.6～1m，管材选用外聚乙烯内环氧树脂复合钢管，干管沿途向米夏乡、克孜勒博依镇、夏普吐勒镇、铁日木乡、江巴孜乡、和夏阿瓦提镇、克孜勒苏乡、古勒鲁克乡、英买里镇、卧里托格拉克镇等乡镇分水。支管共15条，总长167.37km，设计流量为13.33～237.16L/s，流速为0.30～0.59m/s，设计管径为0.25～0.6m，管材选用外聚乙烯内环氧树脂复合钢管和PE管（钢管147.19km，PE管20.18km）。

工程布置确定的水源地总水厂地面高程1467.75m，伽师县水厂地面高程为1202.47m，落差265.28m。干管沿线设计2处调压阀和1处减压池，分别位于桩号10+500.00、21+010.00和43+200.00处。该项目全线管网呈树状分布，共有21处分水，在各输水末端建水厂和加压泵站，输水管供水至每个分水厂的调蓄池，二次变频加压向各自的县、乡镇管网配水。管网各关键节点数据见表6-1，主要水锤防护设备见表6-2。

表6-1 管网各关键节点数据

序号	节点桩号	节点流量/(L/s)	节点高程/m	最大静压/m	自由水头/m	备　注
1	总水厂 0+000.00		1467.75	2.75	2.75	
2	一级调压阀 10+500.00		1365.90	104.60	65.35	
3	二级调压阀 21+010.00		1315.73	154.77	76.22	
4	减压池 43+200.00		1281.45	189.05	27.55	
5	78+118.07	48.49	1234.00	52.20	27.71	五乡分水
6	82+462.00	18.11	1226.00	60.20	20.66	1支分水
7	82+462.00	51.76	1230.14	56.06	26.02	2支分水
8	92+329.00	27.70	1222.15	64.05	23.84	3支分水

续表

序号	节点桩号	节点流量/(L/s)	节点高程/m	最大静压/m	自由水头/m	备 注
9	95+373.00	75.00	1203.70	82.50	36.35	4支分水
10	100+050.00	22.97	1213.43	72.77	27.25	六乡分水
11	107+806.00	54.93	1210.96	75.24	20.70	5支分水
12	109+092.00	26.03	1207.51	78.69	25.67	7支分水
13	111+888.00	203.49	1202.47	83.73	29.13	伽师县分水
14	6支10+850.00	59.30	1200.52	85.68	26.98	七乡分水
15	6支15+945.00	29.76	1199.78	86.42	24.13	八乡分水
16	6支24+720.00	13.33	1196.84	89.36	12.43	6-1支分水
17	6支24+720.00	30.17	1196.00	90.20	17.10	6-2支分水
18	6支43+276.00	37.11	1188.05	98.15	13.54	九乡分水
19	8支5+123.00	30.69	1200.31	85.89	20.07	8-1支分水
20	8支12+450.00	23.89	1191.27	94.93	24.62	8-2支分水
21	8支16+619.00	21.12	1190.16	96.04	22.01	8-3支分水
22	8支42+969.00	54.30	1171.15	115.05	29.73	三乡分水
23	8支57+281.00	19.66	1163.30	122.90	25.37	8-4支分水
24	8支79+709.00	26.09	1152.12	134.08	28.93	十乡分水
25	8支79+709.00	61.41	1152.20	134.00	24.24	总场分水

表6-2 管网主要水锤防护设备

序号	管道名称	桩号	水锤防护设备	规格	数量/台	阀门井类型
1	干管	0+568.25	三孔真空复合阀	DN300 PN10	1	排气阀门井
2	干管	1+588.72	三孔真空复合阀	DN300 PN10	1	排气阀门井
3	干管	10+500.00	三孔真空复合阀	DN300 PN25	2	调流调压阀门井
4	干管	10+500.00	安全泄压阀	DN200 PN25	1	调流调压阀门井
5	干管	10+800.00	防水锤型空气阀	DN200 PN25	1	排气阀门井
6	干管	11+845.04	三孔真空复合阀	DN300 PN25	1	排气阀门井
7	干管	13+850.53	三孔真空复合阀	DN300 PN25	1	排气阀门井
8	干管	15+959.31	防水锤型空气阀	DN200 PN25	1	排气阀门井
9	干管	21+010.04	三孔真空复合阀	DN300 PN25	2	调流调压阀门井
10	干管	21+010.04	安全泄压阀	DN200 PN25	1	调流调压阀门井
11	干管	21+879.52	三孔真空复合阀	DN300 PN25	1	排气阀门井
12	干管	22+742.66	三孔真空复合阀	DN300 PN25	1	排气阀门井
13	干管	22+887.70	防水锤型空气阀	DN200 PN25	1	排气阀门井
14	干管	31+010.04	防水锤型空气阀	DN200 PN25	2	检查井
15	干管	36+600.00	防水锤型空气阀	DN200 PN40	2	检查井

续表

序号	管道名称	桩号	水锤防护设备	规格	数量/台	阀门井类型
16	干管	43+200.00	防水锤型空气阀	DN200 PN40	1	减压池
17	干管	43+200.00	安全泄压阀	DN300 PN40	1	减压池
18	干管	44+060.04	防水锤型空气阀	DN200 PN10	1	排气阀门井
19	干管	44+711.21	防水锤型空气阀	DN200 PN10	1	排气阀门井
20	干管	47+718.24	防水锤型空气阀	DN200 PN10	1	排气阀门井
21	干管	48+455.19	防水锤型空气阀	DN200 PN10	2	检查井
22	干管	53+575.64	防水锤型空气阀	DN200 PN10	2	检查井
23	干管	54+283.86	防水锤型空气阀	DN200 PN10	1	排气阀门井
24	干管	58+538.88	防水锤型空气阀	DN200 PN10	2	检查井
25	干管	63+450.00	防水锤型空气阀	DN200 PN16	2	检查井
26	干管	68+347.62	防水锤型空气阀	DN200 PN16	2	检查井
27	干管	73+800.00	防水锤型空气阀	DN200 PN16	2	检查井
28	干管	78+118.07	安全泄压阀	DN150 PN16	1	分水阀门井
29	干管	81+285.64	防水锤型空气阀	DN200 PN16	1	排气阀门井
30	干管	82+461.96	安全泄压阀	DN150 PN16	1	分水阀门井
31	干管	95+314.74	防水锤型空气阀	DN200 PN16	1	排气阀门井
32	干管	100+050.00	安全泄压阀	DN150 PN16	1	分水阀门井
33	干管	101+145.38	防水锤型空气阀	DN200 PN16	1	排气阀门井
34	干管	111+888.04	安全泄压阀	DN150 PN16	1	调流调压阀门井
35	支管 1	7+758.46	安全泄压阀	DN150 PN16	1	调流调压阀门井
36	支管 3	0+353.89	安全泄压阀	DN150 PN16	1	调流调压阀门井
37	支管 4	12+213.25	安全泄压阀	DN150 PN16	1	调流调压阀门井
38	支管 5	2+585.09	安全泄压阀	DN150 PN16	1	调流调压阀门井
39	支管 6	7+448.24	三孔真空复合阀	DN300 PN16	1	排气阀门井
40	支管 6	10+850.00	安全泄压阀	DN150 PN16	1	分水阀门井
41	支管 6	12+385.57	三孔真空复合阀	DN300 PN16	1	排气阀门井
42	支管 6	14+400.00	三孔真空复合阀	DN300 PN16	1	排气阀门井
43	支管 6	15+945.24	安全泄压阀	DN150 PN16	1	分水阀门井
44	支管 6	18+050.00	三孔真空复合阀	DN300 PN16	1	排气阀门井
45	支管 6	43+276.14	安全泄压阀	DN150 PN25	1	调流调压阀门井
46	支管 6-1	4+624.73	安全泄压阀	DN150 PN25	1	调流调压阀门井
47	支管 6-2	0+130.53	安全泄压阀	DN150 PN25	1	调流调压阀门井
48	支管 7	0+934.39	安全泄压阀	DN150 PN16	1	调流调压阀门井
49	支管 8	0+900.00	三孔真空复合阀	DN300 PN16	1	排气阀门井
50	支管 8	3+438.13	三孔真空复合阀	DN300 PN16	1	排气阀门井

续表

序号	管道名称	桩号	水锤防护设备	规格	数量/台	阀门井类型
51	支管 8	6+922.16	三孔真空复合阀	DN300 PN16	1	排气阀门井
52	支管 8	42+969.35	安全泄压阀	DN150 PN25	1	分水阀门井
53	支管 8-1	4+009.54	安全泄压阀	DN150 PN16	1	调流调压阀门井
54	支管 8-2	2+902.12	安全泄压阀	DN150 PN25	1	调流调压阀门井
55	支管 8-3	4+326.14	安全泄压阀	DN150 PN25	1	调流调压阀门井
56	支管 8-4	3+156.79	安全泄压阀	DN150 PN25	1	调流调压阀门井
57	支管 8-5	1+611.27	安全泄压阀	DN150 PN25	1	调流调压阀门井

2. 系统设备及现场要求

(1) 工作电源：①交流电源，三相 380V±10%，50Hz；②交流电源，单相 220V±10%，50Hz；③直流电源，(12～24)V±1%。

(2) 绝缘阻抗：①设备安装、连接完毕后，交流外部端子对地阻抗大于 10MΩ；②不接地直流回路对地阻抗大于 1MΩ。

(3) 介质强度：①500V 以下、60V 及以上端子与外壳间能承受交流 2000V 电压 1min；②60V 以下端子与外壳间能承受交流 500V 电压 1min。

(4) 电磁干扰和电磁兼容性：①传导干扰抑制能力，1～1.5MHz 衰减振荡电压不低于 0.5kV；2/50μS 冲击波不低于 1kV；②抗无线电干扰能力应不低于 1V/m（30～500MHz)；③抗静电干扰能力应不低于 4kV；④硬盘、软盘使用和贮存在磁通密度不大于 70×10^{-4}T 的环境中应安全不受破坏；⑤CRT 在磁通密度不低于 1×10^{-4}T 的环境中其显示效果不受影响；⑥浪涌冲击抑制能力为 3 级。

6.1.2 工程地质

伽师县域范围处在中纬度欧亚大陆腹地，属蒸发较大的典型温带大陆性干旱气候，主要特点是四季分明，降雨稀少，无霜期长，光热资源丰富，昼夜温差大，气候干旱。伽师县现场环境数据见表 6-3。

表 6-3　伽师县现场环境数据

环境项目	数　据	环境项目	数　据
安装地点	均安装在室内或户外	平均气温/℃	-6.1～-11.2
海拔高度/m	1202.00～1467.00	月平均相对湿度（25℃时)/%	5～95
环境温度/℃	-22.5～41.2	地震烈度	8 度

气温：年平均气温 11.7℃，年际变化小，一般在 11～12℃，历年极端最高气温 41.2℃，极端最低气温-22.5℃，历年月平均最高气温 41.2℃。全年 7 月平均气温 25.7℃，1 月份平均气温-6.1℃。

降水量：历年平均降水量 54mm，降水多集中在 5—8 月，占全年降水量的 73%，最大降雪深度 10cm。

风速及风向：受地形影响，盛行西南风，从季节上看，这里四季均以西南风为主。平均风速1.5～3m/s，年平均风速2.1m/s，最大风速30m/s。

冻土：最大冻土厚度0.87m。

6.1.3 管材比选

考虑到伽师县城乡饮水安全工程具有距离长、水头高、重要性高的特点，在管材比选当中，考虑各类管材在新疆的应用情况及使用条件、周边厂商加工制造供应情况，以及现场地质及施工条件、防腐处理等，进行综合比选。经综合调研分析，选择钢管、球墨铸铁管、玻璃钢管和PE管等4种管材，结合国内已建工程的应用情况进行分析比选。

1. 管道沿线场地环境条件

根据地质勘察成果可知，管线沿线地下水对混凝土结构均具中～强腐蚀性；对混凝土结构中的钢筋具中～强腐蚀性；对钢结构具强腐蚀性。地基土对混凝土具有弱～中等腐蚀性；对钢筋混凝土结构中钢筋具中～强腐蚀性；对钢结构具强腐蚀性。

本工程大体分为两种地层结构，其中：山前冲洪积平原区地层岩性为砂砾石，地下水位很低，在管沟开挖深度内无影响；平原灌区地层岩性为低液限粉土、低液限黏土和粉细砂，地下水位较高，在管沟开挖深度内可见。

2. 水力条件

分析管道过水能力情况，以海曾-威廉系数作为依据，该值越大，管道越光滑，过流能力越强。玻璃钢管、PE管内壁最光滑，海曾-威廉系数为140～150；涂料内衬钢管，如3PE钢管和涂塑钢管，海曾-威廉系数为130～140。球墨铸铁管内壁为水泥砂浆，海曾-威廉系数为120～130。因此在同等管径的情况下，玻璃钢管、PE管的过流能力最强，涂料内衬钢管的过流能力较强，水泥砂浆内衬的球墨铸铁管稍低。

3. 抗压能力

本工程中的最大静水压力为1.85MPa，最大使用压力接近2.5MPa，管道设计压力等级最大管段为4.0MPa，只有钢管可以满足。本工程在设计压力等级超过1.6MPa的管段均考虑使用钢管；在压力等级小于1.6MPa的管段则在钢管、球墨铸铁管、玻璃钢管和PE管4种管材中从经济性角度进行选取。

对于承受外压能力方面，球墨铸铁管最强，钢管第二，玻璃钢管和PE管相对最弱，但由于本工程设计管顶土厚为1.2m，最大土厚一般不超过3m，因此上述4种管材均能满足要求。

4. 地基适应性及回填要求

本工程中管道沿线上段冲洪积平原为砂砾石层，可适用球墨铸铁管和钢管；平原灌区主要为低液限粉土层，上述4种管材均满足要求。

5. 抗腐蚀性

钢管及球墨铸铁管均受地下水及场地土的腐蚀性影响，均需采取一定的防腐措施。钢管管道内外均需考虑防腐，内壁采用常温型环氧涂料或热固性环氧树脂，外壁采用涂塑或3PE防腐层。球墨铸铁管管道内壁采用水泥砂浆内衬防腐，外壁采用喷锌＋环氧煤沥青防腐层＋聚乙烯套防腐。上述两种管材通过采用防腐措施，严格按照工艺执行，均能较好地解决抗腐蚀性问题，但相应的会增加管道造价。PE管和玻璃钢管在抗腐蚀性方面性能突出，管材本身所用材质已具备耐腐蚀能力，因此不需要额外增加防腐措施。

6. 施工安装

球墨铸铁管吊装重量最大，装卸和搬运相对困难，采用承插接头，单节管长5m或6m，接头数量相对较多。钢管吊装重量较大，采用焊接接头，单节管长12m，接头数量少，接头为现场焊接，现场的工作量较大，施工速度相对最慢，并且施工现场焊接需要有电源，并保证工作坑内无积水，涌水地点施工困难。PE管重量较轻，采用承插接头，单节管长12m，最大可做到18m，接头数量少，热熔连接施工速度快。玻璃钢管吊装重量最轻，采用承插接头，纤维缠绕，管单节管长12m，接头数量少，施工速度快。

7. 维修和配件

长距离输水管线在运行过程中，一旦发生爆管、漏水等事故时，钢管可切割，可焊接，可加工各类异型管件，维修最为便利；球墨铸铁管的切割性和可焊性都不好，一般也只能整体更换，维修不便；玻璃钢管可通过现场缠绕玻璃纤维的方式进行修补，但缠绕的可靠性不如焊接，维修较便利；PE管可通过换管热熔或现场箍哈夫节的方式进行维修，维修较便利。配件方面，钢管采用钢制管件；球墨铸铁管的管件较为丰富，但弯头为定型角度，实际放线角度不可能都为定型角度，因此会采用部分钢制管件；玻璃钢管的管件由于是手工糊制，可靠性和稳定性不高，一般都采用钢制管件；PE管的管件也较为丰富，也会采用部分钢制管件。

8. 管材选择

管材选择时依据管道沿线地形、地质条件、最大使用压力、工程造价及供货条件进行综合比选，确定推荐管材。

本工程属于距离特别长的中大口径输水管道，工程量大，工期紧，综合考虑，首先在满足安全的前提下纳入可比管材，其次参与比选的管材主要区别在于价格，最后是施工和维护的便易性，因此本次比选侧重安全性、经济性、施工和维护的便易性。

玻璃钢管适用于1.6MPa以内，沿线地层岩性为粉土、黏土或砂土的地段。球墨铸铁管在管径大于DN400时适用于1.6MPa以内的地段，在管径小于DN400时适用于3.0MPa以内的管段。钢管适用于本工程所有地段。PE管适用于1.6MPa以内，管径不大于DN400的地段。

从供货条件来看，喀什地区目前有涂塑钢管、玻璃钢管、PE管的生产企业，供货条件较好。北疆的阜康有球墨铸铁管生产企业，供货距离相对较远。另外由于球墨铸铁管厂属于重污染企业，生产受制约干扰程度较高。

从安全性角度分析，相对来说，金属管材安全性能最高，因此在价格相差不大的情况下，DN400以上口径的管道建议优先考虑金属管材。

最终本工程推荐采用钢管和PE管的组合方案。其中钢管用于管径大于0.4m或压力等级大于1.6MPa的管段，PE管用于管径小于等于0.4m且压力等级小于等于1.6MPa的管段。输水干管111.89km管径为0.6～1.2m，全部采用钢管。输水支管167.37km，其中钢管长147.19km，管径0.25～0.6m；PE管长20.18km，管径0.25～0.4m，压力等级为1.25～1.6MPa。

钢管的防腐采用涂塑钢管，内防腐为热固性环氧树脂，外防腐为加强级涂塑层，连接方式为焊接。PE管的连接方式为热熔连接。

6.1.4　技术特点

伽师城乡供水工程是典型重力流输水管网，自盖孜河取水口取水，取水量以全县各乡镇2030年人口预测夏季最高平均日用水量为测算依据，经总水厂处理后经主干管呈树状分布向伽师县各乡镇供水，各乡镇水厂设调蓄池，再经各分水厂处理后加压配水至用户，其项目特点如下：

(1) 总水厂0+000.00至最末端8支79+709.00总高程差达315.63m，其中在桩号10+500.00、21+010.00和43+200.00各设2处调压阀和1处减压池，第一处分水点82+462.00前是主管道检修阀，关闭易发生关阀水锤，此处为重点研究和防护管段，也是水锤在线监测和安全防护的重点区域。

(2) 管网最大的分水主要在伽师县城111+888.00、6支108+799.00和8支111+108.00这3处分水，其中伽师县城分水流量为203.49L/s，6支分水流量为169.67L/s(其中在6支10+850.00预留分水59.30L/s，6支15+945.00预留分水29.76L/s，合计89.06L/s)，8支分水流量为237.16L/s（其中在8支42+969.00预留分水54.30L/s)，各分支管水厂水池入口压力安全防护是重点。

(3) 根据管网模型分析结果，各处分水点水厂水池入口压力需要得到严格控制，否则会造成管道拉空、流速超标和配水不均，供水调度须经严格测算。

(4) 该项目为重力流定量输水，不直接以高程差参与各分水点配水，夏季用水高峰期是以各分水点水厂调蓄池作为用水缺口予以补充，管网各处分水点的最大压力为该处的静压，最小压力是设计最大配水流量下的自由水头，如何确保管网在全年保持各分水节点动态低压，避免管道关阀后的静态高压，是确保管道安全和降低漏失的重点。

6.2　水锤防护计算与设备选型

水锤是一种波动现象，出现这种波动的基本条件是有压管流中存在波源和传递介质。在有压输水管道中，由于流速的剧烈变化和水流的惯性而引起一系列急骤的压力变化和密度变化，综合作用的结果，在物理现象上表现为快速传播的水锤波动。在水锤现象中，起主要作用的是水流本身的惯性和可压缩性。惯性要维持原来的运动状态，而水流的可压缩性和膨胀又引起运动状态的改变。水锤波动全过程包括压力波的产生、传播、反射、干涉乃至消失。当管流中出现水柱分离时，会引起更加复杂的物理过程。

水锤的大小与水锤波的波速和流速变化量成正比。即在同样水流速度变化的工况下，波速越大，水锤就越大，即压力变化也越大。而在波速一定的情况下，管道内水流流速变化越大，水锤压力也越大。

水锤波波速计算是一个复杂的过程，它除与液体的弹性模量K有关外，还取决于管道特性及外部约束。管道特性有管道尺寸、管道厚度和材料等，管道管径越小、管壁越厚、弹性越小，波速越大。外部约束条件包括支承形式和管道在纵向移动的自由度。

6.2.1 水锤计算分析

6.2.1.1 分析软件及原理

伽师城乡供水工程输水管网水锤分析计算使用的是由美国肯塔基州大学开发的 KYPipe2010 水锤分析软件。其主要用于管道瞬变流分析和输水管道及分支管网保护方案的设计。

KYPipe2010 是基于波特性法为理论依据而研发的水锤分析软件。波特性法以瞬态管流源于管道系统水力扰动所产生的压力波的发生和传播这一物理概念为理论基础，通过追踪水锤波的发生、传播、反射和干涉，来计算各节点不同时段的瞬态压力值。波特性法和特征线法是目前用来求解两个基本偏微分方程最常用的方法，具有物理概念清晰直观、边界条件便于计算机编程等优点。鉴于波特性法的特殊计算理论基础，其又具有特征线法所不具备的高效的计算速度，而特征线法存在求解步骤繁琐、迭代计算次数多等缺点，对大型长距离输水管路系统的水锤计算时，其计算次数可达波特性法的几个数量级，因此此时使用波特性法具有相当的优势。

由于该软件几乎纳入了所有实际的输水管路系统的水力元件，并配以相应的计算模型和人性化的 Windows 操作界面，可通过研究模拟管线模型稳态流、瞬变流各种水力过渡过程，既可以输出每个水力元件、管道节点每个时刻的压力变化历时曲线、流量变化历时曲线、水泵转速（流量）变化历时曲线、进排气阀内空气体积变化历时曲线、每个水力元件的局部阻力损失等节点参数，又可以输出管道的流量、沿程阻力损失、流速、水力坡降等管道参数，同时可以输出管线各种瞬态流的水击包络线，以及每个节点及管道在模拟时间内的最大值、最小值及其相应的发生时间等，优化启泵、停泵、开阀、关阀、流量调节等瞬态流中各设备复杂的开停机切换操作程序，提出一套技术可靠、经济合理且管理方便的综合的停泵水锤和开关阀防护方案，防止输水系统发生破坏性的水锤危害。

6.2.1.2 水锤分析模型建立

1. 流速公式

输水管道流速计算公式为

$$v=\frac{Q}{\pi\left(\frac{D}{2}\right)^{2}} \tag{6-1}$$

式中 v——输水管道流速；

Q——输水管道流量；

D——输水管道内径。

2. 直接水锤计算依据

输水管道依据茹科夫斯基公式进行直接水锤计算，即

$$\Delta H=\frac{c}{g}\Delta V \tag{6-2}$$

式中 ΔH——压力变化量；

c——水锤传播速度；

g——重力加速度；

ΔV——输水管道流速的变化量，当关阀时间 $t\leqslant 2L/c$，校核直接水锤影响。

3. 波速计算公式

输水管道波速计算公式为

$$c=\sqrt{\frac{K}{\rho\left[1+\left(\frac{K}{E}\right)\psi\right]}} \tag{6-3}$$

式中 c——水锤传播速度；

K——弹性模量，$K=21.9\times10^{8}\mathrm{N/m^2}$；

ρ——介质密度，$\rho=998\mathrm{N\cdot s^2/m^4}$；

E——管道的杨氏弹性模量；

ψ——无量纲参数。

4. 间接水锤计算

当关阀时间 $t>2L/c$，校核间接水锤影响，基于波特性法的基本偏微分方程如下：

连续方程：
$$\frac{\partial H}{\partial t}=-\frac{C^2}{gAL}\frac{\partial Q}{\partial x} \tag{6-4}$$

动量方程：
$$\frac{\partial H}{\partial x}=-\frac{1}{gAL}\frac{\partial Q}{\partial t}+f(Q) \tag{6-5}$$

水头损失计算公式：
$$h_j=\frac{10.67Q^{1.852}L}{C^{1.852}D^{4.87}} \tag{6-6}$$

式中 Q——输水管道内流量；

L——输水管长度；

C——威廉姆斯系数；

D——管道内径。

6.2.1.3 输水管道参数

伽师输水管道水锤项目工程选用的管材为钢管、PE管，参数见表6-4。

表6-4 输水管道管材参数表

管材	杨氏弹性模量/(N/m²)	泊松比
钢管	20.5×10^{10}	0.28
PE管	0.14×10^{10}	0.5

6.2.1.4 水锤计算技术标准

伽师城乡供水工程输水管道水锤防护计算分析及相关建议均依据国际通用标准和中华人民共和国现行有关规程、规范，主要的技术规范、规程和技术标准如下：

(1) 美国水行业协会标准。

(2)《室外给水设计标准》(GB 50013—2018)。

(3)《城镇供水长距离输水管（渠）道工程技术规程》(CECS 193：2005)。

(4)《给水管道复合式高速进排气阀》(CJ/T 217—2013)。

(5)《给水排水管道工程施工及验收规范》(GB 50268—2008)。

6.2.1.5 工况选取

根据水锤现象基本理论，水锤压力的大小与流速的变化量成正比，当管道发生启泵、停泵、爆管、关阀等操作和事故引起流速变化时，都会有水锤现象发生。对于重力流管道，末端关阀引起的流速改变量最大，导致的水锤危害也最大。而对于泵送管道，断电停泵引起的流速改变量最大，导致的水锤危害最严重。为达到无论在任何工况下都能保证系统安全的目的，主要对最危险工况进行模拟分析。输水管道工况选取见表 6-5。

表 6-5　　　输水管道工况选取

系　统	工　况	特　征
管网	稳态分析	按照设计流量运行
		小流量运行（设计流量 50%）
		各分水口末端不控制
	干管关阀	干管减压池前和末端 120s 关闭
		干管减压池前和末端 300s 关闭
		干管减压池前和末端 600s 关闭
	支管关阀	部分支管末端 60s 关闭
		部分支管末端 120s 关闭
		部分支管末端 300s 关闭

6.2.2 水锤防护设备选型

伽师城乡供水工程输水管网水锤防护设备主要有空气阀、空气罐和安全阀。

1. 空气阀

在输水系统中，管中存气会影响输水效率、增加系统能耗，严重时会危及输水系统的安全运行。空气阀（可称为排气阀）由于具有结构简单、投资少、安装方便等优势，并且在输水管线充水、排水的情况下可以大规模地排出、吸入空气，因此广泛应用于输水工程中。空气阀主要有微量排气阀、快速排气式排气阀和缓慢排气式排气阀 3 种，其中缓慢排气式排气阀应用最为广泛。此类型排气阀主要通过减小排气孔口直径或在排气阶段减小排气孔通流面积，以此降低排气速度。

现常用的缓慢排气式排气阀，即缓闭式空气阀，又称作三阶段空气阀，其主要通过在阀体内加入布满小孔口的缓冲碟片以此减缓排气速度，防止事故工况导致的弥合水锤和二次瞬时压力的发生，并且在负压进气时也能保证高速进气，弥补了快速排气式排气阀在排气阶段的缺陷。缓闭式空气阀不同阶段的工作过程，其工作原理为：在排气过程中孔口压差开始逐步增大，增大到缓冲碟片起跳的临界压力时，缓冲碟片起跳至大排气孔口使孔口的通流面积减小，排气速度大幅降低，截留更多的气体形成气囊作为弹性体以此降低水柱的弥合速度，达到抑制弥合水锤的目的。缓闭式空气阀的水锤防护效果主要受缓冲碟片起跳压力、缓冲碟片的通流面积与大孔口面积比的影响，起跳压力越接近大气压力，即在排气初始阶段起跳时的水锤防护效果越好，而面积比不是越大或越小时水锤防护效果越好，存在对应最佳防护效果的最优值。

2. 空气罐

目前，空气罐主要有常规空气罐、空气阀调压室和带有中心竖管的空气罐 3 种型式。

在常规空气罐中，除了传统空气罐外，还有气囊式空气罐，其内部有一个整体的气囊，其中，气囊式空气罐又分为充水气囊型、充气气囊型和隔膜式空气罐 3 种类型。充水气囊型空气罐的气囊内充满液体，氮气充满气囊和空气罐罐壁之间的空间；而充气气囊型空气罐的气囊内充满氮气，液体充满气囊和罐壁之间；隔膜式空气罐是在传统空气罐大约罐高一半的位置处热轧一个橡胶隔膜，预充一定压力的氮气在隔膜上部，水在下部，实现了气水分离。但由于隔膜式空气罐下半部分与水直接接触，易造成生锈，影响水锤防护效果，故逐渐被其他类型的气囊式空气罐取代。

3. 安全阀

超压泄压阀也称持压泄压阀（简称泄压阀），泄压保护装置工作主要依赖于对泄压阀滑塞内腔压力控制，正常输送时，滑塞在内腔设定压力作用下将滑塞紧紧地与主阀座贴合，使泄压阀处于正常关闭状态，当管线发生水击，异常升压，超过其滑塞内腔所设定的安全控制压力时，在压差作用下滑塞打开，通过滑塞外腔开始泄压并报警，当管线压力恢复正常工作压力时，滑塞与阀座紧紧贴合，恢复关闭状态，停止泄放，管线恢复正常输送。

6.2.3 水锤在线监测与系统构建

长距离管道有压输水工程包括水泵扬水工程和重力流输水工程，对于输水距离较长且地形起伏较大的管道供水工程，水泵机组的突然失电或管道控制阀门的急启急闭会产生管道系统的水力过渡过程。这一过程中产生的水锤现象极易引起输水系统的安全问题，甚至引发管道爆管、破裂、变形等严重事故。采用过渡过程仿真计算的方式确定水锤防护设计方案，是现阶段工程中普遍应用的，但工程运行后仍有出现防护措施不到位而引起的爆管事故或者过度保守的防护措施导致工程投资过大等问题。

在供水工程运行管理信息化系统的设计中，对水力过渡过程的监测考虑较少，在系统实际运行中无法对水力过渡过程发生时压力、流量等参数进行监测，同时对水锤防护设备的动作情况无法获知，进而影响对防护设备、设施运行及水锤防护效果进行有效的评估和判断。当前我国长距离供水工程项目逐渐增多，对管道水锤防护的研究和应用也越来越引起各方的关注，在工程设计和运行中将水力过渡过程监测、水锤防护监测纳入工程总体运行管理信息化系统，为工程安全运行和水锤防护的深入研究提供相关数据资料十分必要。

随着我国经济的发展，为保障供水工程安全可靠、科学水量调度、现代化综合管理、智能自动监控、高清晰视频监控、高效办公自动化等综合需求，目前几乎所有的新建大中型供水工程均建设了运行管理信息化系统。系统利用数据采集技术、监视控制技术、通信技术及计算机网络技术、自动控制技术、地理信息系统技术等，以水量调度、决策指挥、工程运行管理、综合会商、办公自动化等业务应用为中心，构建涵盖工程水资源信息采集、传输、处理、存储、管理、服务、应用、决策支持和远程监控等信息流程为一体，能够及时、准确地对水情、水量、水质、图像、视频、工情等信息进行自动化汇集存储、共享分发、预测预警和决策支持，实现对水资源的实时监测、实时调度和实时管理，逐步达到“采集自动化、传输网络化、集成标准化、管控一体化、决策智能化”的目标。

6.3 实时在线水力模拟

6.3.1 模型计算精度实时校正

供水管网模型应用的前提是该模型在一定的精度要求下能符合实际管网的运行情况并能准确地反映实际管网的不同运行状态。虽然建模人员将模型所需的各种基础数据进行了认真的收集、整理并输入到水力模拟计算软件中，但并不能保证所建立的模型是供水管网系统准确的数学表述，所以水力模型应用之前需进行模型的校核（这里指微观校核）。水力模型校核是指通过调整节点用水量 Q 和水损系数 C 的值，使模型预测的管段流量及节点压力数据与实测数据相匹配。把水力模型的直接求解当作正运算那么模型校核就是一个反运算问题，在模型的正运算中用给定的节点流量和水损系数的值来求管段流量和节点压力的值，矩阵方程存在唯一解；反运算则是用实测的部分节点压力和管段流量数据来求该时刻的节点用水量和对应的管路水损系数，是一个以较小已知量求解较多未知数的问题，矩阵方程往往是欠定的。

6.3.1.1 管网水力模型实时校正方法

由于水力模型是非线性方程，在模型的校核过程中需要用到迭代的思想，目前水力模型校核常用的方法为遗传算法和加权最小二乘法（Weighted Least Squares，WLS）。遗传算法是一种人工智能算法，每次迭代搜索目标解是随机的，不需考虑对象的特定知识。遗传算法因为编程实现简单，使用遗传算法或改进的遗传算法对管网水力模型进行校核的研究开展得比较多。WLS 是一种基于梯度的算法，每次迭代搜索目标解时都是从对象函数的梯度信息出发。

遗传算法是一类借鉴生物界进化规律演化而来的随机化搜索方法，其主要特点是直接对结构对象进行操作，不存在求导和函数连续性限定，具有更好的全局寻优能力，采用概率的寻优方法，能自动获取和指导优化的搜索空间，自适应地调整搜索方向而不需要确定的规则。WLS 是通过对最小误差平方和进行加权构建目标函数，使之成为一个不存在异方差性的模型，通过迭代找到一组最佳函数匹配的数据。

与 WLS 比较，遗传算法作为一种随机算法更有可能搜索到全局最优解，取得更好的校核结果。遗传算法需要更长的计算时间和迭代次数才能获得满意的结果，而 WLS 由于迭代用到梯度信息，迭代搜索效率要比遗传算法高得多。遗传算法是比较耗时的，也正是这一缺陷，限制了遗传算法在实时评估管网状态（利用实时的监测数据对供水管网进行校核计算节点流量）中的应用，而基于梯度的 WLS 不仅可以用来对水损系数进行有效的校核，并且能够用来对节点流量进行实时的评估。

WLS 在管网校核中的应用没有遗传算法广泛的一个重要原因是其每次迭代过程中的雅可比矩阵需进行繁杂的计算，也增加了计算时间。若能有方法简便地获得参数的雅可比矩阵，将使 WLS 在管网校核和实时参数评估中得到极大的应用。本书通过改进雅可比矩阵计算方法，采用 WLS 对供水管网水力模型参数进行校核。

6.3.1.2 基于 WLS 的参数校核

水力模型校核中一般都是先对水损系数 C 进行校核，对 C 修正后再利用实时的监测

数据对节点流量进行校核，对节点流量的校核即供水管网实时水力模拟。利用 WLS 对水损系数进行校核的目标函数可以写为

$$\min(C)=\begin{bmatrix}\Delta H\\\Delta q\end{bmatrix}^{\mathrm{T}}\boldsymbol{W}\begin{bmatrix}\Delta H\\\Delta q\end{bmatrix} \tag{6-7}$$

其中

$$\begin{cases}\Delta H=H_m-H(C)\\\Delta q=q_m-q(C)\end{cases} \tag{6-8}$$

约束条件为

$$\boldsymbol{G}_H(\boldsymbol{Q},\boldsymbol{C},\boldsymbol{q},\boldsymbol{H})=0\Leftrightarrow\begin{cases}\boldsymbol{Aq}+\boldsymbol{Q}=0\\\boldsymbol{A}^{\mathrm{T}}\boldsymbol{H}-\boldsymbol{h}+\boldsymbol{A}_{10}\boldsymbol{H}_{10}=0\end{cases} \tag{6-9}$$

$$\boldsymbol{C}_1\leqslant\boldsymbol{C}\leqslant\boldsymbol{C}_{\mathrm{u}} \tag{6-10}$$

式中 $\min(C)$——目标函数的减缩形式，其形式与采用遗传算法校核水损系数时类似，是关于水损系数的函数；

ΔH——监测的节点压力和模型预测的节点压力值之差向量；

Δq——监测的管段流量和模型预测的管段流量值之差向量；

H_m，q_m——监测的节点压力和监测的管段流量向量；

$H(C)$，$q(C)$——模型预测的节点压力和管段流量向量，是关于水损系数的函数；

$\boldsymbol{W}$——权重矩阵，是对角矩阵且除主对角线元素外其他元素都是零，这里采用测量误差方差矩阵的逆矩阵作为权重矩阵；

$\boldsymbol{G}_H$——供水管网水力稳态动力学模型的减缩形式，作为目标函数的约束条件；

$\boldsymbol{C}_1$，$\boldsymbol{C}_{\mathrm{u}}$——水损系数的下限和上限。

假定经过 $k+1$ 次迭代后获得目标函数的解，目标函数可以写为

$$f(C_k+\Delta C_k)=\begin{bmatrix}H_m-H(C_k+\Delta C_k)\\q_m-q(C_k+\Delta C_k)\end{bmatrix}^{\mathrm{T}}W\begin{bmatrix}H_m-H(C_k+\Delta C_k)\\q_m-q(C_k+\Delta C_k)\end{bmatrix} \tag{6-11}$$

根据一阶泰勒展开式，将式（6-10）展开为

$$f(C_k+\Delta C_k)\approx\begin{bmatrix}\Delta H_k-\boldsymbol{J}_H(C_k)\Delta C_k\\\Delta q_k-\boldsymbol{J}_q(C_k)\Delta C_k\end{bmatrix}^{\mathrm{T}}W\begin{bmatrix}\Delta H_k-\boldsymbol{J}_H(C_k)\Delta C_k\\\Delta q_k-\boldsymbol{J}_q(C_k)\Delta C_k\end{bmatrix} \tag{6-12}$$

其中

$$\begin{cases}\Delta H_k=H_m-H(C_k)\\\Delta q_k=q_m-q(C_k)\end{cases} \tag{6-13}$$

式中 $\boldsymbol{J}_H(C_k)$，$\boldsymbol{J}_q(C_k)$——管段水损系数为 C_k 时，被监测的节点和管段的压力和流量对水损系数的雅可比矩阵。

目标函数式（6-7）取得最优条件必有

$$\frac{\partial f(C_k+\Delta C_k)}{\partial\Delta C_k}=-2\begin{bmatrix}\boldsymbol{J}_H(C_k)\\\boldsymbol{J}_q(C_k)\end{bmatrix}^{\mathrm{T}}W\begin{bmatrix}\Delta H_k-\boldsymbol{J}_H(C_k)\Delta C_k\\\Delta q_k-\boldsymbol{J}_q(C_k)\Delta C_k\end{bmatrix}=0 \tag{6-14}$$

采用 WLS 校正水损系数时，根据上式可得每次迭代的迭代步长 ΔC_k 为

$$\Delta C_k=\left\{\begin{bmatrix}\boldsymbol{J}_H(C_k)\\\boldsymbol{J}_q(C_k)\end{bmatrix}^{\mathrm{T}}W\begin{bmatrix}\boldsymbol{J}_H(C_k)\\\boldsymbol{J}_q(C_k)\end{bmatrix}\right\}^{-1}\begin{bmatrix}\boldsymbol{J}_H(C_k)\\\boldsymbol{J}_q(C_k)\end{bmatrix}^{\mathrm{T}}W\begin{bmatrix}\boldsymbol{J}_H(C_k)\\\boldsymbol{J}_q(C_k)\end{bmatrix} \tag{6-15}$$

在迭代过程中，迭代向量和变量的梯度矩阵有关，这样利用 WLS 校正水损系数时，

只需在给定的初始水损系数值之上，根据梯度信息迭代搜索到最优解。

6.3.2　水力运行状态分析

根据伽师城乡供水工程输水管网结构，对管网进行建模分析。该方案干管减压取消了原一级减压池，并调整了桩号 10＋500.00～43＋200.00 减压池之间管道的管径和承压等级。在 10＋500.00、21＋010.00 处共安装 2 处调流调压阀（减压阀）。

管网模型包括总水厂至伽师县供排水公司输水干管及支管 6、支管 8 和其他所有支管和分支管，包括沿线 1 处减压池、2 处减压阀和支管、分支管末端水池。伽师城乡供水工程输水管网模型如图 6－1 所示。

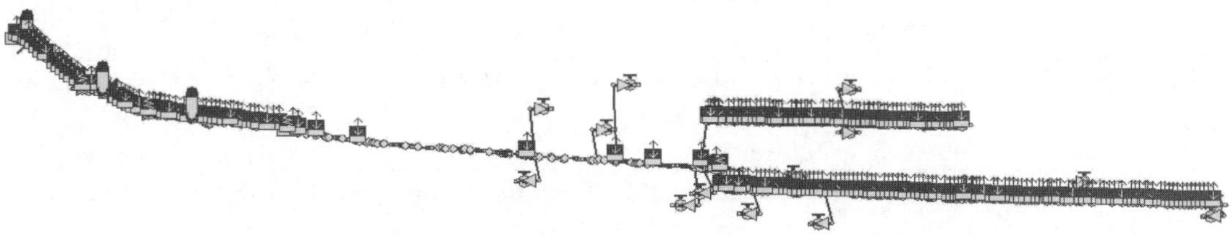

图 6－1　伽师城乡供水工程输水管网模型

该项目各支管管道末端设加压站或水厂，管道设计为均匀供水，但由于前期运行达不到设计流量，因此考虑 50％小流量工况条件下的压力变化。同时由于分支管较多，应考虑对各支管末端压力和流量进行控制。

6.3.2.1　额定流量工况（分支管末端流量受控）

（1）额定流量工况下，干管全线水力坡度线及压力曲线分别如图 6－2、图 6－3 所示。

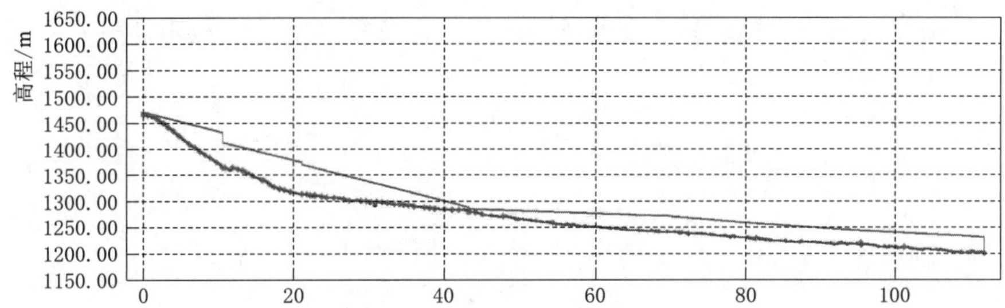

图 6－2　干管全线水力坡度线

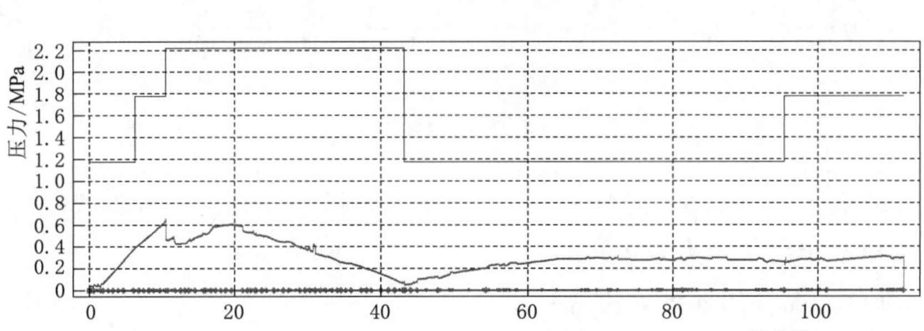

图 6－3　干管全线压力曲线

各管段出水压力分别为 0.0833MPa、0.3038MPa，末端入池压力较高。

（2）额定流量工况下，支管 6 全线水力坡度线及压力曲线分别如图 6-4、图 6-5 所示。

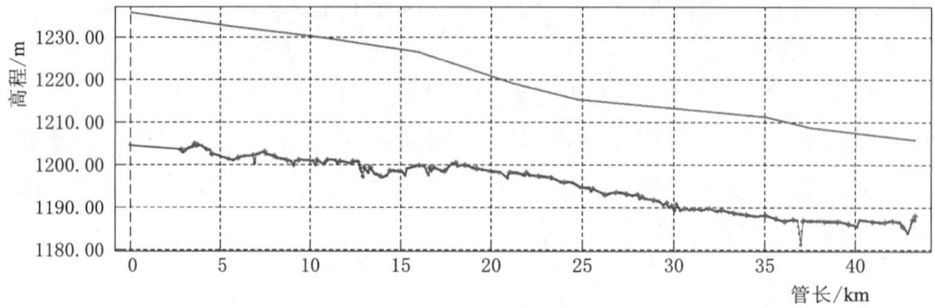

图 6-4　支管 6 全线水力坡度线

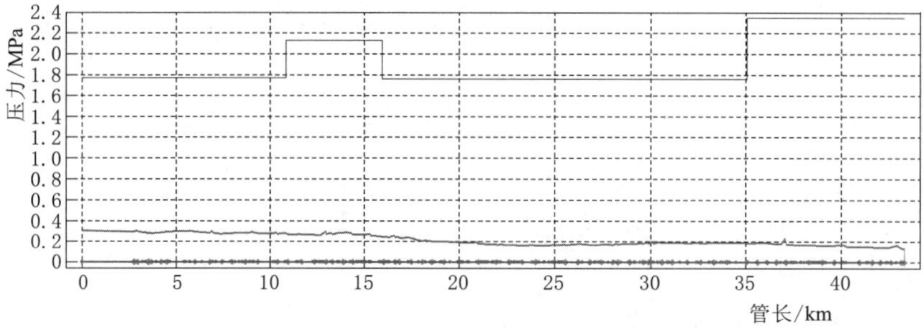

图 6-5　支管 6 全线压力曲线

（3）额定流量工况下，支管 8 全线水力坡度线及压力曲线分别如图 6-6、图 6-7 所示。

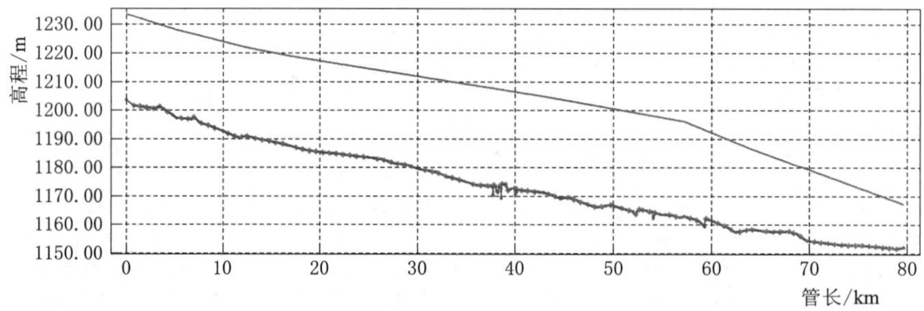

图 6-6　支管 8 全线水力坡度线

支管 8 末端出水压力 0.3234MPa，从额定流量分析结果看出，各管段压力满足管道承压要求，水池和末端出水压力较合理。

6.3.2.2　小流量工况（50%设计流量）

根据前述，项目前期输水流量可能远远低于设计流量，或在夜间部分分水口关闭时，管道内流量会降低，压力随之增高。以下计算各分水口均以 50%设计流量供水时，各段管

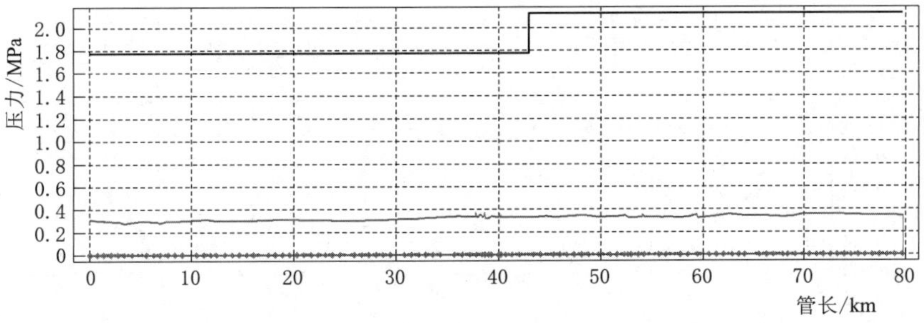

图 6-7 支管 8 全线压力曲线

道的水力坡度线和压力曲线。

(1) 小流量工况下，干管全线水力坡度线及压力曲线分别如图 6-8、图 6-9 所示。

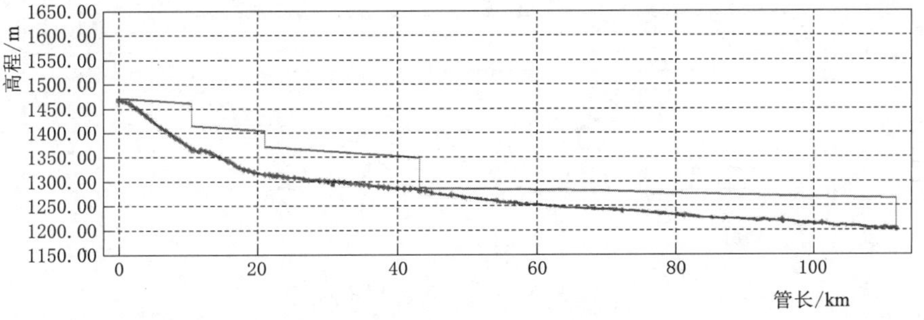

图 6-8 干管全线水力坡度线

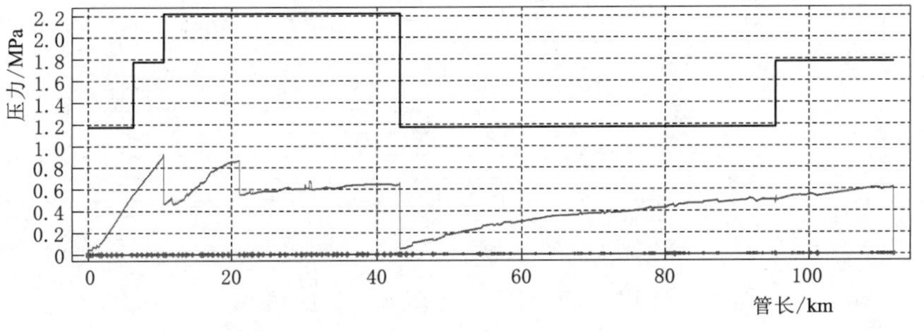

图 6-9 干管全线压力曲线

减压池前和末端出水压力分别为 0.6566MPa、0.6174MPa，入池压力较高。

(2) 小流量工况下，支管 6 全线水力坡度线及压力曲线如图 6-10、图 6-11 所示。

(3) 小流量工况下，支管 8 全线水力坡度及压力曲线分别如图 6-12、图 6-13 所示。末端出水压力 0.9212MPa，压力较高，比设计流量下高出 0.5978MPa。

不同工况下各管段末端压力数据见表 6-6。

根据表 6-6 给出不同工况下各管段末端压力看出，小流量工况下阀前/末端出水压力大幅上升。另外，一级减压阀和二级减压阀处随着阀前压力上升，减压阀减压比（阀前压/阀后压）越大，气蚀越严重。

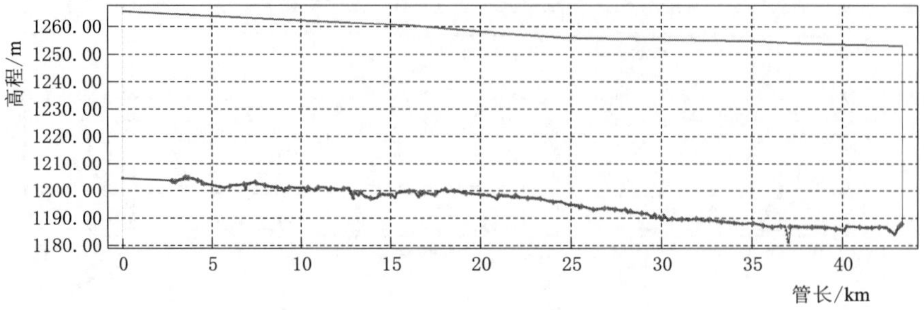

图6-10 支管6全线水力坡度线

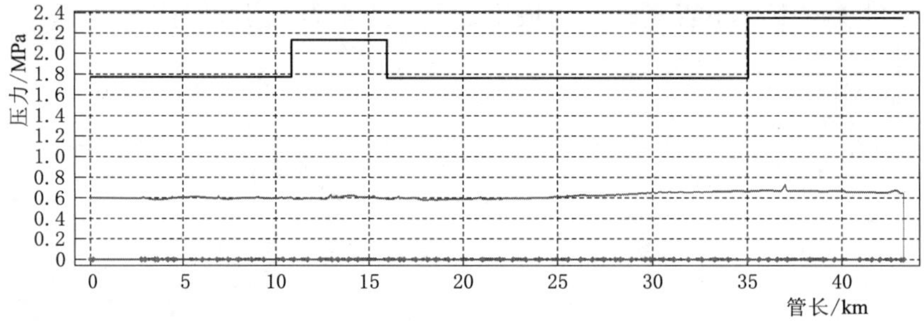

图6-11 支管6全线压力曲线

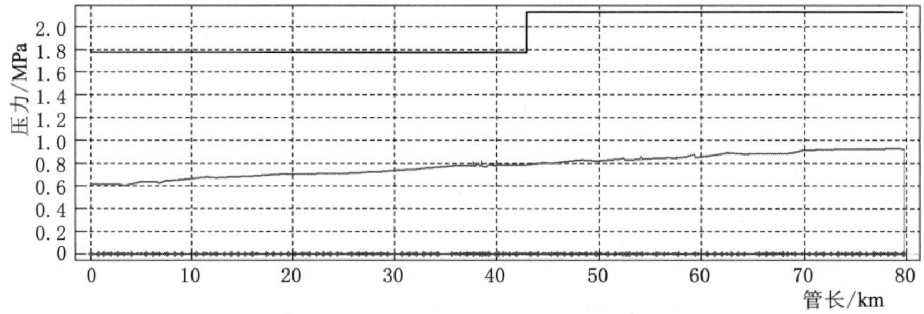

图6-12 支管8全线水力坡度线

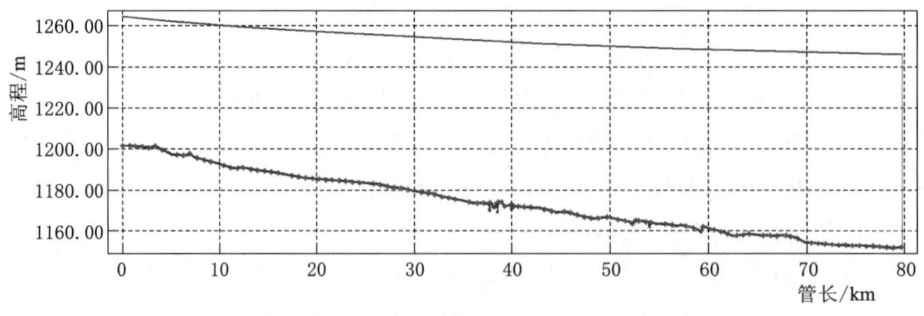

图6-13 支管8全线压力曲线

表 6-6　不同工况下各管段末端压力数据

工况	管　　线	阀前压力/MPa	阀后压力/MPa	静压/MPa
额定流量	一级减压	0.6566	0.4606	0.9996
	二级减压	0.588	0.539	0.4966
	三级减压（水池）	0.0833	0.0529	0.2783
	干管末端	0.3038	0.0294	0.8203
小流量（50%设计流量）	一级减压	0.9212	0.4606	1.0016
	二级减压	0.8428	0.539	0.4966
	三级减压（水池）	0.6566	0.0529	0.2783
	干管末端	0.6174	0.0294	0.8203

6.3.2.3 支管末端流量失控

考虑支管末端出水失控情况，支管水力坡度曲线及压力曲线如图 6-14、图 6-15 所示。

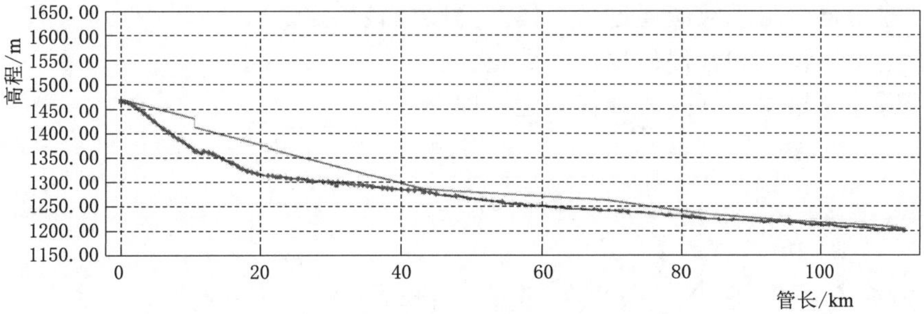

图 6-14　支管水力坡度曲线

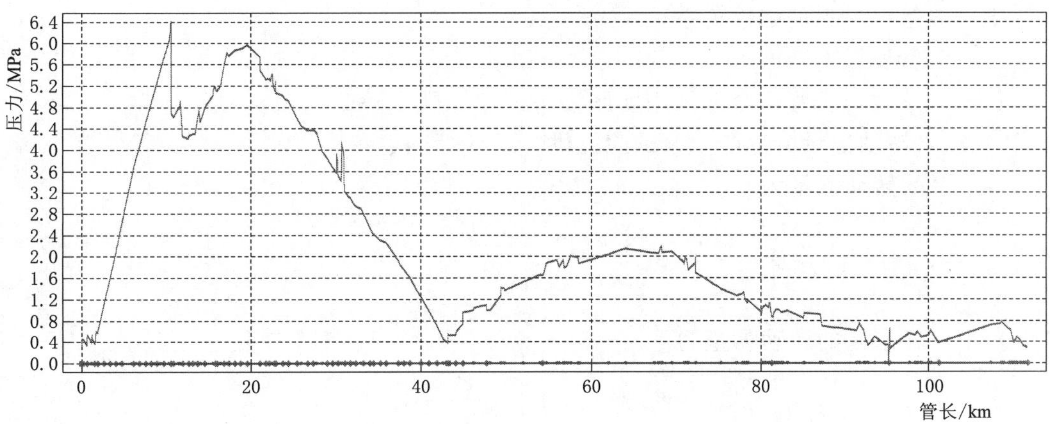

图 6-15　支管压力曲线

在支管末端出水失控条件下，干管各段管道流量分别可达 954.1L/s 和 1241.6L/s，远远超出设计流量，同时局部管段出现半管流、水池拉空现象。说明整个系统在总体流量过大的同时有部分支管却由于供水压力过低而导致流量不足。另外，在无控条件下，当下游用水量过大超过水厂处理能力时，还会在上游管道形成负压状态，不利于系统运行。因此必须对各支管末端流量进行严格控制。

6.3.3　水力信息计算

1. 水力计算一般规定

在可行性研究报告或初步设计阶段开展的管道建模和水力过渡分析过程中，其采用的数据应与工程设计阶段的数据保持一致：

（1）管道管径、长度、节点高程和材质。

（2）水源水池（水库）液位和管道末端出口液位。

（3）水泵曲线（$Q-H$）的定义应注明单点、三点或多点。

（4）减压阀、持压阀、止回阀和检修阀应定义其开度和流量关系特征，并与设计所采用的阀门型式一致。

（5）新建管道摩阻系数的选取宜按相应管道材质的上限选取，摩阻系数无特殊要求宜按海曾—威廉系数取值。

（6）已建管道摩阻系数应通过水力模型分段校核确定。

（7）管道附属设备和管件的位置和数量。

（8）管道波速根据以下公式计算确定，即

$$a=\frac{\sqrt{K/\rho}}{\sqrt{1+[(K/E)(D/e)]c_1}} \tag{6-16}$$

式中　a——波速，m/s；

ρ——流体的密度，$N\cdot s^2/m^4$；

K——流体的体积弹性模量，N/m^2；

D——管径，m；

E——管壁材料的弹性模量，N/m^2；

e——管壁厚度，m；

c_1——系数，若管道全部采用膨胀接头连接，则 $c_1=1$。

（9）水泵转动惯量由生产厂家试验提供，或计算确定：

1）水泵的转动惯量为

$$I=0.36964\times\left[\frac{P}{\left(\frac{N}{1000}\right)^3}\right]^{0.9556} \tag{6-17}$$

2）小、轻水泵的转动惯量为

$$I=0.33423\times\left[\frac{P}{\left(\frac{N}{1000}\right)^3}\right]^{0.884} \tag{6-18}$$

3）电机惯量为

$$I=0.0422\times\left[\frac{P}{\left(\frac{N}{1000}\right)^3}\right]^{1.48} \tag{6-19}$$

式中 I——转动惯量，$N \cdot m^2$；

N——水泵转速，r/min；

P——电机功率，kW。

2. 水力建模分析

水力建模分析应包括管道系统的稳态分析、瞬态分析和安全防护分析。

(1) 稳态分析。通过管道分析模拟软件对项目管道建立管道水力模型后，基于设计额定输水工况，应提交以下稳态分析结果：①管道水力坡度线图；②管道动压线图；③管道水力计算表；④管网压力分布图（针对节水灌溉输水管网）。

1) 设计额定输水工况下，管道水力坡度线和水力计算表用于复核管道沿线各节点的最小压力是否满足满管流承压输水要求。

2) 分析复核后的管道，沿线各节点的最小压力应大于等于 0.02MPa。

3) 管道动压线，用于评估选取的管道承压等级能否初步满足承压要求。

4) 有压重力流输水项目有日、夜或季节流量变化，并且管道设置有减压调流阀门时，应依据项目最小输水流量，分析和计算减压调流阀门的减压比和气蚀系数，评估符合设计所选定的减压调流阀型式和口径能否满足最小流量运行要求。

5) 对于节水灌溉项目，通过管网压力分布图，应能复核灌区内各轮灌组的供水压力能否满足灌水器最低压力要求，灌水器的最低压力要求可由设计资料查验。

(2) 瞬态分析。

1) 有压重力流输水项目的瞬态分析，建议按以下模拟条件确定水锤：

a. 管道在最大输水流量工况下，模拟末端出口控制阀前检修阀关闭，阀门开度全开至完全关闭的时间，应从短到长设定多个关阀时间，并由分析结果给出建议关阀时间，该时间作为检修阀电动减速机构的限制条件，或人工关闭须遵守的关阀制度。

b. 控制阀前的检修阀全开至完全关闭的最短关闭时间，依照可选择的电动执行机构，可按以下规则确定：①管道口径 50～200mm，最小关闭时间 3～60s；②管道口径 200～500mm，最小关闭时间 10～90s；③管道口径 500～1000mm，最小关闭时间 25～100s；④管道口径 1000～2000mm，最小关闭时间 30～200s；⑤管道口径大于 2000mm，最小关闭时间 60～300s。

c. 当所选择的最小关阀时间对水锤影响较大时，可延长阀门关闭时间，并作为电动执行机构的减速比或启闭速度的限制条件。

d. 当有压重力流输水管道有多个分水口时，应分别对最大的 1～2 个分水口控制阀前检修阀同时关闭，系统各个分水口控制阀前检修阀依次关闭，进行管道可能的最大危害水锤工况分析。

2) 泵送输水项目的瞬态分析，建议按以下模拟条件确定水锤：

a. 水泵机组在设计额定扬程和流量工况下，以断电停泵和止回阀关闭作为模拟条件。

b. 止回阀的选型应由以下计算公式确定，即

$$t_s = \frac{(v_1 - v_2)L}{g\Delta H} \tag{6-20}$$

式中 t_s——断电停泵后管道中水由设计流速至静止的时间，s；

L——止回阀后至末端的管道长度，m；

v_1——管道设计流速或止回阀全开最小流速，m/s；

v_2——静止流速，m/s，一般为零；

g——重力加速度，取 9.81m/s^2；

ΔH——水锤压力上升值，m。

当计算的管道流速静止时间 t_s 小于 30s，推荐采用自动型止回阀；大于 30s，推荐采用控制关闭型止回阀。

控制关闭型止回阀的两阶段关闭时间由计算时长确定，第一阶段的关闭时间应小于等于时长，阀门关闭开度控制在 60%～90%，第二阶段的关闭时间应大于时长，阀门关闭开度控制在 40%～10%，时长计算公式为

$$t=\frac{2L}{a} \tag{6-21}$$

式中　t——时长，s；

L——管道长度，m；

a——波速，m/s。

3）当重力流泵送输水项目，泵后通常不设止回阀，但为避免断电停泵后管道排空，分水口或管道末端应设置持压阀时，以及当泵送输水管道的沿线有较大的驼峰起伏，且后段为有压重力流输水时，建议按以下模拟条件确定水锤：

a. 应以断电停泵和分水口或末端持压阀关闭作为模拟条件。

b. 当分水口或末端出口持压阀入口的压力，小于最大设计流量条件下的压力时，阀门自动减小开度直至关闭，其关闭时间取决于持压阀的水力模型设定。

4）瞬态分析应提交以下无安全防护的水锤危害分析结果：①水力包络线图；②压力包络线图；③管道最大压力发生点的压力波动线图；④管道最小压力发生点的压力波动线图；⑤泵转速变化线图。

通过水力包络线图和压力包络线图，应能直观查看管道沿线的水锤高压和低压分布，评估水锤的危害程度。

通过管道最大和最小压力波动线图，应能直观查看设定过渡过程时长条件下，管道的最大和最小压力发生点的压力值，及该节点的压力波动频率和幅度特征。

对止回阀选型或确定关阀特征时间后，泵转速变化线的分析结果，水泵的反转转速，最大不得超过泵额定转速 1.2 倍（离心泵）/1.5 倍（轴流泵或导叶式混流泵），宜控制在额定转速 0.5 倍以内，低速反转时长不应超过 2min。

6.4 防护设备管理

6.4.1 防护设备故障监测

管道防护设备故障监测主要包括控制阀门的开度及启闭时间监测、进排气阀的进排气量及开关状态监测、调压塔（井）的水位监测、其他防护设施的关键参数监测。

1. 控制阀门的开度及启闭时间监测

管道的控制阀门根据功能一般分为流量调节阀、减压阀、隔断检修阀等，主要用于供水工程中流量、压力的有效控制或者启闭管道的输水状态。为避免引起较严重的开关阀水锤，阀门的启闭规律均通过水力过渡过程仿真计算进行确定。在目前的大中型管道供水工程中控制阀门的开度均设置了自动监测和自动控制装置，分现地及中控两级。水锤防护在线安全监测系统是将已实现的管道控制阀门开度监测数据进行整合，与此同时增加控制阀门启闭时间监测功能，为分析研究管道的安全运行状态和极端状态（水锤发生）下各种控制阀门开关规律设置的合理性提供数据分析条件。通过工程运行的具体数据综合分析动态调节阀门控制规律。

2. 进排气阀的进排气量及开关状态监测

进排气阀是管道供水工程中必不可少的常用设备，其作用主要是在管道运行初期排气，正常运行时保证管道内无气体淤积，当管道发生水锤管道大面积产生负压时及时补气防护以及在管道内产生弥合水锤时用于缓冲防护（具有微排功能的进排气阀）。

进排气阀的布设方式除常规在管道凸起点设置外，一般通过仿真计算选择在发生水锤负压的集中段布设。目前对进排气阀的监测工程中均未实施，其布设位置的合理性、运行过程中阀门的状态、进排气量与设置点管道压力和进排气孔大小的关系与仿真计算的结果是否近似，以及对管道防护的效果是否达到预期等问题均停留在理论计算的结果上，无法由实际工程验证。水锤防护在线安全监测系统将利用现有先进的传感器技术探索空气阀的实际运行状态，通过数据反映实际防护效果。

3. 调压塔（井）的水位监测

单相、双相调压塔（井）也是输水管道常见有效的防护装置，具有在管道发生负压时快速补水的功能。但对于其补水效果、补水量、补水时间等具体参数没有进行监测，导致该装置的设置位置、补水状态无法得到实际工程的准确运行参数。水锤防护在线安全监测系统将通过该装置水位变化情况监测，结合压力、流量的变化情况，系统分析该装置的设置和运行状态，验证其布设位置的合理性和设计参数的可靠性。

4. 其他防护设施的关键参数监测

管道水锤防护除了上述的设备设施外，常用的还有蓄能罐、超压泄压阀等。水锤防护在线安全监测系统指根据实际需要选择防护措施对关键参数进行在线监测，如蓄能罐压力、充补气状态和时间，超压泄压阀的启闭时间、整定开启压力等。通过这些设施及设备的关键数据变化情况，结合整个管线压力、流量的变化情况，分析其设置合理性，验证选择设备参数的准确性。

6.4.2 防护设备有效性监测

以伽师城乡供水工程输水管网为例，分别考虑在管道不同位置安装空气蓄能罐＋泄压阀＋空气阀＋真空阀联用，并通过 3 种方案对水锤防护设备有效性进行评估。

根据过渡过程分析结果，在无防护工况下，管道沿线减压池前有超压现象发生，减压阀后有严重负压产生，并伴随有水柱分离工况发生。必须采取有效措施降低水锤对管道危害。对比不同关阀时间的计算结果，关阀时间越短，水锤压力越高，超压越严重，关阀时间越长，水锤压力越小。因此，建议干管末端隔断阀关闭时间不小于300s，支管隔断阀关闭时间不小于120s。为防止误操作或阀门故障导致的快速关阀引起管道破坏，以最危险工况（即干管隔断阀120s关闭）安装防护措施。

1. 方案一（桩号13＋850.00、28＋058.00和56＋787.00）

在桩号13＋850.00、28＋058.00和56＋787.00处各安装1台8m³空气蓄能罐，另外，在一级减压阀、二级减压阀、减压池前以及管道末端安装4台泄压阀，沿线安装防水锤型空气阀及三孔复合真空阀。

包络线及压力变化曲线如图6－16～图6－19所示，由图可知，管道内压力得到有效控制，无超压现象发生。全线最大压力1.16326MPa，发生在一级减压阀前；最小压力－0.04704MPa，发生在减压池前。泄压阀泄水量如图6－20～图6－22所示。空气蓄能罐流量和水/气变化如图6－23～图6－28所示。空气阀进气量变化如图6－29～图6－33所示。

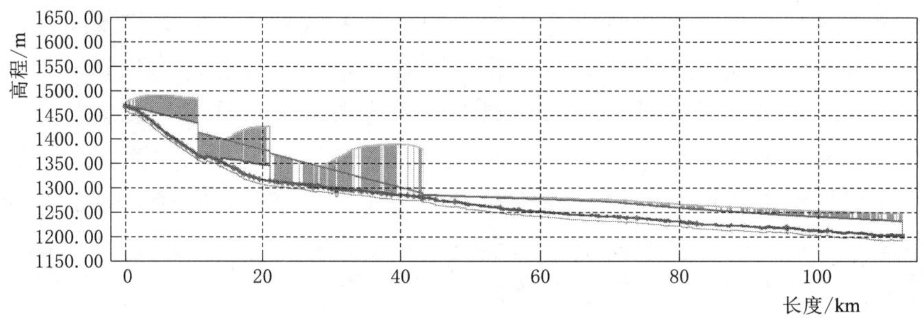

图6－16　水力包络线

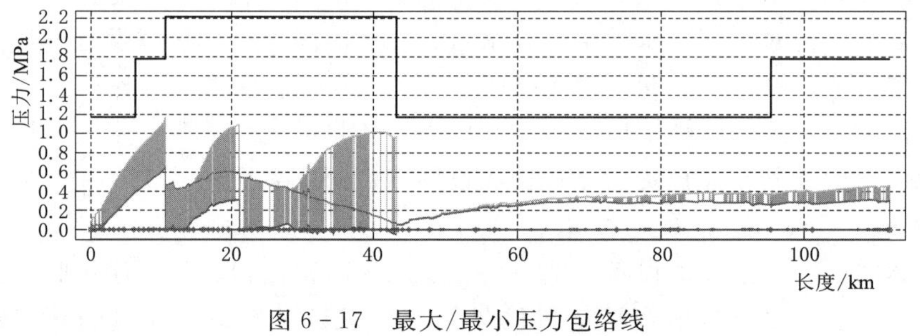

图6－17　最大/最小压力包络线

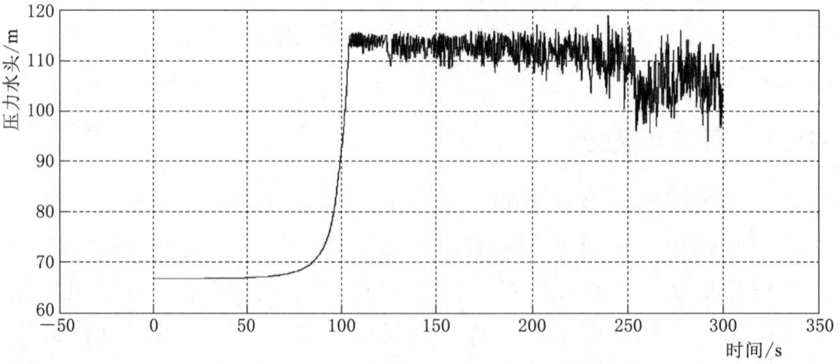

图6－18　一级减压阀前压力变化曲线

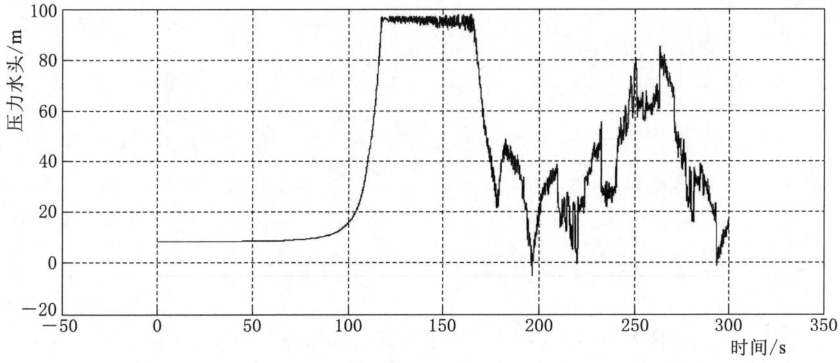

图 6-19 减压池前压力变化曲线

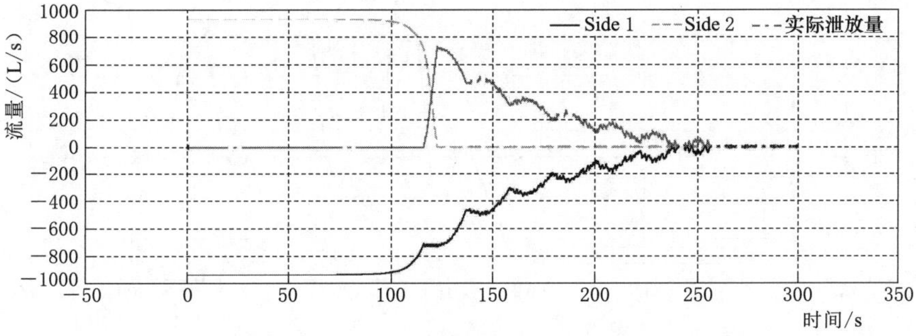

图 6-20 一级减压阀前泄压阀泄水量

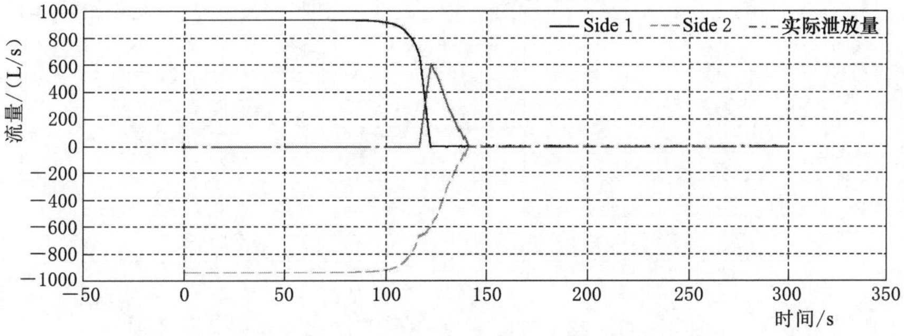

图 6-21 二级减压阀前泄压阀泄水量

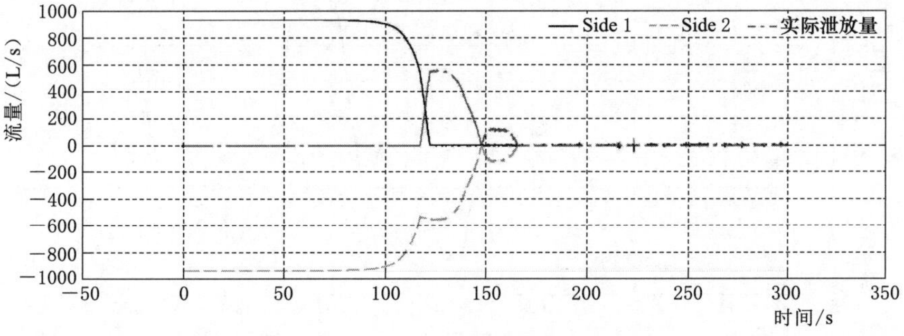

图 6-22 减压池前泄压阀泄水量

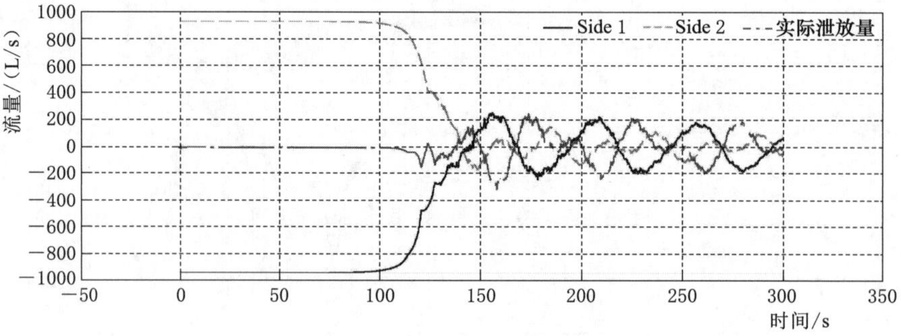

图 6-23　13+850.00 处空气蓄能罐流量变化

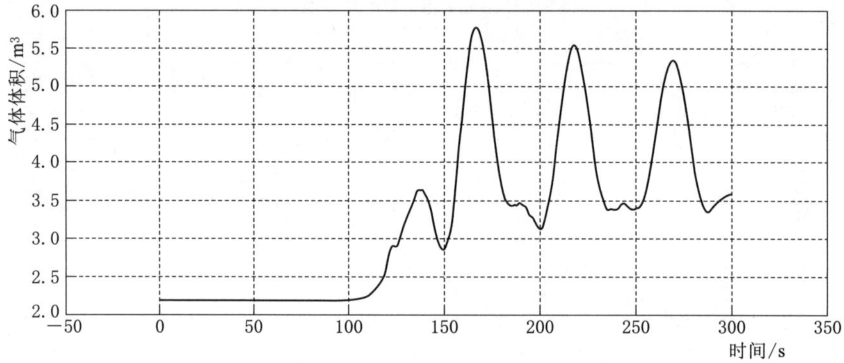

图 6-24　13+850.00 处空气蓄能罐气体体积变化

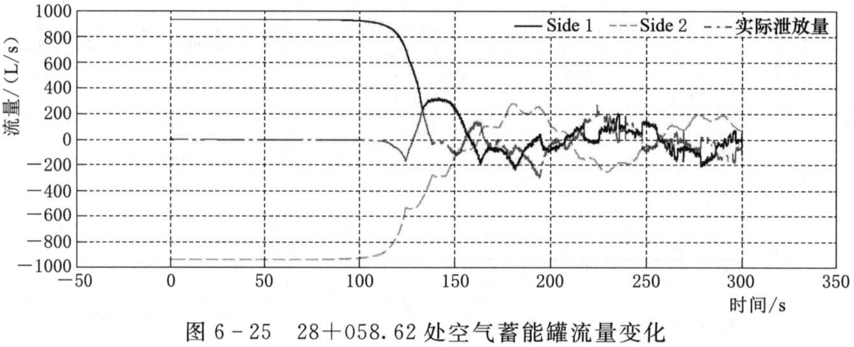

图 6-25　28+058.62 处空气蓄能罐流量变化

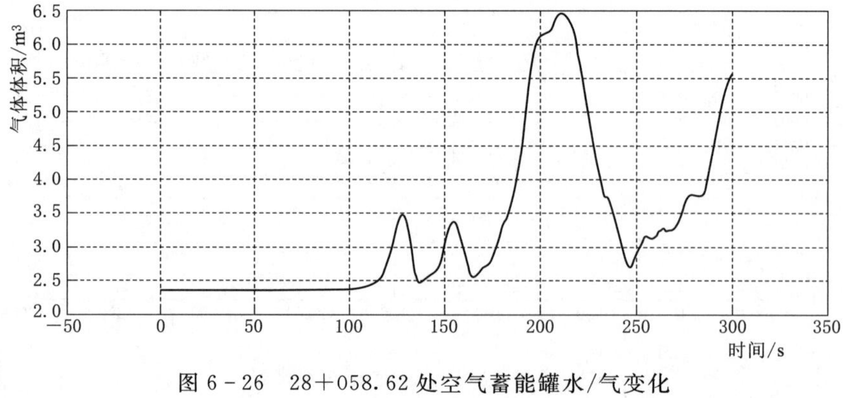

图 6-26　28+058.62 处空气蓄能罐水/气变化

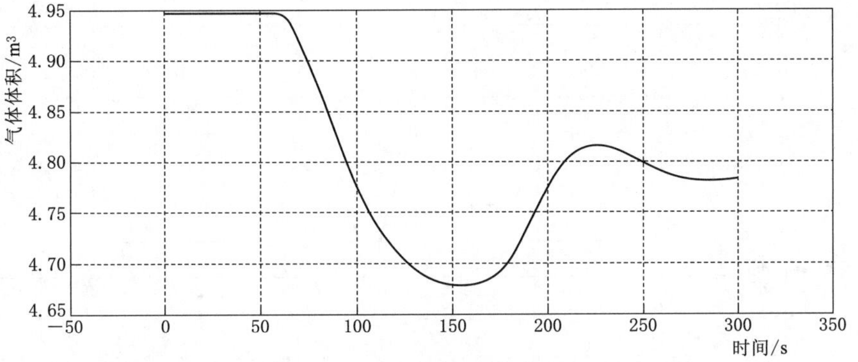

图 6-27 58+787.00 处空气蓄能罐水/气变化

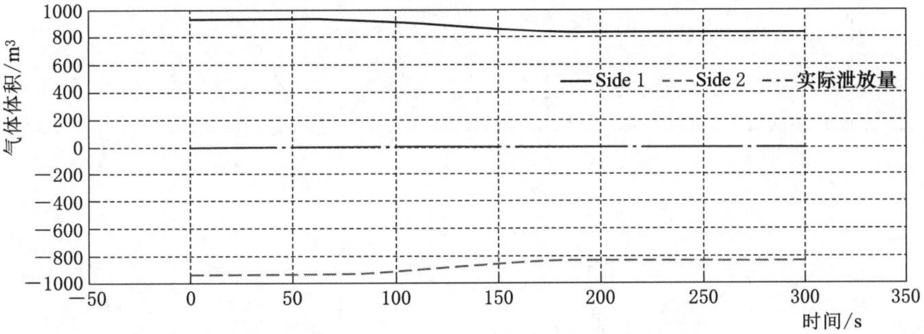

图 6-28 58+787.00 处空气蓄能罐流量变化

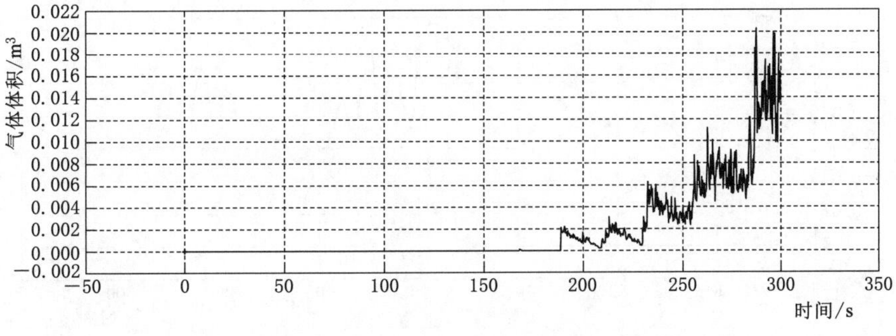

图 6-29 0+564.88 处空气阀进气量变化

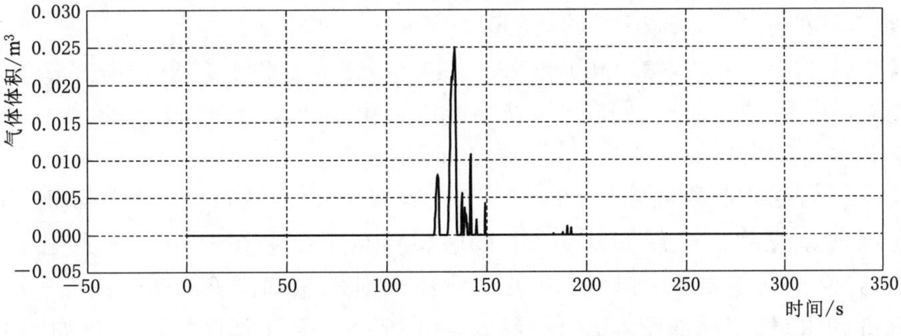

图 6-30 10+500.00 处空气阀进气量变化

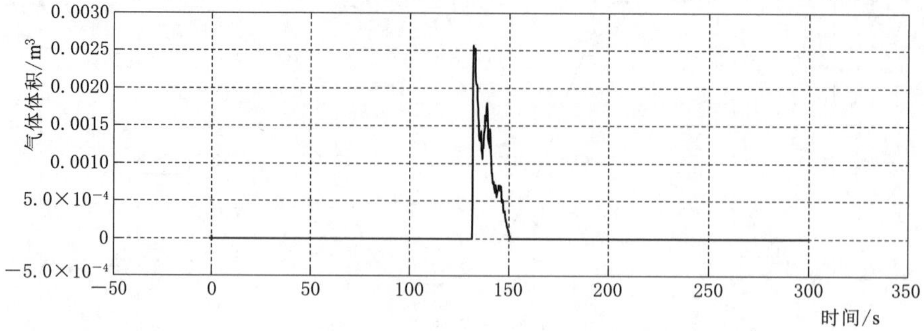

图 6-31　11+845.04 处空气阀进气量变化

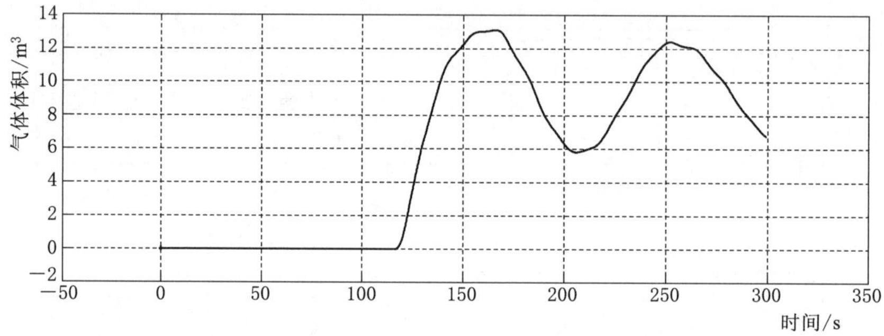

图 6-32　21+010.04 处空气阀进气量变化

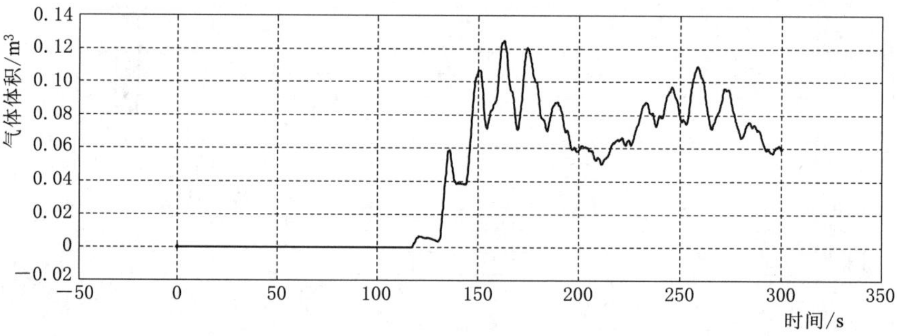

图 6-33　21+735.32 处空气阀进气量变化

2. 方案二（桩号 1+121.95、13+850.00 和 28+058.00）

在桩号 1+121.95、13+850.00 和 28+058.00 处各安装 1 台 $8m^3$ 空气蓄能罐。另外，在一级减压阀、二级减压阀、减压池前以及管道末端安装 4 台泄压阀，沿线安装防水锤型空气阀及三孔复合真空阀。

包络线及压力变化曲线如图 6-34～图 6-37 所示，由图可知，管道内压力得到有效控制，无超压现象发生。全线最大压力 1.1613MPa，发生在一级减压阀前；最小压力 −0.049MPa，发生在桩号 31+410.00 处。泄压阀泄水量如图 6-38～图 6-40 所示。空气蓄能罐流量和水/气变化如图 6-41～图 6-46 所示。空气阀进气量变化如图 6-47～图 6-48 所示。

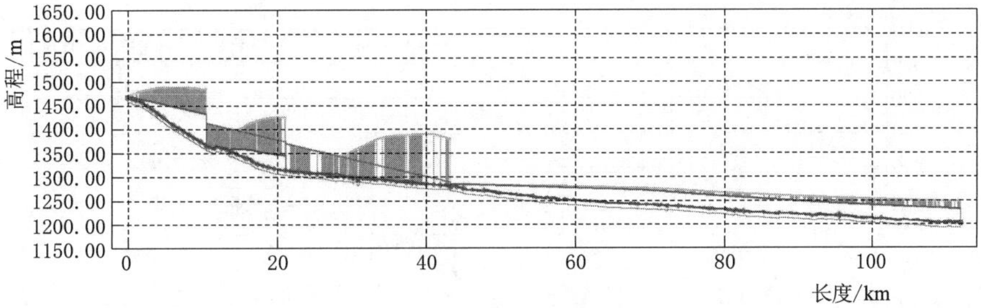

图 6-34　水力包络线

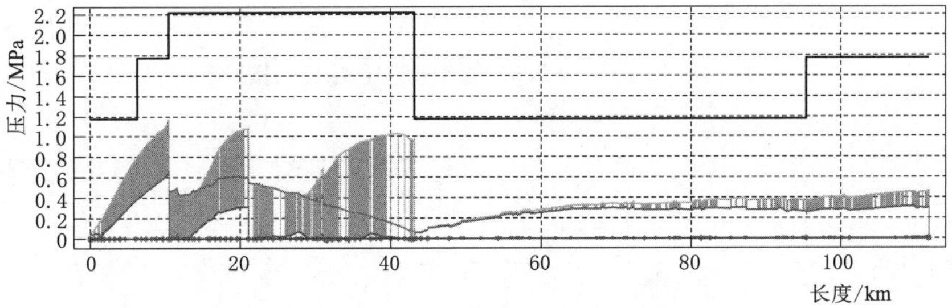

图 6-35　最大/最小压力包络线

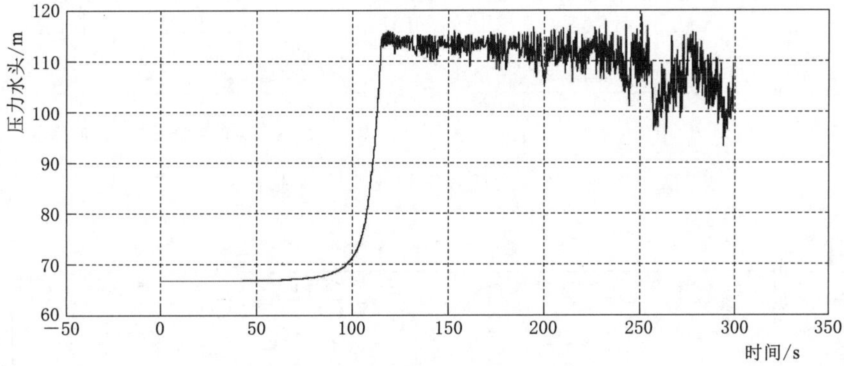

图 6-36　一级减压阀前压力变化曲线

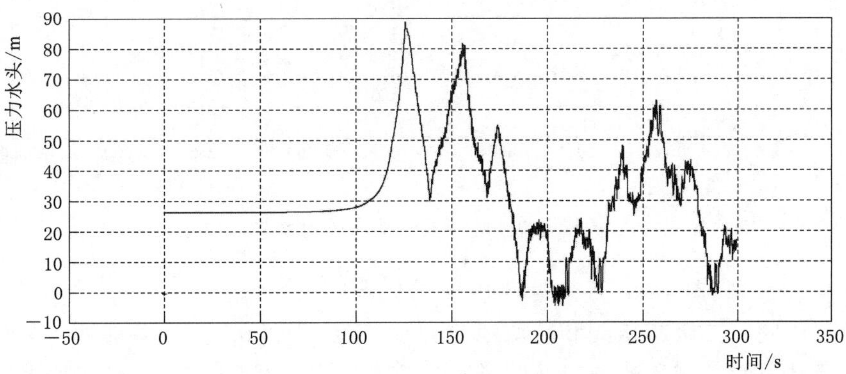

图 6-37　31+410.00 处压力变化曲线

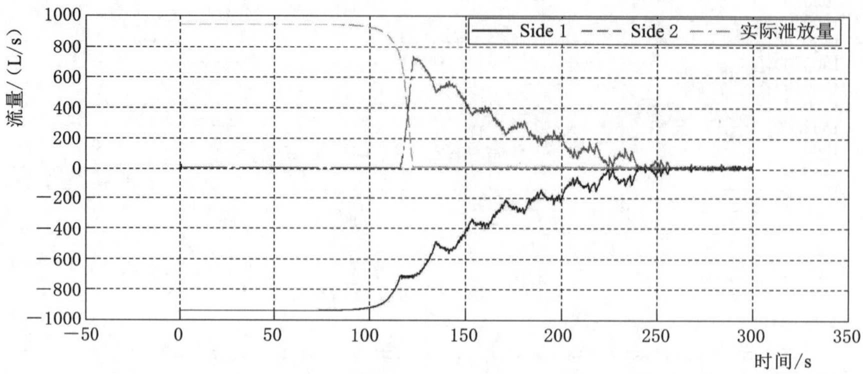

图 6-38　一级减压阀前泄压阀泄水量

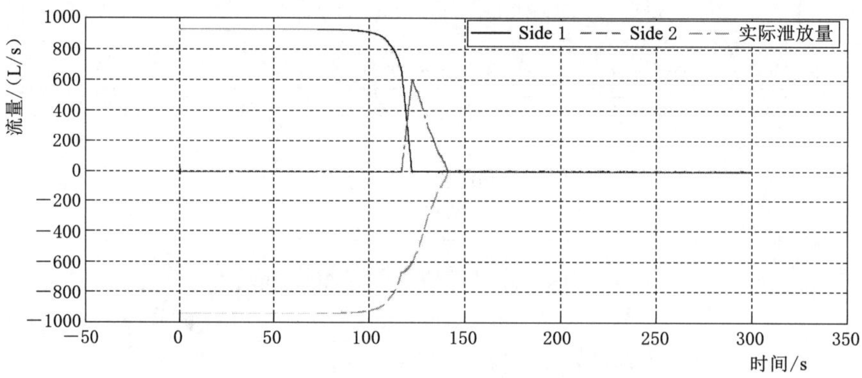

图 6-39　二级减压阀前泄压阀泄水量

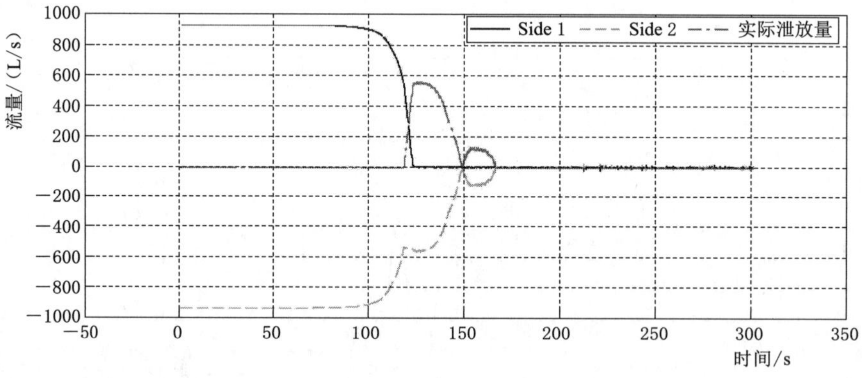

图 6-40　减压池前泄压阀泄水量

3. *方案三（一级减压阀、二级减压阀和减压池）*

在一级减压阀、二级减压阀和减压池前分别安装 1 台 $8m^3$ 空气蓄能罐。另外，在一级减压阀、二级减压阀、减压池前以及管道末端安装 4 台泄压阀，沿线安装防水锤型空气阀及三孔复合真空阀。

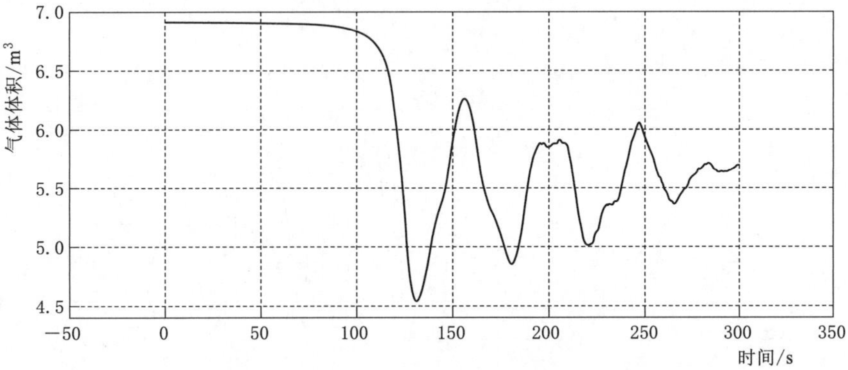

图 6-41　1+121.95 处空气蓄能罐水/气变化

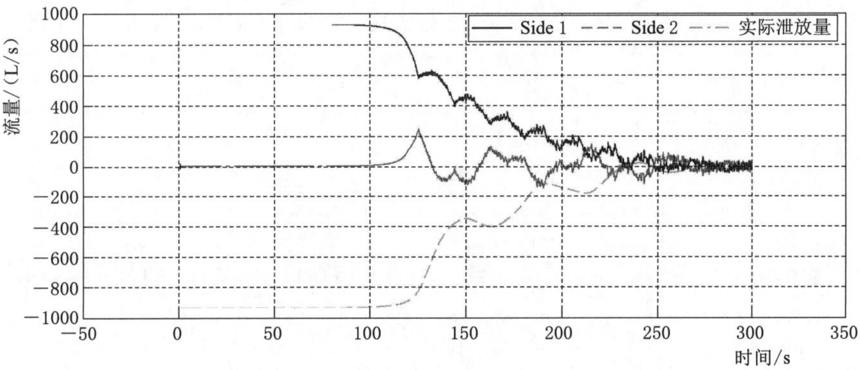

图 6-42　1+121.95 处空气蓄能罐流量变化

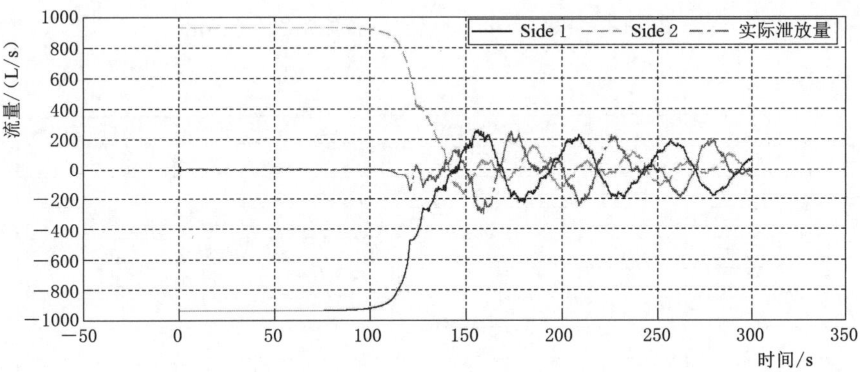

图 6-43　13+850.00 处空气蓄能罐流量变化

包络线及压力变化曲线如图 6-49～图 6-52 所示，由图可知，管道内压力得到有效控制，无超压现象发生。全线最大压力 1.1564MPa，发生在桩号 10+300.00 处；最小压力−0.05488MPa，发生在桩号 22+841.00 处。泄压阀泄水量如图 6-53～图 6-55 所示。

运气蓄能罐和水/气变化如图 6-56～图 6-61 所示。空气阀进气量变化如图 6-62～图 6-63 所示。

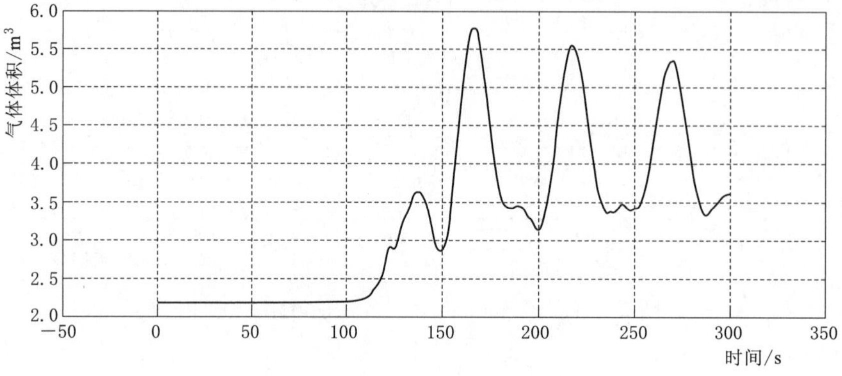

图 6-44　13+850.00 处空气蓄能罐水/气变化

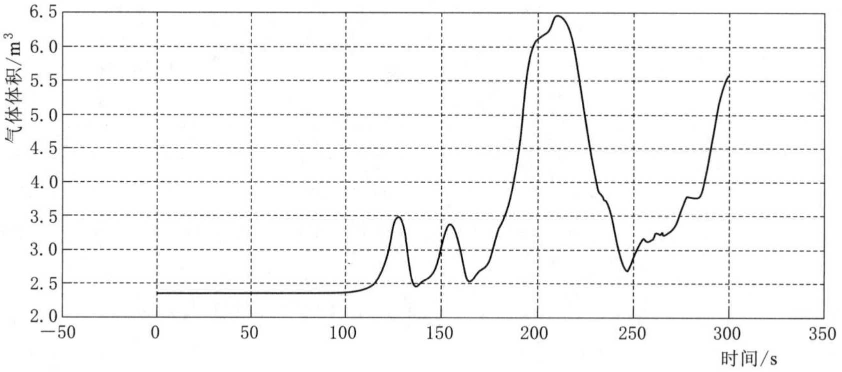

图 6-45　28+058.00 处空气蓄能罐水/气变化

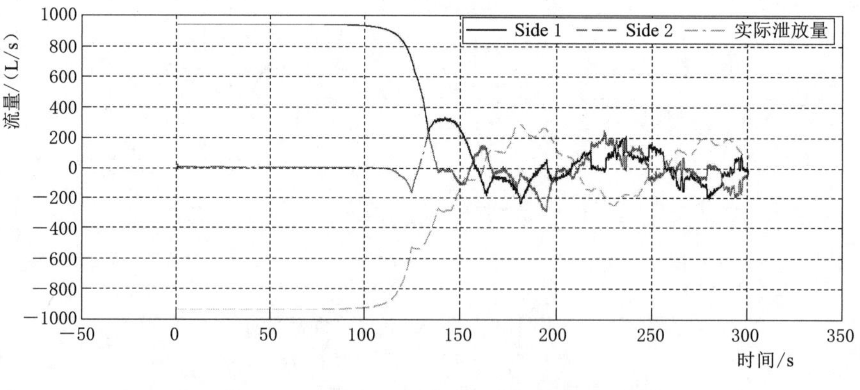

图 6-46　28+058.00 处空气蓄能罐流量变化

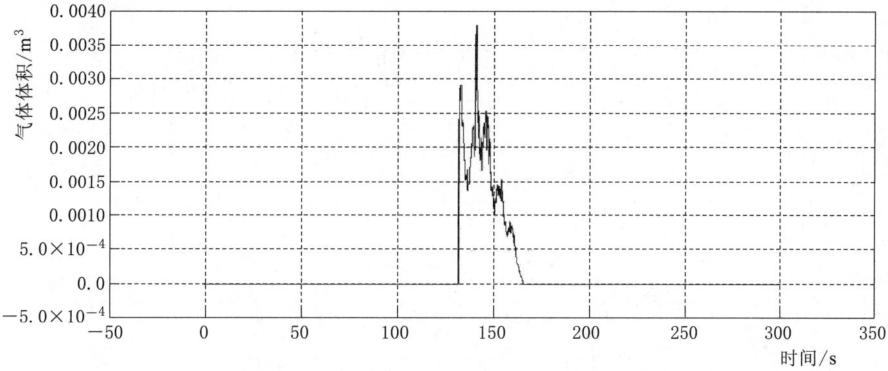

图 6-47　1+558.00 处空气阀进气量变化

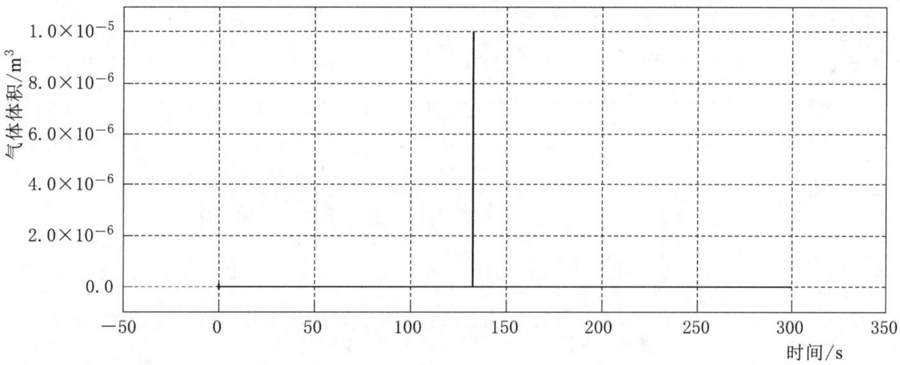

图 6-48　22+743.00 处空气阀进气量变化

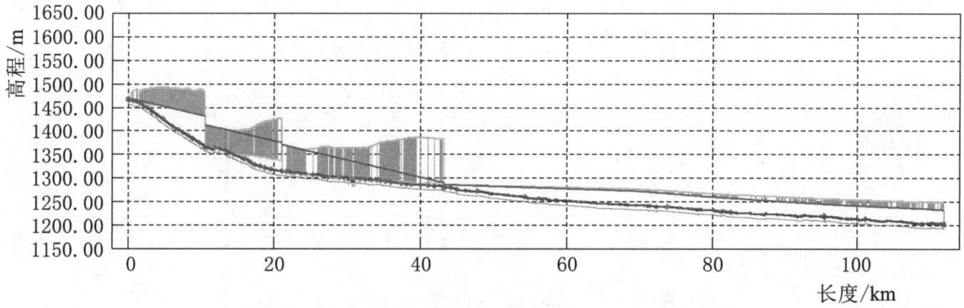

图 6-49　水力包络线

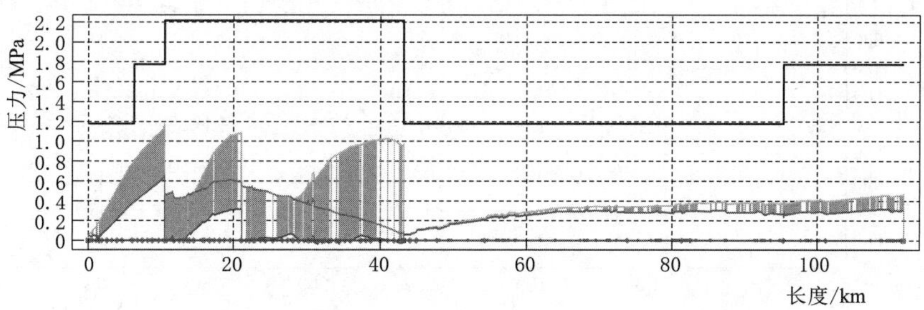

图 6-50　最大/最小压力包络线

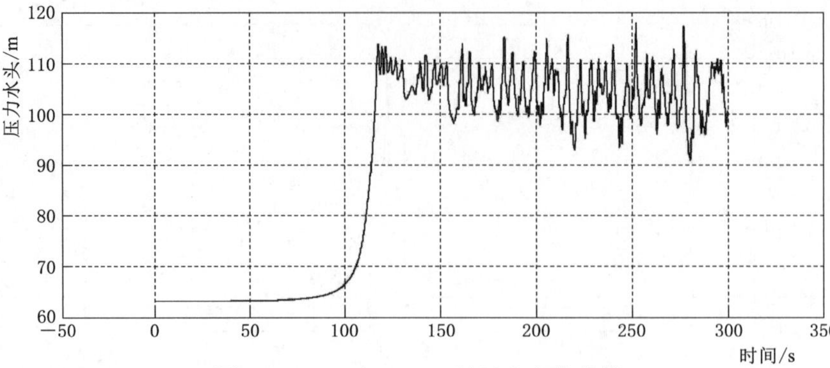

图 6-51　10+300.00 处压力变化曲线

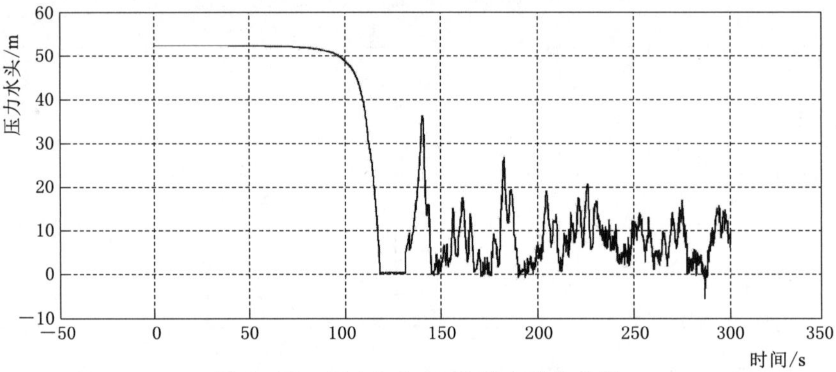

图 6-52　22+841.00 处压力变化曲线

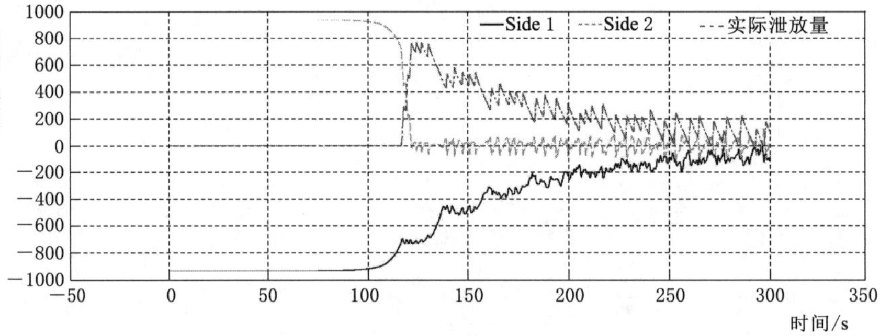

图 6-53　一级减压阀前泄压阀泄水量

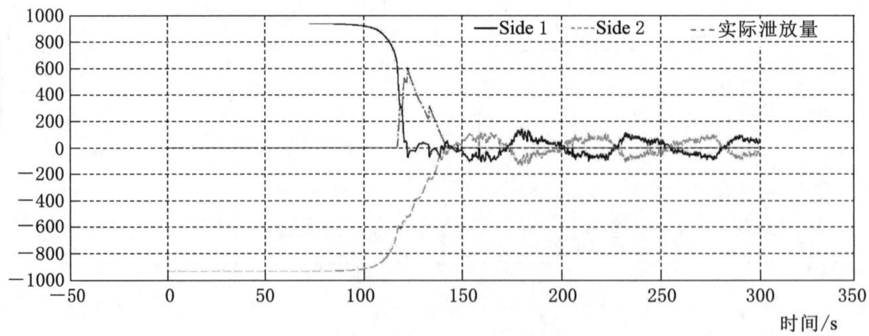

图 6-54　二级减压阀前泄压阀泄水量

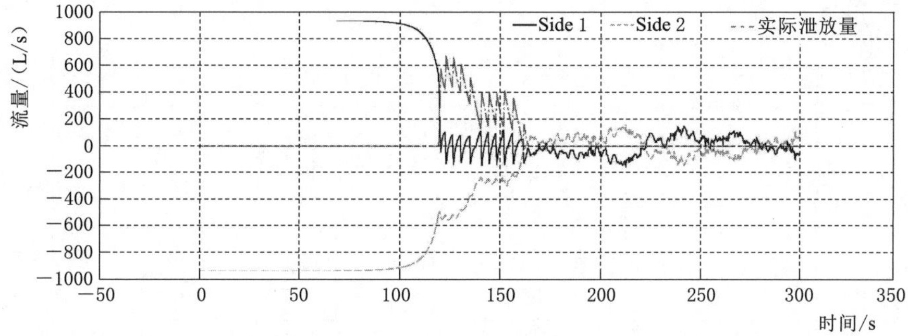

图 6-55 减压池前泄压阀泄水量

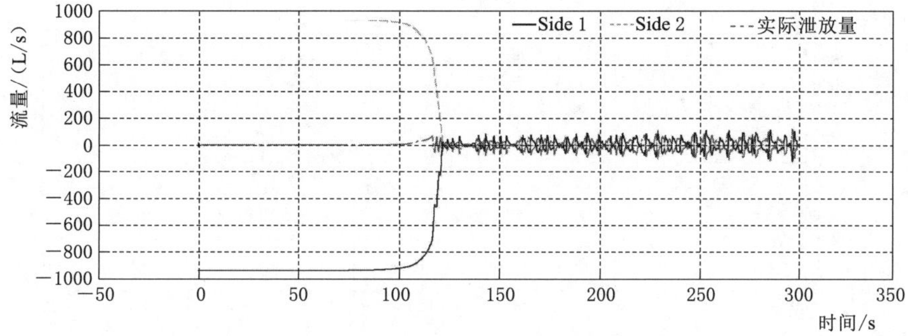

图 6-56 一级减压阀前空气蓄能罐水流量变化

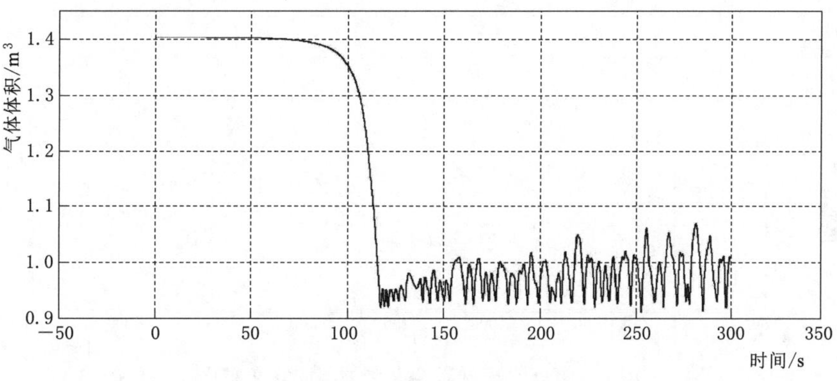

图 6-57 一级减压阀前空气蓄能罐水/气变化

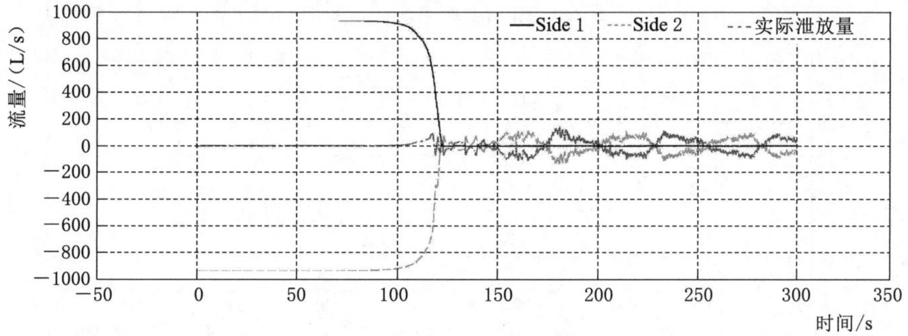

图 6-58 二级减压阀前空气蓄能罐水流量变化

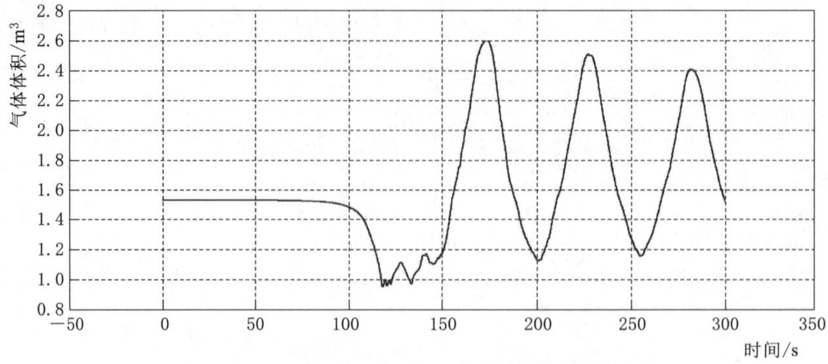

图 6-59　二级减压阀前空气蓄能罐水/气变化

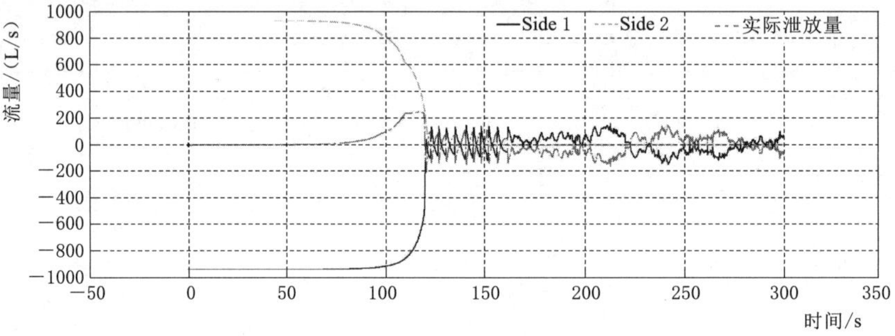

图 6-60　减压池前空气蓄能罐流量变化

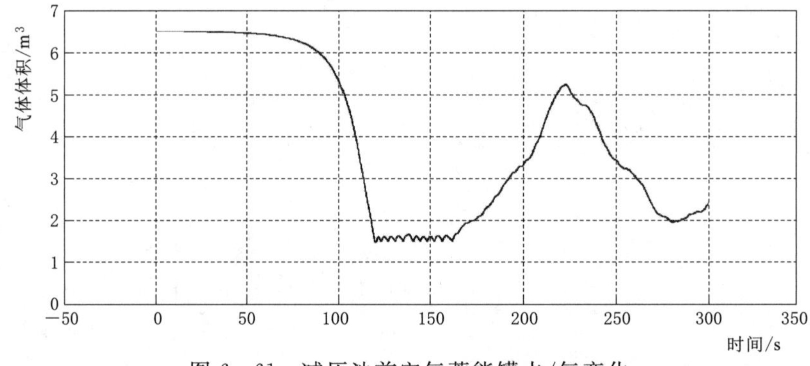

图 6-61　减压池前空气蓄能罐水/气变化

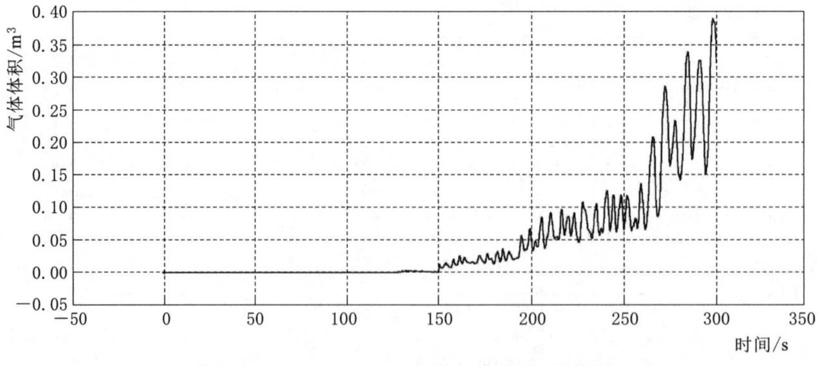

图 6-62　0+564.00 处空气进气量变化

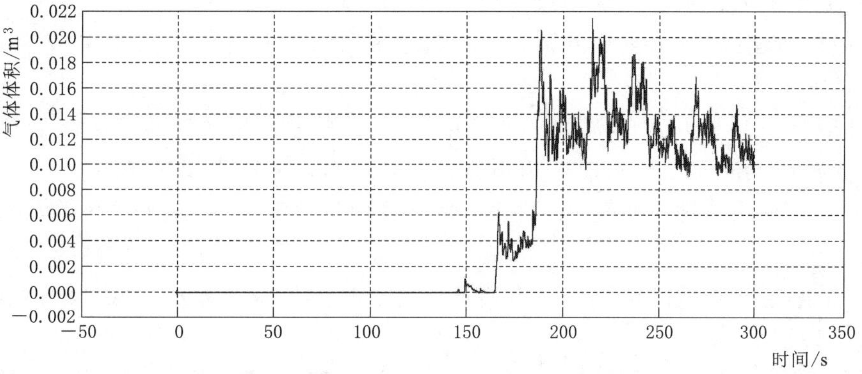

图 6-63　11+845.00 处空气进气量变化

6.5　安全防护与运行监测平台

本系统的主要目的是以伽师县城乡供水项目为契机，以输水管道管网设计和模型分析为基础依据，设计和建设一个对输水管道（管网）具有运行指导、控制评价、安全告警、系统失效和事故分析支持的功能化软、硬件相结合的系统平台，成为水务管理单位的参谋部，和自动化系统运行的监督员，并可适用于所有类型的输水管道管网，包括有压重力流和泵送扬水管道管网。平台核心设计主要满足以下目标：①平台内部系统应具有运行稳态控制界定、优化安全运行策略、防护设备故障自检、调度计划模拟、远期用水规划和事故辅助分析支持功能；②平台应能和自动化管理系统进行数据、报告和告警信息交互、共享，远程可由 PC 端、平板和智能手机查看系统运行状态、告警信息，可由远程工程师站调取平台数据库数据，进行运行和故障分析，并提交解决方案和建议。

1. 平台基本功能

（1）依据管网预测模型稳态分析，可设定输水系统各关键节点，如减压阀前、减压池液位控制阀前和各水厂水池入池液位控制阀前的压力的最大最小控制边界，确保系统在设计设定条件下运行，出现失稳工况能够及时对故障点报警，供水系统运行后，可根据修正的管网模型，重新设定各关键节点压力控制边界值。

（2）对供水系统设计的重要安全防护设备（空气阀、空气蓄能罐和水击泄放阀等）提供状态有效性监测，在安全防护设备出现故障时，能够及时定位、定性报警。

（3）依据管网实测模型水锤分析，在供水管网系统重要节点设置水锤在线监测装置，对超出水锤控制边界值的瞬态工况自动侦测和报警，并发送水锤波动和防护设备状态数据，经后台分析事故原因，提出防护设备和运行设备设置及再配置方案。

2. 平台扩展功能

建立输水管网水力实时动态模型，并具备以下功能：

（1）根据该项目的输水特点，实时在线监测各末端水厂水池液位和配水水泵供水流量，模拟和提供运行合理流量参数，实现管网低压连续供水，避免管道静态高压工况，最大化减小管道漏失、降低爆管率。

（2）可更改末端各水厂配水参数，提供优化调度方案。

（3）可对新设管线提出规划方案，校核输水的可行性和管网的完整性。

3. 技术要求

（1）基于B/S架构开发的调测平台，可通过自动化管理平台共享采集管网关键节点（减压阀前、减压池前、水厂水池控制阀前和配水泵站）的压力及流量。

（2）可与自动化管理平台通讯交互，管网运行建议和报警信息可发送至自动化管理平台。

（3）可采集空气阀故障监测仪状态信息，通过其附带程序显示空气阀故障状态和位置（桩号）及压力记录。

（4）可采集和收取空气蓄能罐报警信息，并记录空气蓄能罐压差或进出流量信息。

（5）可采集液电双控泄压阀的PLC控制器超压报警信息，并记录报警时间段压力数据和阀门开度状态信息。

（6）融合水锤侦测装置所附带的分析程序，在水锤分析模块中显示超限水锤报警，可查看水锤监测仪就地存储的日、月、年的监测节点压力波动数据和波动图。

（7）融合基于EPANET－RTX开发的管网水力实时动态监测软件，并能导入管网模型和完成仿真模拟，导出压力和流量数据及图表。

（8）界面友好，应用层应具备相应的模块，如管网管理、报警管理、水锤辅助分析等，方便用户操作和查看，分项显示管网和控制节点总览，点击可查看各节点布置图及监测运行参数，报警功能模块中可分别显示各类防护设备布置图和参数信息，图示应开发为三维地理和实物显示。

（9）自动生成管网各关键节点的日、月、年压力和流量变化图表，各类防护设备的报警地点，类型和年度失效统计报表。

6.5.1　平台架构

6.5.1.1　设计思路

伽师县城乡供水工程输水管网安全防护和水锤在线监测系统建设，从管线供水的实际情况出发，充分考虑目前供水系统的自动化现状、供水环境、设备现状，在保证现有资源得到充分利用和无缝联接兼容性的基础上，实现整合和标准化建设，通过最新科技分析、监测技术和管道保护设备，调整配置管道安全保护设备，并以管网模型分析为基础，依据伽师县供水管网需末端压力控制，避免管网失稳，同时，保持管网动态低压运行，避免静态高压工况的特点，提出运行管理辅助，最大化地提高供水系统管网安全和运行水平，提高水资源的利用率。

6.5.1.2　总体框架

按照水利部“统一技术标准、统一运行环境、统一安全保障、统一数据中心和统一门户”的具体要求，《新疆水利信息化总体规划》提出的“顶层设计、资源整合、信息共享、拼盘资金、集中建设、统一管理”的建设原则，确定了伽师县城乡供水工程输水管网安全防护和水锤在线监测系统建设的总体框架，将监测系统建设分为监测系统中心平台、水锤侦测系统、管道保护设备及状态监测系统等，与供配水工程自动化调度控制管理系统共享平台，协同工作，所有系统建设必须建立在总体框架的基础上。

供水系统是城乡的重要基础设施，是社会生产和人民生活的命脉，在保障经济建设和人民生活中发挥着重要作用。随着经济的发展，城市供水由单纯的增加水量向着提高效益、保障供水安全性、加强管理的方向发展。

供水系统是一个复杂的系统，尤其是管网系统，不仅在铺设、运行上复杂，而且在信息量、现状参数方面呈现动态性。供水管网拓扑结构复杂、规模庞大、用水变化随机性强、运行控制为多目标，实际水流状态复杂多变，水锤计算过程复杂，难以快速分析预测，而输水管网安全防护和水锤在线监测系统以管网模型分析为基础，采用先进监测技术，实现对管网的增强保护、及时告警、精准维护、科学运行和规划调度。

6.5.1.3 系统业务及网络框架

管网安全防护和水锤在线监测系统架构如图 6-64 所示。

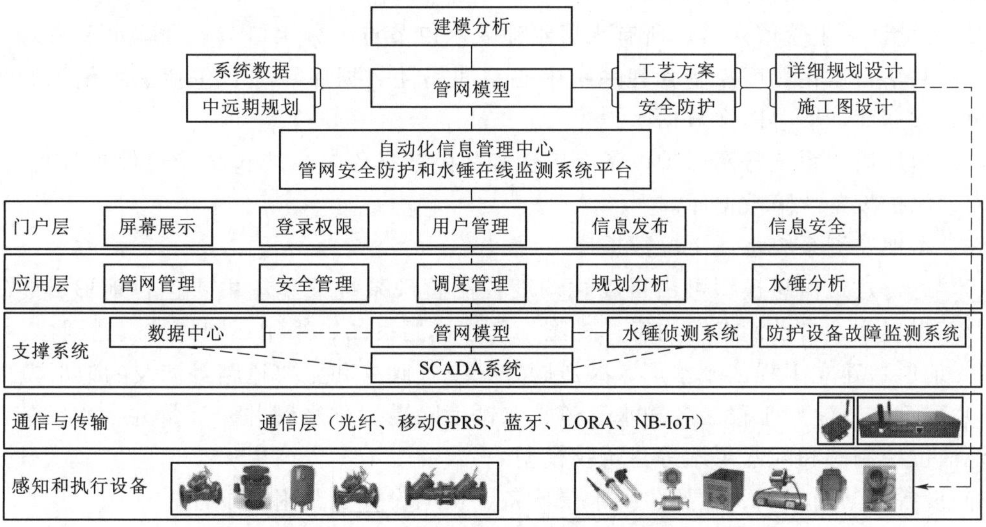

图 6-64 管网安全防护和水锤在线监测系统架构

1. 软件布置架构

(1) 软件布置架构，即在本地布置数据库及建设硬件基础环境，包括服务器、网络、存储等。

(2) 与自动化调度控制管理系统中心共享数据库或云平台数据库。

2. 数据获取层

数据获取层涵盖多载体、多途径、多种类的空间数据和非空间数据，包含相关业务部门工作所涉及的数据，包括历史数据、管网数据、现场监测数据等，本项目运行期常规现场监测数据可直接与供配水工程自动化调度控制管理系统数据对接获取，如水池液位、重要节点压力、流量，以及其他设备运行参数等。

3. 数据资源层

调测系统基于 B/S 架构，数据一部分存储于高性能、高可靠的供配水工程自动化调度控制管理系统或水利云数据库中，一部分由监测系统本地存储介质保存，本地数据可上传至管理系统或水利云数据库。数据管理后台采用Web界面进行配置、操作数据库实例，支持数据备份和恢复、完备的安全管理、完善的监控、轻松扩展等功能，保证数据存储的经济、可靠、高效。

本地数据将各种数据进行分类，按照一定的数据规范，将监测数据存储到云数据库中。数据资源层可对数据进行存储和管理，确保数据在数据库中的唯一性、安全性，并为上层的共享平台提供组织结构合理、全面、安全的数据源。

监测系统的数据资源层主要包括以下数据源：

（1）共享自动化调度控制管理系统中心业务数据库，主要包括供水管网相关数据库、实时监测数据库、建筑信息模型数据库等，需对以下关键节点（参照水锤分析报告）由信息综合管理平台共享获取：

1）压力传感器：所有的水厂配水池液位控制阀前节点；主干管减压阀和减压池液位控制阀阀前节点；所有分水口节点。

2）流量计：主管道入口、所有水厂水池入水口节点、分水口节点和配水泵站。

（2）共享自运化调度控制管理系统中心空间属性数据库，主要包括地理信息数据库、设备设施数据库、遥感影像数据库。

（3）本地监测系统管网保护设备有效性和故障数据库，主要包括管道保护设备有效性数据库、保护设备故障数据库。

（4）本地监测系统水锤工况数据库。

（5）运营建筑信息模型可由自动化调度控制管理系统共享，主要包含地形、建筑物、设备及其附属物、自动测点等内容。模型细度按应用目的、采用不同标准表达到位。

1）地形：建立工程区域水厂、减压阀井、空气阀井和主要道路等涉及的地形模型。

2）建筑物：建立工程区各输水管道、水锤消除罐、分水阀井、计量井、水锤侦测仪、配水池液位控制阀和配水泵站等建筑物模型。

3）设备及其附属物：主要包括水泵设备、机电设备及其附属配件。

4）自动测点：建立工程自动测点模型，重点表达测点位置、测点类型、测点外观等。

4. *共享平台层*

为全面、高效地对工程各类水利信息进行管理，避免信息的重复、丢失、不一致、形成信息孤岛等问题，自动化调度控制管理系统应搭建一个数据共享交互的平台，完成对各种数据的有效的获取、统一的分发、多方式的展示、及时性的修改和安全的存储，为上层的应用以及其他相关业务化系统提供统一性接口和数据来源，如地理信息系统数据接口、监测数据交换接口、设备资产接口、建筑信息模型接口、大数据在线分析接口等，避免重复建设，确保系统的完备性和高效性。

5. *应用层*

输水管网安全防护和水锤在线监测系统基于组态开发，应用层直接面对用户，主要包括管道和运行控制设备状态系统、管道保护设备状态系统、用水调度分析系统、管道事故分析系统、管网规划分析系统。

应用层通过共享平台和监测系统现地单元提供的各类接口，基于云数据库、云计算，应用最新的Web前端技术，如Html5、Css3和Nodejs等技术，实现应用系统前端功能，系统界面自适应各尺寸，支持移动端、平板端、电脑端等。并针对实际业务的需求，构建相互关联、统一的基于网页端（Browser）的综合信息管理平台，使得对工程的管理能够更加方便、直观、综合地得以实现。

（1）管网管理模块。管网管理主要提供对管道和运行控制设备系统状态管理，包括管道关键节点压力、流量和管道压力控制设备，如减压阀、液位控制阀等的压力和流量，基于管网监测环境开发的管道和运行控制设备系统可实现以下功能：

1）对管道减压阀、液位控制阀（干管和分水点水池）等关键节点监测做出的压力或流量的日、月、年度变化曲线，以及压力和流量的复合曲线。

2）对年度各月关键节点最大和最小压力做出标记和记录，形成曲线图或柱状图。

3）通过稳态运行工况下的各关键节点年度最大和最小运行压力和流量，校核管道水力模型。

4）设定管道稳态运行最大最小压力边界线。

5）对于溢出边界线的运行工况报警。

6）对于管道流速超出合理范围管段做出提示，并提出合理调控建议。

7）通过 EPANET－RTX 管网水力实时在线模型分析，对各配水池进水量提出恒定流输水方案，保持管道动态低压运行，避免静态高压工况。

（2）安全管理模块。安全管理模块提供管道保护设备状态管理，主要利用专用监测仪器，反映保护设备的健康状态、水锤工况下的保护性能，并实现以下功能：

1）管网保护设备类型和分布示意图。

2）自动分析保护设备有效性。

3）保护设备失效报警，并提示位置和故障类型。

4）记录保护设备失效类型和次数，提出保护设备参数调整方案，对保护设备性能提出评价。

（3）调度管理模块。调度管理模块主要是通过校核后的管网水力模型或 EPANET－RTX 管网水力实时在线模型，可改变末端各分水点（水厂、加压泵站）的配水量，得出可调度的可行性和配置方式，以及对管道的影响性评价。

（4）水锤分析模块。事故分析模块主要是依据水锤侦测仪监测得到的压力波动数据，结合实际管网水力模型分析，得到事故产生的原因和判断，并实现以下功能：

1）通过水锤侦测仪获取监测点月、年度瞬态压力波动数据。

2）侦测超限水锤压力波动，并发送到报警管理模块，同时接受压力波动数据和安全防护设备瞬态状态参数。

3）后台处理和提出水锤分析和防护建议，包括以下各项：①调整管道保护设备设定参数，以满足防护需要；②提出控制阀关闭和开启调节的约束条件；③提出满足管道安全防护设备的配置方案；④判断事故真实原因，方便理赔和提高运行管理水平。

（5）规划分析模块。管网规划分析系统，可利用实际管网水力模型或 EPANET－RTX 管网水力实时在线模型，通过确定需要定义的新管道路径和用水量，即可快速得出新增区域的供水方案。

管网规划分析还可对中长期负荷提供预测，结合水力管网模型，计算整个管网各个位置的压力、流量、水头损失等水力参数，根据水力计算的结果，统计现有管网是否满足中长期规划的要求，如果不满足不断增长的用水需求，则需对管网进行重新规划，如更改管网长度、内径尺寸，以及增设水厂及增压泵站等，从而为中长期的水网规划提供模拟数据指导。

6.5.2　管网安全分析

6.5.2.1　管网管理分析

管网管理主要对管道、泵站、调节池和运行控制设备系统状态提供数据展示、水力模型校核、安全运行策略和异常运行告警等功能。

1. 数据展示

数据展示子项次应满足以下功能：

(1) 管道管网一张图功能，可显示管道结构、减压控制设备、减压池、水厂调蓄池和泵站，由 SCADA 交互的各监测点在线压力、流量和液位，可点击查看。

(2) 管网各管段实时动态水力坡度线。

(3) 管道减压阀、液位控制阀（干管和分水厂调蓄池）等关键节点监测的压力和液位的日、月、年度变化曲线图。

(4) 主管和各分水厂配水泵的日、月、年流量曲线图和柱状图。

(5) 主管和各分水厂用水量报表。

2. 水力模型校核

通过 SCADA 交互的减压节点、减压池调流阀前和水厂入池前压力，后台校核水力模型，并可导出数据模型。

3. 安全运行策略

安全运行策略子项次主要显示各分水厂的入池流量及其他各项参数，通过 SCADA 交互的配水泵站流量，点击策略模拟键后，可后台计算入池流量，并显示在相应水厂的入池流量列表中，用于管理人员参考调节运行。安全运行策略在管网模型校核后，初期可每日做更新计算，或更高频次的自动更新计算，确保管网动态低压运行，在一年的运行周期结束后，可降低自动更新频次，确定出各分水厂季节入池平均流量值。

4. 异常运行告警

异常运行告警子项次界面显示压力告警和流速告警 2 个单项，并满足以下要求：

(1) 压力告警为压力设定列表，显示主管道减压阀前、后，减压池调流阀前和水厂调蓄池入池调流阀前的最大、最小压力值，该值为水力模型校核计算后的设定值，当这些节点与相应的监测节点比对超出设定值时，发送报警信息，相关异常点或管段亮红闪烁，显示异常参数，提示管理人员管网有失稳风险。

(2) 流速告警为流量设定列表，为水力模型校核计算后的各级管道额定流量条件下的最大设定值，比对管道直径计算的流速值。当管网管道的某一段监测的流量超出设定值时，相关管段亮红闪烁，显示异常参数，发送报警信息，提示管理人员该段管道有可能爆管或运行异常。

6.5.2.2　安全管理分析

安全管理模块提供对管道保护设备的管理，显示管网主要保护设备的分布、属性和位置，实时监测参数和状态，通过各类专用监测仪器，显示防护设备的故障告警，以及采集稳态、瞬态工况下的设备状态数据，并进行比对性分析。同时提供对各类测控仪器设置、更新，以及防护设备的维护管理手册和视频教程。

1. 防护设备综览

防护设备综览显示管网各类主要防护设备分布图，点击任意位置的防护设备，均可查看该设备的所在位置和设备属性。当某一个防护设备出现故障时，相应的防护设备点闪烁，并在告警通知栏显示所在位置、故障类型。

2. 空气阀分览

空气阀分览显示重要节点，即三级防水锤型和三孔真空破坏阀的分布图，点击任意位置的空气阀，均可查看该设备的状态参数，如压力、气液状态等，边栏为故障统计、状态和监测数据、节点监测和模型分析、维护手册和视频教程、设置等子项次菜单。

(1) 故障统计。该子项次主要显示各节点空气阀的故障统计数据，对于同一节点的空气阀具有同类型故障的情况，给予专业人员针对性分析。

(2) 状态和监测数据。该子项次主要显示各节点空气阀的常态和瞬变流数据。

(3) 节点监测和模型分析。该子项次形成各节点空气阀的常态和瞬变流的压力和气液状态的波动图和状态图，并与瞬变流模型分析数据图形成合并对比图，可直观查看空气阀在瞬变流工况下的作用，对于溢出模型分析的节点空气阀，提出参数设置方案。

(4) 维护手册和视频教程。上传至平台的防水锤空气阀和三孔真空复合阀的维护手册和视频教程，便于维护人员学习和查找维护方法。

(5) 设置。设置主要包括各节点空气阀设置、OBD 远程升级及报警解除。

1) 各节点空气阀设置包括：

a. 排气故障：压力限值（MPa），重复检测次数（次），检测间隔时间（s）。

b. 真空故障：压力限值（MPa），重复检测次数（次），检测间隔时间（s）。

c. 常态数据采集：间隔时间（s）。

d. 连续数据采集：压力波动阈值（MPa/s），连续时长（s）。

e. 模拟量通道 1 校正：低压（MPa），高压（MPa）。

f. 设置保存。

g. 设置重置。

2) OBD 远程升级：可对所有空气阀内置逻辑程序远程升级修复。

3) 报警解除：可对故障点空气阀故障远程人工解除报警。

3. 空气蓄能罐分览

空气蓄能罐分览显示空气蓄能罐的分布图，点击任意位置的空气蓄能罐，均可查看该设备的状态参数，如压力、液位等，边栏为故障统计、状态和监测数据、节点监测和模型分析、维护手册和视频教程、设置等子项次菜单。

(1) 故障统计。该子项次主要显示各节点空气蓄能罐的故障统计数据，对于同一节点的空气蓄能罐具有同类型故障的情况，给予专业人员针对性分析。

(2) 状态和监测数据。该子项次主要显示各节点空气蓄能罐的常态和瞬变流数据。

(3) 节点监测和模型分析。该子项次形成各节点空气蓄能罐的常态和瞬变流的压力和液位的波动图，并与瞬变流模型分析数据图形成合并对比图，可直观查看空气蓄能罐在瞬变流工况下的作用，对于溢出模型分析的节点的空气蓄能罐，提出参数设置方案。

(4) 维护手册和视频教程。上传至平台的空气蓄能罐维护手册和视频教程，便于维护人员学习和查找维护方法。

(5) 设置。设置主要包括各节点空气蓄能罐监测仪参数设置、OBD远程升级及报警解除。

1) 各节点空气蓄能罐监测仪参数设置包括：

a. 空气蓄能罐节点桩号定义：×-×××。

b. 气压故障：可设置项次，即液位限值（m），重复检测次数（次），检测间隔时间（s）。

c. 低液位故障：可设置项次，即液位限值（m），重复检测次数（次），检测间隔时间（s）。

d. 压力故障：可设置项次，即高压限值（MPa），低压限值（MPa）。

e. 定时数据采集：间隔时间（s）。

f. 连续数据采集：波动阈值（MPa/s），连续时长（s）。

g. 模拟量通道1（压力传感器）校正：低压（MPa），高压（MPa）。

h. 模拟量通道2（差压变送器）校正：低压（m），高压（m）。

i. 设置保存。

j. 设置重置。

2) OBD远程升级。可对所有监测仪内置逻辑程序远程升级修复。

3) 报警解除。可对故障点空气蓄能罐故障远程人工解除报警。

4. 安全泄压阀分览

安全泄压阀分览显示安全泄压阀的分布图，点击任意位置的安全泄压阀，均可查看该设备的状态参数，如压力、液位等，边栏为故障统计、状态和监测数据、节点监测和模型分析、维护手册和视频教程、设置等子项次菜单。

(1) 故障统计。该子项次主要显示各节点安全泄压阀的故障统计数据，对于同一节点的安全泄压阀具有同类型故障的情况，给予专业人员针对性分析。

(2) 状态和监测数据。该子项次主要显示各节点安全泄压阀的常态和瞬变流数据，以.csv格式存储，便于导出数据分析。

(3) 节点监测和模型分析。该子项次形成各节点安全泄压阀的常态和瞬变流的压力和开关状态的波动图，并与瞬变流模型分析数据图形成合并对比图，可直观查看安全泄压阀在瞬变流工况下的作用，对于溢出模型分析的节点的安全泄压阀，提出参数设置方案。

(4) 维护手册和视频教程。上传至平台的安全泄压阀维护手册和视频教程，便于维护人员学习和查找维护方法。

(5) 设置。设置主要包括各节点安全泄压阀测控器参数设置、OBD远程升级及报警解除。

1) 各节点安全泄压阀测控器参数设置包括：

a. 泄压阀开关控制和导阀故障报警：可设置项次，高压限值（MPa）；电控开启，并报警；低压限值（MPa）；电控关闭。

b. 漏水故障：可设置项次，开启状态（行程开关1有信号）时长（s）。

c. 定时数据采集：间隔时间（s）。

d. 连续数据采集：压力波动阈值（MPa/s），连续时长（s）。

e. 模拟量通道1校正：低压（MPa），高压（MPa）。

f. 保存。

g. 重置。

2）OBD远程升级。可对所有安全泄压阀测控器内置逻辑程序远程升级修复。

3）报警解除。可对故障点安全泄压阀故障远程人工解除报警。

6.5.3 调度与管理预案

6.5.3.1 用水计划模拟

用水计划模拟是以水力模型为后台计算引擎，在现状实时监测的各分水厂入池流量条件下，由于季节或分水厂用水规模改变，管理人员需要调整个别分水厂的用水量，所进行的模拟计算。调度模块界面主要显示各分水厂设计额定流量、现状实时平均入池流量、拟调度流量设置、可行性评估和调流阀前持压修正值。

6.5.3.2 安全管理分析

1. 用水计划的限定条件

（1）各分水厂入池流量调节阀前压力，大于等于管网模型校核后设计最大流量条件下的最小测管水头。

（2）主、干、支三级管道的流速不大于3m/s。

（3）各分水厂的入池流量合计应小于总水厂的额定供水量。

2. 平台内部算法

（1）平台在用水计划分项次下，应设有设置子项，可设置限定条件下的各项参数，并作比对。

（2）当计算后的个别分水厂入池流量调节阀前压力，小于管网模型校核后设计最大流量条件下的最小测管水头，但大于3m剩余水头，而其他限定条件满足要求时，用水计划可作为参考调度策略，依据模拟计算后的入池控制阀前测管水头修正值，重新复核管网安全运行策略。

6.5.3.3 用水趋势分析

用水趋势分析是以总水厂，结合各分水厂配水泵站日、周、月和季度的实时流量变化监测数据，建立回归积分滑动平均模型（Autoregressive Integrated Moving Average Model，ARIMA），神经网络（Elman Neural Network，ELMAN）和广义回归神经网络（Generalized Regression Neural Network，GRNN）以及最小二乘支持向量机（Least Squares Support Vector Machine，LSSVM）及组合模型，进行日需水量预测及分钟级需水量预测，用于对各分水厂在日、周、月和季度的用水趋势的分析，最大精度地为分水厂计划用水提出参考。

6.5.4 伽师县城乡安全供水防护系统介绍

6.5.4.1 系统目标

传统的自动化监控系统仅完成了管网运行的数据采集、大屏展示、远程执行等信息化基础建设，缺少管网运行状态分析和评估、分水厂调度方案和用水计划评估分析。

本系统通过建立水力模型和相关智能算法，基于监测数据分析和评估管网运行状态，并提供分水厂调度方案和用水计划评估模型，为相关领导和调度员提供专业化、智能化、精确化控制策略和运行健康状态感知。

6.5.4.2　系统特点

本项目为典型重力流输水管网，自克孜河取水口取水，取水量以全县各乡镇2030年人口预测夏季最高平均日用水量为测算依据，经总水厂处理后经主干管呈树状分布向伽师县各乡镇供水，各乡镇水厂设调蓄池，再经各分水厂处理后泵送加压配水至用户，其项目特点如下：

（1）总水厂0＋000.00至最末端8支79＋709.00总高程差达315.55m，其中在桩号10＋500.00、21＋010.00和43＋200.00各设2处减压阀和1处减压池，第一处分水点82＋462.00前是主管道检修阀关闭易发生关阀水锤的重点研究和防护管段，也是水锤在线监测和安全防护的重点区域。

（2）管网最大的分水主要在伽师县城111＋888.00、6支108＋799.00和8支111＋108.00这3处分水，其中：伽师县城分水流量为203.49L/s；6支分水流量为169.67L/s（其中在6支10＋850.00预留分水，水流量为59.30L/s，6支15＋945.00预留分水，水流量为29.76L/s，合计：89.06L/s）；8支分水流量为237.16L/s（其中在8支42＋969.00预留分水，水流量为54.3L/s），各分支管水厂水池入口压力安全防护是重点。

（3）根据管网模型分析结果，各处分水点水厂水池入口压力需要得到严格控制，否则会造成管道拉空、流速超标和配水不均，供水调度须经严格测算。

（4）该项目为重力流定量输水，不直接以高程差参与各分水点配水，夏季用水高峰期是以各分水点水厂调蓄池作为用水缺口予以补充，管网各处分水点的最大压力为该处的静压，最小压力是设计最大配水流量下的自由水头，如何确保管网在全年保持各分水节点动态低压，避免管道关阀后的静态高压，是确保管道安全和降低漏失的重点。

6.5.4.3　系统功能

1. 管网管理

管网管理主要对管道、泵站、调节池和运行控制设备系统状态提供数据展示、水力模型校核、安全运行策略和异常运行告警等功能。

（1）数据展示。管道管网一张图功能，采用与实际管道基本一致的管网图，可显示管道结构、减压控制设备、减压池、水厂调蓄池和泵站，由SCADA交互的各监测点在线压力、流量和液位，可点击查看。

（2）安全运行策略。主要显示各分水厂的入池流量，及其他各项参数，通过SCADA交互的各分水厂配水泵站流量，点击策略模拟键后，可后台计算入池流量，并显示在相应水厂的入池流量列表中，用于管理人员参考调节运行。

（3）异常运行告警。该子项次界面显示总水厂、压力阀、压力池、分水厂四个单项，可点击分别查看。

点击系统进入管网地图分析，当某一个节点出现问题时，相应的点闪烁，安全供水防护系统管网地图分析如图6-65所示。

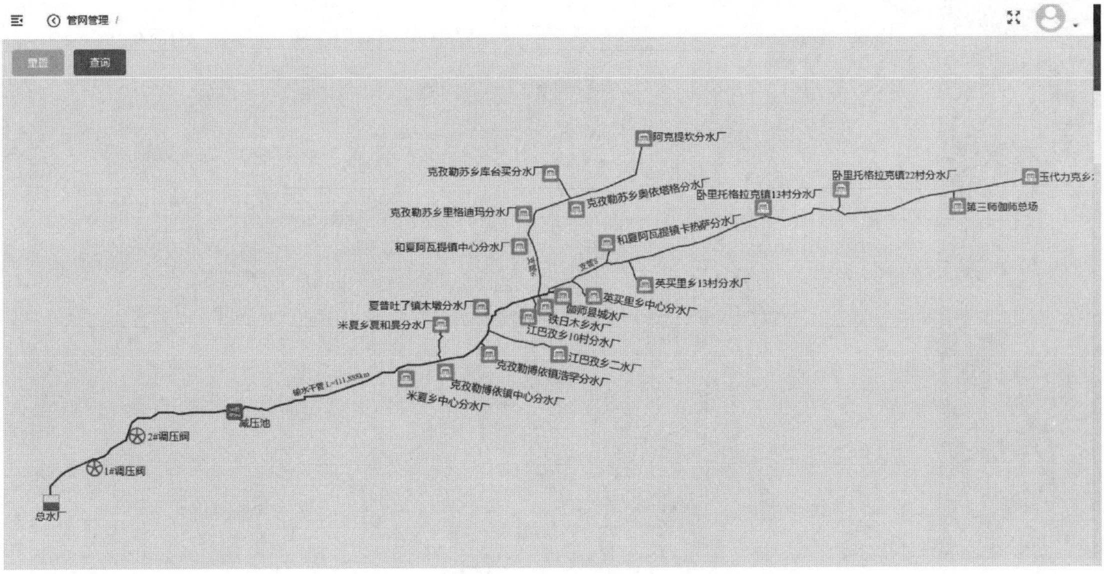

图 6-65 安全供水防护系统管网地图分析

2. 安全管理

安全管理模块提供对管道保护设备的管理，显示管网主要保护设备的分布、属性和位置，实时监测参数和状态，通过各类专用监测仪器，显示防护设备的故障告警，以及采集稳态、瞬态工况下的设备状态数据，并进行比对性分析。同时提供对各类测控仪器设置、更新，以及防护设备的维护管理手册。

(1) 防护设备综览。防护设备综览显示管网各类主要防护设备分布图，点击任意位置的防护设备，均可查看该设备的所在位置和设备属性。当某一个防护设备出现故障时，相应的防护设备点闪烁，并显示故障设备名称、所在位置和故障类型。

(2) 空气阀分览。空气阀分览显示重要节点，即三级防水锤型和三孔真空破坏阀的分布图，点击任意位置的空气阀，均可查看该设备的状态参数，如压力、气液状态等。

(3) 空气蓄能罐分览。空气蓄能罐分览显示空气蓄能罐的分布图，点击任意位置的空气蓄能罐，均可查看该设备的状态参数，如压力、液位等。

(4) 安全阀分览。安全阀分览显示安全泄压阀分的分布图，点击任意位置的安全泄压阀，均可查看该设备的状态参数，如压力、开关状态等。

点击系统进入防护设备综览页面，当某一个防护设备出现故障时，相应的防护设备点闪烁，如图 6-66 所示。

3. 调度策略

管网调度策略主要由用水计划模拟和用水趋势分析两个子项组成。基于本项目是较为简单的树状供水管网，用水趋势分析主要为管网安全运行模式的再调整，和用水计划模拟提供依据。而用水计划模拟，则是依照用水趋势分析检验管网调度的可行性，同时兼顾各分水厂所供用户区域用水量发生重大变化，所进行的用水计划调度模拟。

(1) 用水计划模拟。用水计划模拟是以水力模型为后台计算引擎，在现实时监测各分

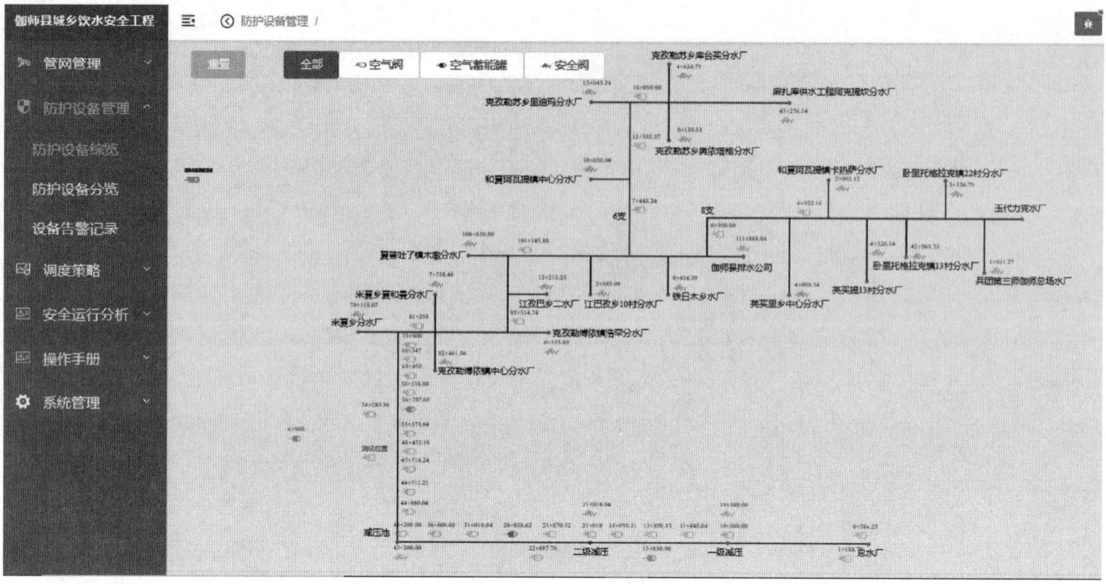

图6-66　安全供水防护系统防护设备综览

水厂入池流量条件下，当季节或分水厂用水规模改变时，管理人员需要即时调整个别分水厂的用水量的模拟计算。

（2）用水趋势分析。用水趋势分析是以总水厂，结合各分水厂配水泵站日、周、月和季度的实时流量变化监测数据，进行日需水量预测及分钟级需水量预测，用于对各分水厂在日、周、月和季度的用水趋势的分析，最大精度的为分水厂计划用水提出参考。

点击系统左侧用水趋势分析按钮，则可在本界面查看到各个分水厂的指定日期期间，用水趋势的预测值和实际值，如图6-67所示。

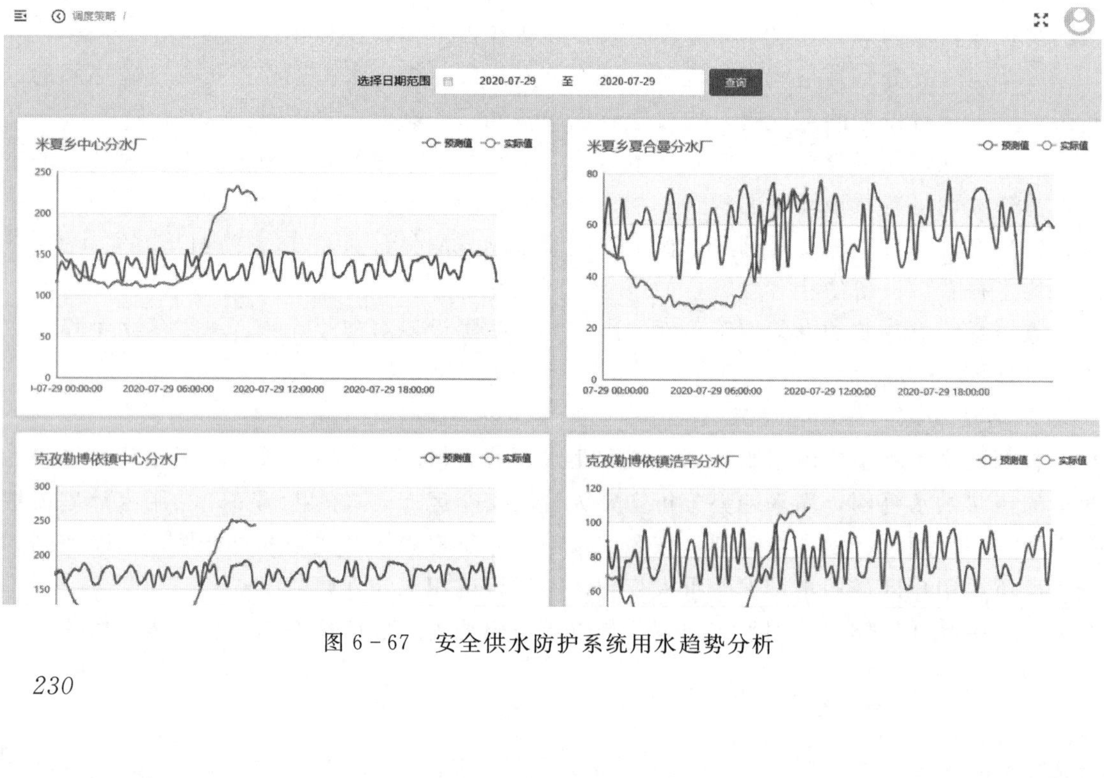

图6-67　安全供水防护系统用水趋势分析

4. 瞬态分析

事故分析模块主要由分布于主管和干管的水锤监测仪和防护设备的监测仪器，提供管道的瞬变流监测数据，结合校核后管网模型的瞬变流分析数据，对应性地提出管道主要调节设备的开关约束条件，修正管道防护设备的设定，对频繁临界水锤评估和超限水锤提供报警，以及意外管道事故进行远程专业分析支持和报告。

6.6 水锤在线监测效果评价

6.6.1 在线监测设备及运行效果评价

6.6.1.1 在线监测设备布置

1. 水锤在线监测系统组成及功能

管网安全防护和水锤在线监测系统由1个中央监测中心，54个现地测控站组成，其余压力、液位和流量数据由自动化信息管理平台共享提供。监测系统采用分层分布式网络结构，整个监测系统分成中央监测级、现地测控单元2层级。中央监测级为1套上位计算机(包括硬、软件)，中央监测级和现地测控单元之间通过专网光纤或电信运营商有线、无线VNP专线通信。现地测控单元根据现场实际情况，采用单片机、PLC及RTU进行设备监控及数据采集。

上位计算机作为系统的监测中心，能监测所有的防护设备和SCAD系统共享的管道控制设备和管网运行状态信息。现地测控站含测控单元（单片机、PLC及RTU）和安全防护设备，测控单元用于实现对该处防护设备或关键节点的各类传感器信息采集、内部程序逻辑判断和处理，并将故障信息按类别发送给中央监测单元，同时中央监测中心可调取现地测控单元的现状和历史数据。

现地测控单元通过线缆与各类传感器连接，能独立自动完成监控范围内所有防护设备及管道的数据采集、处理和控制。

2. 水锤在线监测中央监测系统及系统设备

（1）中央监测中心。中央监测中心主要进行监测数据分类、数据分析、数据处理、数据存储和信息管理，对于现地测控单元的监测和处理不直接参与，其具体的监测过程和逻辑判断由所在现场监控系统管理。对于中央监测系统禁止投入运行的现地测控单元，被标记为不可用设备，不再对其启动。

1）数据管理。中央监测室数据库中记录由各个现场监控单元上报，并获取自动化信息管理系统共享的现场数据，中央监测系统数据服务器对这些数据进行分类，生成各节点压力、流量和液位等报表，并对关键节点生成相应的压力和流量曲线，用于数据分析判断和告警，同时导入自动化信息管理系统历史数据库，利用这些数据库可进行安全、操作规范等分析，对设备的运行和维护周期进行管理。

2）数据分析。中央监测系统内嵌数理分析算法、水锤监测逻辑程序、空气阀故障监测程序、供水系统边界管理模型、实时在线水力模型和外挂水锤分析支持，可对系统运行状况提出评估、告警和提出安全运行策略。

3）报警管理。当供水管网某个节点运行出现异常，如压力或流量超限、防护设备故障，以及超限水锤工况时，中央监测系统立即激活报警处理程序，记录报警数据同时发出声光报警，提示操作管理人员。声光报警管理方式设置如下：①声报警，由操作终端的内置扬声器发出，操作管理人员在确认后消除；②光报警，在操作终端的显示屏上弹出报警列表，并以不同的频率闪光显示报警内容，光报警在故障排除，运行恢复正常后自动消除，故障始末点的相关数据均存入历史故障数据库。

4）事件处理。对于系统运行事件和重要的操作，都将按照时间顺序进行事件登录。事件登录列表是不可修改的，记录的主要信息有中控室和各现场监控系统的操作员登录、控制命令和结果、修改设定值、写入数据操作、全部的报警、报警确认和解除。对于水锤工况事件，可由外部技术支持做出相应分析和解决方案，并报送事件处理系统。

5）报表及打印输出。中控室可自动生成班报表、日报表、月报表、季报表、年报表、事件驱动报表、故障报警报表等。报表中有实时数据和统计数据，并可以插入说明文字。系统生成的文本、列表、图形、报表等内容全部可以在打印机上输出。

（2）中央监测系统配置。中央控制级计算机按照其功用可分为IO数据服务器（1台）、历史数据服务器（配套磁盘阵列，1台）、操作站（1台）及工程师站，其分别独立运行，且相互进行数据互访。

1）IO数据服务器。IO数据服务器作为整个系统的数据存储、计算及交换中心，实时从现地PLC及RTU中读取相关的系统运行数据，并接受工作员站与工程师站的数据访问。

2）历史数据服务器。历史数据服务器作为整个系统的数据存储中心，接收工作员站与工程师站的数据存储，并记录其操作状态信息（含操作内容、操作员名称、操作时间、用户级别等），同时作为智慧供水平台的数据存储。

3）操作站。工作员站作为整个系统的监控主机，用于人机互访交流，其数据访问于IO数据服务器，不进行数据存储及处理，在操作员站内置安装监控软件的客户端程序，可实时监控系统内设备的运行状态及其参数、查询历史数据，并可对设备进行远程实时控制。

4）工程师站。工程师站与工作员站的基本功能相同，但其能对操作员站的监控程序进行修改、维护及更新等工作。

5）中央监测系统配置清单见表6-7。

表6-7　　中央监测系统配置清单

主机类型	备　注	主机类型	备　注
计算机工作站	惠普、戴尔或IBM品牌	平台软件	Intouch、IFIX、WINCC
服务器	惠普、戴尔或IBM品牌	管网模型	
磁盘阵列	惠普、戴尔或IBM品牌	水锤监测软件	
打印机	惠普、爱普生品牌	空气阀故障监测软件	
路由器、防火墙	华为、中兴、思科品牌	COB大屏	威创、中达、平达、艾维视
交换机	西门子、MOXA、赫斯曼	UPS不间断电源	艾默生、伊顿、山特品牌

3. 现地检测设备及检测内容

各现地测控站设置在各自测控的现场或控制室内，包括现地测控单元和安全防护设备，每座现地测控站的主要功能如下：①采集管道压力、流量和防护设备运行状态；②在防护设备出现故障、压力波动超限和设备拒动时报警；③液控失效时，可以自动电控方式启动安全防护设备泄压，防止管道爆管；④可通过按键、蓝牙 App 和触摸屏等方式对现地测控单元的调测参数进行设置；⑤按照管网模型分析结论布设相应安全防护设备，确保管网安全运行。

测控单元通过以太网与中控室的监测系统进行通信，向监控管理系统传送数据。现地测控单元设不间断电源，同时配套太阳能供电装置，保证在停电故障时系统仍能安全可靠地运行。

各现地测控站配置的主要设备：①1 套数据采集单元；②1 套现场网络；③1 套 UPS 电源（不间断供电）；④1 套太阳能供电装置（不能连接市电的数据采控单元），系统内设备供电；⑤1 套相应的安全防护设备。

水锤监测和空气蓄能罐防护站。水锤是管道中流速迅速变化而引起的压力剧烈波动现象。输水管网和管道中由于水锤导致的爆管事故屡见不鲜，严重影响供水管网安全和造成水资源的浪费，极端情况下也会导致人员生命危害和国家财产损失。严重的水锤事故可直接导致爆管，但即使是较轻微的水锤，如果在长期运行中反复出现，也会导致管道受损，减少管道的使用寿命，增加管道的漏失。因此，管道水锤在线监测和水锤防护是输水管道管网建设的重中之重，是解决管道安全防护的根本。

（1）水锤侦测仪。水锤在线监测一直是管道输水行业追求的目标，完整的界定和监测到水锤的波动幅度、频率、时长和时间节点是一个难题，原因主要在于水锤工况时的波动频率很高，波动源和时间节点很难确定，常规传感和监测技术无法实现。

水锤侦测仪完美地解决了水锤在线监测的难题，该系统的独特之处在于它采用了动态压力传感器系统和数字技术对管道进行不确定时期的监测，当检测到压力峰值或水锤等瞬态事件时，系统会启动高速数据记录器，以每秒 200 次的频率采集，并以 GPS 技术为位置和时间节点定位和定时，可完整展现水锤波动全过程及细节。该系统还可以对空气蓄能罐、水锤防护设备、压力调节、蓄水池和泵控制等管道控制的关键节点提供辅助监测，结合管网水力模型分析，可以对管网爆管事故的发生进行回溯，快速查找事故原因，划分管道故障责任，方便水务公司理赔和提高管理水平。同时，可界定控制设备的约束条件，以及验证防护设备系统的有效性，合理设置和再配置防护设备系统。水锤侦测仪连接示意图如图 6-68 所示。

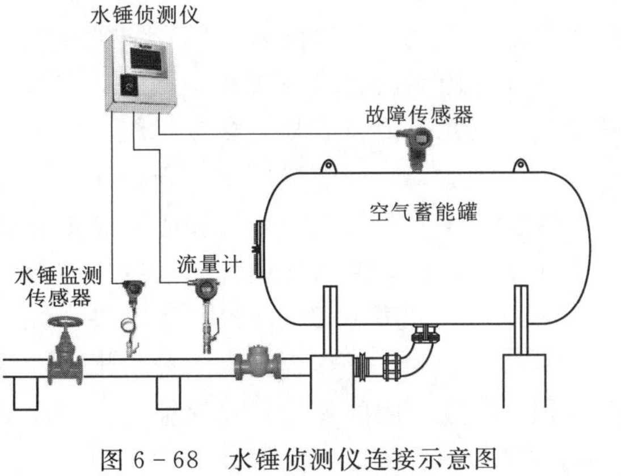

图 6-68　水锤侦测仪连接示意图

1）性能和特点：①立即检测和记录瞬态压力，频率高达 200 次/s；②提供记录数据的图形分析；③设定系统正常工作压力的极限；④当检测到任何压力瞬态时发出警报；⑤可与附加的监测系统连接，以分析泵的进排气侧；⑥通过移动网络连接可访问、可编程。

2）帮助操作人员查找以下问题：①漏水点和破裂点；②有问题或不合理安装的进排气阀；③有问题的阀门执行机构；④有问题或不适用的泵；⑤不良的管道管理规程；⑥电力故障；⑦非稳态压力造成的波动或振动。

3）参数和规格：本项目水锤侦测仪共设置5个节点，其中2台设置于空气蓄能罐处，另外3台布设于支管6、支管8和伽师县城支管的末端水厂水池入口液位调节阀前。

（2）空气蓄能罐。空气蓄能罐是输水安全防护技术中功能最强大的管道保护设备，是唯一具有抑制管道水锤高压和弥补水锤低压双重功效的水锤防护装置，同时由于其与主管道旁路贯通无泄压的优点，可避免水质污染和排水浪费。本项目按照因地制宜的原则，空气蓄能罐采用内胆预充压型式。其使用标准和技术条件如下：

1）空气蓄能罐主要参数及数量见表6-8。

表6-8　空气蓄能罐主要参数及数量表

项　目	参数及数量	项　目	参数及数量
数量	3台	试验压力	2.4MPa
每台有效容积	$8m^3$	介质温度	0～40℃
承压等级	1.6MPa		

2）空气蓄能罐生产和检验符合下述标准：①PED 97/23/CE No.0062（压力容器标准）；②《生活饮用水输配水设备及保护材料的安全性评价标准》（GB/T 17219—1998）；③国外卖方应使用与上述标准相等效或更高要求的国际或生产国标准。

3）结构和性能要求：此设备应采用卧式安装。其部件主要包括钢制罐体和内置的丁基橡胶制成的内胆（同时应符合饮用水标准）；应配有内胆防护格栅，通过法兰与管道连接。

因为水锤事故不能完全预知、预防，所以空气蓄能罐必须实现免维护运行，即无须日常维修维护，并应配备压力测量和罐内液位测量装置，并能对内胆的工作状态进行监测，内胆损坏时必须及时报警。

主设备使用寿命应大于10年，易损部件从新的状态到更换或修理不应少于5年的连续运行。空气蓄能罐应能在工作寿命延长期内连续使用，无须维修。

为保证内胆的膨胀性能和稳定性，橡胶内胆的材质必须采用全丁基橡胶，不得使用丁基橡胶和三元乙丙橡胶复合黏接材料。

空气蓄能罐表面防腐处理应符合ISO、GB标准或等同标准，要求表面处理有优良的耐腐蚀性。罐体内外表面须经喷砂或其他方式处理，除去油锈、水分、污物等杂质，再进行表面涂装。材料要求优质而无瑕疵、裂缝，且其等级、结构成分及物理特性要符合最优工程实践，并适用于相应的设备和部件。

运行过程要求：须根据水锤分析报告和水锤消除方案选定空气蓄能罐的预设压力、罐内容积、橡胶内胆的弹力，以保证在水锤事故工况下防护方案的充分有效，避免发生水锤事故破坏泵站、管道及其他设备。

(3) 空气故障监测和空气管理站。空气管理是管道输水的要素，重要节点空气阀的水锤防护功能，是应对管道输水过程中需要进排气，以及提供气囊缓冲抑制水锤高压和防止负压溃管危害的重要组件，同时，对于提高和维持管道高效输水有着不可或缺的重要意义。其主要功能和作用包括以下几个方面：

1) 充水工况下排出管道内的空气，确保管道满管流输水，避免严重气阻，导致输水流量不足和无法供水。

2) 管道低点排水或爆管工况下向管道内补入空气，避免管道真空溃管，同时防止水在真空条件下汽化，加速水锤的压力波动。

3) 在输水过程中排出在局部高点和变弯点持续产生的空气，避免气阻导致的输水效率下降。

4) 在断电或关阀水锤工况下控制排气量，限制水柱弥合速度，降低或消除水锤弥合高压危害。

在实际应用中，由于空气阀（进排气阀）质量或性能不良或水中杂质堵塞而引起的管道事故屡见不鲜。常见的空气阀故障包括：①空气阀浮球电化学粘连而导致的管道充水排气不畅，以及真空工况下不进气导致的溃管损害；②高压微量排气阀堵塞导致的管道积气，造成输水效率下降；③水锤防护型空气阀缓闭盘在水锤工况下无限流功能，不能控制水柱弥合速度，导致防护失效。以上问题中，最常见的是空气阀密封失效，漏水造成的淹井事故，严重的甚至使民房和水工建筑受损。传统的管道输水自动化控制系统中，仅对空气阀处的压力进行监测，但对空气阀的实际工作状态无法提供有效反馈，操作和运行人员不能及时排除空气阀故障，从而导致严重管道安全事故。

空气故障监测和空气管理站主要由空气阀监测仪和重要节点防水锤型空气阀（三孔真空复合阀）所组成。

(4) 空气阀故障监测仪。空气阀故障监测仪为由可通信的单片机开发而成的专利产品，主要用于监测系统沿线重要节点的空气阀的常见故障，内置的逻辑程序分析判断空气阀故障状态，包括积气、负压、防水锤失效（气密封）、漏水。可本地输出 1 个模拟量信号和 4 个故障状态信号，并能上传输出信号。基于 PC 端的开发程序可用于平台系统识别和显示空气阀状态及告警。空气阀故障监测仪原理示意如图 6-69 所示。

空气阀故障监测仪主要参数见表 6-9。

表 6-9　　空气阀故障监测仪主要参数表

项　目	参　　数	项　目	参　　数
电源	24V DC	IP 等级	IP65
输入信号	模拟量、开关量	运行环境	−30～60℃
输出信号	模拟量输出、支持 RS-485 等	相对湿度	5%～90%
本地通信	蓝牙 Bluetooth3.0、4.0	供电方式	太阳能供电
报警方式	Led 指示灯报警，终端显示		

(5) 防水锤型空气阀（三孔真空复合阀）。重要节点空气阀和故障监测，是经由管网

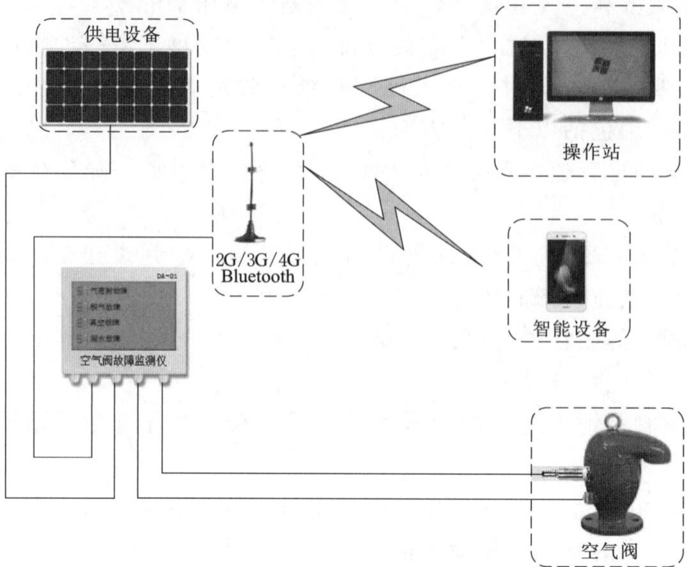

图 6-69　空气阀故障监测仪原理示意图

水力设计模型过渡过程分析所确定的水锤防护设备，其功能和作用如前所述，鉴于本项目重力流输水易造成管道溃管事故，以及空气阀浮球制造条件限制和最大限度地避免浮球故障，大于 DN200 口径的关键节点空气阀的水锤防护采用三孔真空复合阀，其中三孔真空复合阀共计 17 台，防水锤型空气阀共计 13 台。

1）防水锤空气阀技术条件如下：

技术参数要求：空气阀的压力等级为 PN 1.0～2.5MPa；密封试验压力为额定压力的 1.1 倍；强度试验压力为额定压力的 1.5 倍；空气阀的水关闭压力小于等于 0.01MPa；空气阀的空气关闭压力大于等于 0.12MPa；高压微量排气阀的排气压力大于等于相应额定压力值。

主要性能要求：空气阀的最大吸气能力须能满足事故检修水泵强排以及事故爆管沿管道最大坡度重力自流两种工况下管道排水时补气的要求；空气阀在完全关闭时，应无渗漏，在输水干管道内水头压力低至 0.02MPa（即 0.2m）时空气阀仍应具有良好的密封性能，不允许发生低压溢水现象；空气阀微量排气阀排气口面积应大于 $12mm^2$，并具备渐开渐闭功能，应具备防杂质堵塞和自清洁能力；阀体上应设有缓闭限流盘，限流盘关闭压力应通过风动实验检验，防止过早或延迟关闭而降低水锤防护的效果，供货厂家需提交工厂实验报告验证其水锤工况下的限流关闭特征。

水锤防护要求：限流盘限流口截面积应具有可调节功能，需依据水锤分析报告推荐设置值调节设定开口直径；主阀结构应提供安装空气检测仪的空间，同时不能影响进排气功能。

2）三孔真空复合阀技术条件如下：

主要性能要求：在管道发生负压或真空时，三孔真空复合阀必须快速全开进行补气，消除管道负压；三孔真空复合阀应由进气主阀和辅助进排气阀复合构成，辅助进排气阀主要满足管道排气和微量排气功能；进气主阀应采用阀板（盘）开启和关闭结构。阀板材质应为不锈钢或铸钢。

水锤防护要求：三孔真空复合阀进气主阀的空气关闭压力不得高于0.2m，为防止弥合水锤，具体设置应依据水锤计算的结果；主阀结构应提供空气检测仪的安装空间，同时不影响进气量要求。

（6）压力安全测控站。供水管道和管网系统超压，是造成管道和附属设备损坏的主要因素，安全阀是管道应对高压防护中的重要组件之一，输水系统安全阀常用的型式是可调关闭速度的先导式泄压阀，具有避免二次关阀引起水锤危害的优点。但在实际应用中，导阀故障是先导式泄压阀失效的主要原因，如导阀堵塞、错误的设定和非专业人员的调节，往往会造成泄压阀在管道高压工况下拒动，失去管道高压防护的功能。对泄压阀提供增安控制，监测其工作状态及分类告警，是压力安全测控站的主要功能。压力安全测控站主要由压力测控单元和液电双控泄压阀所组成。压力测控单元与液电双控泄压阀配套数量为24套。

1）压力测控单元。压力测控单元为压力测控器，由上位型可编程序控制器开发而成，内置逻辑控制程序，其功能如下：在管道布置点出现超压工况时，如导阀未开启泄压，且压力超过导阀设定压力时，会立即通电开启电磁阀，打开泄压主阀排放高压，在低于导阀高压时设定压时关闭。

压力测控器会向终端分层报警，当导阀开启泄压时，为二级告警，提醒操作员该处超压；当导阀失效，电磁阀开启主阀泄压，为一级告警，提醒操作人员该处不但超压，而且还有导阀故障，应及时设置和维护检修。

终端和现地可采集压力波动记录，以及泄压阀开启状态。

压力测控单元性能参数见表6-10。

表6-10　压力测控单元性能参数表

项　目	参　　数	项　目	参　　数
电源	24V DC	IP等级	IP65
输入信号	模拟量、开关量	运行环境	－30～60℃
输出信号	模拟量输出、支持RS-485等	相对湿度	5%～90%
报警方式	终端显示	供电方式	市电或太阳能供电

2）液电双控泄压阀。液电双控泄压阀是在常规先导式泄压阀基础上开发而成，泄压具备导阀和电磁双作用开启功能，但电磁开启设定压力须高于导阀设定压2～5m。液电双控泄压阀的增安功能，可以最大化地确保管道避免高压危害。液电双控泄压阀与压力测控器的连接示意如图6-70所示。

液电双控泄压阀主要技术条件如下：

液压动力，隔膜驱动的自控阀。

阀体型式：Y型阀体。

双腔室驱动结构，控制驱动机构要求可以在线整体拆卸，以提高维护，检修效率。

在运行条件下，要求开启压力可调，当管道压力大于设定压力时，能快速自动开启泄

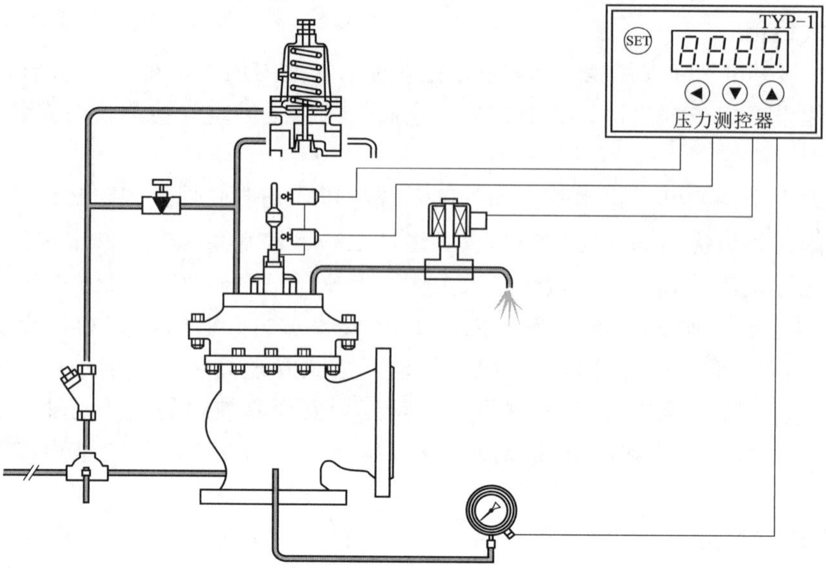

图 6-70　液电双控泄压阀与压力测控器的连接示意图

压，开启速度不大于 2s；当压力低于某设定值时，能自动复位，并且要求复位速度可调，避免发生二次水锤。

要求带可更换不锈钢阀座，阀口为全开式，无阻隔，无支撑肋。

具备开启报警反馈和电磁辅助开关功能，信号形式：开关量。

电参数：电磁阀电压：24V DC，功率：8W，阀位开关信号：36VA。

主要零部件及材质参数见表 6-11。

表 6-11　　主要零部件及材质参数表

主阀材质	阀体、阀盖	球墨铸铁
	隔膜	尼龙加强天然橡胶
	烤漆	内外环氧树脂涂层
	阀座	不锈钢
	弹簧	不锈钢
导阀材质	阀体	黄铜
	隔膜	强化丁腈橡胶
	弹簧	不锈钢
配管及接头		不锈钢及黄铜

制造标准和产品认证：应取得欧洲《供水系统控制阀检验标准》（EN 1074-5）的检测，提交检验报告，并取得 WARS 和 NSF 饮用水产品质量认证；取得 ISO 9001：2008 生产体系认证。

4. 系统网络结构图

系统网络结构如图 6-71 所示。

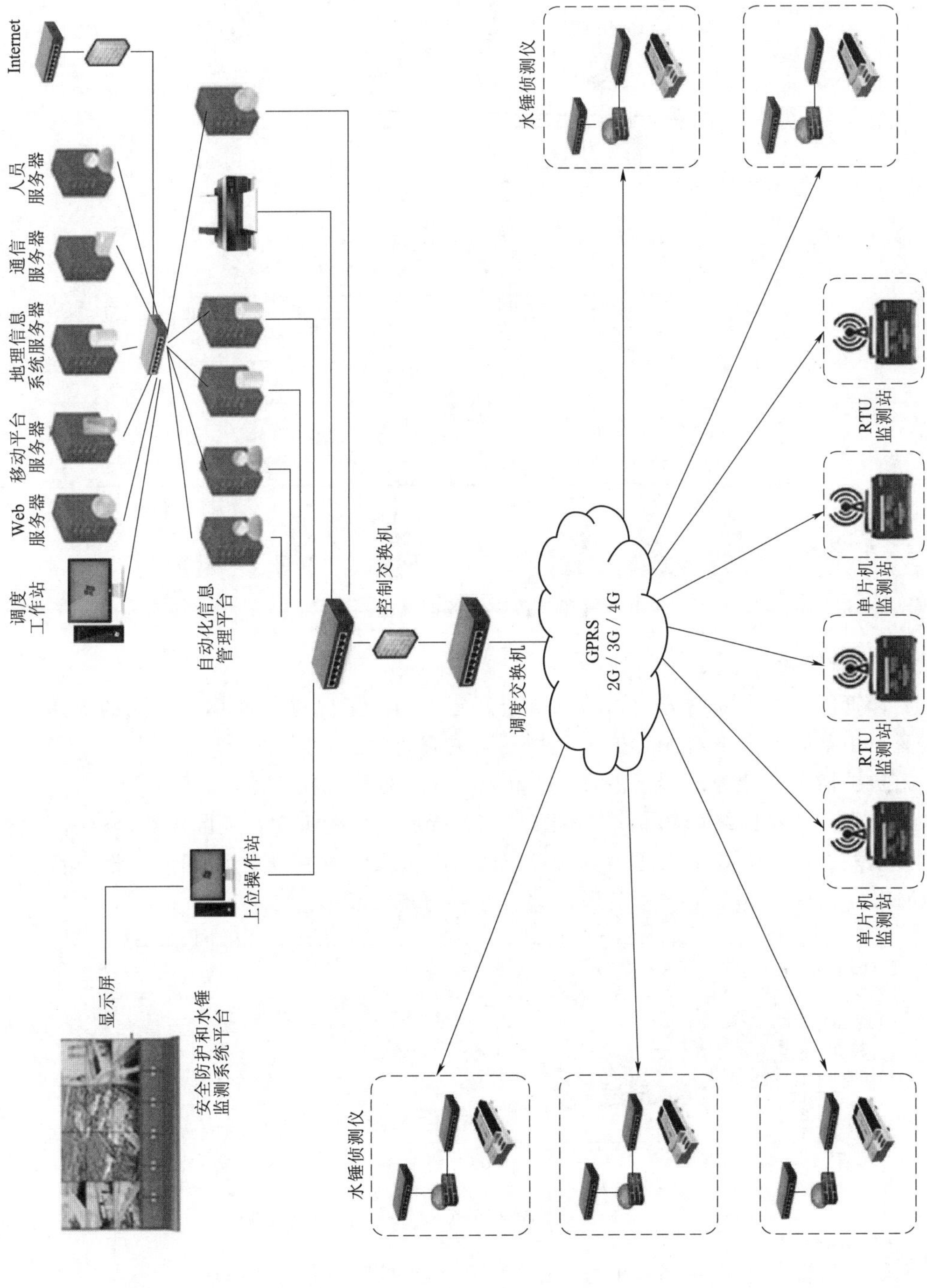

图 6-71 系统网络结构图

5. 系统业务框架图

系统业务框架图如图 6-72 所示。

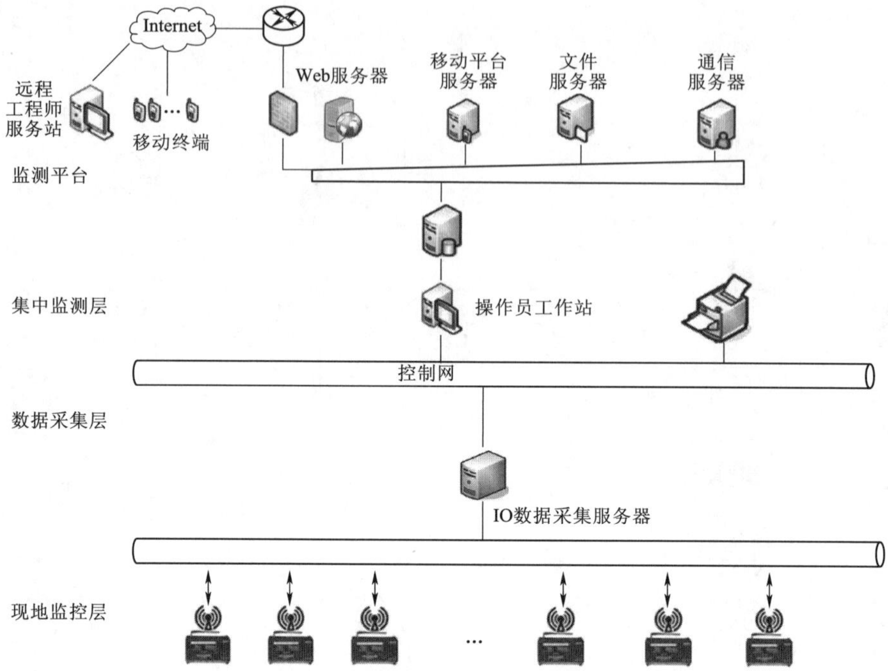

图 6-72　系统业务框架图

6.6.1.2　在线监测运行效果

对各干管管段末端隔断阀分别关闭（从全开至全闭）工况进行计算。不同的关阀时间对流速改变大小不同，以下对无防护工况的不同关阀时间进行对比分析。

（1）无防护情况：干管末端（桩号 111+888.00）处隔断阀 120s 关阀。

包络线及压力变化曲线如图 6-73～图 6-77 所示。由图可知，隔断阀 120s 关闭引起管道内压力剧烈波动，全线最大压力为 3.91216MPa，发生在一级减压阀前；最小压力为 -0.0931MPa，沿线多处发生严重负压，并有水柱分离现象发生。

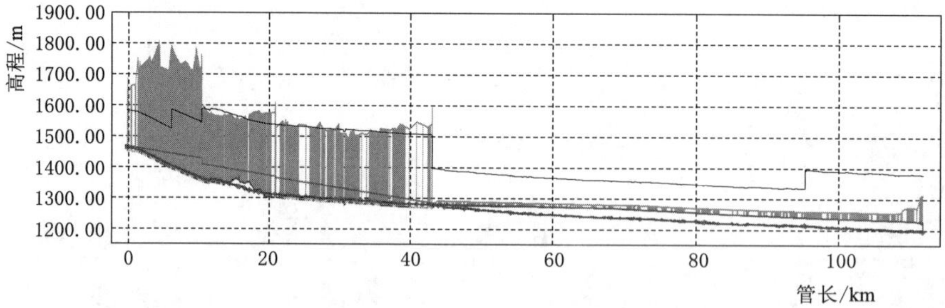

图 6-73　干管末端（桩号 111+888.00）水力包络线

（2）无防护情况：干管末端（桩号 111+888.00）处隔断阀 300s 关阀。

水力包络线及压力变化曲线如图 6-78～图 6-81 所示。由图可知，全线最大压力为 3.3859MPa，发生在桩号 9+300.00 处，最低压力达 -0.0931MPa。

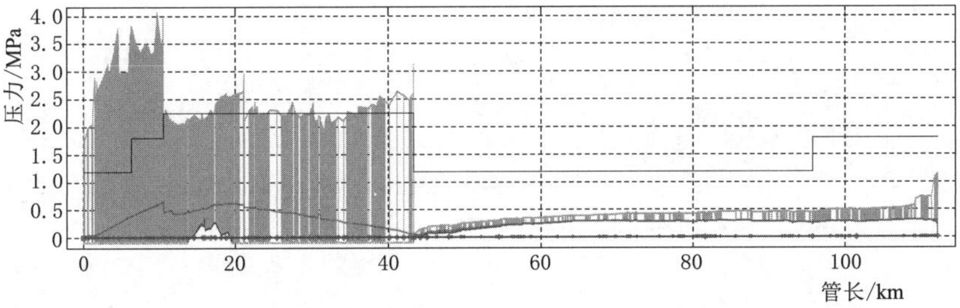

图 6-74 干管末端（桩号 111+888.00）最大/最小压力包络线

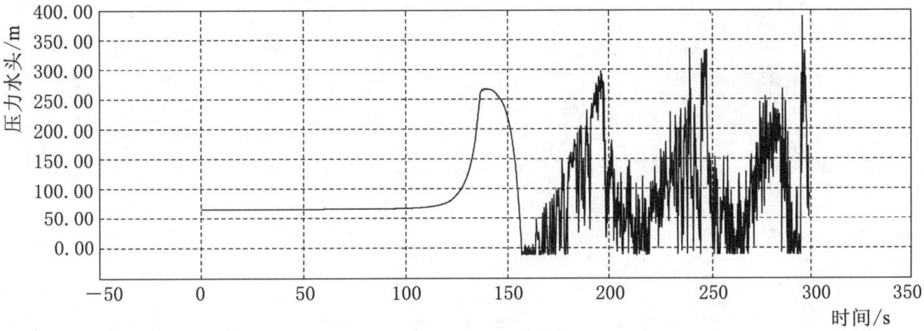

图 6-75 一级减压阀压力变化曲线

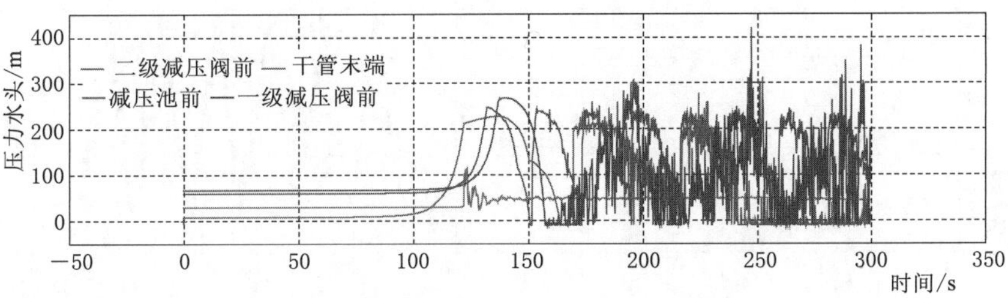

图 6-76 各段管道末端压力变化曲线

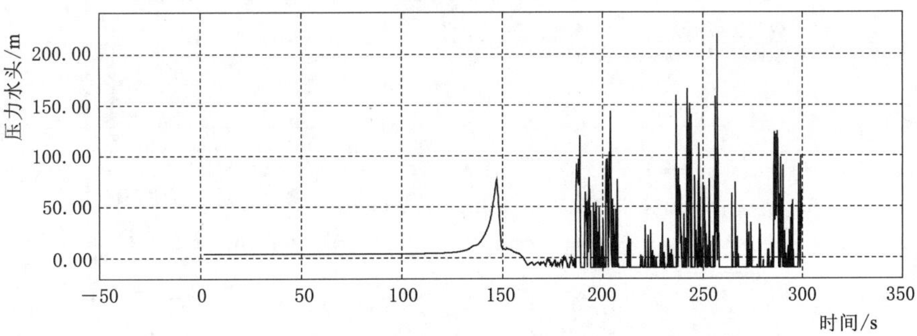

图 6-77 1+121.95 处压力变化曲线

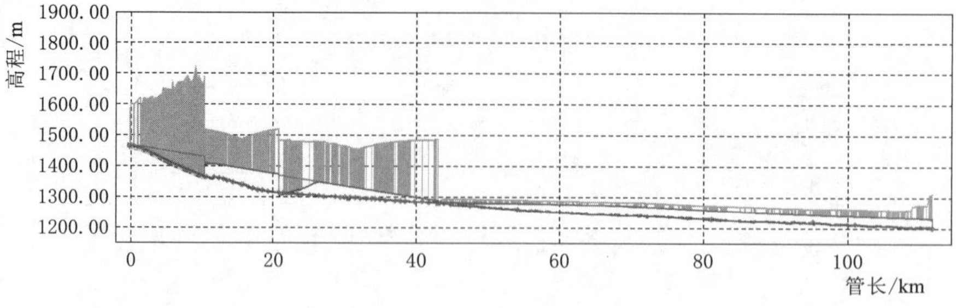

图 6-78 水力包络线

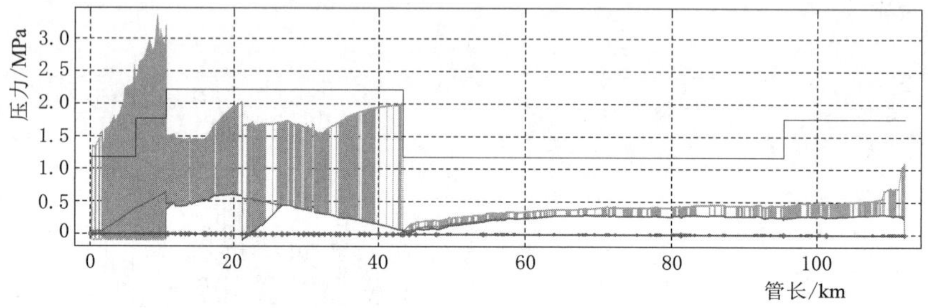

图 6-79 最大/最小压力包络线

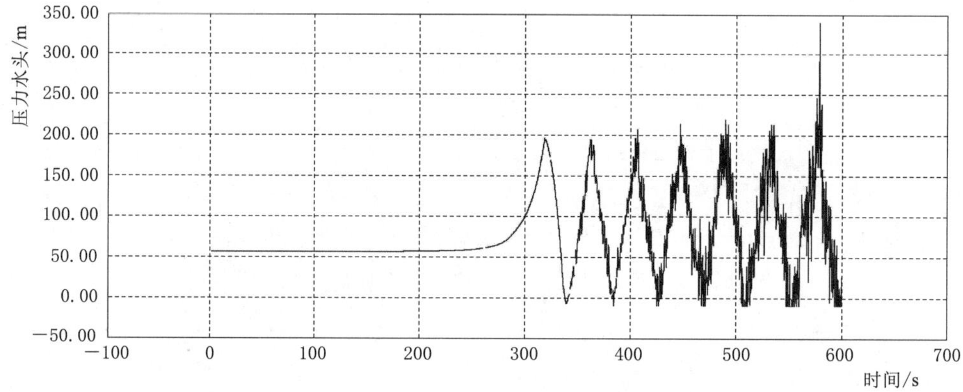

图 6-80 桩号 9+300.00 处压力变化曲线

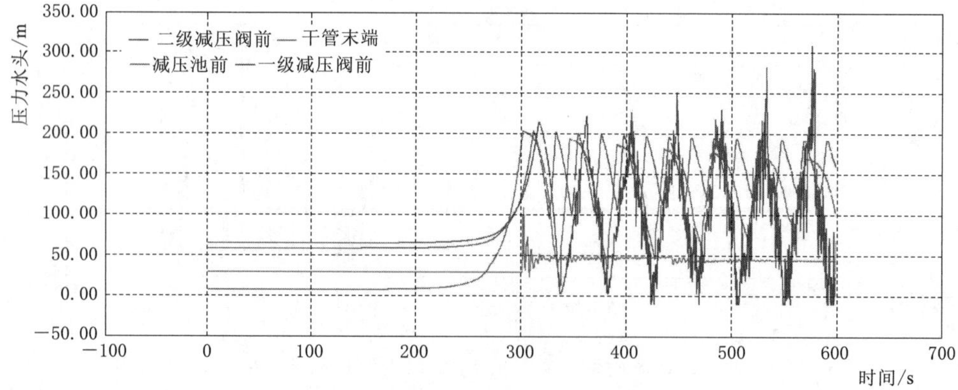

图 6-81 各段管道末端压力变化曲线

6.6.2 典型水锤捕捉与分析

6.6.2.1 典型水锤过程

根据水锤现象基本理论可知，水锤压力的大小与流速的变化量成正比，当管道发生启泵、停泵、爆管、关阀等操作和事故引起流速变化时，都会有水锤现象发生。而对于重力流管道，末端关阀引起的流速改变量最大，导致的水锤危害也最大。为达到无论在任何工况下都能保证系统安全的目的，主要对最危险工况（即关阀水锤）进行模拟分析。典型水锤工况见表6-12。

表6-12　典型水锤工况

系统	工况	特征
管网	稳态分析	按照设计流量运行
		小流量运行（设计流量50%）
		各分水口末端不控制
	干管关阀	干管减压池前和末端120s关闭
		干管减压池前和末端300s关闭
		干管减压池前和末端600s关闭
	支管关阀	部分支管末端60s关闭
		部分支管末端120s关闭
		部分支管末端300s关闭

6.6.2.2 水锤原因剖析

分析6.4.2节内容，安装防护措施后，在末端阀门120s关阀工况下，管道内压力仍有较大跃升，但由于泄压阀（一级减压阀前、二级减压阀前、减压池前）开启泄压、空气蓄能罐向管道内补水以及沿线空气阀补排气的共同作用，将水锤压力控制在合理区间。方案一、方案二、方案三主要对空气蓄能罐的安装位置进行了对比。通过分析看出，三个方案中空气蓄能罐起到了弥补负压和降低正压的效果，但根据空气蓄能罐水/气变化图分析，方案三气体体积变化不明显，防护效果较差，不建议使用；方案一、方案二空气蓄能罐降低压力波动作用明显，并能将全线最大压力控制在1.1662MPa以内，最小压力−0.049MPa（为瞬间负压），满足管道承压要求。因此可根据实际情况选择方案一或方案二。

6.6.3 运行支持建议

根据干管稳态分析结果，在设计工况下，管道内压力、流量及承压等级满足要求。

（1）减压池前和部分支管末端出水压力较高，小流量工况时达到67m，较高的出水压力会对管道和阀件造成严重气蚀，建议在各级减压池和末端水池前采取有效措施降低气蚀危害。

（2）由于管道沿线分支管较多，容易引起配水不均，为避免出现半管流导致上游供水不足，建议在各分干管末端进行流量控制，同时控制出水压力和水池液位。

支管 6 和支管 8 与干管相同，应对各分支管末端进行流量控制，同时控制出水压力和水池液位。

（3）根据过渡过程分析结果，关阀时间越长压力波动越小，关阀时间越短压力波动越大，甚至出现爆管、溃管等危害，为减少不必要的损失，建议干管隔断阀关闭时间不低于 300s，支管关阀时间不低于 120s。另外，考虑到干管沿线检修阀存在临时关闭的可能性，为不造成严重水锤危害，建议关阀时间适当延长至不少于 900s。

根据水力运行状态分析曲线，水锤防护措施如下：①干管安装 3 台 $8m^3$ 空气蓄能罐和 4 台超压泄压阀，并在沿线安装三孔真空复合阀和防水锤空气阀；②支管 6 沿线安装组合式空气阀和 4 台三孔真空复合阀；③支管 8 沿线安装组合式空气阀和 3 台三孔真空复合阀。

为便于后期的模型校核、故障分析和改进运行方案，应对防护设备的有效性和水锤发生过程中的压力波动进行检测并建立水锤防护监控平台。结合本项目特点，建议在管道沿线增设 30 处空气监测点和 5 处水锤监测仪。

参 考 文 献

[1] 闫天柱，王晓敏，李小周，等．长距离树状重力流系统水锤防护研究［J］．西安理工大学学报，2023，39（1）：105-109.

[2] 张巧玲，严悦，黄铋匀，等．含气输水管道泄漏瞬变流特性试验研究［J］．水动力学研究与进展A辑，2022，37（5）：678-683.

[3] 孙强，张智霖，伍悦滨，等．道路综合管廊输水管道参数辨识研究［J］．森林工程，2022，38（6）：130-136.

[4] 吴亮．输水管道水力学计算参数的选取［J］．云南水力发电，2022，38（11）：99-102.

[5] 王晓玲，丁超元，刘长欣，等．长距离输水管道检修通风SRM-CoRBF多保真代理模型研究［J］．天津大学学报（自然科学与工程技术版），2022，55（11）：1182-1194.

[6] 王真，尹文刚，高倩钰，等．既有建筑内输水管道腐蚀现状及管理建议［J］．给水排水，2022，58（S1）：999-1003.

[7] 马志华．长距离输水管道水压试验方法及验收标准探析［J］．水利建设与管理，2022，42（10）：66-69.

[8] 江锐，王国芳，朱银慧，等．水力模型在供水管网运行管理中的探索与应用［J］．城镇供水，2022（5）：57-60.

[9] 章致远．基坑开挖对临近输水管道影响的数值模拟研究［J］．四川水利，2022，43（5）：37-39.

[10] 路梦瑶，田雨，刘小莲．长距离有压输水系统事故停泵水锤防护措施研究［J］．水利水电技术（中英文），2022，53（S2）：243-248.

[11] 杨春霞，李倩，马经童，等．多分水口长距离输水工程停泵水锤防护措施［J］．排灌机械工程学报，2024，42（3）：250-255.

[12] 李妍，白绵绵，闫飞．高落差重力流输水管道开关阀水锤模拟分析［J］．西北水电，2022（4）：94-97.

[13] 邢飞，崔坤明，唐帅．长距离高水头埋地输水管道镇墩的计算和设计优化探讨［J］．水利技术监督，2022（9）：216-219.

[14] 邵永昌，刘四中．新时期输水管道工程水土保持方案编制特点分析［J］．水科学与工程技术，2022（4）：23-25.

[15] 董航凯，田睿，王启国．长距离输水管道水力过渡过程计算［J］．水利建设与管理，2022，42（8）：32-38.

[16] 蒲晓斌．输水管道工程钢管安装施工技术探讨［J］．建材发展导向，2022，20（16）：154-156.

[17] 王眺，詹航，万五一．长距离输水系统停泵水锤防护多目标优化研究［J］．水力发电学报，2022，41（12）：90-99.

[18] 金朝．非洲长距离输水管道工程设计探讨［J］．工程建设，2022，54（7）：17-21，50.

[19] 杨军超．引汉济渭二期工程输水管道管材比选［J］．水利规划与设计，2022（8）：106-109，122.

[20] 陈会，肖烨．长距离低水头有压重力流输水管道设计方案探讨［J］．水电与新能源，2022，36（6）：26-28.

[21] 朱铁强，李志鹏．管力阀结构特性与泵站输水管道水锤控制［J］．阀门，2022（3）：179-182.

[22] 袁林，李云龙，寇自洋．长距离重力流输水工程首末两端阀门关阀方案研究［J］．水电能源科学，

2022，40（6）：118-121，109.

［23］ 张伟，武齐永，张忠霞，等. 分布式光纤管道监测技术在长距离输水工程中的应用［J］. 给水排水，2022，58（6）：124-129.

［24］ 曲涛，毕莹，宋世亮，等. 长距离有压输水管道排气阀过滤结构最优模拟与试验研究［J］. 节水灌溉，2022（6）：100-106.

［25］ 刘佳峰. 城市地下供水管网水力模型建立及漏失检测定位研究［D］. 呼和浩特：内蒙古大学，2022.

［26］ 汪怡然，俞晓东，石林，等. 输水管道含沙水锤模型及特性研究［J］. 水利学报，2022，53（8）：984-990.

［27］ 李明凯. 基于EPANET水力模型的H市供水管网可靠性研究［D］. 张家口：河北建筑工程学院，2022.

［28］ 王书盛. 城市供水管网漏失信号识别及漏失定位研究——以H市为例［D］. 张家口：河北建筑工程学院，2022.

［29］ 刘松子. 基于供水管网建模的压力监测点优化布置与漏损定位研究［D］. 青岛：青岛理工大学，2022.

［30］ 马志敏，乔俊蕾，付永飞. 长距离加压和有压重力输水管道水锤防护分析比较［J］. 水力发电，2022，48（7）：52-57.

［31］ 贾超. 长距离压力输水管道设计探讨［J］. 居业，2022（5）：74-76.

［32］ 崔磊. Bentley Hammer软件在长距离压力输水管道工程中的应用［J］. 山西水利科技，2022（2）：19-23.

［33］ 吴杰，刘曼曼，李典庆，等. 输水管道破损诱发砂土地层塌陷影响因素分析［J］. 武汉大学学报（工学版），2022，55（5）：427-434.

［34］ 刘海林. 某新区供水管网水力水质模型的研究［D］. 合肥：安徽建筑大学，2022.

［35］ 张锋瑞. 基于改进粒子群算法的供水管网漏损定位研究［D］. 郑州：华北水利水电大学，2022.

［36］ 郭新源. 基于气囊式空气罐的长距离大起伏有压输水管道的水锤防护研究［D］. 郑州：华北水利水电大学，2022.

［37］ 张龙. 甘河子河灌区输水管道工程管材比选分析［J］. 水利技术监督，2022（5）：162-164，223.

［38］ 桑林瀚，王英伟，郑慧洋，等. 长距离有压输水系统泵站前双向调压井水锤防护特性研究［J］. 水电能源科学，2022，40（4）：112-115.

［39］ 马斌. 沉井法在输水管道顶管施工中的应用［J］. 运输经理世界，2022（12）：149-151.

［40］ 张岩. 打压管在输水管道工程中分段水压试验的应用［J］. 广东水利水电，2022（4）：65-68.

［41］ 张勇，霍江涛. 长距离输水管道顶管施工安全事故致因机理［J］. 工程经济，2022，32（4）：61-68.

［42］ 于洪懿. 寒冷地区大口径长距离输水管道运行维护探究［J］. 东北水利水电，2022，40（4）：68-70.

［43］ 董航凯. 断裂作用对输水管道的影响效应研究［J］. 水利与建筑工程学报，2022，20（2）：66-71.

［44］ 段政. 长距离跨流域调水工程中输水管道设计若干问题的探讨［J］. 产业科技创新，2022，4（2）：24-26.

［45］ 吴雅楠，徐悦，赵萌，等. 供水管网水力模型的建立与应用研究现状［J］. 工业安全与环保，2022，48（4）：93-96.

［46］ 范小娟，宋培培，夏玉宝. 高扬程输水系统停泵水锤防护分析［J］. 人民黄河，2022，44（4）：136-139，144.

[47] 李建宇，魏举旺．长距离重力流输水管线末端关阀水锤分析及防护［J］．中国给水排水，2022，38（7）：51－55．

[48] 马栋．泉州市某输水管道工程建设中的围堰施工工艺探讨［J］．地下水，2022，44（2）：249－250．

[49] 张兆波，湛心晖，刘来全，等．珠三角水资源配置工程长距离输水管道检修通风方案探析［J］．水利水电技术（中英文），2022，53（S1）：256－266．

[50] 乐育生，刘来全，朱越，等．基于CFD的长距离输水管道检修通风模拟研究［J］．水利水电技术（中英文），2022，53（S1）：388－395．

[51] 王智阳，魏燕，连阳阳．引汉济渭工程长距离有压输水管道水锤计算分析［J］．人民黄河，2022，44（3）：122－127．

[52] 张丹丹，金生，林金波．复杂内边界长距离输水管道水锤计算及工程应用［J］．水利规划与设计，2022（3）：126－131．

[53] 乔超亚．长距离输水管道系统排空过程非恒定流特性研究［D］．郑州：华北水利水电大学，2022．

[54] 张子健．泵站加压输水管道系统充水过程非恒定流特性研究［D］．郑州：华北水利水电大学，2022．

[55] 闫梦华．城市地铁近距离下穿大型输水管道防护技术［J］．水利建设与管理，2022，42（2）：42－47，70．

[56] 崔磊．镇墩在埋地式压力输水管道工程中应用分析［J］．山西水利科技，2022（1）：14－16．

[57] 杨建中．长距离钢质输水管道管材和防腐设计分析［J］．城镇供水，2022（1）：33－38．

[58] 李清晏，巢敬国．陵水抗旱提水泵站工程输水管道水锤压力计算［J］．湖南水利水电，2022（1）：38－40．

[59] 武艳红．某水库输水管道穿越河段深基坑支护方案比选［J］．水利技术监督，2022（1）：205－210．

[60] 张博，张嘉瑞，曹双利，等．大型输水管桥动力特性及水锤效应作用下动力响应研究［J］．西北水电，2021（6）：82－86．

[61] 薛松，张石磊，李进平，等．超长重力流输水系统水锤防护的顶部联通溢流式调压塔方案研究［J］．中国农村水利水电，2022（7）：158－163，174．

[62] 王存存．长距离输水管道工程管材选择［J］．河南科技，2021，40（34）：68－70．

[63] 于丰源．基于遗传算法与粒子群算法的供水管网水力模型校核对比研究［D］．邯郸：河北工程大学，2021．

[64] 张伟倩．基于泵阀联合调控的城市供水管网压力管理研究［D］．邯郸：河北工程大学，2021．

[65] 崔洪涛，李伟亭，张龙．南水北调长距离输水管道末端调流调压阀运行问题及对策［J］．河南水利与南水北调，2021，50（11）：29－30．

[66] 王俊，马平安，崔红军，等．西安市某引水工程长距离重力输水管道设计［J］．中国给水排水，2021，37（22）：84－88．

[67] 林建海．输水管道施工穿越燃气管线的保护技术［J］．工程技术研究，2021，6（21）：52－53．

[68] 邓娟，陈浩．大型输水管道工程智慧设施应用案例分析［J］．给水排水，2021，57（S2）：461－465．

[69] 张栋俊，宋欣欣，姜宇，等．基于Bentley－Hammer软件的长距离压力输水工程水锤防护措施设计研究［J］．给水排水，2021，57（S2）：473－478．

[70] 张子健．泵站加压输水管道系统充水过程研究进展［J］．科技与创新，2021（18）：113－114，116．

[71] 赵郁城．长距离输水管道施工技术探讨——评《超大口径长距离HDPE输水管道工程关键技术研究》［J］．人民黄河，2021，43（8）：163．

[72] 王萌. 水力模型的智慧排水工程设计与应用分析 [J]. 工程技术研究，2021，6（15）：240-241.

[73] 游孟陶. 水力模型在长距离原水输水改造工程规划中的应用 [J]. 净水技术，2021，40（S1）：190-195.

[74] 裴双保. 长距离输水系统重力流段水锤防护措施研究 [J]. 人民黄河，2021，43（S1）：122-124.

[75] 吴峰. 输水管道中含气水流瞬变特性试验研究及数值模拟 [D]. 西安：西安理工大学，2021.

[76] 何细孟. 输水管道工程钢管安装施工技术探讨 [J]. 福建建材，2021（6）：86-88，94.

[77] 张白云，王俊新，唐泽润，等. 长距离输水泵站中空气罐进出口阻力系数对其水锤防护效果影响的研究 [J]. 中国农村水利水电，2021（6）：197-201.

[78] 朱俊达. 基于用水量预测和遗传算法的供水管网优化调度模型 [D]. 南昌：南昌大学，2021.

[79] 吴莹. 基于管道模型的供水管道瞬态泄漏检测方法的研究 [D]. 长春：吉林大学，2021.

[80] 杨少卫. 高扬程泵站输水系统水锤防护研究——以景电一期一泵站为例 [D]. 兰州：兰州理工大学，2021.

[81] 梁圣辰，张健，倪尉翔，等. 带连通阀的阻抗调压室水锤防护特性研究 [J]. 水资源与水工程学报，2021，32（2）：135-140.

[82] 孙杨. 基于水力模型的抚宁区供水管网的建立及优化设计研究 [D]. 石家庄：河北科技大学，2021.

[83] 梁圣辰，张健，贺蔚，等. 长距离输水系统串联多阻抗调压室的水锤防护效果 [J]. 河海大学学报（自然科学版），2021，49（2）：170-175.

[84] 林天翔，冯少孔，叶冠林，等. 大型压力输水管道泄漏监测方法的试验研究 [J]. 振动与冲击，2021，40（5）：136-142.

[85] 杨诚志. 泵加压长输水管道中气泡起动临界流速研究 [D]. 郑州：华北水利水电大学，2021.

[86] 闫天柱，朱满林，李小周. 长距离泵输水系统两阶段关闭蝶阀合理关阀程序研究 [J]. 中国农村水利水电，2021（2）：161-165.

[87] 王腾跃，张健，倪尉翔. 管线末端含虹吸断流结构的输水工程水锤防护 [J]. 南水北调与水利科技（中英文），2021，19（2）：358-364，377.

[88] 李路明，潘益斌，李高会. 某长距离四期配水工程水力学设计 [J]. 灌溉排水学报，2020，39（S2）：133-135，139.

[89] 孙哲豪，吴旭敏，陈丽芬，等. 高扬程小流量加压供水工程水锤防护设计研究 [J]. 灌溉排水学报，2020，39（S2）：66-71，75.

[90] 白聪莉. 山区长距离输水管道工程的设计分析 [J]. 市政技术，2020，38（6）：228-233.

[91] 王祺武，李志鹏，朱慈东，等. 重力流输水管路阀门调节与水锤控制分析 [J]. 流体机械，2020，48（6）：38-43，50.

[92] 孙一鸣，吴建华，李琨，等. 有压输水系统的水锤防护研究 [J]. 人民黄河，2021，43（1）：152-155，164.

[93] 陈聃. 长距离连续性驼峰有压输水管路的水锤特性研究 [D]. 杭州：浙江大学，2020.

[94] 高海洋. 引汉济渭输水管道跨断裂带的三维地震响应和工程措施 [D]. 西安：长安大学，2020.

[95] 王政平，贾东远，马追. 长距离重力流输水工程关阀方案优化研究 [J]. 人民黄河，2021，43（4）：142-146.

[96] 韩亚男. 供水工程空气阀进排气特性及防护水锤效果研究 [D]. 太原：太原理工大学，2020.

[97] 王鹏立. 环状输水管网停泵及支管末端关阀水锤研究 [D]. 西安：长安大学，2020.

[98] 毛润康. 欠定条件下基于遗传算法的供水管网水力模型校核及应用研究 [D]. 昆明：昆明理工大学，2020.

[99] 韩凯，丁法龙，茅泽育. 长距离有压输水工程泵站水锤的数值分析 [J]. 水利水电科技进展，2020，40（2）：69-75.

[100] 韩丽华. 大坝安全监测系统在输水管道工程中的应用 [J]. 农业科技与信息，2020 (3)：96 - 97，102.

[101] 马敏. 地下输水管道工程阀井积水的原因及防治措施 [J]. 河南水利与南水北调，2020，49 (1)：69 - 70.

[102] 冉红涛. 输水管道工程跨区域施工外部协调方法创新 [J]. 地下水，2020，42 (1)：279，292.

[103] 何伟，耿祥，张明胜，等. 长距离输水管道工程管材综合比选 [J]. 价值工程，2020，39 (3)：171 - 174.

[104] 李高会，周天驰，顾子龙. 长距离输水工程水锤防护仿真软件开发及其应用 [J]. 人民长江，2019，50 (S2)：238 - 242.

[105] 赵卓，赵晓锋，万建信，等. 基于特征线法的长距离加压输水系统的水锤防护研究 [J]. 给水排水，2019，55 (S1)：277 - 280.

[106] 李江，杨辉琴，金波，等. 新疆长距离输水管道工程管材选择与安全防护技术进展 [J]. 水利水电科技进展，2019，39 (5)：56 - 65.

[107] 吴远为，刘梅清，刘志勇，等. 长距离重力流输水系统的爆管过渡过程和阀门关闭规律的研究 [J]. 中国农村水利水电，2019 (7)：119 - 123.

[108] 李轶亮. 渭南市抽黄供水工程水锤防护措施研究 [D]. 西安：西安理工大学，2019.

[109] 王韬. 基于 BP 神经网络的供水管网爆管风险预测模型研究 [D]. 重庆：重庆大学，2019.

[110] 胡弈超. 高扬程、多起伏输水系统水锤风险及防护措施研究 [D]. 重庆：重庆大学，2019.

[111] 李霜. 城市雨水管道与道路联合排涝系统流量分配特征水力模型研究 [D]. 重庆：重庆大学，2019.

[112] 狄鑫. 基于水力模型的供水管网漏损控制研究 [D]. 苏州：苏州科技大学，2019.

[113] 庞愉文. 城市居民用户用水行为及供水管网水力模型改进研究 [D]. 哈尔滨：哈尔滨工业大学，2019.

[114] 褚志超. 空气阀防护水锤的结构特性研究 [D]. 太原：太原理工大学，2019.

[115] 张志胜，段锦章，周利全，等. 长距离输水工程弥合水锤防护措施研究 [J]. 人民长江，2019，50 (5)：127 - 132，139.

[116] 张景望，吴建华，高洁，等. 长距离重力流输水系统水锤模拟及其防护研究 [J]. 水电能源科学，2019，37 (5)：57 - 60.

[117] 何君玫. 需求侧约束下长距离输水管网优化模型及应用研究 [D]. 宜昌：三峡大学，2019.

[118] 王训斌. 市政管网水力模型校核及消防供水能力评估研究 [D]. 昆明：昆明理工大学，2019.

[119] 马琪然. 基于水力模型的供水管网漏损定位研究 [D]. 昆明：昆明理工大学，2019.

[120] 张大伟. 输水管道中两相流体流型及其预测研究 [D]. 青岛：中国石油大学（华东），2019.

[121] 储子慧. 基于水力模型的供水管网漏损定位研究 [D]. 合肥：安徽建筑大学，2019.

[122] 涂杰. 基于水力模型的供水管网漏失识别及辅助定位方法研究 [D]. 西安：长安大学，2019.

[123] 吴芬芬. 供水管网动态水力模型节点流量校核研究 [D]. 西安：长安大学，2019.

[124] 姬亚亚. 基于水力损失模型的离心泵多工况性能预测 [D]. 兰州：兰州理工大学，2019.

[125] 单黎明. 北方某旗县供水管网水力模型建立与漏损控制研究 [D]. 呼和浩特：内蒙古大学，2019.

[126] 徐卫民. 南京-高淳长距离引江输水管线工程设计与施工控制 [D]. 南京：东南大学，2019.

[127] 白绵绵，王福军，雷澄，等. 旁通阀对长距离重力流输水管线水力过渡过程的影响 [J]. 排灌机械工程学报，2019，37 (1)：58 - 62.

[128] 蒋文杰. 供水管网水力模型与优化调度应用研究 [D]. 杭州：浙江大学，2019.

[129] 刘瑞明. 基于 ArcGIS 的城市供水微观水力模型系统设计与实现 [D]. 济南：山东大学，2018.

[130] 石硕，苏思. 重力流输水管道水锤防护分析及优化设计 [J]. 给水排水，2018，54 (S2)：

256－258.
[131] 李开来．长距离多泵并联输水系统水锤防护研究［D］．西安：西安理工大学，2018.
[132] 肖学，李传奇，杨幸子，等．设有支路连接调节池的重力流长管道水锤防护［J］．中国农村水利水电，2018（6）：108－112.
[133] 刘玉静．大高差重力流多级减压输水管道水锤防护技术研究［D］．西安：长安大学，2018.
[134] 张晓平．长距离输水管道工程辅助决策系统研究与实现［D］．武汉：华中科技大学，2018.
[135] 徐天宝．输水管道数据模型研究［D］．武汉：华中科技大学，2018.
[136] 马朝猛．输水管道泄漏无损雷达探测试验研究［D］．郑州：郑州大学，2018.
[137] 徐放．输水管路空气阀结构参数与水锤防护效果研究［D］．长沙：长沙理工大学，2018.
[138] 朱炎．基于气液两相流的输水管道稳态振动及瞬变过程研究［D］．哈尔滨：哈尔滨工业大学，2018.
[139] 杨晓蕾，沈来新，俞锋，等．重力流输水管道关阀水锤模拟研究［J］．水利水电技术，2017，48（5）：95－96，127.
[140] 宋张驰．基于断流弥合水锤实验的多种水锤仿真软件水锤模拟研究［D］．西安：长安大学，2017.
[141] 宋芹．大高差供水管道水锤防护优化研究［D］．泰安：山东农业大学，2017.
[142] 褚选选．基于噪声的长距离输水管道渗漏监测研究［D］．郑州：郑州大学，2017.
[143] 邹顺利．高扬程泵站输水管道水锤数值模拟与防护研究［D］．长沙：长沙理工大学，2017.
[144] 杨志强．水锤激励下输水管道流固耦合响应特性研究［D］．福州：福州大学，2017.
[145] 熊鸿斌，杨静．跨生态功能区输水管道工程生态环境影响评价［J］．人民黄河，2017，39（2）：69－73.
[146] 吴慧娟，陈忠权，吕立冬，等．基于DOFVS的新型压力输水管道泄漏在线监测方法［J］．仪器仪表学报，2017，38（1）：159－165.
[147] 许志刚，杜培文，刘天政，等．丘陵地区长距离输水管道工程调流消能型式研究［J］．给水排水，2016，52（12）：115－118.
[148] 李凤滨．基于概率统计的长距离输水管线监测数据分析［J］．水电能源科学，2016，34（11）：97－99.
[149] 金可礼，商峰，卢正超，等．埋地压力输水管道的分布式光纤连续监测原型试验［J］．水利水电技术，2016，47（11）：107－110.
[150] 马小敏，高剑，吴驰，等．基于灰色支持向量机的输电线路覆冰厚度预测模型［J］．中国电力，2016，49（11）：46－50.
[151] 陈春浩，冯少孔，商峰，等．埋地压力输水管道渗漏噪声监测试验［J］．水利水电技术，2016，47（10）：88－90.
[152] 雒江菡．大型原水输水管道水质模拟及生物膜净水功能研究［D］．哈尔滨：哈尔滨工业大学，2016.
[153] 许从愿，王娟，陶光辉．水库连通输水管道关阀水锤模拟及防护措施［J］．给水排水，2016，52（6）：124－127.
[154] 王泽深．输水管道流固耦合振动试验及数值模拟［D］．哈尔滨：哈尔滨工业大学，2016.
[155] 陈梦奇．城镇供水管网停泵水锤模型计算研究［D］．郑州：郑州大学，2016.
[156] 张学林．长距离有压输水管道水力过渡过程研究［D］．郑州：华北水利水电大学，2016.
[157] 任少博．长距离多级加压供热输水管网水锤防护研究分析［D］．西安：长安大学，2016.
[158] 张志军．长距离供水管道水锤分析优化与应用研究［D］．西安：西安建筑科技大学，2016.
[159] 蒋小鹏，结少鹏．长距离高落差重力流输水管道水锤特性分析［J］．人民黄河，2015，37（11）：103－106.

[160] 王圃，潘玉洁，席星林，等．长距离重力流输水管道系统扩建优化研究 [J]．中国给水排水，2015，31 (21)：57-60.
[161] 高小涛，马浩，马玉涛，等．长距离大流量重力流输水管道设计实例 [J]．给水排水，2015，51 (10)：115-119.
[162] 李学强，钱平，王文瑞，等．基于 LabVIEW 的地下输水管道远程泄漏监测系统研究 [J]．中国给水排水，2015，31 (13)：72-76.
[163] 门妮．长距离多起伏压力输水管道水锤防护方案的研究 [D]．西安：长安大学，2015.
[164] 白兆亮．有压输水管道孔板局部阻力相邻影响研究 [D]．乌鲁木齐：新疆农业大学，2015.
[165] 常胜．大口径长距离输水管道沿程水头损失计算研究 [D]．乌鲁木齐：新疆农业大学，2015.
[166] 张超．模拟回用水铸铁输水管道的腐蚀及水质的沿程特征研究 [D]．西安：西安建筑科技大学，2015.
[167] 翟龙．长距离高落差重力流输水管道水力特性研究 [D]．成都：西南交通大学，2015.
[168] 樊凌珲．新疆察县伊南工业园区多级加压输水管道水锤防护研究 [D]．西安：长安大学，2015.
[169] 宋思怡．长距离大管径输水管道水锤防护研究 [D]．西安：长安大学，2015.
[170] 王鹤．常用水锤防护装置对输水管道水锤影响研究 [D]．西安：长安大学，2015.
[171] 丰文俊．长距离大口径输水管道设计施工方案研究 [D]．南京：东南大学，2015.
[172] 李勋蕙．长距离管道输水工程几个问题研究 [D]．银川：宁夏大学，2015.
[173] 俞韵祺．海底输水管道中驼峰气阻临界特性研究 [D]．杭州：浙江大学，2015.
[174] 孙巍，张文胜．长距离重力流输水管道关阀水锤防护措施分析 [J]．给水排水，2014，50 (7)：102-104.
[175] 李雪松．输水管道内水流冲击气团过程的实验研究 [D]．哈尔滨：哈尔滨工业大学，2014.
[176] 李书兵，姚智文．长距离大落差重力流输水管道改造工程方案探讨 [J]．给水排水，2014，50 (5)：98-101.
[177] 陈毅．泄压保护装置在压力输水管道水锤防护中的作用研究 [D]．西安：长安大学，2014.
[178] 翟翠婷．高扬程多起伏长距离压力输水管道水锤防护特点研究 [D]．西安：长安大学，2014.
[179] 郑振华，刘建生．遗传算法与 BP 神经网络相结合的输电线路覆冰厚度预测方法 [J]．电网与清洁能源，2014，30 (4)：27-30，35.
[180] 凌骐，周林虎，刘广林，等．大口径长距离输水管道渗漏原位监测研究 [J]．给水排水，2014，50 (2)：112-116.
[181] 尹子任，苏小林．基于粒子群算法优化支持向量机的输电线路覆冰预测 [J]．电力学报，2014，29 (1)：6-9，61.
[182] 齐向南，高小涛，刘建红，等．长距离重力流输水管道充水调试关键问题探讨 [J]．给水排水，2013，49 (8)：114-116.
[183] 王豪杰．长距离输水管道气液两相流型试验研究 [D]．哈尔滨：哈尔滨工业大学，2013.
[184] 朱小双．长距离大高差多级消能重力流输水系统水锤防护研究 [D]．西安：长安大学，2013.
[185] 张科亮．寒区地下输水管道合理埋置深度的研究 [D]．石河子：石河子大学，2013.
[186] 王芳．长距离输水管道空气阀参数优化研究 [D]．哈尔滨：哈尔滨工业大学，2013.
[187] 邢志红．水利工程的安全运行与优化控制研究——以土石坝安全监测和输水管道水流控制为例 [D]．保定：河北农业大学，2013.
[188] 乔丁．高扬程多起伏长距离压力输水管道水锤防护技术研究 [D]．西安：长安大学，2013.
[189] 陈来钱．泄压保护装置在长距离输水管道水锤防护中的作用研究 [D]．西安：长安大学，2013.
[190] 王栋．大高差长距离重力输水管道水锤防护技术研究 [D]．西安：长安大学，2013.
[191] 沈金娟．长距离输水管道进排气阀的合理选型及防护效果研究 [D]．太原：太原理工大学，2013.

[192] 杜昭. 长距离输水管道中水锤防护措施的效能对比研究 [D]. 西安：长安大学，2013.

[193] 杨成. 基于 CFX 的输水管道水锤现象的数值研究 [D]. 武汉：武汉理工大学，2013.

[194] 柴昱林，宋安坤，马桂林，等. 常用输水管道许用压差和重力流管道进排气量计算及应用 [J]. 给水排水，2013，49 (1)：106-110.

[195] 高学平，蒋琳琳，刘奕朗，等. 长距离重力流输水管路水锤压力数值模拟 [J]. 南水北调与水利科技，2012，10 (6)：6-9，41.

[196] 徐大伟，彭怡. 长距离大高差有压重力流原水输水管道改扩建设计 [J]. 给水排水，2012，48 (10)：112-114.

[197] 罗春林，杨玉芳，王爱军，等. 有压重力流长距离输水管道设计体会 [J]. 给水排水，2012，48 (8)：115-117.

[198] 刘志强. 长距离输水管道安全评价机制研究 [D]. 哈尔滨：哈尔滨工业大学，2012.

[199] 洪洁. 输水管道中淡水壳菜的危害特性及控制措施研究 [D]. 哈尔滨：哈尔滨工业大学，2012.

[200] 高将. 超压泄压阀和调压塔在长距离输水管道水锤防护中的应用分析研究 [D]. 西安：长安大学，2012.

[201] 李晓燕. 长距离重力流输水管道水锤防护方法研究 [D]. 西安：长安大学，2012.

[202] 程鹏. 摩阻对长距离输水管道水力过渡过程的影响研究 [D]. 西安：长安大学，2012.

[203] 马小云. 波速对长距离输水管道水力过渡过程的影响与研究 [D]. 西安：长安大学，2012.

[204] 张彦光. 压力管道水锤波速影响因素的分析及其对长距离输水管道中水锤计算的影响研究 [D]. 西安：长安大学，2011.

[205] 孙强. 长距离输水管道抗水锤压力罐参数优化研究 [D]. 哈尔滨：哈尔滨工业大学，2011.

[206] 孙晓. 长距离有压重力输水管道过渡过程及管网优化研究 [D]. 郑州：郑州大学，2011.

[207] 陈丽娜. 天津市中心渔港用水量预测与输水管优化设计研究 [D]. 天津：天津大学，2011.

[208] 白耀华. 双吸离心泵内部流动模拟与输水管道系统安全问题研究 [D]. 武汉：武汉大学，2011.

[209] 李剑平，赵喜萍. 小波分析在输水管道泄漏检测系统中的应用 [J]. 水利水电技术，2006 (8)：101-103.

[210] 瞿罂. 采用虚拟仪器结构的输水管道泄漏监测系统的设计 [J]. 水利水电技术，2004 (1)：82-84，95.